최신판 | Professional Engineer Construction Safety

FINAL
건설안전기술사

핵심 문제

KB141188

한 경 보 | 건설안전기술사
건축시공기술사
공 학 박 사

Willy. H | 건설안전기술사
토목시공기술사
법원건설감정인

PROFESSIONAL
ENGINEER

예문사

머리말

기술사 시험제도는 수십 년간 시행되다 보니 종목별 특성을 달리하게 되었습니다. 일부 기술사 종목들은 자격증 취득인원이 1만 명을 돌파한 반면, 건설안전기술사를 비롯한 일부 기술사는 2천 명 정도를 유지하고 있습니다. 즉, 기술사별 관리목적에 따라 특화시키고 있다고 볼 수 있습니다. 건설안전기술사는 자격증 소지자의 업무특성과 활동분야의 전문성을 감안해 앞으로도 합격자를 대량으로 배출하지는 않을 것으로 보이며 이러한 특성으로 인해 자격취득 시 희소성에서 비롯된 많은 활동분야와 다양한 업종으로의 진입이 가능할 것입니다.

건설안전기술사 시험을 대비하는 많은 수험생이 가장 어려워하는 부분은 광범위한 출제범위며, 그 다음은 출제문제에 대한 답안의 수준입니다. 건설안전기술사 시험은 매년 3회 실시되는데 그 시기가 동절기, 해빙기, 혹서기 및 장마철에 실시된다는 것을 감안하면 시험시기에 따른 출제가능 분야를 유추해볼 수 있으며, 답안 작성 수준은 본 저자가 발행한 기출문제풀이집과 부록으로 수록된 실제 합격자들의 답안 사례를 참고하면 도움이 될 것입니다.

본 교재는 건설안전기술사 시험에 대비하는 초보자 및 최종 정리를 하는 수험생들이 반드시 숙지해야 할 필수문제를 수록하였습니다. 실제 시험에 본 교재의 문제와 동일한 문제가 출제된다는 개념으로 활용하면 좋은 결과가 있을 것으로 판단됩니다. 건설안전기술사 자격 취득으로 새로운 세상을 창조해 보십시오. 감사합니다.

한 경 보 · Willy. H

»» 차례

PART 01 건설안전 관련 법규 및 이론

제1장 건설안전관계법

1. 산업안전보건법

2. 시설물의 안전관리에 관한 특별법

3. 건설기술진흥법

» 차례

제2장 안전관리론

1. 안전관리

» 차례

제3장 인간공학 및 시스템 안전

1. 인간공학

2. 시스템 안전

PART 02 건설안전기술론

제1장 총론

제2장 가설공사

제3장 토공사 · 기초공사

»» 차례

제5장 철골공사

차례

PART 03 부 록

PART 01

건설안전 관련 법규 및 이론

제1장

건설안전관계법

1. 산업안전보건법

문제1) 발주자의 산업재해예방조치와 관련하여 발주자와 설계자 및 시공자가 작성해야 하는 안전관리대장의 종류 및 작성사항에 대하여 설명하시오.(25점)

답)

I. 개요

발주자는 건설공사 산재예방을 위해 일정규모 이상의 건설공사에 대해 계획·설계·공사진행단계에서 조치사항을 준수해야 한다.

II. 도입목적

1) 유해유발 원인 제공자임에도 법적 책무가 없음에 따른 책임 부여

2) 공사 참여주체별 안전보건관리 역할의 체계화를 통한 제도적 완성

III. 적용대상

공사금액 50억 원 이상

IV. 단계별, 관리주체별 조치사항

	기본안전보건대장 작성 →	설계안전보건대장 작성 →	공사안전보건대장 작성
주체 :	(발주자)	(설계자)	(도급인 시공자)

1) **계획단계** : 해당 건설공사의 중점관리 유해위험요인 및 이에 대한 감소대책이 수립된 기본안전보건대장의 작성

2) **설계단계** : 기본안전보건대장을 설계자에게 제공해 설계자가 유해위험요인에 대한 감소대책이 포함된 설계안전보건대장을 작성하도록 하고 이를 확인함

3) **공사단계** : 도급인에게 설계안전보건대장을 제공하고 이를 반영해 공사안전보건대장을 작성토록 하며 이행여부를 확인함

V. 각 대장별 포함사항

1) **기본안전보건대장**

① 공사규모, 공사예산 및 공사기간 등 사업개요

② 공사현장 제반정보

③ 공사 시 유해·위험요인과 감소대책 수립을 위한 설계조건

2) **설계안전보건대장**

① 적정 공사기간 및 공사금액 산출서

② 설계조건이 반영된 공사 중 발생할 수 있는 주요 유해·위험요인 및 감소대책에 대한 위험성평가 내용

③ 유해·위험방지계획서 작성계획

④ 안전보건조정자 배치계획

⑤ 산업안전보건관리비 산출내역서

⑥ 건설공사의 산업재해예방지도 실시계획

3) **공사안전보건대장**

① 위험성평가 내용이 반영된 공사 중 안전보건조치 이행계획

② 유해·위험방지계획서의 심사 및 확인결과에 대한 조치내용

③ 계상된 산업안전보건관리비 사용계획 및 사용내역

④ 건설공사의 산업재해예방 지도 계약 여부, 지도 결과 및 조치내용

VI. 결론

건설업 산업재해예방을 위한 발주자와 설계자 및 시공자의 안전관리대장은 건설공사의 계획단계에서부터 안전관리활동을 체계적으로 추진하기 위한 가장 중요한 자료이므로 이에 대한 충분한 이해를 토대로 완벽한 작성을 통해 대한민국 건설업 재해율 제로를 달성하기 위한 근간이 되어야 할 것이다.

끝

문제2) 건설업체의 산업재해예방활동 실적평가 제도에 대하여 설명하시오.(10점)

답)

I. 개요

건설업 환산재해율 폐지에 따른 안전의식 제고를 위해 산업재해예방활동의 세부 내용을 평가하기 위한 제도로 실적의 평가는 산업안전보건공단에서 주관하고 있다.

II. 평가내용

1) 안전관리자 또는 보건관리자 선임의무 현장을 보유한 건설사

① 공통항목

- 사업주의 안전보건교육 참여도(40점)
- 안전보건관리자의 정규직 비율(40점)
- 안전보건조직의 구성 및 수준(20점)

② 가점항목

- KOSHA(안전보건경영시스템) 인증여부(10점)

③ 총 배점 : 110점

2) 안전관리자 또는 보건관리자 선임의무 현장을 보유하지 않은 건설사

① 공통항목

- 사업주의 안전보건교육 참여도(50점)
- 안전보건조직의 구성 및 수준(50점)

② 가점항목

- KOSHA(안전보건경영시스템) 인증여부(10점)

③ 총 배점 : 110점

III. 평가기준

1) 허위로 제출된 평가자료의 평가부여 무효처리

2) 산재예방활동 결과 미제출 시 평가점수 산정을 보류할 수 있음

IV. 현행 산재예방 실적평가제의 문제점

1) 혜택의 실효성이 크지 않으므로 사업주에게 동기부여가 되지 않는다.

2) 실제 현장에서는 안전관리자가 전체를 준비해야 하므로 본연의 안전관리업무에 오히려 저해되는 제도로 인식되고 있다.

3) 안전보건경영시스템의 인증배점 범위가 너무 낮다.

4) 전문성이 매우 부족하다.

V. 개선방향

1) 건설안전기술사 등 전문가에 의한 올바른 평가가 이루어지도록 해야 한다.

2) 산업안전보건공단의 실적 검토 및 평가인력의 자질이 부족하다.

3) 사업주 동기부여를 위해 사업주에 대한 직접적인 인터뷰 등 개선의지를 확인할 필요가 있다.

4) 현장 안전관리자의 업무가중을 방지할 적절한 보완조치가 시급하므로 이에 대한 대응방안이 선조치되어야 할 것이다.

VI. 결론

현재 고용노동부 및 산업안전보건공단에서 시행하고 있는 건설현장 안전보건관리제도의 취지는 좋으나 실질적으로 모든 제도의 담당자는 안전관리자가 전적으로 도맡아 하고 있는 실정임은 건설업에 종사자는 물론 관계기관에서도

이미 파악하고 있는 바, 이에 대한 적절한 대책의 수립이 시급하며 이러한 보완조치가 이루어지지 않을 경우 취지가 아무리 좋다 해도 실질적인 효과를 거둘 수는 없을 것이다.

끝

문제3) 재해발생 정도별 보고기한(10점)

답)

I. 개요

중대재해 발생 시 중대재해가 발생한 해당 작업 및 중대재해가 발생한 동일 작업은 부분적 작업정지 대상이며, 특히 토사구축물 붕괴, 화재폭발, 위험물질 누출 등의 사고발생 시에는 전면적인 작업정지 대상이다.

II. 보고체계

1) 산업안전보건법상 보고대상

① 중대재해 : 즉시 보고

-사망자 1명 이상 발생

-3개월 이상 요양자 동시 2명 이상 발생

-부상이나 질병자 동시 10명 이상 발생

② 일반재해 : 1개월 이내 보고

-3일 이상 휴업 재해

2) 건설기술진흥법상 2시간 이내 보고대상

① 사망자 1명 이상 발생

② 3일 이상 휴업 1명 이상 발생

③ 1천만 원 이상의 재산피해 발생

III. 유의사항

건설기술진흥법상 건설사고 발생 시 발주청 및 인허가 기관장은 국토교통부장관에게 24시간 이내에 보고를 완료해야 한다. 끝

문제4) 산업안전보건위원회의 설치목적, 구성, 운영(10점)

답)

I. 개요

근로자의 안전과 보건의 유지·증진을 위해, 심의·의결을 위해, 근로자·사용자 동수로 구성되는 산업안전보건위원회를 설치·운영하여야 한다.

II. 설치목적

1) 산업안전·보건기준의 확립

2) 재해예방, 쾌적한 작업환경조성

3) 근로자의 안전 및 보건 유지 증진

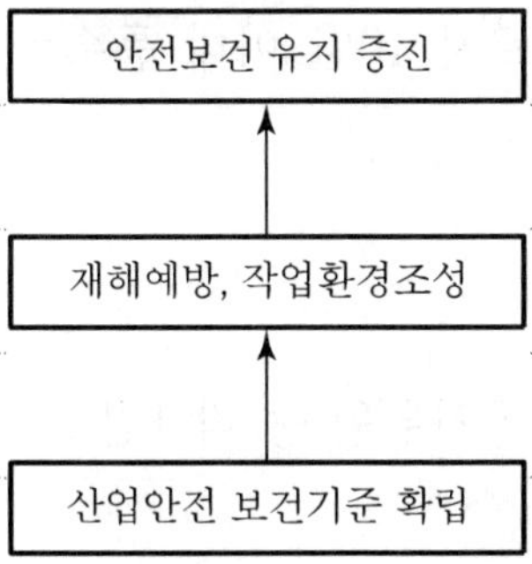

[산업안전보건법 목적]

III. 구성

1) 사용자 측 : 10인 이내

① 대표자 1인

② 안전관리자 1인

③ 보건관리자 1인

④ 사업부서장 9인 이내

2) 근로자 측 : 10인 이내

① 근로자 대표 1인

② 명예산업안전감독관 1인 이상

③ 근로자 9인 이내

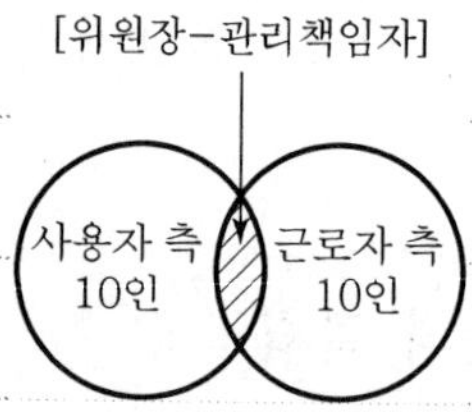

[산업안전보건위원회 구성]

3) 구성

사용자 10인, 근로자 10인 이내 동수로 구성

IV. 운영

1) 위원장

근로자위원과 사용자위원 중 각 1인을 공동위원장으로 선출할 수 있다.

2) 정기회의

분기마다 위원장이 소집

3) 임시회의

위원장이 필요하다고 인정할 때에 소집

4) 회의 결과 주지

사내방송, 사내신문 등

끝

문제5) 노사협의체(10점)

답)

I. 개요

대통령령으로 정하는 규모의 건설공사의 건설공사도급인은 해당 건설공사 현장에 근로자위원과 사용자위원이 같은 수로 구성되는 안전 및 보건에 관한 협의체를 구성·운영할 수 있다.

II. 설치대상

1) 공사금액 120억 원 이상 건설업

2) 공사금액 150억 원 이상 토목공사업

III. 건설 노사협의체 구성

구분	근로자위원	사용자위원
필수구성	(1) 도급 또는 하도급 사업을 포함한 전체 사업의 근로자대표 (2) 근로자대표가 지명하는 명예산업안전감독관 1명. 다만, 명예산업안전감독관이 위촉되어 있지 않은 경우에는 근로자대표가 지명하는 해당 사업장 근로자 1명 (3) 공사금액이 20억 원 이상인 공사의 관계수급인의 각 근로자 대표	(1) 도급 또는 하도급 사업을 포함한 전체 사업의 대표자 (2) 안전관리자 1명 (3) 보건관리자 1명(별표 5 제44호에 따른 보건관리자 선임대상 건설업으로 한정한다) (4) 공사금액이 20억 원 이상인 공사의 관계수급인의 각 대표자
합의구성	공사금액이 20억 원 미만인 공사의 관계수급인의 근로자 대표	공사금액이 20억 원 미만인 공사의 관계수급인
합의참여	건설기계관리법 제3조제1항에 따라 등록된 건설기계를 직접 운전하는 사람	

IV. 운영 등

1) 정기회의 : 2개월마다 위원장이 소집

2) 임시회의 : 위원장이 필요하다고 인정할 때에 소집

끝

문제6) 근로자 작업중지권(10점)

답)

I. 개요

근로자 작업중지권은 산업재해의 발생 위험이 있거나 재해 발생 시 근로자가 작업을 중지하고 위험요소를 제거한 이후 작업을 재개할 수 있는 권리를 말한다.

II. 근로자 작업중지권

1) 근로자는 산업재해가 발생할 급박한 위험이 있는 경우에는 작업을 중지하고 대피할 수 있다.

2) 작업을 중지하고 대피한 근로자는 지체 없이 그 사실을 관리감독자 또는 그 밖에 부서의 장에게 보고하여야 한다.

3) 관리감독자 등은 보고를 받으면 안전 및 보건에 관하여 필요한 조치를 하여야 한다.

4) 사업주는 산업재해가 발생할 급박한 위험이 있다고 근로자가 믿을 만한 합리적인 이유가 있을 때에는 작업을 중지하고 대피한 근로자에 대하여 해고나 그 밖의 불리한 처우를 해서는 아니 된다.

III. 고지방법

1) 안전작업허가 전 작업자에게 작업중지권에 대하여 고지한다.

2) 작업현장 곳곳에 작업중지권 게시물을 부착한다.

끝

문제7) 위험성 평가에서 허용 위험기준 설정방법(10점)

답)

I. 개요

허용위험기준은 위험성 평가의 4단계 위험성 결정단계에서 위험성의 크기가 허용범위에 포함되는지 여부를 파악하는 단계로 수용 가능한 위험의 범위를 말함

II. 허용 가능 위험성의 설정 범위 모식도

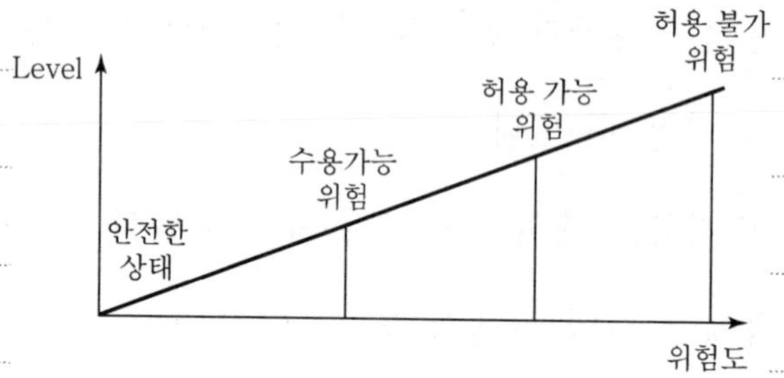

[위험도별 허용 Level]

III. 허용 가능한 위험기준 설정 시 고려사항

1) 근로자

2) 대상기계 및 설비

3) 작업공정 난이도

4) 작업규모 등

IV. 위험도 평가등급

위험도 등급	평가기준
상	발생빈도와 발생강도를 곱한 값이 높은 경우
중	발생빈도와 발생강도를 곱한 값이 중간 단계인 경우
하	발생빈도와 발생강도를 곱한 값이 낮은 경우

V. 허용 위험기준 설정 시 관리항목

1) 유해 · 위험요인의 정확한 파악 여부

2) 산업재해 발생의 최소화를 위한 조치기준 수립 여부

3) 위험감소대책의 기술적 난이도 고려 여부

끝

문제8) 산업안전보건관리비(25점)

답)

I. 개요

산업재해 예방을 위해 발주자에게 공사종류 및 규모에 따른 일정금액을 도급금액에 별도 계상하도록 하고, 시공자는 계상된 금액을 건설공사 중 안전관리자 인건비, 안전시설비, 안전보건진단 등에 사용하도록 한다.

II. 대상액 산정

대상액은 산업안전보건관리비 산정의 기초가 되는 금액으로 공사내역의 구분 여부에 따라 대상액을 산정하여야 한다.

1) 공사내역이 구분되어 있는 경우

재료비(발주자가 따로 재료를 제공하는 경우에는 그 재료의 시가환산액을 가산한 금액)+직접노무비

2) 공사내역이 구분되지 않은 경우

총공사금액(부가가치세 포함)×70%

① 설계변경에 따른 안전관리비=설계변경 전 안전관리비+설계변경으로 인한 안전관리비 증감액

② 설계변경으로 인한 안전관리비 증감액 계산식

- 설계변경으로 인한 안전관리비 증감액
  =설계변경 전 안전관리비×대상액 증감 비율
- 증감액 비율

$$= \frac{\text{설계변경 후 대상액} - \text{설계변경 전 대상액}}{\text{설계변경 전 대상액}} \times 100\%$$

③ 대상액은 예정가격 작성 시 대상액이 아닌 설계변경 전후 도급계약서상 대상액을 말한다.

III. 공사 종류 및 규모별 안전보건관리비 계상기준표

구분 / 공사종류	대상액 5억 원 미만인 경우 적용비율(%)	대상액 5억 원 이상 50억 원 미만인 경우		대상액 50억 원 이상인 경우 적용비율(%)	영 별표5에 따른 보건관리자 선임 대상 건설공사의 적용비율(%)
		적용비율(%)	기초액		
일반건설공사(갑)	2.93%	1.86%	5,349,000원	1.97%	2.15%
일반건설공사(을)	3.09%	1.99%	5,499,000원	2.10%	2.29%
중건설공사	3.43%	2.35%	5,400,000원	2.44%	2.66%
철도·궤도신설공사	2.45%	1.57%	4,411,000원	1.66%	1.81%
특수 및 기타건설공사	1.85%	1.20%	3,250,000원	1.27%	1.38%

1) 공사내역이 구분되어 있는 경우

① 산업안전보건관리비는 대상액(재료비+직접노무비)에 요율을 곱한 금액(대상액 5~50억 미만 공사의 경우 기초액까지 합산함)

② 발주자가 재료를 제공하거나 물품이 완제품의 형태로 제작 또는 납품되어 설치되는 경우 「해당 재료비 또는 완제품의 가액을 대상액에 포함시킬 때의 산업안전보건관리비」와 「해당 재료비 또는 완제품의 가액을 포함시키지 않은 때의 산업안전보건관리비」의 1.2배를 비교하여 작은 값 이상의 금액으로 계상하여야 한다.

㉠ {재료비(발주자 제공 재료비 또는 완제품 가액 포함)+직접노무비}×요율+기초액(대상액이 5~50억 미만인 경우에 한함)

㉡ [{재료비(발주자 제공 재료비 또는 완제품 가액 제외)+직접노무비}×요율+기초액(대상액이 5~50억 미만인 경우에 한함)]×1.2

2) **공사내역이 구분되어 있지 않은 경우**

① 총공사금액(부가가치세 포함)의 70%에 요율을 곱한 금액

{(총공사금액×70%)×요율}+기초액(대상액이 5~50억 미만인 경우에 한함)

② 공사내역이 구분되지 않으면서 완제품 또는 발주자 제공 재료가 포함된 경우 다음 ㉠과 ㉡ 중 작은 금액 이상으로 계상하여야 한다.

㉠ {(총공사금액 × 70%)}×요율+기초액(대상액이 5~50억 미만인 경우에 한함)

㉡ [{(총공사금액×70%)－발주자 제공 재료비 또는 완제품 가액×요율}+기초액(대상액이 5~50억 미만인 경우에 한함)]×1.2

3) **부가가치세가 면세인 공사의 경우**

총공사금액에는 부가가치세가 포함된 금액이므로 도급계약서상에 명기된 총공사금액에 따라 계상하여야 한다.

※ 전용면적 85m^2 이하 국민주택 건설공사의 경우 도급계약서상에 총공사금액이 도급금액(부가세 별도)으로 명기되어 있다면 "도급금액+도급급액의 10%"의 70%를 대상액으로 보고 계상하여야 한다.

4) **평당 단가계약공사의 경우**

산업안전보건관리비는 총공사금액(당해 공사와 직접 관련이 없는 이주비, 설계비, 감리비, 대지비, 민원비용, 광고비, 입주비용 등은 제외)

의 70%를 기준으로 계상하여야 한다.

5) **연차공사의 경우**

연차공사의 산업안전보건관리비는 차수별 공사가 아닌 전체 공사의 총공사금액을 기준으로 계상하여야 한다.

IV. 항목별 사용기준

항목	사용요령
안전관리자 등 인건비	겸직 안전관리자 임금의 50%까지 가능
안전시설비	스마트 안전장비 구입(임대비의 20% 이내 허용, 총액의 10% 한도)
보호구 등	안전인증 대상 보호구에 한함
안전 · 보건 진단비	산업안전보건법상 법령에 따른 진단에 소요되는 비용
안전 · 보건 교육비 등	산재예방 관련 모든 교육비용 허용(타 법령상 의무교육 포함)
건강장해 예방비	손소독제 · 체온계 · 진단키트 등 허용
기술지도비	2022년 8월 17일 이전 계약분에 한해 사용 가능
본사인건비	중대재해처벌법 시행 고려, 200위 이내 종합건설업체는 사용 제한, 5억 원 한도 폐지, 임금 등으로 사용항목 한정
자율결정항목	위험성평가 또는 중대법상 유해 · 위험요인 개선 판단을 통해 발굴하여 노사 간 합의로 결정한 품목 허용 ※ 총액의 10% 한도

V. 결론

2022년 사용항목의 개정에 따라 재해예방기술지도가 발주자의 의무로 이관되고 위험성평가 또는 중대재해처벌법상 위험요인의 개선에 필요하다고 판단되는 경우 노사협의로 사용품목이 허용되었으므로 이에 대한 정확한 사용이 무엇보다 중요하다고 여겨진다.

끝

문제9) 안전보건관련자 직무교육(10점)

답)

I. 개요

관리책임자, 안전관리자 등의 직무능력 향상을 위해 고용노동부장관이 실시하는 안전·보건에 관한 교육을 받도록 하기 위한 제도이다.

II. 직무교육 대상

1) 관리책임자·안전관리자·보건관리자(위반 시 500만 원 이하의 과태료)

2) 재해예방전문지도기관의 종사자(위반 시 300만 원 이하의 과태료)

III. 직무교육 이수시기

1) 신규교육

해당 직위에 선임된 후 3개월(보건관리자가 의사인 경우 1년) 이내

2) 보수교육

신규교육을 이수한 후 매 2년이 되는 날을 기준으로 전후 3개월 사이에 고용노동부장관이 실시하는 안전·보건에 관한 보수교육을 받아야 한다.

IV. 직무교육의 면제

1) 다른 법령에 따라 교육을 받는 등 고용노동부령으로 정하는 경우

2) 영 별표 4 제11호 각 목의 어느 하나에 해당하는 사람

① 「기업활동 규제완화에 관한 특별조치법」 제30조 제3항 제4호 또는 제5호에 따라 안전관리자로 채용된 것으로 보는 사람

② 보건관리자로서 영 별표 6 제1호 또는 제2호에 해당하는 사람이 해

당 법령에 따른 교육기관에서 제39조 제2항의 교육 내용 중 고용노동부장관이 정하는 내용이 포함된 교육을 이수하고 해당 교육기관에서 발행하는 증명서를 제출하는 경우에는 직무교육 중 보수교육을 면제

3) 규칙 제39조 제1항 각호의 어느 하나에 해당하는 사람이 고용노동부장관이 정하여 고시하는 안전·보건에 관한 교육을 이수한 경우에는 직무교육 중 보수교육을 면제한다.

끝

문제10) 안전인증(10점)

답)

I. 개요

유해위험한 기계·기구 및 설비, 방호조치, 보호구 등을 제조, 설치하려는 자는 노동부장관으로부터 안전성 확보를 위한 안전인증을 받아야 한다.

II. 안전인증절차 Flow-Chart

서면심사 → 기술능력 및 생산체계검사 → 제품검사 → 사후관리

III. 안전인증대상품목 및 내용

1) 형식별 인증

① 인증대상품목의 완제품 검사

프레스, 전단기, 로울러, 사출성형기, 고소작업대 등

② 안전모, 안전화, 안전대 등 12종의 보호구

2) 제품별 인증

① 인증대상품목 중 현장 내 조립 설치 상태에서 인증

- 크레인·리프트·압력용기 등 3종
- 서면검사 및 제품심사

IV. 확인대상

1) 의무안전확인대상

안전인증 후 매 1년마다

2) 자율안전확인대상

자율안전인증 후 매 2년마다 실시

끝

문제11) 양중기의 안전검사(10점)

답)

I. 개요

1) 안전검사란 일정한 기간을 두고 기계, 기구 및 설비의 성능이 정상적으로 기능을 발휘하는지 여부를 점검하는 것을 말하며

2) 산안법상 양중기는 크레인, 리프트, 곤돌라, 승강기를 말한다.

II. 산안법상 양중기의 종류

1) 크레인 2) 리프트

3) 곤돌라 4) 승강기

〈양중기 검사의 목적〉

III. 양중기의 안전검사

1) 양중기의 자체검사 기간

6개월마다 1회 이상 정기적으로 실시

2) 양중기의 자체검사 실시 내용

① 과부하방지장치, 권과방지장치, 기타 방호장치의 이상유무

② 브레이크 및 클러치의 이상 유무

③ Wire-Rope 및 달기체인의 손상유무

④ 훅(Hook) 등 달기기구의 손상유무

⑤ 배선, 집전장치, 배전반, 개폐기의 이상유무

IV. 안전검사 제외 양중기

승강기는 제외

끝

문제12) 안전인증대상 보호구(10점)

답)

I. 개요

보호구는 각종 위험으로부터 자신을 보호하기 위한 최종 안전수단이며 보호구에는 안전인증대상 보호구와 자율안전확인대상 보호구가 있다.

II. 안전인증대상 보호구

1) **안전모** – 안전모 중에 추락과 감전위험방지 안전모
2) **안전대** – 추락에 의한 위험 방지
3) **안전화** – 낙하, 충격, 날카로운 물체, 감전의 위험 방지
4) **안전장갑** – 전기에 의한 감전방지
5) **보안경** – 차광 및 비산물 위험방지
6) **보안면** – 용접용
7) **방진마스크** – 분진유입방지
8) **방독마스크** – 유해 Gas · 증기유입 방지
9) **방음용 귀마개 또는 귀덮개** – 소음방지 보호구
10) **송기마스크** – 산소결핍위험 방지
11) **보호복** – 화재 등 열로부터 보호
12) **전동식 호흡 보호구**

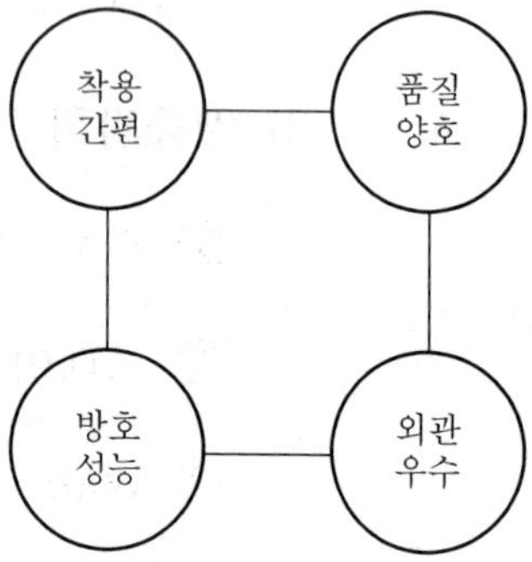

[보호구 구비조건]

III. 보호구 보관방법

1) 직사광선을 피할 것
2) 부식성, 유해성, 인화성, 기름, 산과 통합하여 보관금지
3) 발열성 물질 없을 것 4) 오염 시 세척할 것

끝

문제13) 의무안전검사 대상 유해 · 위험기계 등(10점)

답)

I. 개요

1) 사업주는 노동부령이 정하는 유해·위험기계 및 기구에 대하여 그 성능이 검사기준에 부합되는지의 여부를 검사받아야 하며

2) 안전검사는 안전검사제도와 자율검사 프로그램 인정제도가 있다.

II. 안전검사 대상 기계 · 기구

1) 프레스
2) 전단기
3) 크레인
4) 리프트
5) 압력용기
6) 곤돌라
7) 국소배기장치
8) 원심기
9) 롤러기
10) 사출성형기
11) 컨베이어
12) 산업용 로봇
13) 고소작업대(차량탑재형)

[안전검사의 목적]

III. 안전검사 주기

1) 최초 설치일로부터 3년 이내, 최초 검사 후 그 이후부터 매 2년 주기

2) 크레인, 리프트, 곤돌라는 최초 설치일로부터 매 6개월 주기 끝

문제14) MSDS(Material Safety Data Sheet)(10점)

답)

I. 개요

MSDS란 산업현장에서 사용되는 화학물질의 위험성 및 취급 시 유의사항을 기재한 내용으로 건설현장에서의 MSDS 물질에 대한 이해와 안전관리가 요구된다.

II. MSDS 구성항목

• 화학제품, 회사정보	• 물리화학적 특성
• 건강유해성, 물리적 위험성	• 안정성 및 반응성
• 구성성분 명칭, 함유량	• 독성 정보
• 응급조치 요령	• 환경에 미치는 영향
• 폭발 화재 시 대처방법	• 폐기 시 주의사항
• 누출사고 시 대처방법	• 운송에 필요한 정보
• 취급 저장방법	• 법적 규제 현황
• 개인보호구	• 기타 참고사항

III. 최근 개정내용

1) 구성성분 중 유해위험한 화학물질 명칭, 함유량만 기재

2) 기존에는 영업비밀로 보호가치가 있다고 사업주가 판단하면 구성성분 명칭과 함유량을 작성하지 않을 수 있었으나, 비공개하려는 경우 고용노동부장관의 승인을 받도록 개정됨

IV. MSDS 작성 · 비치대상 제외

1) 원자력에 의한 방사성 물질

2) 약사법에 의한 의약품

3) 마약법에 의한 마약

V. 교육시기 및 내용

1) 새로운 유해화학물질이 사업장에 들어온 즉시

2) 사고 발생 우려 및 유해화학물질 운반·저장 시

3) MSDS 제도의 개요 및 화학물질의 종류와 유해성 교육

끝

문제15) PTW(Permit To Work)(10점)

답)

I. 개요

작업허가제, 즉 안전작업허가제를 말하며 Kosha Guide와 국토교통부의 공공공사 추락사고 방지에 관한 보완지침 등으로 규정되어 있음

II. Kosha Guide 규정 안전작업허가서의 범위

1) 화기작업허가

2) 일반위험작업허가

3) 보충적인 작업허가

III. 국토교통부 공공공사 추락사고 방지에 관한 지침 등에 의한 작업허가대상

1) 2미터 이상 고소작업

2) 1.5미터 이상 굴착, 가설공사

3) 철골구조물공사

4) 2미터 이상의 외부 도장공사

5) 승강기 설치공사

6) 기타 발주청이 필요하다고 인정하는 위험공종

끝

문제16) 유해 · 위험방지계획서(25점)

답)

I. 개요

1) 건설업 중 일정 규모 이상의 공사는 노동부령이 정하는 기준에 따라 사업주가 안전공단에 공사 착공 전 제출하는 사전안전성평가 제도로서,

2) 계획서를 심사한 후 근로자의 안전과 보건상 필요하다고 인정할 때에는 착공을 중지하거나 계획을 변경할 것을 명할 수 있다.

II. 대상 사업장

1) 지상 높이가 31m 이상인 건축물, 연면적 3만 제곱미터 이상인 건축물 또는 연면적 5천 제곱미터 이상의 문화 집회시설

2) 최대지간 길이가 50m 이상인 교량건설 등의 공사

3) 깊이가 10m 이상인 굴착공사

4) 터널공사

5) 다목적댐, 발전용댐 및 저수용량 2천만 톤 이상의 용수전용댐 · 지방상수도 전용댐 건설 등의 공사

6) 연면적 5천 제곱미터 이상의 냉동 · 냉장창고시설의 설비공사 및 단열공사

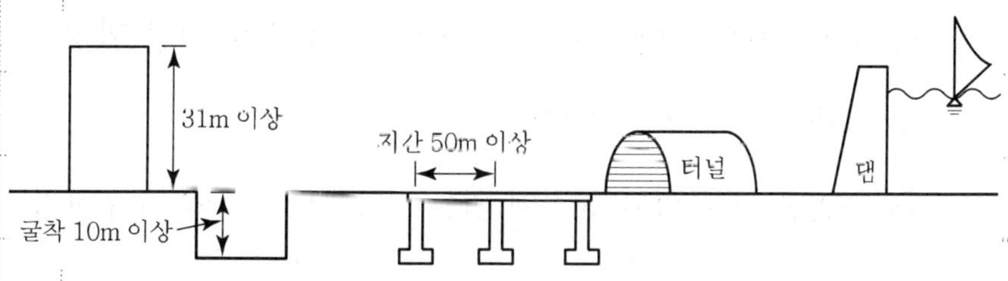

[계획서 작성대상 사업장]

III. 유해·위험방지계획서 제출서류

1) 공사 개요서

2) 주변상황 및 주변 관계도면

3) 기계설비 등의 배치도면

4) 전체 공정표

5) 산업안전보건 관리비 사용계획

6) 안전관리 조직표

7) 재해발생 위험 시 연락 및 대피방법

IV. 심사구분 및 결과조치

1) 유해위험 방지계획서 Flow-Chart

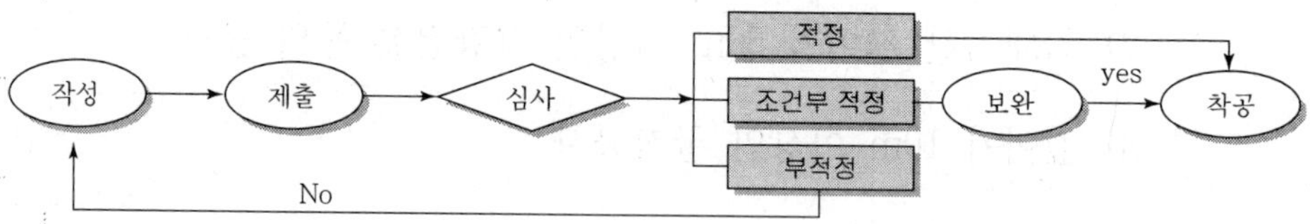

1. 심사구분

1) **적정** : 근로자의 안전과 보건상 필요한 조치가 확보된 경우

2) **조건부 적정** : 일부 개선이 필요한 경우

3) **부적정**

① 심사기준에 위배되어 공사 착공 시 중대한 위험 발생 우려 시

② 계획에 근본적인 결함이 있는 경우

③ 특별한 사유 없이 규정에 의한 서류보완 기간을 준수하지 않을 경우

2. 심사결과 조치

1) **적정** : 안전과 보건상 필요한 조치가 구체적으로 확보되었다고 인정되는 경우
2) **조건부적정** : 안전과 보건을 확보하기 위해 일부 개선이 필요하다고 인정되는 경우
3) **부적정** : 공사 착공 시 중대한 위험발생의 우려가 있는 경우

3. 확인사항

1) 사업주는 해당 공사의 종류에 따라 3~6개월에 1회 이상 산업안전보건관리공단의 확인을 받아야 한다.
2) 공단은 확인 결과 유해·위험요인 발견 시 5일 이내에 사업주에게 통보 및 필요시 개선명령 등 필요한 조치를 한다.
3) 자율안전관리업체는 당해 공사의 준공 시까지 감독관청의 확인을 받지 아니할 수 있다.
4) 유해·위험방지계획서의 내용과 실제 공사 내용과의 부합 여부
5) 유해·위험방지계획서 변경 내용의 적정성
6) 추가적인 유해·위험요인의 존재 여부

V. 문제점

1) 환경사항 미고려
2) Model 자체의 다양성 결여
3) 공단의 전문인력 부족
4) 산안법과 건진법의 이원화
5) 건설안전기술사 등 전문가 활용부족

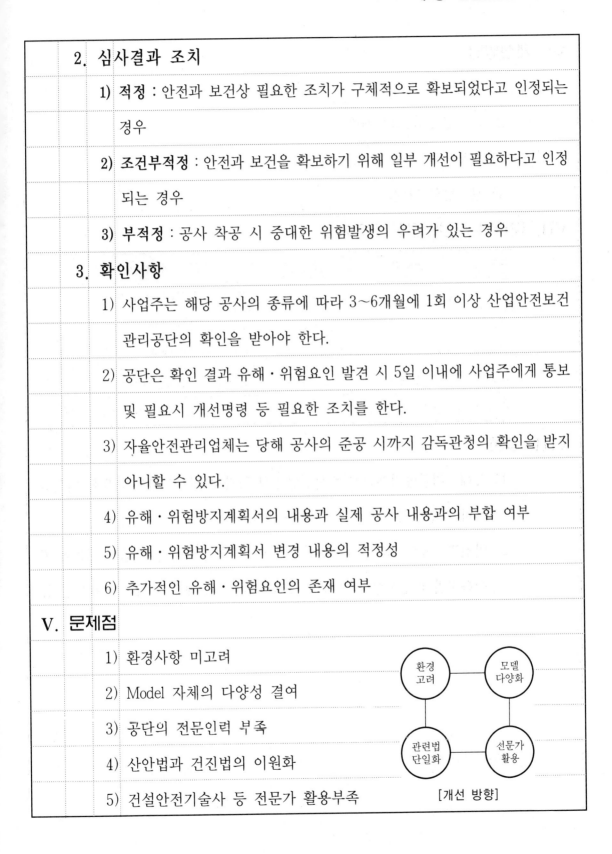

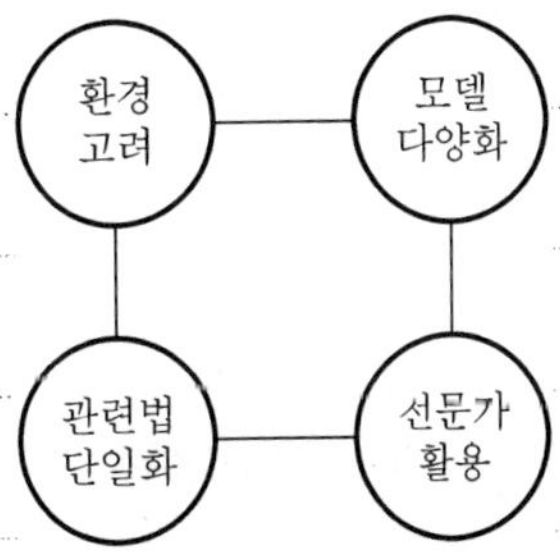

[개선 방향]

VI. 개선방향

1) 환경사항 고려
2) 다양한 Model의 개발
3) 전문인력 확보 및 양성
4) 관련법의 단일화

VII. 각국의 사전안전성 평가제도

국명	시행명령	담당기관	주요내용
일본	사전안전성 평가제도	노동성	건설업 7개 위험공종 대상
영국	CDM 제도	안전보건청	모든 건설공사 대상
미국	기본안전계획서	산업안전보건청	모든 건설공사 대상
대만	CSM 제도	노공위원회	건설업 7개 위험공종 대상
중국	사전안전성 평가제도	노동부	한국의 유해·위험방지계획서를 모델

VIII. 결론

1) 유해·위험방지계획서는 사전안전성 평가제도로서 매우 중요한 역할을 하나 사업주의 자발적인 참여가 필요하며,
2) 안전관리계획서와 유해·위험방지계획서가 중복될 경우 선택 제출이 가능하지만 환경사항 및 다양한 Model의 연구, 개발이 이루어져야 한다.

끝

문제17) 산업안전보건법상의 안전진단(10점)

답)

I. 개요

1) 안전진단이란 산재예방을 위해 잠재적 위험성의 발견과 개선대책의 수립을 목적으로,

2) 노동부장관이 지정하는 자가 실시하는 조사·평가를 말한다.

II. 안전진단 대상사업장

1) 중대재해발생 사업장

2) 안전·보건개선계획 수립·시행명령을 받은 사업장

3) 추락·폭발·붕괴 등 재해발생 위험이 현저히 높은 사업장으로서 지방노동관서의 장이 안전·보건 진단이 필요하다고 인정하는 사업장

III. 안전진단의 종류 및 내용

1) 종합진단

- 경영·관리적 사항 평가 등
- 보호구, 안전보건장비, 작업환경의 적정성

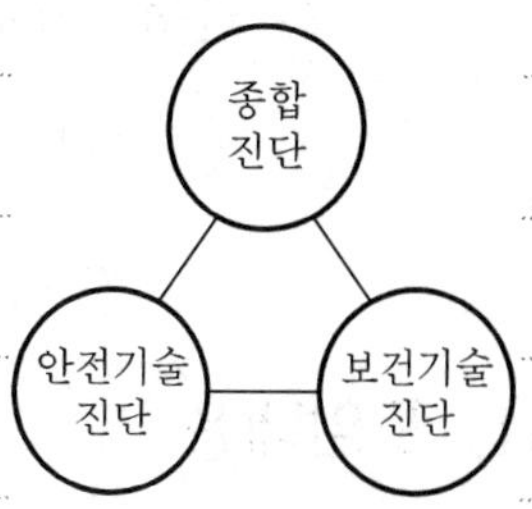

[안전진단의 종류]

2) 안전기술진단

- 산재 또는 사고의 발생원인 등

3) 보건기술진단

- 보건관리 개선을 위하여 필요한 사항 등

끝

문제18) 안전 · 보건 개선계획(10점)

답)

I. 개요

1) 노동부장관은 사업장의 안전·보건실태가 불량한 사업장에 대하여 안전·보건 개선계획 수립을 명할 수 있다.

2) 해당사업주는 공단의 검토를 노동부에 제출해야 한다.

II. 수립대상 사업장

1) 안전·보건 개선계획 수립대상 사업장

① 안전관리자 배치 사업장으로 동종업종 평균 재해율 이상인 사업장

② 작업환경측정 대상 사업장으로 작업환경이 불량한 사업장

③ 중대재해가 연간 2건 이상 발생한 사업장

④ 기타 노동부장관이 정하는 사업장

2) 안전·보건진단을 받아 안전·보건개선계획 수립·제출대상 사업장

① 노동부장관은 안전·보건조치가 극히 불량한 사업장에 대해 안전·보건진단을 받아 안전·보건 개선계획 수립을 명할 수 있다.

III. 포함내용

1) 안전시설에 관한 사항

2) 안전·보건관리체계

3) 안전·보건교육에 관한 사항

4) 산재예방에 필요사항

5) 작업환경 개선에 필요사항 끝

문제19) 작업장 조도기준(10점)

답)

I. 개요

1) 사업주는 근로자가 상시 작업하는 장소의 작업면 조도를 기준에 맞도록 하고 있으며 다만, 갱내작업장은 별도의 규정을 적용하고 있다.

2) 건설현장에서의 안전사고 방지를 위하여는 시야확보가 무엇보다 중요하며 이를 위한 작업장의 조도확보는 안전을 위한 가장 기본이라 할 수 있다.

II. 일반작업장 조도기준

1) 초정밀작업 : 750럭스(lux) 이상

2) 정밀작업 : 300럭스(lux) 이상

3) 보통작업 : 150럭스(lux) 이상

4) 그 밖의 작업 : 75럭스(lux) 이상

III. 갱내작업장

1) 갱구부 : 30럭스(lux) 이상

2) 수직구 : 30럭스(lux) 이상

3) 터널중간구간 : 50럭스(lux) 이상

4) 터널막장구간 : 70럭스(lux) 이상(2016년 60럭스에서 70럭스로 강화됨)

IV. 재해예방을 위한 조명 및 채광 시 유의사항

1) 채광 및 조명을 하는 경우 명암의 차이가 심하지 않을 것

2) 눈이 부시지 않은 방법을 강구할 것

끝

문제20) 건설현장이 개설되어 현장소장으로 부임되었다. 현장소장으로 처리해야 할 관련 기관(대관) 인·허가 사항에 대하여 아는 바를 기술하시오.(25점)

답)

I. 개요

1) 현장소장은 사업장의 안전·보건 업무를 총괄·관리하는 '관리책임자'로서 안전보건 관리책임자와 안전보건 총괄책임자로 구분되어 있다.

2) 공사 착공 전 현장소장은 안전, 환경 및 공사에 관련된 인·허가 업무를 처리하여야 한다.

II. 현장소장의 직무

1) **안전보관관리책임자**

① 산업재해 예방계획 수립

② 안전보건관리규정 작성

③ 근로자의 안전보건 교육

④ 작업환경 측정

⑤ 근로자의 건강진단

⑥ 산재 원인조사 및 방지대책 수립

⑦ 산재 통계 기록·유지

⑧ 안전장치 및 보호구 적격품 확인

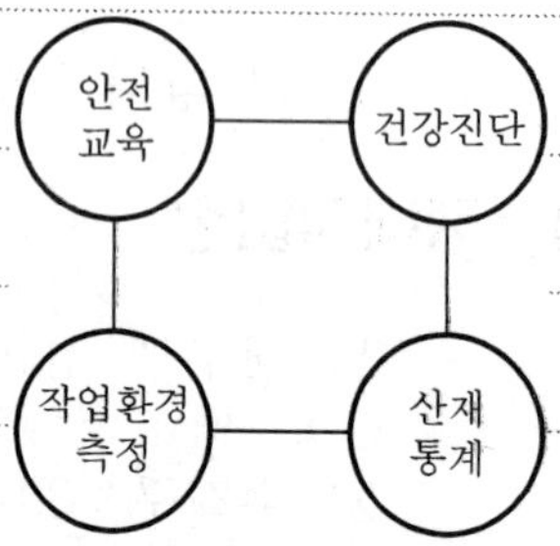

[현장소장의 직무]

2) **안전보건총괄책임자**

① 작업의 중지 및 재개

② 도급사업의 안전보건조치

③ 산업안전관리비 집행감독 및 사용상 협의 조정

④ 기계 · 기구 및 설비의 사용 확인

III. 인 · 허가에 따른 사전조치 사항

1. 안전에 관한 사항

1) 사업장 개시 신고

① 착공일로부터 14일 이내 ② 근로복지공단에 신고

2) 안전관리자 등 선임

① 일정 규모 이상의 건설공사(공사금액 100억 이상, 토목공사 150억 이상 -2020. 7. 1 개정)

② 개정 예정

- 2021년 7월 1일 80억 이상
- 2022년 7월 1일 60억 이상
- 2023년 7월 1일 50억 이상으로 단계별 개정 예정

3) 유해 · 위험방지계획서 제출

① 지상 높이 31m 이상 건축공사 등

② 착공 전일까지 산업안전공단에 제출 · 심사

4) 기술지도 계약

① 일정 규모의 건설공사(건축 : 3~100억 원, 토목 : 3~150억 원)

② 재해예방 전문지도기관과 계약체결

5) 안전관리계획서 제출

① 1종, 2종 시설물 등 제출 대상 공사 현장

② 해당 기관 발주처에 제출한다.

2. 환경에 관한 사항

1) 비산 먼지 발생 사업자 신고

① 착공 전 해당 구청에 신고

② 세륜장 설치, 분진막 설치 등

2) 쓰레기 다량 배출신고(폐기물 배출처리신고)

① 반출 전 시청 환경과에 신고

② 폐기물 처리업자 신고

3) 특정공사 사전신고

① 착공전 해당 구청

② 방음벽 설치, 저소음 장비·공법 적용

4) 폐기물배출자 신고

① 폐기물 반출 전 환경과 신고

② 폐기물 처리계획 수립, 제3자 계약

3. 기타

1) 임시전력 : 건축 허가 후 한국전력에 신청

2) 착공계

① 시청(구청), 노동부에 신고

② 현장대리인계, 안전, 품질관리자

3) 지하 매설물 확인

-오수, 하수, 통신, 가스 등 해당 관청

4) 도로점용허가 및 가건물 축조 신고 등

끝

문제21) 와이어로프의 폐기기준 및 취급 시 주의사항(10점)

답)

I. 개요

사업주는 작업시작 전에 Wire Rope 등의 이상 유무를 점검하여, 부적격한 Wire Rope는 사용해서는 안 되며, 취급 시 주의사항을 준수하여야 한다.

II. Wire Rope 안전계수

$$안전계수 = \frac{절단하중}{최대하중}$$

III. Wire Rope의 폐기기준

1) 이음매가 있는 것
2) Wire Rope 소선의 수가 10% 이상 절단된 것
3) 지름의 감소가 공칭지름의 7%를 초과한 것
4) 꼬인 것
5) 심하게 변형 또는 부식된 것

IV. 취급 시 주의사항

1) 부적격한 Wire Rope는 즉시 현장에서 반출한다.
2) Wire Rope 사용 전 매달기 각도에 따른 하중변화확인
3) 모서리 등 보호하여 소선절단 방지
4) 마모방지
5) 습기없고 환기 잘되는 곳 보관
6) 고열 및 직사광선 피할 것

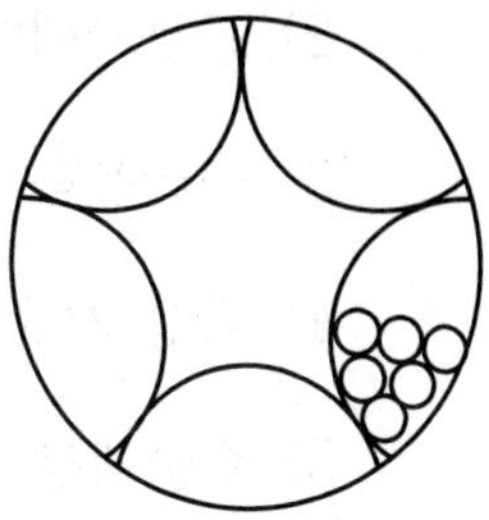

[Wire Rope 단면]

끝

문제22) 구급용품(10점)

답)

I. 개요

사업주는 부상자 응급치료에 필요한 구급용구를 비치하고, 장소와 사용법을 근로자에게 주지시켜야 하며, 구급용품 관리자를 지정하여 항상 사용이 가능하도록 유지해야 한다.

II. 건설현장에 비치하여야 할 구급용품

1) 붕대재료, 탈지면, 핀셋 및 반창고
2) 소독약
3) 지혈대, 부목 및 들것
4) 화상약 ┌ 고열물체 취급 작업장
　　　　 └ 화상 우려 작업장

III. 구급용품의 사용 및 관리

1) 부상자 응급치료에 필요한 구급용품 비치
2) 근로자에게 비치 장소 및 사용법 주지
3) 구급용품 관리자 지정
4) 항상 사용 가능하도록 청결 유지
5) 수불대장 관리 – 필요 품목 구입

IV. 응급처치자가 지켜야 할 사항

1) 생사 판정을 하지 않는다.
2) 원칙적으로 의약품 사용을 피한다.
3) 응급처치를 끝내고 의사에게 인계한다.

끝

문제23) 근로자 안전 · 보건교육 강사기준(10점)

답)

I. 사업주 자체 강의 자격자

1) 안전보건관리책임자
2) 관리감독자
3) 안전관리자
4) 보건관리자
5) 안전보건관리담당자
6) 산업보건의

II. 법에서 인정한 강사 기준

1) 공단 실시 강사요원 교육과정 이수자
2) 산업안전지도사 또는 산업보건지도사
3) 산업안전보건에 관하여 학식과 경험이 있는 사람으로 고용노동부장관이 정하는 기준에 해당하는 사람

III. 교육내용

1) 산업안전 및 사고예방에 관한 사항
2) 산업보건 및 직업병 예방에 관한 사항
3) 건강증진 및 질병예방에 관한 사항
4) 유해위험 작업환경관리에 관한 사항
5) 직무스트레스 예방 및 관리에 관한 사항
6) 산업안전보건법령 및 일반관리에 관한 사항
7) 산업재해보상보험제도에 관한 사항

끝

문제24) 대표이사 안전보건계획 수립 가이드(10점)

답)

I. 개요

근로자 안전·보건 유지증진을 위해 대표이사가 안전·보건에 관한 계획을 주도적으로 수립하고 성실하게 이행하도록 안전보건경영시스템 구축을 도모하기 위한 제도이다.

II. 대통령령으로 정한 회사의 범위

1) 시공능력 순위 1,000위 이내 건설회사

2) 상시근로자 500명 이상을 사용하는 회사(건설회사 외)

III. 대표이사 의무내용

1) 매년 안전 및 보건에 관한 계획을 수립 → 이사회 보고 → 승인

2) 이사회에 보고하지 않거나 승인받지 않은 경우 : 1,000만 원 이하 과태료

IV. 안전보건계획 5요소(SMART)

1) 구체성이 있는 목표를 설정할 것(Specified)

2) 성과측정이 가능할 것(Measurable)

3) 목표달성이 가능할 것(Attainable)

4) 현실적으로 적용 가능할 것(Realistic)

5) 시기 적절한 실행계획일 것(Timely)

V. 안전보건계획에 포함 내용

1) 안전·보건에 관한 경영방침

2) 안전·보건관리 조직의 구성·인원 및 역할

3) 안전 · 보건 관련 예산 및 시설현황

4) 안전 · 보건에 관한 전년도 활동실적 및 다음 연도 활동계획 수립

끝

제1장

건설안전관계법

2. 시설물의 안전관리에 관한 특별법

문제1) 시설물의 안전관리에 관한 특별법의 목적(10점)

답)

I. 개요

시설물 안전점검과 적정한 유지관리를 통해 재해와 재난을 예방하고, 시설물 효용을 증진시켜 공중의 안전을 확보하고 국민 복리 증진에 기여함을 목적으로 한다.

II. 목적

1) 시설물의 안전점검과 적정한 유지관리를 통한 재해예방

2) 시설물의 효용증진으로 공중의 안전확보

3) 국민의 복리증진에 기여

III. 도해 설명

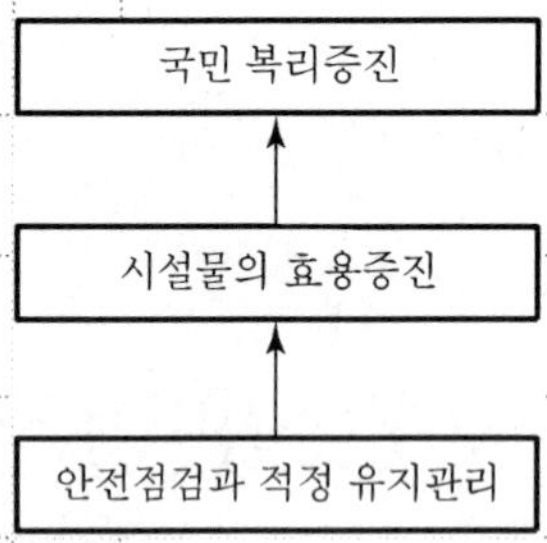

IV. 문제점

1) 타 법령과의 혼재

2) 구체적인 내용 미흡

3) 환경 관련 내용 미고려

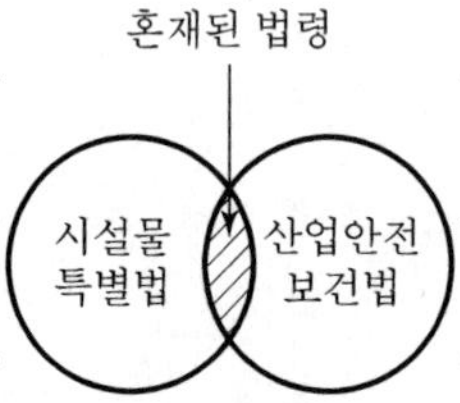

[타 법령과의 혼재]

V. 개선방향

1) 관련법과 조화　　2) 환경 관련 내용 추가 도입

3) 구체적인 내용 및 분류　　4) 전문인력 확보 및 양성

끝

문제2) 시설물의 관리주체(10점)

답)

I. 개요

관리주체란 관계법령에 의해 해당 시설물 관리자로 규정된 자 또는 소유자를 말하며, 공공관리주체와 민간관리주체로 구분한다.

II. 공공관리주체

1) 국가 · 지방자치단체

2) 공공기관의 운영에 관한 법률에 따른 공공기관

① 정부가 출연한 기관

② 정부자원액이 총수입액의 2분의 1을 초과하는 기관

③ 정부가 50% 이상 지분을 갖거나, 30% 이상의 지분을 가지고 임원 임명권한 행사 등으로 지배력을 확보하고 있는 기관

3) 지방공기업법에 따른 지방공기업

① 수도사업 ② 공업용 수도사업

③ 궤도사업 ④ 자동차운송사업

⑤ 지방도로사업 ⑥ 하수도사업

⑦ 주택사업 ⑧ 토지개발사업

III. 민간관리주체

공공관리주체 외의 관리주체

끝

문제3) 시설물의 안전 및 유지관리 기본계획과 관리계획 수립대상 시설물 및 포함사항에 대하여 기술하시오.(25점)

답)

I. 개요

1) 관리주체는 소관 시설물에 대한 안전 및 유지관리계획을 대통령령이 정하는 바에 따라 수립·시행하여야 하며

2) 매 5년마다 시설물별로 안전 및 유지관리 계획을 수립, 이에 따라 매년 시행계획을 수립·시행하여야 한다.

II. 시설물관리 특별법의 목적

1) 시설물의 안전점검과 적정 유지관리

2) 시설물의 효용증진 및 공중 안전확보

3) 국민의 복리증진에 기여

[시특법의 목적]

III. 수립대상 사업장

1. 1종 시설물

1) 교량

① 상부구조형식이 현수교, 사장교, 트러스교, 아치교인 교량

② 연장 500m 이상의 교량

2) **터널**

① 연장 1,000m 이상인 터널

② 고속철도 및 도시철도터널

③ 3차선 이상의 도로터널

3) **항만** - 갑문시설 및 연장 1km 이상 방파제

4) **댐** - 다목적 댐, 발전용 댐, 용수전용 댐(저수용량 1천만 ton 이상)

5) **건축물** - 21층 이상 또는 연면적 5만 m^2 이상의 대형건축물

- 연면적 3만 m^2 이상의 관람장

- 고속철도 역시설

- 연면적 1만 m^2 이상의 지하도 상가

6) **하천** - 하구둑, 특별시 또는 광역시 안에 있는 국가하천의 수문 또는 통문

7) **상하수도** - 광역상수도, 공업용수도

- 1일 공급능력 3만 톤 이상의 지방 상수도

2. 2종 시설물

- 1종 시설물 이외의 주요 시설물로 대통령령이 정하는 시설물

IV. 시설물의 안전 및 유지관리계획의 보고

1) **보고**

① 공공관리주체 : 안전 및 유지관리계획을 주무부처의 장에게 보고

② 민간관리주체 : 안전 및 유지관리계획을 시장, 군수, 구청장에게 보고

2) **보고시기**

① 매년 2월 15일까지 보고 후

② 주무부처의 장은 취합 후 국토교통부장관에게 4월 15일까지 제출

V. 시설물의 안전 및 유지관리 기본계획 포함사항

1) 시설물의 안전 및 유지관리에 관한 기본방향
2) 시설물의 안전 및 유지관리에 필요한 기술의 연구 · 개발
3) 시설물의 안전 및 유지관리에 필요한 소요인력의 양성
4) 시설물의 안전 및 유지관리 체계의 개발
5) 시설물의 안전 및 유지관리와 관련된 정보체계의 구축
6) 기타 대통령령이 정하는 사항

VI. 시설물의 안전 및 유지관리계획

1) 시설물의 안전 및 유지관리를 위한 조직 · 인원 및 장비의 확보에 관한 사항
2) 긴급사항 발생 시 조치체계에 관한 사항
3) 시설물의 유지관리 등에 관련된 설계도서의 수집 및 보존에 관한 사항
4) 안전점검 및 정밀안전진단 실시 계획 및 보수 · 보강 계획에 관한 사항
5) 안전 및 유지관리에 필요한 비용에 관한 사항
6) 기타 국토교통부령으로 정하는 사항

VII. 결론

1) 관리주체는 시설물 안전관리에 관한 의무 및 특별관리사항을 자체적으로 규정 · 시행하여야 하며
2) 안전점검 및 진단, 시설물의 유지관리 업무를 성실히 수행하여 효율적인 시설물의 안전 및 유지관리가 되도록 하여야 한다.

끝

문제4) 시설물안전관리 특별법상의 정밀안전진단(25점)

답)

I. 개요

1) 정밀안전진단이란 시설물의 재해예방과 안전성 확보를 위하여

2) 관리주체가 필요하거나 대통령이 정하는 1종 시설물에 대하여 정밀안전진단을 통해 시설물 결함 현황 및 결함 발생 현상과 원인 등을 조사하여 보수·보강 방법을 제시하는 것이다.

II. 시설물관리법의 목적

1) 시설물의 안전점검과 적정한 유지관리

2) 시설물의 효용 증진으로 공공 시설물의 안전성 확보

[시설물관리법의 목적]

III. 정밀안전진단 실시시기 및 대상

1. 실시시기

① 관리주체가 안전점검실시 결과 필요하다고 인정 시

② 완공 후 10년 경과된 1종 시설물로 2회차부터는 등급에 따라 실시

2. 정밀안전진단 대상 시설물

1) 교량

① 상부구조형식이 현수교, 사장교, 트러스교, 아치교인 교량

② 연장 500m 이상의 교량

2) 터널

① 연장 1,000m 이상인 터널

② 고속철도 및 도시철도터널

③ 3차선 이상의 도로터널

3) **항만** - 갑문시설 및 연장 1km 이상 방파제

4) **댐** - 다목적댐, 발전용댐, 홍수전용댐 및 총저수용량 1천만 세제곱미터 이상의 용수전용댐

5) **건축물** - 21층 이상 또는 연면적 5만 m^2 이상의 대형건축물

- 연면적 3만 m^2 이상의 관람장

- 고속철도 역시설

- 연면적 1만 m^2 이상의 지하도 상가

6) **하천** - 하구둑, 특별시 또는 광역시 안에 있는 국가하천의 수문 또는 통문

7) **상하수도** - 광역상수도, 공업용수도

-1일 공급능력 3만 톤 이상의 지방 상수도

IV. 정밀안전진단 Flow Chart

V. 정밀안전진단에 의한 상태평가

상태등급	상태	조치
A	최상의 상태	정상적 유지관리
B	양호한 상태	지속적 주의관찰
C	보조부재에 손상 있는 보통상태	보수·보강 필요
D	주요부재에 노후화 진전	사용제한 여부 판단
E	노후화 심각	사용금지, 교체·개축

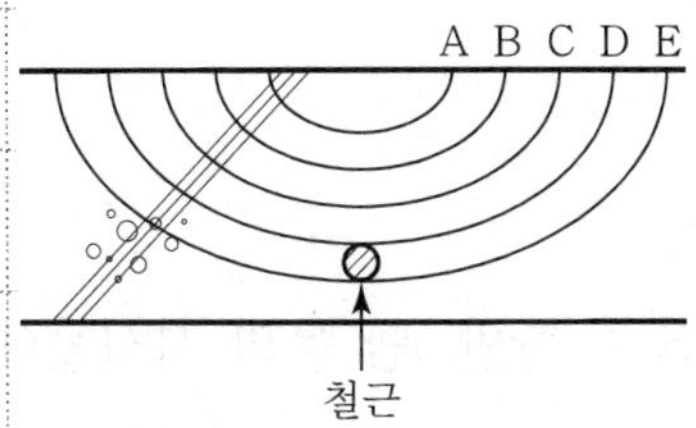

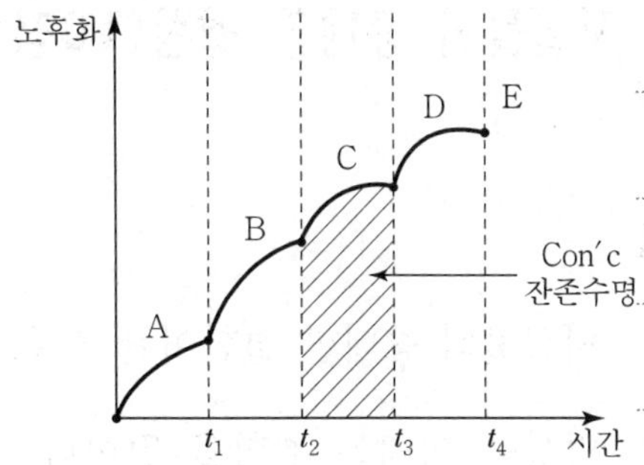

VI. 정밀안전진단방법

1) 기초지반조사

① 현장시험 : 지반조사

② 실내시험 : 토질시험

2) 육안검사

① 부동침하, 변형조사

② 균열조사, Con'c 노후화 및 철근부식조사

3) Con'c 시설물

① 현장시험 : 반발경도시험, 초음파시험

② 실내시험 : 압축강도시험, 철근인장강도시험

4) 강재시설물

① 방사선 투과시험, 초음파탐상시험

VII. 결론

1) 정밀안전진단은 정기점검과정에서 발견치 못하는 결함부위를 발견하기 위한 작업으로

2) 효과적이고 안선한 진단을 위해서는 철저한 사전계획과 준비가 필요하다.

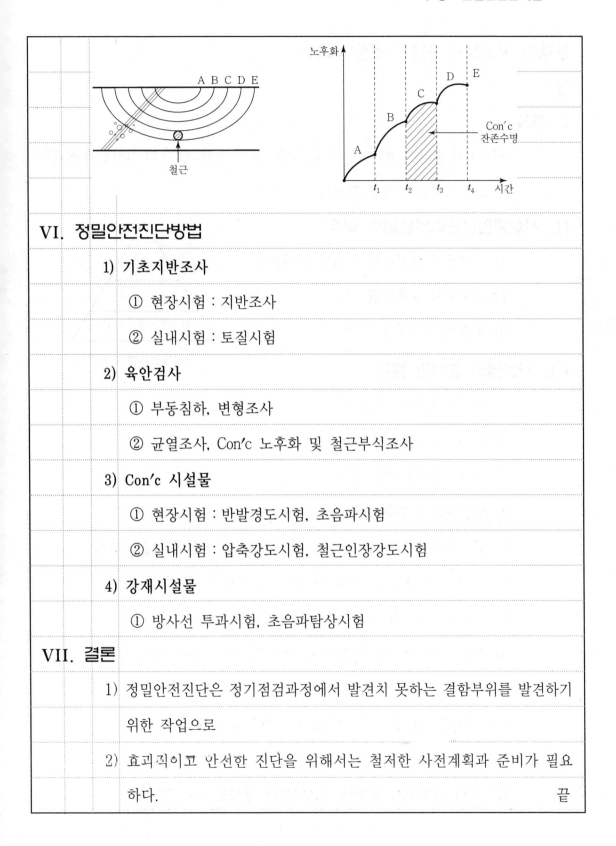

끝

문제5) 시설물의 중대한 결함(10점)

답)

I. 개요

시설물의 중대한 결함이란 기초, 교량, 터널, 항만, 댐 등의 시설물에 심각한 영향을 미치는 결함을 말한다.

II. 시설물안전관리특별법의 목적

1) 시설물의 안전점검과 적정 유지관리

2) 시설물의 효용증진

3) 국민의 복리증진에 기여

[시설물관리법의 목적]

III. 시설물의 중대한 결함

1) 시설물 기초의 세굴

2) 교량·교각의 부등침하

3) 교량·교좌장치의 파손

4) 터널지반의 부등침하

5) 항만계류시설 중 강관 또는 철근콘크리트 파일의 파손·부식

6) 댐 본체의 균열 및 시공이음의 시공 불량 등에 의한 누수

7) 건축물 기둥, 보, 내력벽의 내력 상실

8) 하구둑 및 제방의 본체, 수문, 교량의 파손·누수 또는 세굴

9) 폐기물 매립시설의 차수시설 파손에 의한 침출수의 유출

10) 시설물 철근콘크리트의 염해, 중성화에 의한 내력 손실

11) 절토·성토사면의 이완에 따른 옹벽의 균열 또는 파손

12) 기타 규칙에서 정하는 구조안전에 영향을 주는 결함

IV. 중대한 결함발견 시 조치사항

1) 소속기관장에 보고

2) 주민, 경찰에 통지

3) 신속평가

4) 후속조치

5) 결과확인(조치에 대한 시정 조치)

끝

문제6) 시설물의 중요한 보수·보강(10점)

답)

I. 개요

1) 시설물의 중요한 보수보강이란 시설물 결함으로 인한 공공안전에 위험을 줄 수 있는 주요 구조부로

2) 철근 Con'c 구조부, 철골구조부, 건축법 규정에 의한 주요구조부 및 국토교통부령이 정하는 구조상 주요부분이다.

II. 지정목적

1) 구조상 주요부분의 집중적 관리에 의한 재해예방

2) 시설물 안전점검 시 구조물 상태평가 판단자료 활용

3) 시설물 유지보수 및 해체 시 판단근거로 활용

4) 하자담보책임에 대한 특례 활용

III. 구조상 주요부분

1) 철근 Con'c 구조부 또는 철골구조부

2) 건축법상 내력벽 기둥·바닥·보·지붕틀 및 주계단

3) 교량의 교좌장치

4) 터널의 복공부위

5) 하천제방의 수문문비

6) 댐의 본체, 시공 이음부, 여수로

7) 조립식 건축물의 연결부위

8) 상수도 관로이음부

9) 항만시설 중 갑문문비 작동시설과 계류시설의 구조체

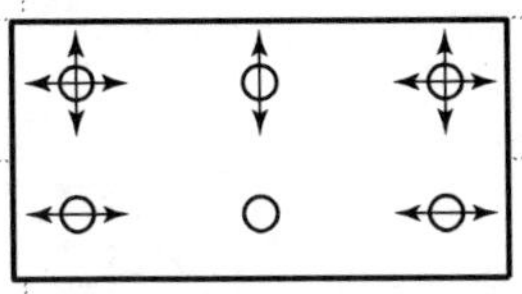

[교량의 교좌장치]

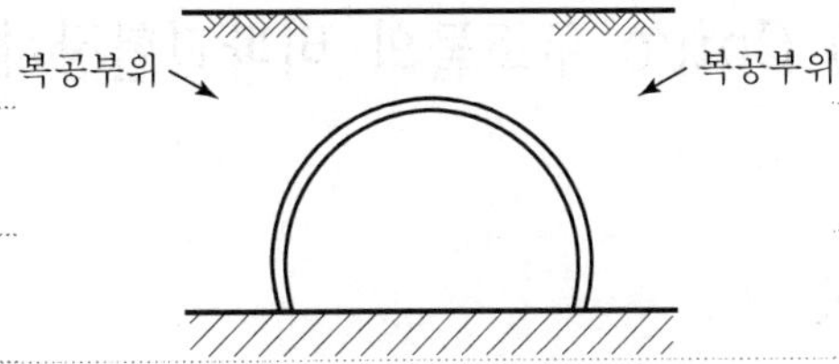

[터널의 복공부위]

IV. 결론

시설물의 구조상 주요부분은 중대한 결함이 발생되지 않도록 정기적으로 점검을 실시하여 유지 및 보수를 철저히 하여야 한다.

끝

문제7) Con'c 구조물의 비파괴현장시험(25점)

답)

I. 개요

1) 비파괴시험은 재료 혹은 제품을 파괴하지 않고 강도, 결함의 유무 등을 검사하는 방법으로

2) Con'c 비파괴시험의 종류에는 반발경도법, 초음파법, 복합법, 방사선 투과법 등이 있다.

II. Con'c 비파괴시험의 필요성

1) 작용하중의 변동

2) 재료강도의 불명확

3) 구조물의 제작시공 오차

4) 인적과오 존재

[시설물관리법의 목적]

III. 정밀안전진단 Flow Chart

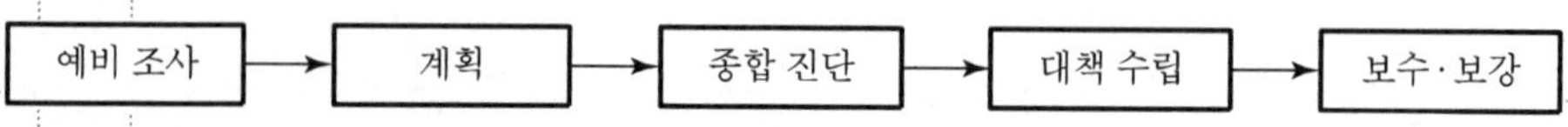

IV. Con'c 비파괴시험의 종류

1) 반발경도법

① Con'c 표면을 타격하여 Hammer의 반발정도로 Con'c 강도 추정

② N형(보통 Con'c), L형(경량 Con'c), M형(Mass Con'c) 등이 있다.

2) 초음파법

① 초음파 Pulse를 Con'c에 발사시킨 후 초음파 속도를 측정

② 초음파 속도

- 4.5km/sec : 우수
- 3.5～4.5km/sec : 보통
- 3.5km/sec 미만 : 불량

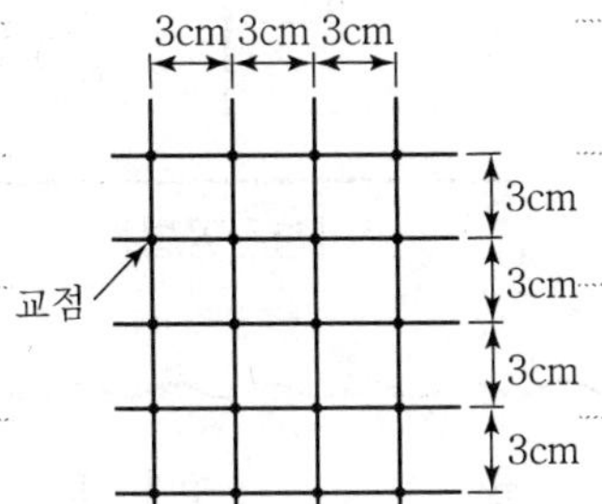

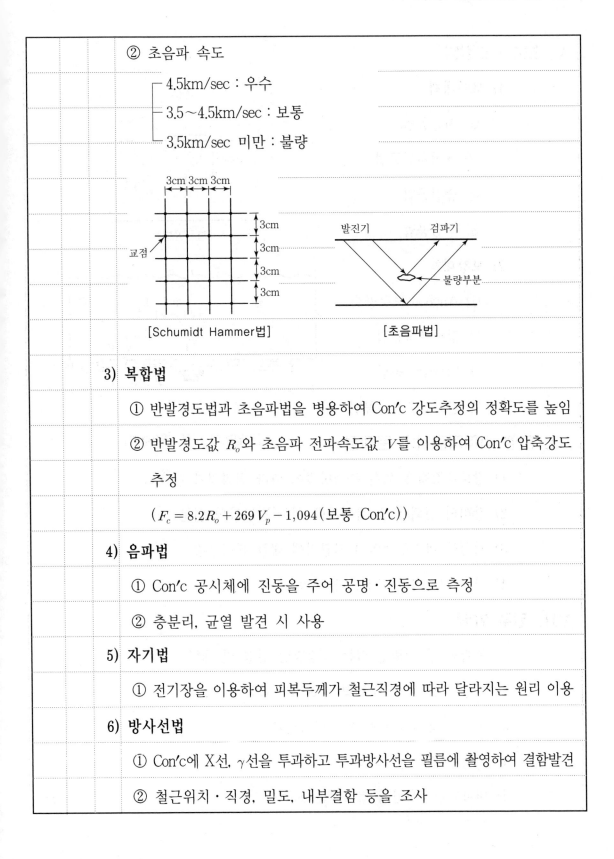

[Schumidt Hammer법]

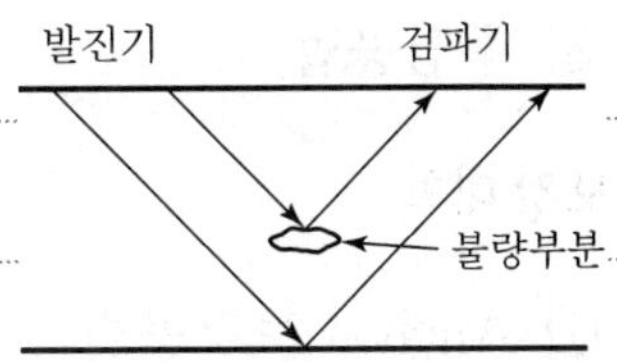

[초음파법]

3) **복합법**

① 반발경도법과 초음파법을 병용하여 Con′c 강도추정의 정확도를 높임

② 반발경도값 R_o와 초음파 전파속도값 V를 이용하여 Con′c 압축강도 추정

($F_c = 8.2R_o + 269\,V_p - 1{,}094$(보통 Con′c))

4) **음파법**

① Con′c 공시체에 진동을 주어 공명·진동으로 측정

② 층분리, 균열 발견 시 사용

5) **자기법**

① 전기장을 이용하여 피복두께가 철근직경에 따라 달라지는 원리 이용

6) **방사선법**

① Con′c에 X선, γ선을 투과하고 투과방사선을 필름에 촬영하여 결함발견

② 철근위치·직경, 밀도, 내부결함 등을 조사

V. 보수 · 보강법

1) 보수대책

① 치환공법

② 표면처리공법

③ 충진공법

④ 주입공법

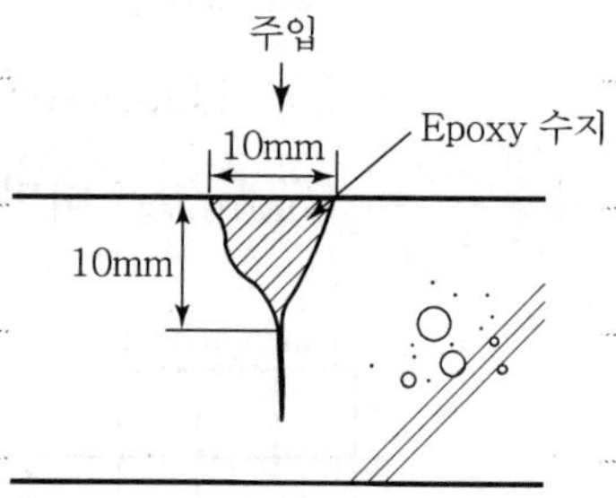

[충전공법]

2) 보강대책

① Anchor 보강공법

② 강판부착공법

③ Prestress공법

④ 탄소섬유보강공법

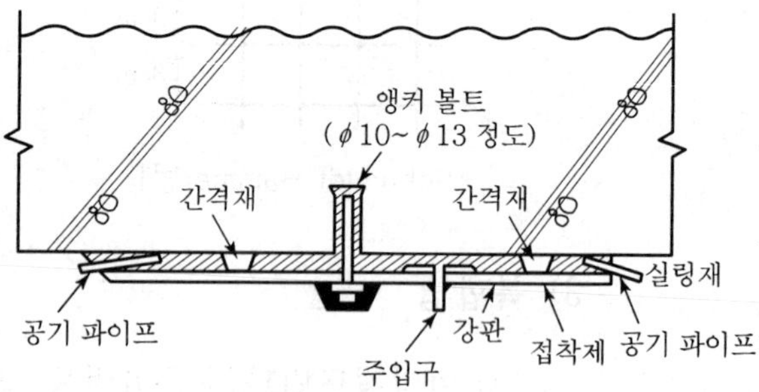

[주입법에 의한 강판부착]

VI. 현행 비파괴검사의 문제점

1) 강도추정법에 의한 측정방법에 따라 결과치가 다름

2) 장비의 신뢰성 및 측정자에 의한 강도값의 의문

3) 시설물 관리주체의 유지관리에 대한 관심부족

4) 국내 기술인력의 전문화 부족

VII. 향후 방향

1) 복합법 등 신뢰성 있는 측정방법 선정 및 개발

2) 현장시험결과의 Data화(Feed Back화)

3) 시설물 유지관리에 대한 인식전환

4) 고성능 검사장비의 개발

5) 비파괴현장시험의 검사기준 표준화 끝

문제8) 초음파법(10점)

답)

I. 개요

초음파법은 콘크리트 중의 음속의 크기에 의해 강도를 추정하는 것으로 음속은 피측정물의 소정의 개소에 붙인 발신자와 수신자 사이를 음파가 전하는 시간을 측정하여 식에 의해 정한다.

II. 음속을 측정하는 공식

$$V_t = \frac{L}{T}$$

- V_t : 음속(m/s)
- L : 측정거리(m)
- T : 음파의 전달시간(sec)

III. 측정 순서 Flow Chart

기기의 교정 → 발신자·수신자 장착 → 전파시간 측정 → 전파거리 측정 → 음속 계산

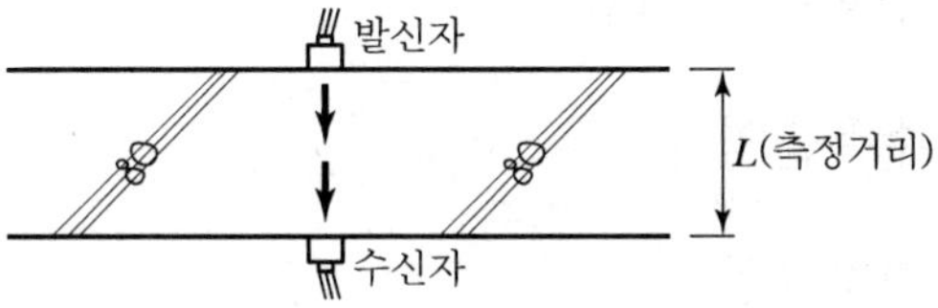

IV. 특징

1) 콘크리트의 내부강도 측정이 가능하다.

2) 타설 후 6~9시간이 경과하면 측정이 가능하다.

3) 강도가 작을 경우 오차가 크고 철근의 영향이 크다.

4) 음속측정장치는 50~100kHz 정도의 초음파를 이용한다.

끝

문제9) 시설물관리법상 Con'c 및 강구조물의 노후화 종류(25점)

답)

I. 개요

1) 시설물의 노후화는 구조물의 상태를 판단하는 주요한 기준이 되며

2) 균열, 층분리, 박리, 박락 등의 Con'c 구조물 결함과 부식, 피로균열 등 강구조물의 노후화로 구분된다.

II. Con'c 구조물 노후화의 종류

1) **균열(Crack)**

① 크기별 분류

- 미세균열 : 0.1mm 미만
- 중간균열 : 0.1~0.7mm 미만
- 대형균열 : 0.7mm 이상

② 결함원인별 분류

- 수축균열
- 정착균열
- 구조적 균열
- 철근부식균열
- 지도형상균열
- 동결융해균열

2) **층분리(Delamination)**

① 현상

- 철근의 상부 또는 하부에서 Con'c가 층을 이루며 분리

② 주원인

- 철근부식에 의한 팽창

- 칼슘이온(소금, 염화칼슘)에 의하여 발생

③ 확인방법

- 망치로 두드려 중공음 여부로 확인

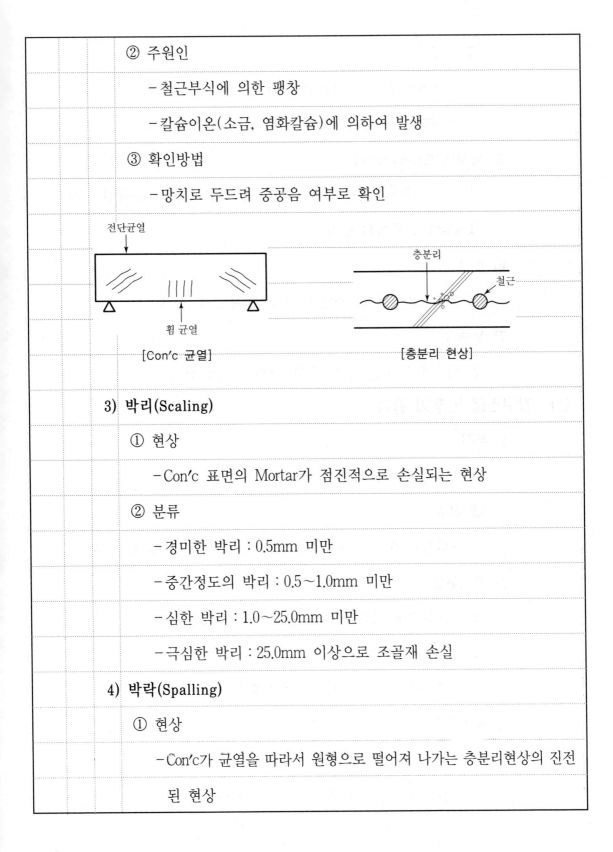

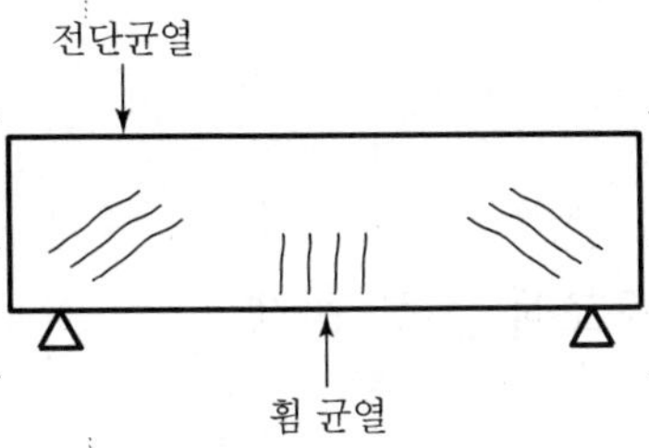

[Con'c 균열]

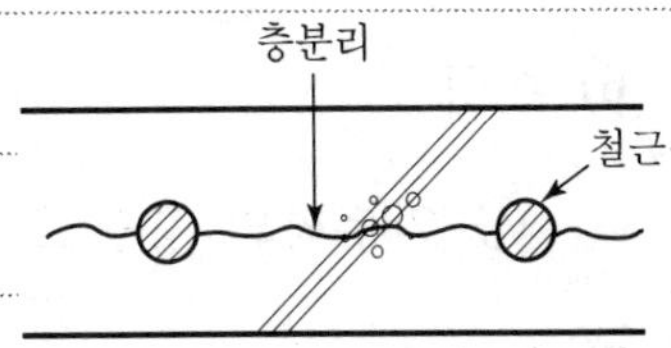

[층분리 현상]

3) **박리(Scaling)**

① 현상

- Con'c 표면의 Mortar가 점진적으로 손실되는 현상

② 분류

- 경미한 박리 : 0.5mm 미만

- 중간정도의 박리 : 0.5~1.0mm 미만

- 심한 박리 : 1.0~25.0mm 미만

- 극심한 박리 : 25.0mm 이상으로 조골재 손실

4) **박락(Spalling)**

① 현상

- Con'c가 균열을 따라서 원형으로 떨어져 나가는 층분리현상의 진전된 현상

② 분류

-소형박락 : 깊이 25mm 미만, 직경 150mm 미만

-대형박락 : 깊이 25mm 이상, 직경 150mm 이상

5) **백태(Efflorescence)**

① Con'c 내부의 수분에 의해 염분이 Con'c 표면에 고형화된 현상

② Con'c 노후화의 증거

6) **손상**

① 외부와의 충돌로 인해 Con'c 구조물 손상 발생

7) **누수**

① 배수공과 시공이음의 결함, 균열 등으로 발생

III. 강구조물 노후화 종류

1) **부식**

① 강재에서 가장 일반적인 형태의 노후화 현상

② 분류

-환경적 요인, 전류, 박테리아, 과대응력, 마모에 의한 부식

2) **피로균열**

① 반복하중에 의하여 발생, 갑작스런 파괴로 진전

② 유발요소

-시설물의 하중이력, 응력범주의 크기 등

3) **과재하중**

① 구조물의 설계에 사용된 하중을 초과하는 하중

② 인장부재-신장 및 단면감소, 압축부재-좌굴

4) 외부충격에 의한 손상

① 외부충격에 의해 부재의 비틀림이나 변위 등 손상

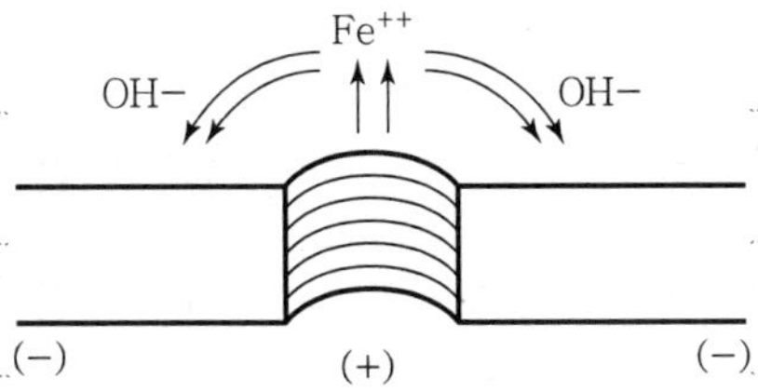

[용접부 녹발생]

IV. 활용방안

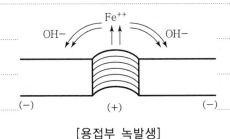

1) 안전점검, 정밀안전진단 시 Check Point

2) 상태평가에 활용

등급	상태
A	최상
B	경미한 손상이나 양호
C	보조부재에 손상이 있는 보통 상태
D	주요부재의 진전된 노후화 → 긴급보수 · 보강
E	주요부재의 심각한 노후화 → 개축필요

3) 구조물 잔존수명 예측

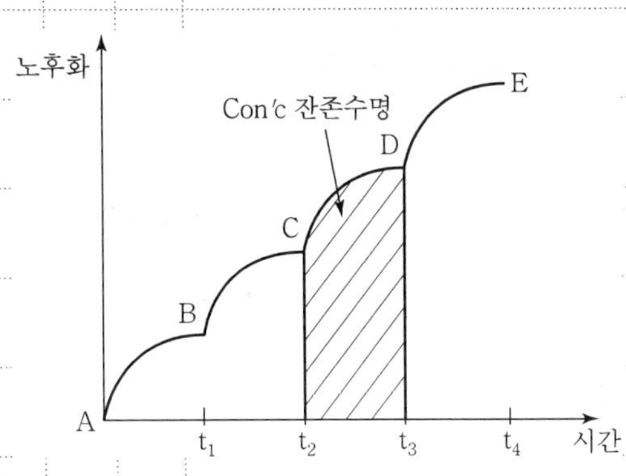

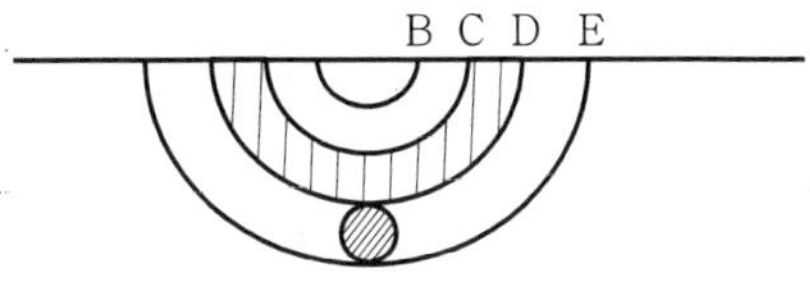

[Con′c 노후화에 의한 잔존수명]

V. 보수보강방법

1. Con'c 구조물

1) 보수대책

① 치환공법 ② 표면처리공법

③ 충진공법 ④ 주입공법

2) 보강대책

① Anchor 보강공법 ② 강판부착공법

③ Prestressing공법 ④ 탄소섬유보강공법

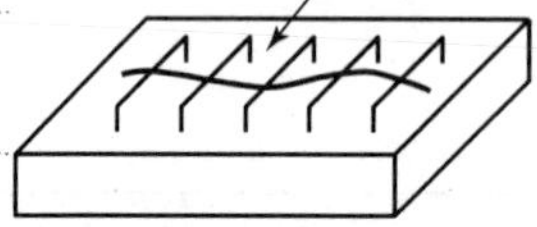

[강재 Anchor 공법]

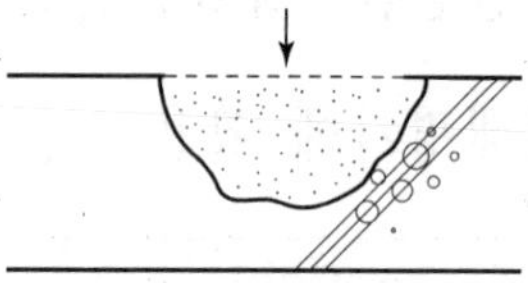

[치환공법]

2. 강구조물

노후화 종류	보수·보강방법
부식	방청제 등 도포
피로균열	보강판 부착, 균열부 교체
과재하중	단면보강
외부충격손상	교정, 보강 등

VI. 결론

Con'c 강구조물의 노후화에 따른 내구성 · 안전성 · 미관 등의 저하는 구조물 안전에 매우 심각한 결과를 초래하는 요인이므로 이에 대한 관리는 그 무엇보다 중요한 사항이다.

끝

문제10) 정밀안전진단 실시 시기(10점)

답)

I. 개요

정밀안전진단은 1종 시설물을 대상으로 10년이 경과된 시설물에 대하여 실시하며 공공의 안전과 복리증진을 위한 작업으로 안전사고방지를 위하여 일정한 자격을 가진 자와 기관에서 실시토록 되어 있다.

II. 대상 시설물

1) 1종 시설물로서 10년이 경과된 시설물에 대하여 1년 이내 최초로 실시하며 실시결과 등급에 따라 다음 횟수의 기간을 달리한다.

III. 실시시기

1) 사용승인일 또는 준공일을 기준으로 산정하여 10년이 경과된 때부터 1년 이내에 실시한다.

2) 1회 정밀안전진단 실시 후 2회시부터는 정밀안전진단 완료일을 기준으로 해당시설물의 안전등급에 따라 정기적으로 정밀안전진단을 실시한다.

안전등급	정밀안전진단
A등급	6년에 1회 이상
B, C등급	5년에 1회 이상
D, E등급	4년에 1회 이상

3) 상기사항에 관계없이 안전점검실시결과 시설물의 재해 및 재난예방과 안전성 확보 등을 위해서 필요한 경우에는 정밀 안전진단을 실시한다.

끝

문제11) 시설물의 정밀점검 실시 시기(10점)

답)

I. 개요

1·2종 시설물에 대하여 준공 후 건축물은 3년에 1회, 일반시설물은 2년에 1회 이상 실시하며, 항만 시설 중 썰물시 바닷물에 잠겨 있는 부분은 4년에 1회 이상 점검 실시

II. 안전등급에 따른 실시주기

안전등급	정밀 점검	
	건축물	그 외 시설물
A등급	4년에 1회 이상	3년에 1회 이상
B, C등급	3년에 1회 이상	2년에 1회 이상
D, E등급	2년에 1회 이상	1년에 1회 이상

III. 정밀점검 조사 항목

1) 시설물의 현 상태 파악
2) 최초상태에서 변화 확인
3) 구조물의 현재사용요건 만족상태
4) 면밀한 육안검사 및 장비로 측정
5) 주요부재별 상태평가
6) 시설물 전체의 상태평가 등급결정

끝

문제12) 실시간구조안전감시시스템(25점)

답)

I. 개요

1) 건축물의 대형화 추세에 따라 초고층 건물 붕괴시 피해가 크므로 평상시 구조물의 안전진단을 통한 유지관리시스템이 필요하다.

2) 실시간구조안전감시시스템이란 건축 구조물을 항시 점검해 수명을 예측하고 보수시기를 파악할 수 있는 온라인(On-Line) 안전진단 기술을 말한다.

II. 효과 및 특징

1) 건축물 시공 이후의 안전점검 시스템 구축

2) 최첨단 보수보강

3) 온라인 안전감시체계 확립

4) 완공 구조물의 수명을 연장

[시설물관리법의 목적]

5) 파괴나 붕괴 등에 대한 사용자들의 불안을 해소

6) 유무선 자동화 계측을 활용

7) 건축물의 보수보강과 내구성향상

8) 현재 20km 이내 현장은 하나의 시스템으로 구축 가능하므로, 광케이블로 연결된 통합 Network 구성을 통해 중앙통제 방식의 상시 감시체제를 구축할 수 있다.

III. 현행 안전진단 체계의 문제점

1) 매번 진단비용이 소요돼 유지관리비용이 많이 들고

2) 구조물 안전을 상시 점검할 수 있는 시스템의 미흡

3) 구조물의 내구성에 영향을 미치는 문제들은 복합적인 요인에 의해 발생되므로 단기간의 보수로는 해결이 불가능하다.

IV. 안전 대책

1) 스마트 구조물(Smart Structure) 등 신공법개발

① 건축물의 이상 유무를 실시간으로 감지할 수 있다.

② 건물은 막대한 재산과 인명피해를 방지할 수 있다.

③ 건축물 유지보수에 따른 비용절감 효과를 얻을 수 있는 장점이 있다.

2) 광섬유 센서를 이용한 시스템이 구조물 구축

① 빛의 속도로 정보를 전달하는 광섬유를 활용해 콘크리트와 복합재료 센서를 이용한 시스템이 구조물의 안정성과 잔존수명을 판단하는 기준으로 점차 중요한 역할을 할 것으로 기대된다.

3) 자연재해 예측시스템 구축

① 지진발생 시 골조 자체에서 진동에너지를 흡수해 건물의 안전성을 확보하는 방법의 안전설계기법 등 구축

② 구조체를 손상시키지 않고 특별한 장치를 사용해 에너지를 분산시킴으로써 거주성, 기능성, 안정성, 경제성 등의 유지관리가 가능하도록 한 시스템(제진시스템 등의 자동체계 구축실현)

끝

문제13) 제3종시설물 지정 대상 중 토목분야 범위(10점)

답)

I. 개요

1종, 2종 시설물 등 대형 시설물 위주의 유지관리 대상을 중소시설물인 3종 시설물도 시설물 안전관리대상에 포함시켜 관리주체에서 시설물관리계획을 수립하고 안전점검을 의무적으로 관리함으로써 중소시설물에 대해서도 효율적인 안전관리를 위하여 3종 시설물을 지정토록 했으며 제3종 시설물의 토목분야는 아래와 같다.

II. 토목분야 범위

구분	대상범위
교량	준공 후 10년이 경과된 교량으로 • 도로법상 도로교량연장 20~100m 미만 교량 • 농어촌도로정비법상 도로교량 연장 20m 이상 교량 • 비법정도로상 도로교량 연장 20m 이상 교량 • 연장 100m 미만 철도교량
터널	준공 후 10년이 경과된 터널로 • 연장 300m 미만의 지방도, 시도, 군도 및 구도의 터널 • 농어촌도로의 터널 • 법 1, 2종 시설물에 해당하지 않는 철도터널
육교	설치된 지 10년 이상 경과된 보도육교
지하차도	설치된 지 10년 이상 경과된 연장 100m 미만의 지하차도
옹벽	• 지면으로부터 노출된 높이가 5m 이상이 포함된 연장 100m 이상 옹벽 • 지면으로부터 노출된 높이가 5m 이상인 부분이 포함된 연장 40m 이상인 복합식 옹벽
기타	그 밖에 건설공사를 통하여 만들어진 교량, 터널, 항만, 댐 등 구조물과 그 부대시설로서 중앙행정기관의 장 또는 지방자치단체의 장이 재난 예방을 위하여 안전관리가 필요한 것으로 인정하는 시설물

III. 1, 2, 3종 시설물의 점검 및 진단

1) 안전점검 : 육안검사를 위주로 한 검사

2) 긴급점검 : 재해 발생 우려 시 물리적, 기능적 결함의 신속한 발견을 위해 실시

3) 정밀안전진단 : 1종 시설물의 신속한 보수 및 보강방안을 제시하기 위한 진단

끝

제1장

건설안전관계법

3. 건설기술진흥법

문제1) 건설사업관리계획 수립기준(10점)

답)

I. 개요

건설공사 시기에 따라 건설사업관리기술인 또는 공사감독자 인원을 적절히 배치해 건설공사를 체계적으로 관리하기 위하여 도입

II. 대상

1) 총공사비 5억 원 이상인 토목공사
2) 연면적 660제곱미터 이상인 건축공사
3) 총공사비 2억 원 이상인 전문공사

III. 수립기준

1) 건설공사명, 건설공사 주요 내용 및 총공사비 등 건설공사 기본사항
2) 직접감독, 감독권한 대행 등 건설사업관리 방식
3) 건설사업관리기술인 또는 공사감독자 배치계획 및 업무범위
4) 기술자문위원회의 심의 결과(기술자문위원회의 섭외 대상인 경우)
5) 공사비 100억 원 이상인 건설공사 중 구조물이 포함된 건설공사 또는 부실시공 및 안전사고의 예방을 위하여 심의가 필요하다고 발주청이 인정하는 건설공사

IV. 수립시기

발주청은 공사 착공 전, 건설사업관리 방식 및 감리·감독자의 현장배치계획을 포함한 건설사업관리계획을 수립

발주청	기술자문위원회 (대상공사의 경우)	건설사업관리 또는 발주청 직접감독
건설사업관리계획 수립	부적정 판정의 경우 계획의 재수립 필요	현장이행 (미이행 시 과태료)

V. 과태료

계획 미수립 또는 미이행 시 발주청에 2천만 원 이하의 과태료 부과

끝

문제2) 건설공사의 부실벌점제도(10점)

답)

I. 개요

국토교통부장관, 발주청의 장은 부실공사 발생 및 발생 우려가 있는 설계용역, 감리, 시공사에 대해 부실벌점을 부과할 수 있다.

II. 부실벌점 부과 대상

1) 건설업자
2) 주택건설등록업자
3) 설계 등 용역업자
4) 감리전문회사
5) 고용된 건설기술자, 감리원

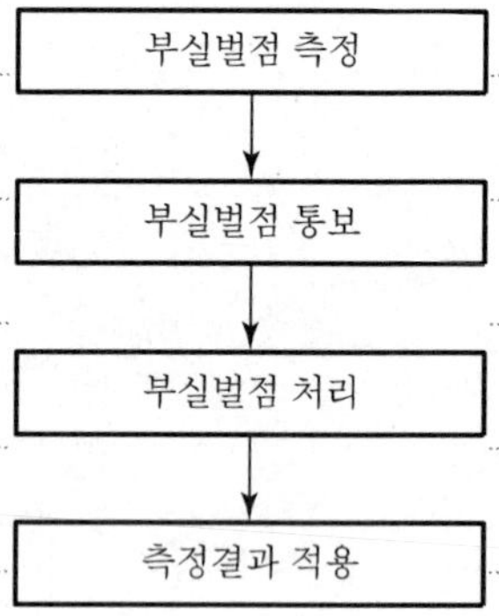

[부실벌점 관리 Flow Chart]

III. 부실측정대상

1) 설계용역, 감리 - 1.5억 원 이상
2) 토목공사 - 50억 원 이상
3) 건축공사 - 50억 원 이상, 바닥면적 합계 1만 m^2 이상
4) 기타 국토교통부장관이 인정하는 공사

IV. 관리 및 적용

1) PQ 및 타 법령에서 불이익 부여
2) 시공능력평가, 우수업체 및 표창 등에 대한 부실벌점 경감은 반기 1회에 한하여 적용
3) 측정기관장은 벌점부과내역을 벌점부과대상자에게 통지 및 경감기준에 따라 경감

끝

문제3) 건설기술진흥법상의 안전관리계획서(25점)

답)

I. 개요

1) 안전관리계획서란 건설공사의 착공부터 준공까지의 안전사고예방을 위한 사전안전성 평가자료이다.

2) 건설기술진흥법에 의한 일정규모 이상 사업장에 대해 건설공사 안전관리계획서를 발주청에 제출하여야 한다.

II. 안전관리계획서 수립 대상공사

1) 1종 및 2종 시설물의 건설공사

2) 지하 10m 이상 굴착공사

3) 폭발물을 사용하는 건설공사로서 20m 안에 시설물이 있거나 100m 안에 사육 가축에 영향이 예상되는 건설공사

4) 10층 이상 16층 미만인 건축물의 건설공사 또는 10층 이상인 건축물의 리모델링 또는 해체공사

5) 건설기계관리법에 따라 등록된 건설기계 중 항타 및 항발기가 사용되는 건설공사

6) 발주자가 특히 안전관리가 필요하다고 인정하는 건설공사

III. 주요내용

1. 안전관리 계획

1) 건설공사의 개요

－공사개요서, 전체공정표 등

2) **안전관리조직**

-안전관리조직 구성 및 관계자 선임

3) **공정별 안전점검계획**

-자체·정기·정밀안전점검

4) **공사장 주변 안전관리계획**

-지하매설물 및 인접시설 보호조치계획

5) **통행안전시설 설치 및 교통 소통계획**

-교통안전시설 및 소통대책

6) **안전관리비 집행계획**

7) **안전교육계획**

[건설기술진흥법의 목적]

-정기, 일상 안전교육, 협력업체 안전관리 교육

8) **비상시 긴급조치 계획**

2. 대상 시설물별 세부 안전관리계획

1) **가설공사**

-가설구조물의 설치개요, 시공상세도면, 안전성 계산서

2) **굴착 및 발파공사**

-공법개요, 굴착계획, 발파계획 등

3) **콘크리트 공사**

-거푸집, 동바리, 철근 콘크리트 등 공사개요 및 시공상세도면 안전성 계산서

4) **강구조물공사**

-자재·장비 등의 개요 및 시공상세도면, 안전성 계산서

5) 성토 · 절토공사

- 자재 · 장비 등의 개요 및 시공상세도면, 안전성 계산서

6) 해체공사

- 구조물 해체 대상 · 공법 등의 개요 및 시공상세 도면 · 안전조치계획

7) 건축설비공사

- 자재 · 장비 등의 개요 및 시공상세도면, 안전성 계산서

8) 타워크레인 사용공사

- 타워크레인 운영계획, 점검계획, 임대업체 선정계획, 안전성계산서

IV. 안전관리비 계상항목별 사용내용

1. 안전관리계획서 작성 및 검토비용

1) 안전관리계획서 작성비용

2) 안전관리계획 검토비용

2. 안전점검비용

1) 정기안전점검비용

2) 초기점검비용

3. 발파, 굴착 등의 건설공사로 인한 주변 건축물 등의 피해방지대책 비용

1) 지하매설물 보호조치비용

2) 발파, 진동, 소음으로 인한 주변지역 피해방지대책비용

3) 지하수 차단 등으로 인한 주변지역 피해방지대책비용

4) 기타 발주자가 안전관리에 필요하다고 판단되는 비용

4. 공사장 주변의 통행안전 및 교통소통을 위한 안전시설의 설치 및 유지관리비용

1) 공사시행 중의 통행안전 및 교통소통을 위한 안전시설의 설치 및 유지관리비용
2) 안전관리계획에 따라 공사장 내부의 주요 지점별 건설기계, 장비의 전담유도원 배치비용
3) 기타 발주자가 안전관리에 필요하다고 판단하는 비용

5. 공사시행 중 구조적 안전성 확보비용

1) 계측장비의 설치 및 운영비용
2) 폐쇄회로 텔레비전의 설치 및 운영비용
3) 가설 구조물안전성 확보를 위해 관계 전문가에게 확인받는 데 필요한 비용
4) 무선설비의 구입, 대여, 유지에 필요한 비용과 무선통신의 구축, 사용 등에 필요한 비용

V. 안전관리계획서와 유해방지계획서의 비교

구분	안전관리 계획서	유해·위험방지계획서
근거	건설기술진흥법	산업안전보건법
목적	시공안전 및 주변안전확보	근로자의 안전·보건 확보
대상	1종 및 2종 시설물 등	높이 31m 이상 건설공사 등
제출시기	착공 15일 전까지	착공 전까지

VI. 문제점

1) 환경 미고려
2) 유해·위험방지계획서 내용 혼재

3) 이중작성으로 인한 업무과중

4) 형식적 작성 우려

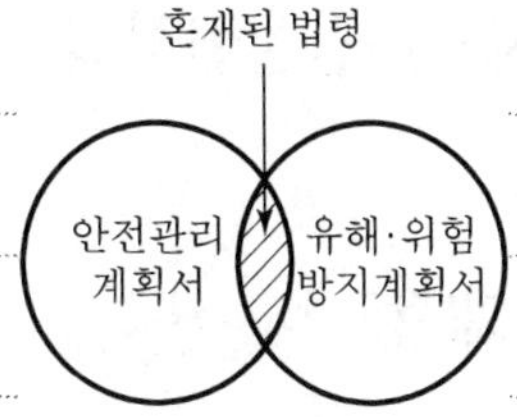

[이중작성]

VII. 개선방향

1) 환경에 대한 법적조치 및 제재강화

2) 산·학·관·연의 유기적인 관리체제 유지

3) 표준모델 작성 제시 및 보급

4) 관련된 법과 조화있는 체계 추진

5) 전문인력 양성 및 충원

VIII. 결론

1) 안전관리계획서는 공사착공 전 반드시 실시해야 하는 사전안전성 평가로서

2) 안전관리계획 수립기준 및 절차를 정하고 소요되는 안전관리비를 계상하여 현장의 안전관리 목표를 달성할 수 있도록 해야 한다.

끝

문제4) 건설현장의 비상시 긴급조치계획(25점)

답)

I. 개요

1) 건설현장에서 붕괴, 폭발, 천재지변 등이 발생될 경우, 시설물과 가옥, 인근지역 주민 등의 안전에 위험요인이 되므로

2) 비상시 긴급조치계획을 통해 비상연락망, 비상동원조직의 구성, 비상경보체계 등에 대한 사전계획을 수립해 대비해야 한다.

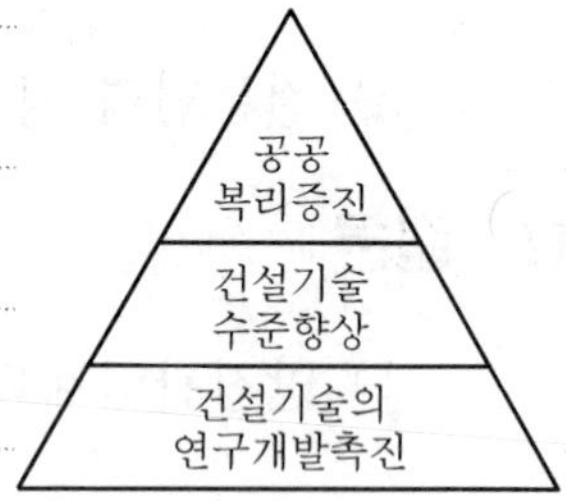

[건설기술진흥법의 목적]

II. 건설공사 비상사태의 범위

1) 붕괴, 폭발, Gas 누출 등

2) 호우, 강풍 등의 천재지변

3) 인근지역에서 발생한 비상사태가 현장으로 파급될 우려가 있는 경우

4) 기타 인명 및 시설물에 치명적인 영향이 우려되는 경우

III. 비상연락망

1) 내부 비상연락망

① 발주자, 인·허가기관 등의 담당자 연락처

② 시공자, 감리자의 현장 상주자 및 본사 연락처

③ 현장 상주자 출타 시 연락방법

2) 외부 비상연락망

- 비상사태의 발생에 대비한 관계기관(소방서, 경찰서 등)의 연락망을 구성

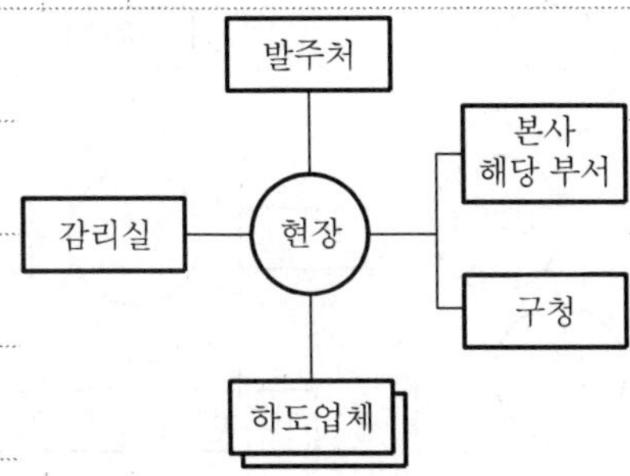

[내부 비상연락망]

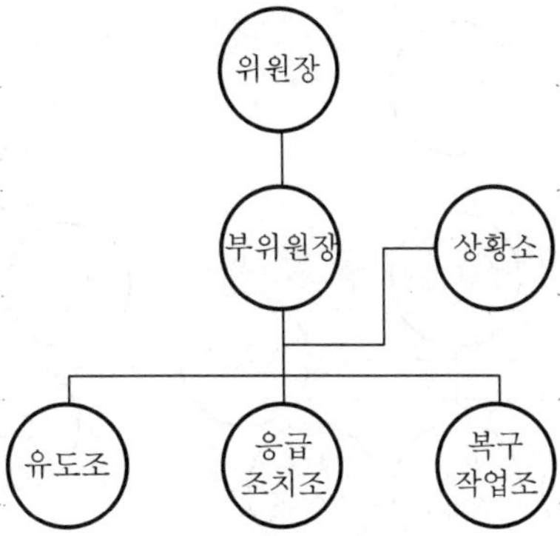

[외부 비상연락망]

IV. 비상동원 조직의 구성

1) 유도조

-대피인원의 유도와 관련된 인원의 편성 및 활동

2) 응급조치조

-피해자의 응급조치와 관련된 인원편성 및 활동

3) 복구작업조

-손상된 시설에 대한 복구과 관련된 인원편성 및 활동

4) 상황조

-상황전파, 외부연락 등과 관련된 인원편성 및 활동

V. 비상경보체계

1) 경보시설의 설치

① 공사규모에 따른 경보발령지점

② 시각적 경보시설의 설치에 대한 계획

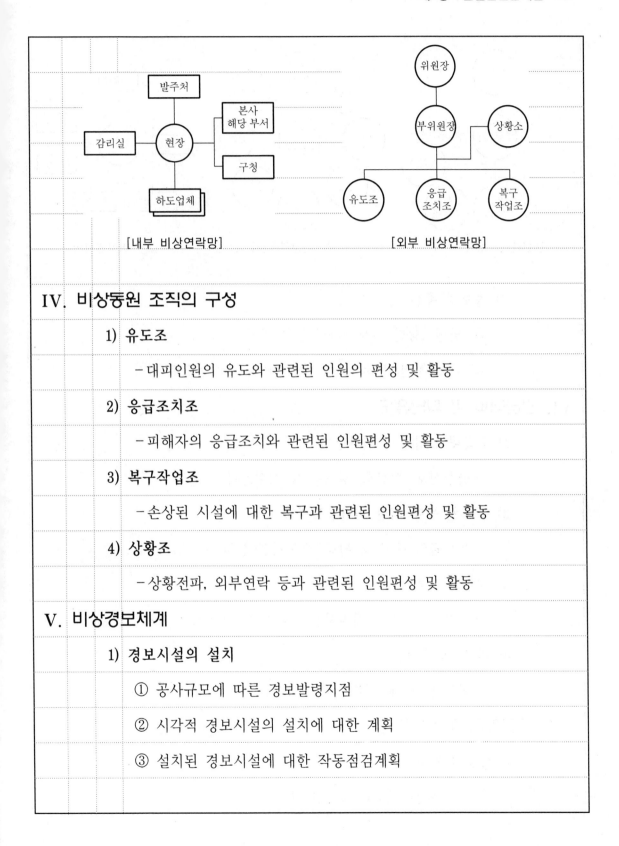

③ 설치된 경보시설에 대한 작동점검계획

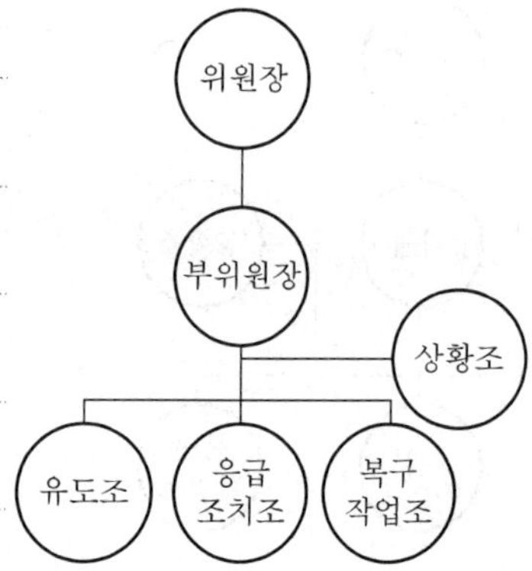

[비상동원 조직구성표]

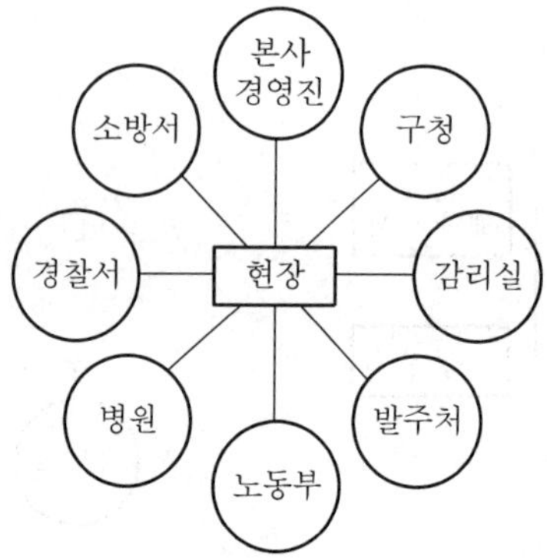

[외부 비상연락망]

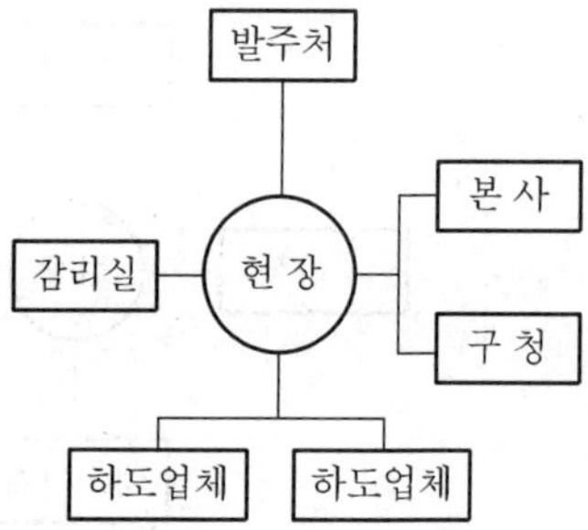

[내부 비상연락망]

2) 경보의 종류

① 발생가능한 비상사태의 종류 파악

② 각 상황별 비상경보의 발신방법을 구체적으로 명시

VI. 긴급대피 및 피난유도

1) 긴급대피 상황의 전파방법

-음성신호, 수신호, 경보음 등 상황전파

2) 유도원 등에 의한 피난유도방법

-유도원의 배치 및 활동, 유도시설 설치 등

3) 대피할 위치

-현장 또는 인근 대피시설의 위치 및 대피로의 지정

4) 비상연락수단

-외부관련단체, 기관과의 연락수단

VII. 응급조치 및 복구작업

1) 상황의 전파

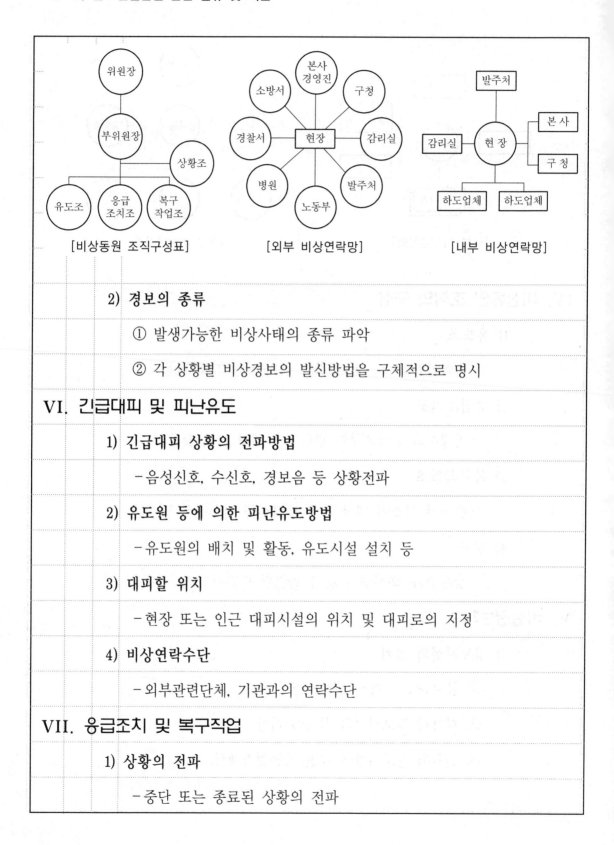

-중단 또는 종료된 상황의 전파

2) **응급조치 활동**

- 피해자에 대한 응급조치활동의 실시

3) **복구작업**

4) **지원요청**

- 소방서, 경찰서 등 외부기관의 인원, 장비지원 요청

5) **복귀유도**

6) **피해결과의 파악 및 보고**

- 복귀완료 후 인원, 장비 및 피해상황 확인, 보고

VIII. 비상복구장비 및 자재

1) **비상복구장비**

- 고압펌프나 유압잭 등 복구용 사용장비

2) **자재의 관리**

- 로프, 각재 등 복구용 자재는 현장 내 적절 준비

3) **관리담당자**

- 비상 시 사용할 복구장비나 자재관리 담당자

IX. 결론

최근의 건설현장 안전사고와 관련해 비상시에 대비한 철저한 준비 및 대책을 수립해 사고 발생을 미연에 방지해야 하겠으며 사고 발생 시에도 피해 최소화를 위한 대책을 수립해야 한다.

끝

문제5) 건설사고조사위원회를 구성하여야 하는 중대건설사고의 종류(10점)

답)

I. 개요

건설공사 중 사고 발생 시에는 지체 없이 발주청 및 인허가기관장에게 그 사실이 전화나 팩스의 방법으로 통보되어야 하고 중대 건설사고가 발생한 경우 조사를 완료한 국토교통부장관, 발주청, 인허가기관장은 사고조사보고서를 작성해 유사 사고 예방을 위한 자료로 활용할 수 있도록 관계기관에 배포하는 것이 법제화되어 있다.

II. 건설사고 및 중대재해의 정의

1) 건설사고

① 사망 또는 3일 이상 휴업이 필요한 부상

② 1천만 원 이상 재산피해

2) 중대재해 시

① 사망사고 발생 시

② 동시에 부상이나 질병자가 10인 이상 발생 시

③ 3개월 이상 요양자가 2명 이상 발생 시

III. 건설사고조사위원회 구성

1) 위원장 1명 포함 12명 이내의 위원

2) 위원자격

① 건설공사업무 관련 공무원

② 건설공사업무 관련 단체 및 연구기관 임직원

③ 건설공사업무에 관한 학식과 경험이 풍부한 사람

IV. 보고서 포함사항

1) 사고 발생 일시 및 장소

2) 사고 발생 경위

3) 조치사항

4) 향후 조치계획

V. 재발 방지를 위한 조치

1) 유사·동종재해 재발 방지를 위한 관계기관 자료 배포

2) 재해 반복 발생 방지를 위한 조치 및 설계 반영

3) 건설공사 위험요소 프로그램 DB 반영

끝

문제6) 건설기술진흥법에서 정한 설계안전성 검토 대상과 절차 및 설계안전검토보고서에 포함되어야 하는 내용에 대하여 설명하시오.(25점)

답)

I. 개요

설계안전성 검토란 설계·시공·사업관리 등 전 단계에서 위험요소를 관리함으로써 건설사고를 예방하기 위한 발주자 중심의 안전관리체계를 말하는 것으로, 건설현장의 재해 발생을 미연에 방지하기 위해 설계단계에서 위험요소를 사전에 발굴 및 위험성을 평가하여 사업 추진 단계별로 위험요인을 제거·저감함으로써 시공과정의 안전성 확보 여부를 검토하는 것이다.

II. 설계안전성 검토(F/C)

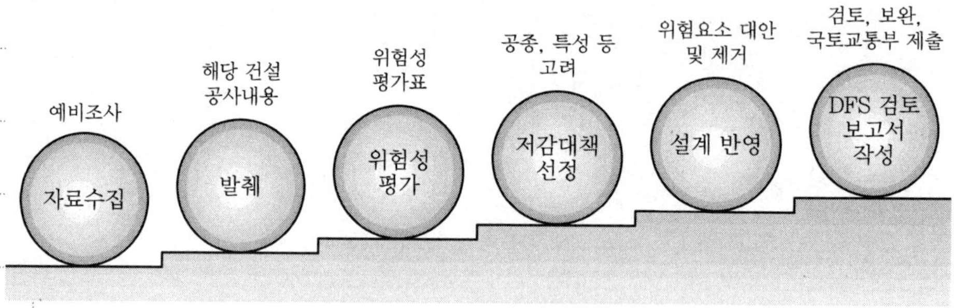

III. 적용대상

1) 1종 시설물 및 2종 시설물

2) 지하 10m 이상을 굴착하는 건설공사

3) 수직 증축형 리모델링 공사

4) 기타 안전관리계획서 수립대상 건설공사

IV. 검토기관

1) 발주처에 건설자문위원회가 구성된 경우

2) 한국시설안전공단

V. 설계안전 검토 시 유의사항

1) 기능적·미적 설계요소가 훼손되지 않는 범위 내에서 위험요소 제거

2) 설계과정 중 건설안전에 치명적 위험요소 도출 제거

3) 가설구조물의 안전한 설치 및 해체고려

VI. 보고서에 포함되어야 하는 내용

1) 설계단계에서 시공 중 위험요소를 제거

2) 위험요인 제거를 통한 사고 및 재해예방

3) 안전설계를 통한 안전시공 및 유지관리의 효율성 증대

VII. 과태료 대상 및 과태료 부과

1) 설계안전성 검토 결과를 미제출하거나 거짓으로 제출한 건축주

2) 설계안전성 검토를 하지 아니한 자 : 1천만 원 이하의 과태료 부과

VIII. 결론

최근 국토교통부에서는 건설재해예방의 획기적인 전기를 마련하기 위해 건설기술진흥법에서 발주자가 주도하는 안전관리체계를 도입하여 운영하고 있다. 건설기술진흥법에서 정한 설계안전성 검토 대상과 절차에 의한 법적 항목 및 내용의 준수를 통해 건설재해의 획기적 저감을 이룰 수 있도록 건설업에 종사하는 모든 건설인들은 설계안전성 검토제도에 대한 적극적인 참여와 관심이 필요하다. 끝

문제7) 건설기술진흥법상 안전점검의 종류(10점)

답)

I. 개요

건설기술진흥법에 의한 안전점검은 건축물·구조물의 품질 및 안정성 확보를 위한 것으로 국민복리 증진을 목적으로 시행되고 있는 제도이다.

II. 건진법상 안전점검의 목적

1) 건진법상 안전점검

2) 부실공사 방지

3) 공공복리 증진

[건진법상 안전점검의 목적]

III. 안전점검의 종류

1) 자체안전점검

시공자가 건설공사 안전을 위해 매일 실시하는 안전점검

2) 정기안전점검

발주자의 승인을 얻어 안전진단전문기관에 의뢰하여 실시하는 안전점검

3) 정밀안전점검

정기안전점검결과 물리적·기능적 결함 등이 있을 경우 보수·보강을 취하기 위해 안전진단전문기관에 의뢰하여 실시하는 안전점검

4) 초기점검

준공하기 직전에 실시하는 정기안전점검수준 이상의 안전점검

5) 공사재개 전 안전점검

공사 중단으로 1년 이상 방치된 시설물이 있는 경우 공사를 재개하기 전에 실시하는 안전점검

끝

문제8) 건설현장의 지속적인 안전관리 수준향상을 위한 P-D-C-A 사이클(10점)

답)

I. 개요

위험요소의 조기 발견 및 예측으로 재해를 사전에 방지하기 위해 실시하는 PDCA 사이클은 안전관리대상의 정확한 파악과 각 단계별 목표수준을 현실을 감안해 수립하는 것이 중요하다.

II. PDCA 사이클에서 관리할 안전관리 대상

Man	작업자의 심리적·정신적 상태
Machine	사용기계·기구의 위험도
Media	작업방법의 위험도 및 효율화 정도
Management	각종 안전수칙, 교육훈련 정도의 상태

III. 안전관리 순서별 세부내용

1) Plan : 안전관리 및 안전성 확보 계획
2) Do : Plan 단계에서 수립한 계획의 실행단계에 적합한 활동범위, 교육, 수칙의 운영
3) Check : 추진 내용에 대한 정확한 평가
4) Action : 계획의 실행에 따른 모순점과 착오에 대한 수정 후 Feed Back

IV. PDCA 사이클 운영 시 고려사항

1) 현장의 수준에 맞는 PDCA 사이클 Volume의 정확한 산정

작업내용 또는 공정이 어려울 경우 사이클의 Volume은 유지하고 단계를 조정

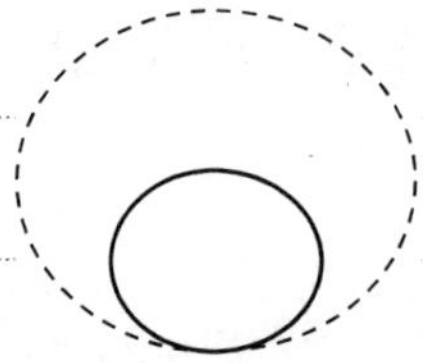

[Cycle 난이도 조정방법]

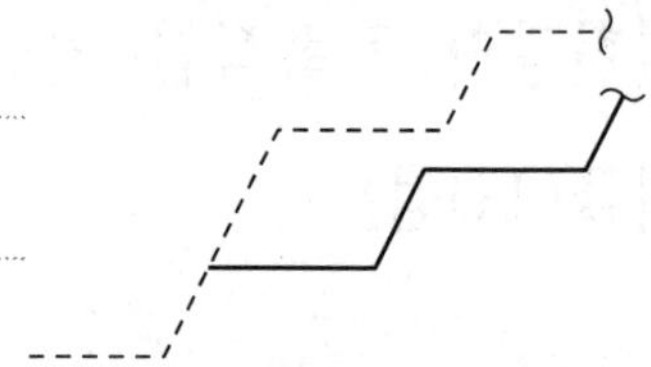

[설정단계 난이도 조정방법]

V. PDCA 사이클 운영현장의 점검 시 Check List

1) 현장의 안전관리 수준이 Target과 적합한가?

2) 각 단계수준의 편차가 발생하고 있지 않은가?

3) 각 단계별 정확한 관리항목이 설정되어 있는가?

4) 완료 후 향후 활동에 적용할 수 있는 Feed Back 요령이 정립되어 있는가?

끝

문제9) DFS 업무절차(10점)

답)

I. 개요

계획, 설계, 시공, 사업관리 등 건설공사 전체 단계에서 위험요소를 관리함으로써 건설사고를 예방하기 위한 제도로 설계단계에서부터 안전시공을 할 수 있도록 반영하는 제도이다.

II. 작성자

해당 공사 설계자 및 안전전문가

III. 검토기관

발주청의 기술자문위원회 또는 국토안전관리원

IV. 승인기관

발주청의 기술자문위원회 또는 국토안전관리원

V. 검토절차

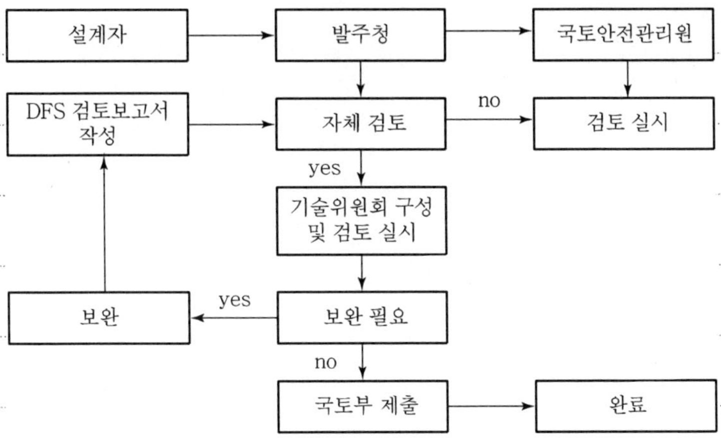

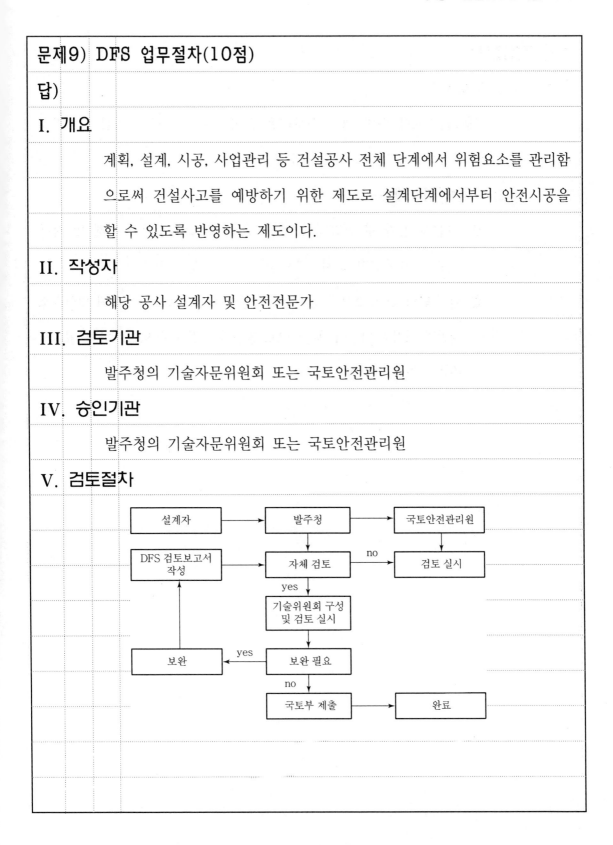

VI. 작성절차

1) 주요절차

체크리스트에 의한 해당 공사내용 발췌>위험성 평가>위험성 저감대책선정>설계 반영>DFS 검토보고서 작성

2) 단계별 검토내용

① 위험성 평가 및 저감대책 선정 : DFS 개념의 정확한 이해 및 작성기준과 표현방식 숙지

② 설계 반영 및 보고서 작성 단계 : 공종별 위험요소를 반영하되 위험요소 대안과 제거와 더불어 객관적으로 판단하는 것을 원칙으로 하되, 필요시 주관적으로 판단할 것

끝

문제10) 지하안전관리특별법상 지하안전영향 평가대상과 굴착작업 계획 수립 시 작성내용을 설명하시오.(25점)

답)

I. 개요

도심지에서 굴착작업 시에는 지하안전관리특별법에 의한 지하안전영향평가서 작성 및 영향조사서에 의한 설계, 시공, 유지관리 단계별 법적 조치기준의 준수가 필요하며 공동발생 등 이상 발생 시에는 지반침하 위험도 평가서에 의한 위험요인의 파악 및 대책수립으로 재해예방을 위한 조치가 필요하다.

II. 굴착작업 계획수립

구 분	지하안전영향 평가대상	소규모 지하안전 영향평가	사후 지하안전 영향조사(시공 중 해당)
대 상	20m 이상의 굴착 및 도심지 터널공사	10~20m 규모의 굴착공사	20m 이상 굴착 및 도심지 터널공사
수행시기	사업계획 인가 전	사업계획 인가 전	굴착공사 완료 후 30일 이내(되메움 이후)
비 고	사업계획 승인조건	사업계획 승인조건	미이행 시 과태료 부과 1차 : 1,000만 원 2차 이후 : 500만 원씩 증액

III. 지하안전영향평가의 평가항목 및 방법

평가항목	평가방법(20m 이상 굴착현장)
(1) 지반 및 지질현황	① 지하안전영향평가 검토 ② 지하물리탐사(지표레이더, 전기비저항 탐사, 탄성파)
(2) 지하수 변화영향	① 지하안전영향평가 검토 ② 지하수 관측망 자료 ③ 주변 계측자료 분석
(3) 지하안전 확보방안 이행 여부	① 지하안전 영향평가의 지하안전 확보방안 적정성 검토 ② 지하안전 확보방안 이행 여부 검토

IV. 굴착작업 시 안전기준(굴착작업 수립 시 작성내용)

1) 지반 등의 굴착 시

① 기울기면의 붕괴방지를 위해 적절한 조치를 하지 못할 경우 기울기 기준 준수

② 굴착면 경사가 달라 기울기 계산이 어려울 경우 각 부분의 경사 유지

2) 토석붕괴 위험방지

① 관리감독자 배치

② 작업시작 전 작업장소 및 주변의 부석, 균열, 함수, 용수, 동결상태 점검

3) 지반붕괴 위험방지

① 흙막이 지보공 설치

② 위험지역 방호망 설치 외

③ 해당 작업자 외 근로자 출입금지 조치

④ 강우에 대비해 측구, 사면에 비닐 덮기

4) 매설물 파손 위험방지

① 매설물, 조적벽, 콘크리트벽, 옹벽에 근접장소 굴착 시 해당 건설물 보강, 이설 등의 조치

② 매설물이 있는 경우 매설물 방호조치, 이설 등의 조치

③ 관리감독자 선임

5) 굴착기계 등의 사용금지

① 굴착, 적재, 운반기계 사용으로 가스관, 지중전선 등 지하공작물 파

손 우려가 있을 경우 기계 사용 금지

6) 운행경로 주지

① 작업 전 운반기계, 굴착기계, 적재기계의 운행경로, 노석 적재장소 출입방법을 정해 관계근로자에게 주지 시킴

7) 운반기계의 유도

① 운반기계 등이 후진해 근로자에게 접근, 전락할 우려가 있는 경우 유도자 배치

② 운반기계 등의 운전자는 유도자 유도에 따를 것

V. 굴착작업 현장의 유의사항

1) 20m 이상 터파기 현장은 굴착공사 되메움 완료 후 30일 이내에 지하안전 영향조사 실시

2) 영향조사 실시 이후 60일 이내 승인기관장에게 제출

VI. 굴착공사 시 재해예방을 위한 지질조사 등의 사전조사항목

1) 조사대상은 지형, 지질, 지층, 지하수, 용수, 식생 등으로 한다.

2) 조사내용

① 절토된 경사면의 실태 조사

② 토질구성, 토질구조, 지하수 및 용수의 형상의 실태 조사

③ 사운딩

④ 시추 등의 실시

3) 굴착 작업 전 가스관, 상하수도관, 지하 케이블, 건축물의 기초 등 지하매설물 조사

VII. 결론

도심지 굴착작업은 상하수도관 및 가스관, 통신, 전력구 등 유관기관과의 긴밀한 협조하에 지하안전관리특별법에 의한 지하안전영향평가서 작성 및 영향조사서에 의한 설계, 시공, 유지관리 단계별 법적 조치기준의 준수가 필요하며 시공 후 공동발생 등 이상 발생 시에는 지반침하 위험도 평가서에 의한 위험요인의 파악 및 대책수립으로 국민 복리증진을 위한 안전대책이 필요하다.

끝

제2장

안전관리론

1. 안전관리

문제1) 안전관리순서 및 활동(10점)

답)

I. 개요

1) 재해란 사고의 결과로 인한 인명 또는 재산상의 피해가 발생된 상태를 말한다.

2) 안전관리란 이러한 재해를 방지하기 위한 제반 안전활동이다.

II. 안전관리목표

1) 인간존중이념

2) 사회적 신뢰

3) 경제성 향상

4) 기업의 손실예방

[안전관리의 목표]

III. 안전관리순서

1) 1단계(Plan : 계획) – 안전관리계획 수립

2) 2단계(Do : 실시) – 안전관리활동 실시

3) 3단계(Check : 검토) – 안전관리활동에 대한 검사 및 확인

4) 4단계(Action : 조치) – 검토된 안전관리활동에 대한 수정조치

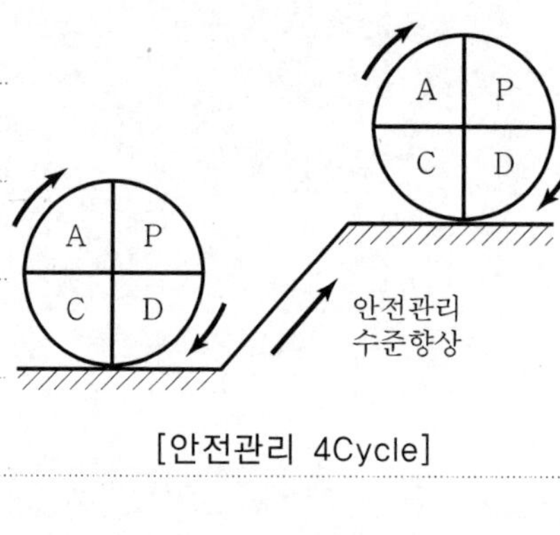

[안전관리 4Cycle]

IV. 안전관리활동

1) 안전조회 : 작업개시 전 전원 참여

2) 안전순찰

3) 동기부여(상벌제 운영)

4) 기타 안전의식 고취 등

끝

문제2) 안전관리와 품질관리의 연계성(10점)

답)

I. 개요

1) 재해란 사고의 결과로 인한 인명 및 재산상의 피해가 발생된 상태이며,

2) 안전관리란 이러한 재해를 방지하기 위한 제반 안전활동을 의미하며 안전관리와 품질관리는 밀접한 연관성을 갖고 있다.

II. 안전관리 및 품질관리 순서

1) 1단계(Plan : 계획)

2) 2단계(Do : 실시)

3) 3단계(Check : 검토)

4) 4단계(Action : 조치)

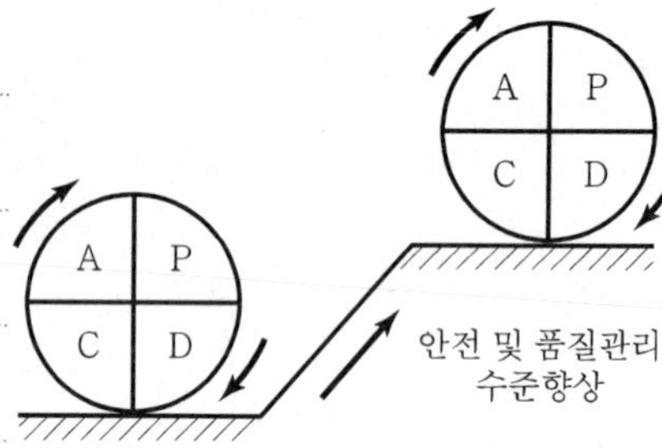

[안전 및 품질관리 4Cycle]

III. 연계성

1) 점검방법이 동시적이고, 점검항목이 대동소이하다.

2) 양호한 작업환경에서는 생산성 향상을 통한 품질관리와 효율적인 안전관리를 할 수 있다.

3) 품질관리의 철저는 안전관리가 확보되고, 안전관리의 철저는 양질의 공사품질을 확보할 수 있다.

4) 품질관리 Cycle인 P→D→C→A 단계는 안전관리 단계와 동일하며 이러한 4사이클의 효과적인 활용은 양질의 안전관리와 품질관리를 할 수 있다.

끝

문제3) 안전업무의 분류(10점)

답)

I. 개요

안전업무는 인적·물적인 재해예방과 대책을 행하는 업무로 이러한 대책은 3E와 안전업무의 5단계로 분류할 수 있다.

II. 하비(Harvey)의 3E 안전 원칙

1) 기술(Engineering) - 기술과 정보 활용을 통한 안전대책

2) 교육(Education) - 교육을 통한 기술의 습득과 대책

3) 관리(Enforcement) - 기준과 관리규제에 의한 안전관리

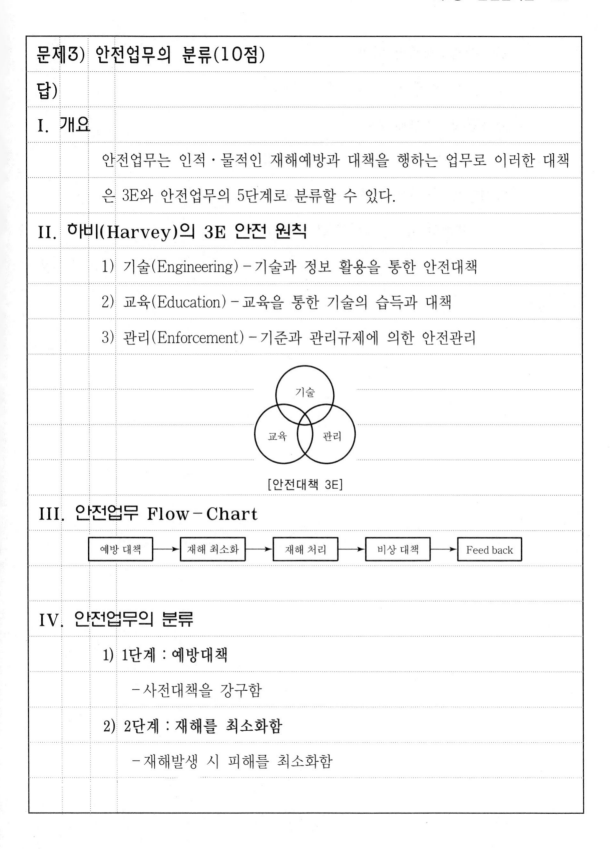

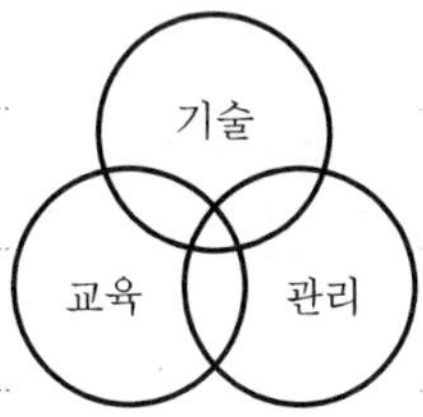

[안전대책 3E]

III. 안전업무 Flow - Chart

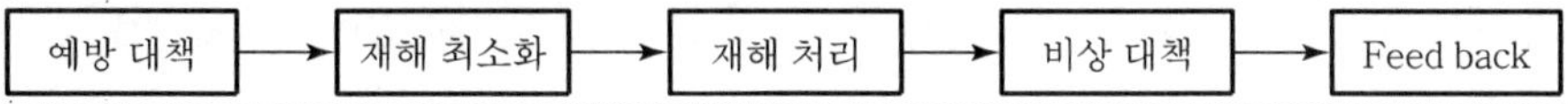

IV. 안전업무의 분류

1) **1단계 : 예방대책**

- 사전대책을 강구함

2) **2단계 : 재해를 최소화함**

- 재해발생 시 피해를 최소화함

3) 3단계 : 재해의 처리

-재해발생 시 신속하게 재해처리

4) 4단계 : 비상대책

-2, 3차의 재해를 막기 위한 비상처리

5) 5단계 : 개선을 위한 Feed back

-재해의 직·간접원인 분석 및 대책

끝

문제4) 안전관리조직의 3유형(10점)

답)

I. 개요

1) 안전관리조직이란 원활한 안전활동을 위해 필요한 조직으로
2) 사업장의 규모에 따라 Line형, Staff형, Line-Staff 복합형의 3가지로 분류된다.

II. 안전관리조직의 3유형

1. Line형 조직

1) 생산조직 전체에 안전관리기능 부여
2) 안전지시 · 전달이 신속, 정확
3) 전문지식 및 기술축적 미흡

2. Staff형 조직

1) 안전관리를 전담하는 Staff 부분 활용
2) 지식 및 기술축적 용이
3) 생산부서에서 안전책임과 권한이 없다.

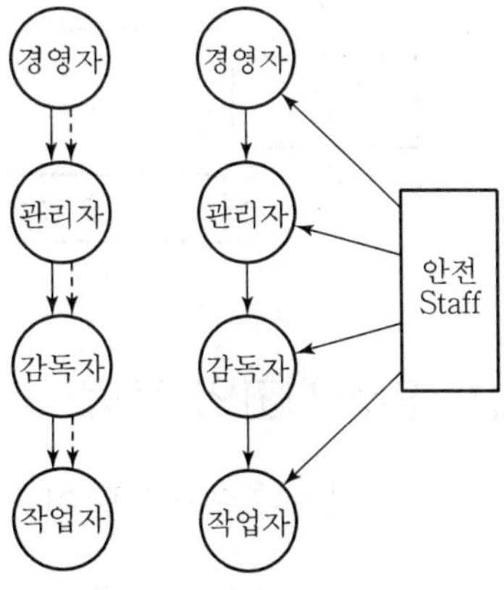

[Line형] [Line-Staff형]

3. Line-Staff 복합형

1) 안전업무를 전담하는 Staff 부분과 생산라인의 각 층에도 안전담당자를 배치
2) 안전활동이 생산과 분리되지 않아 안전관리에 용이하다.
3) Line의 권한이 위축될 우려 있음

끝

문제5) 건설현장의 안전사고 종류와 응급처치 요령(10점)

답)

I. 개요

1) 건설현장의 안전사고를 원인별 분류하면 인적사고와 물적사고로 나눌 수 있으며

2) 특히 인적 사고발생 시에는 응급처치 후 신속히 병원으로 후송해야 한다.

II. 재해발생 Mechanism

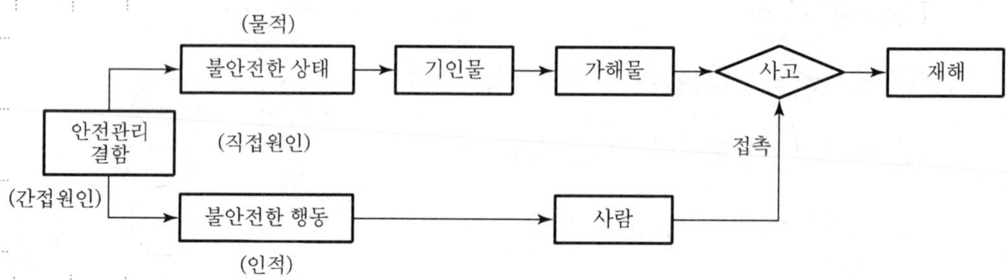

III. 안전사고의 종류

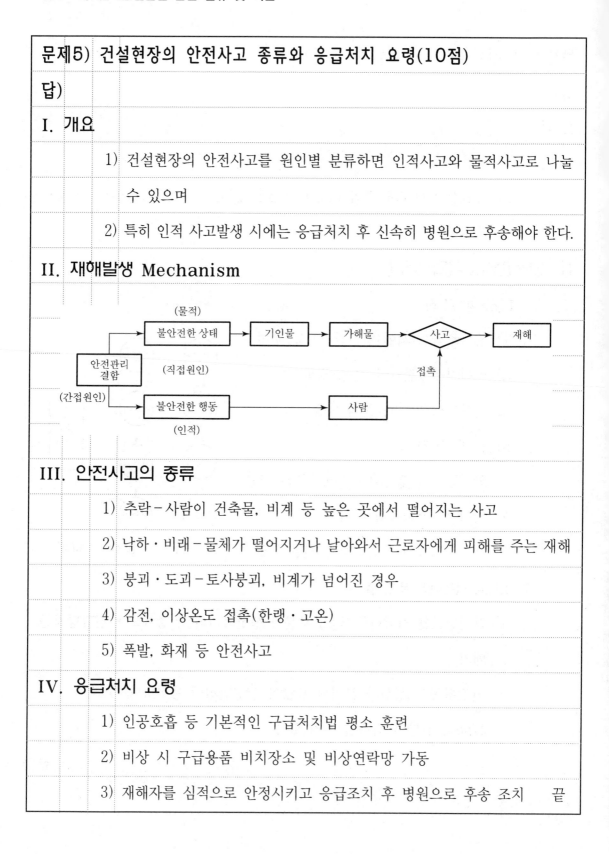

1) 추락－사람이 건축물, 비계 등 높은 곳에서 떨어지는 사고

2) 낙하 · 비래－물체가 떨어지거나 날아와서 근로자에게 피해를 주는 재해

3) 붕괴 · 도괴－토사붕괴, 비계가 넘어진 경우

4) 감전, 이상온도 접촉(한랭 · 고온)

5) 폭발, 화재 등 안전사고

IV. 응급처치 요령

1) 인공호흡 등 기본적인 구급처치법 평소 훈련

2) 비상 시 구급용품 비치장소 및 비상연락망 가동

3) 재해자를 심적으로 안정시키고 응급조치 후 병원으로 후송 조치 끝

문제6) 감성안전(10점)

답)

I. 개요

감성안전이란, 적은 투자로 근로자의 마음을 움직이는 자율안전 관리기법을 말하며 근로자를 가족과 같이 대하여 안전한 직장풍토를 이루어 건설현장의 안전사고를 방지하기 위한 활동이다.

II. 특징

1) 감성안전은 수직하달식 지시 등의 강압적인 것이 아니다.

2) 존중과 칭찬, 경청 및 배려 등으로 상대방의 감성을 자극하는 기법이다.

3) 감성경영을 통해 신바람나는 작업환경 조성이 가능하다.

III. 감성안전 5요소

1) 구성원의 존중과 신뢰

2) 일과 회사에 대한 자부심

3) 우리는 하나라는 동료애

4) 공정한 대우

5) 애정과 관심의 리더십

IV. 사례

1) 불우이웃돕기로 감성 에너지 자극

2) 형제 · 가족애로 근로자의 감성유도(가화만사성)

3) 근로자 고충상담실 운영

4) 근로자에게 각종 기념일 축하행사

5) 동기부여와 칭찬과 격려 끝

문제7) 위험의 분류(10점)

답)

I. 개요

위험이란 근로자가 물체 또는 환경 등에 의한 부상이나 질병에 이환될 수 있는 가능성을 의미한다.

II. 위험의 분류

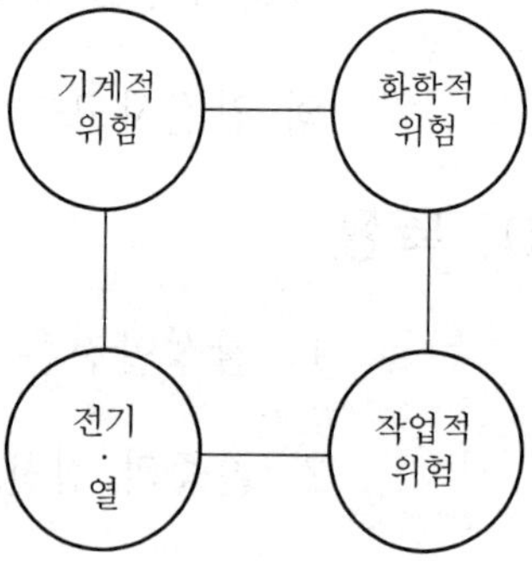

[위험의 분류]

1) **기계적 위험**

① 기계, 기구 기타 설비로 인한 위험

② 종류 - 접촉적 · 물리적 위험

2) **화학적 위험**

① 화학물질로 인한 폭발, 화재, 중독 등 생리적 위험

② 종류

- 폭발 · 화재 위험 : 폭발, 발화, 인화, 산화성 물질
- 생리적 위험 : 중독, 부식성 액체, 독극물 등

3) **전기, 열 위험**

① 감전, 발열 등 전기 Energy 위험과 화염, 방사선 등 열에 의한 위험

② 전기적 위험 - 감전, 발화, 눈의 장해 등

4) **작업적 위험**

① 작업방법적 위험

- 작업 시 작업방법의 잘못으로 인한 위험

② 장소적 위험

- 작업주변의 정리 · 정돈불량, 작업환경의 열악 등

끝

문제8) 작업환경 4요인과 작업환경 개선(10점)

답)

I. 개요

작업환경의 악요인은 불안전한 행동 및 상태를 유발하며 작업환경요인은 크게 화학, 물리, 생물, 사회적 요인으로 분류할 수 있다.

II. 작업환경 4요인

1) 화학적 요인

-유기용제 등 유기물질이 근로자 건강에 영향

2) 물리적 요인

-이상온습도 및 기압 등 유해에너지 등 영향

3) 생물적 요인

-세균 등 병원균이 근로자 건강에 영향

4) 사회적 요인

-외부 안전환경 요인

III. 작업환경 개선

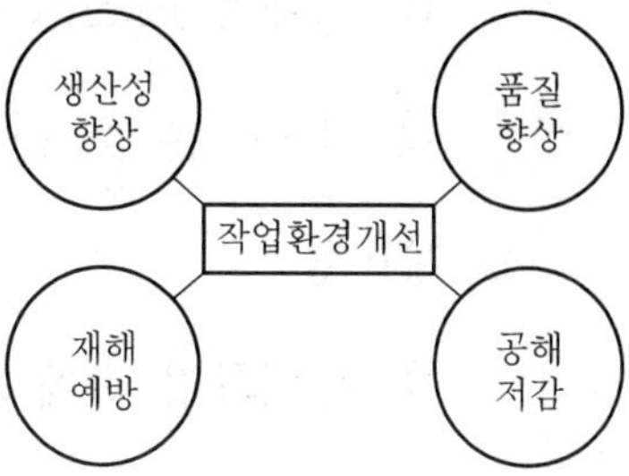

[작업환경 개선]

1) 작업환경 조건의 개선

-정리정돈 및 청소, 채광 등

2) 조명

초정밀작업	정밀작업	보통작업	기타
750lux	300lux	150lux	75lux

3) 통풍, 환기, 색체조절

4) 행동장애 요인 제거

끝

문제9) 산업재해발생 4유형(10점)

답)

I. 개요

대부분의 산업재해는 인간과 에너지와의 충돌로 발생하며, 이러한 산업재해는 4가지의 유형으로 구분된다.

II. 산업재해 4유형

1) 제Ⅰ형

① 폭발, 파열, 낙하, 비래 등 에너지가 폭주하여 발생

② 예-폭발사고의 열 피해

2) 제Ⅱ형

① 에너지에 사람이 침입하여 발생되는 재해

② 예-충전위험구역 침입 재해

3) 제Ⅲ형

① 인체가 Energy체로 충돌

② 예-높은 곳 근로자의 추락

4) 제Ⅳ형

① 유해환경 속에 사람이 들어가 발생

② 예-산소결핍증, 질식 등

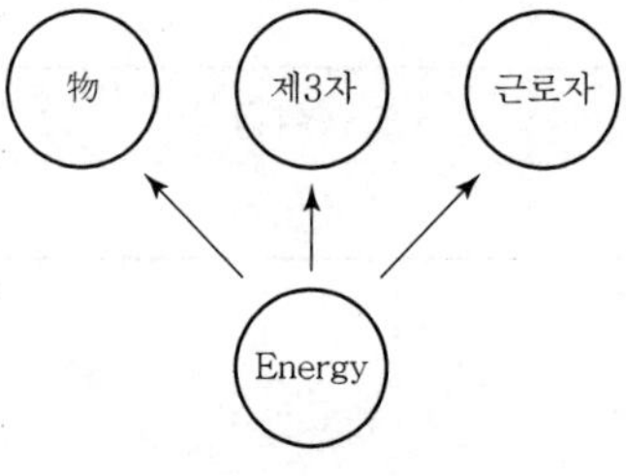

[제Ⅰ형]

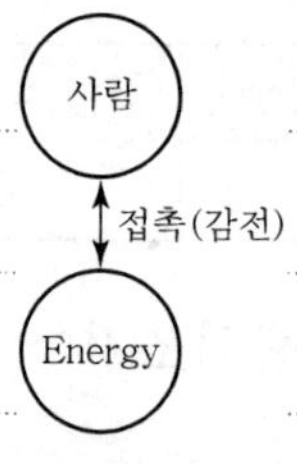

[제Ⅱ형]

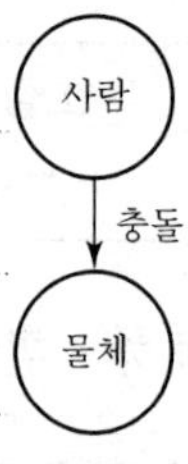

[제Ⅲ형]

끝

문제10) 등치성 이론(10점)

답)

I. 개요

1) 등치성 이론이란 재해가 여러 가지 사고요인의 결합에 의해 발생된다는 것으로

2) 재해의 한 가지 요인을 제거하면 재해가 일어나지 않는다는 이론

II. 재해발생 형태

1) 집중형

① 재해발생은 여러 가지 요인의 집중에 의하여 발생된다는 이론

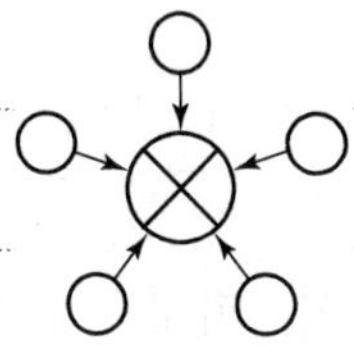

[집중형]

2) 연쇄형

① 단순연쇄형과 복합연쇄형으로 분류

② 하나의 사고요인이 또다른 요인을 발생시키면서 재해발생

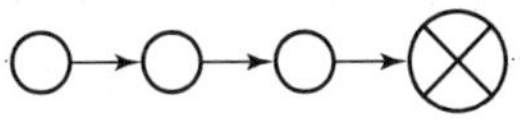

[단순연쇄형]

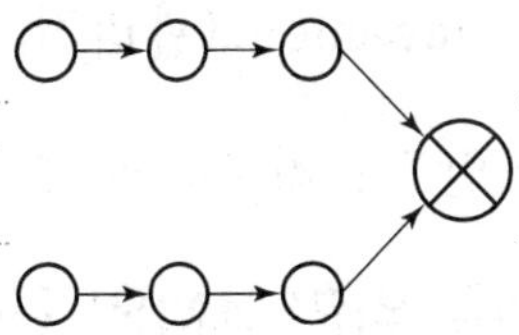

[복합연쇄형]

3) 복합형

① 집중형과 연쇄형이 복합적으로 구성되어 재해가 발생하는 유형 끝

문제11) 재해의 기본원인 4M(10점)

I. 개요

모든 재해는 불안전한 상태 및 행동에 의하여 발생되며, 그 배후에는 재해의 기본원인인 4M이 있어 이에 대한 안전대책 수립이 필요하다.

II. 4M에 의한 재해발생 연쇄관계

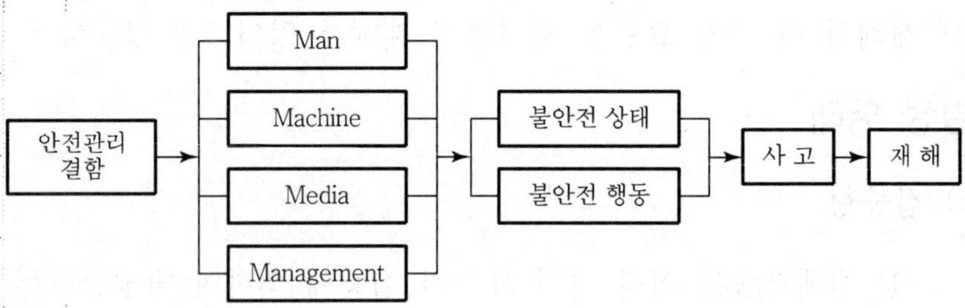

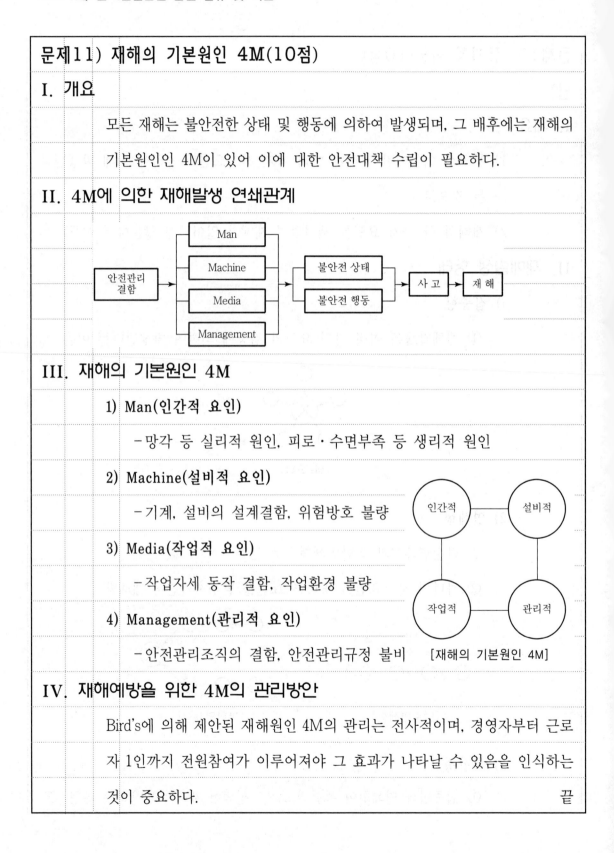

III. 재해의 기본원인 4M

1) Man(인간적 요인)

- 망각 등 실리적 원인, 피로·수면부족 등 생리적 원인

2) Machine(설비적 요인)

- 기계, 설비의 설계결함, 위험방호 불량

3) Media(작업적 요인)

- 작업자세 동작 결함, 작업환경 불량

4) Management(관리적 요인)

- 안전관리조직의 결함, 안전관리규정 불비

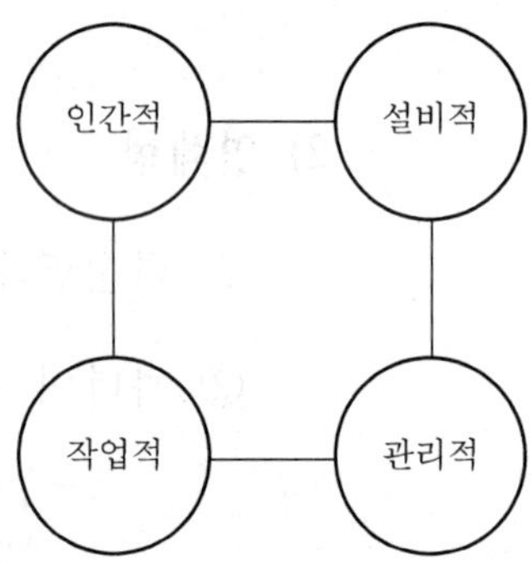

[재해의 기본원인 4M]

IV. 재해예방을 위한 4M의 관리방안

Bird's에 의해 제안된 재해원인 4M의 관리는 전사적이며, 경영자부터 근로자 1인까지 전원참여가 이루어져야 그 효과가 나타날 수 있음을 인식하는 것이 중요하다.

끝

문제12) 하인리히의 사고발생 연쇄성 및 사고예방원리 5단계(25점)

답)

I. 개요

1) 하인리히는 연쇄성 이론을 통해 재해발생은 언제나 사고요인의 연쇄 반응 결과로 발생된다고 정의함

2) 또한, 사고발생은 항상 불안전 행동과 상태에 기인하기 때문에 이것을 제어하면, 재해를 수반하는 사고의 대부분을 방지할 수 있다고 정의함

II. 재해발생 Mechanism

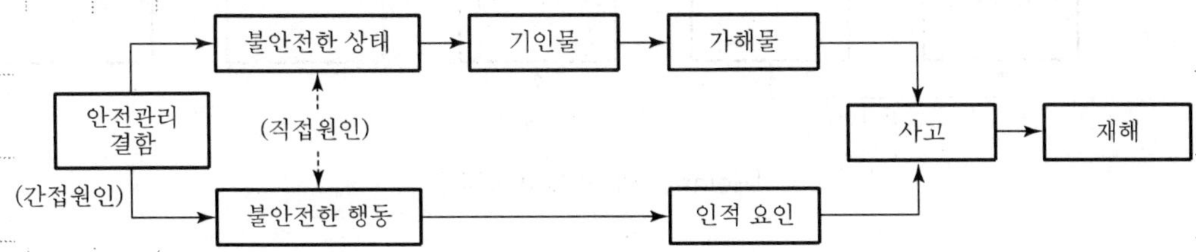

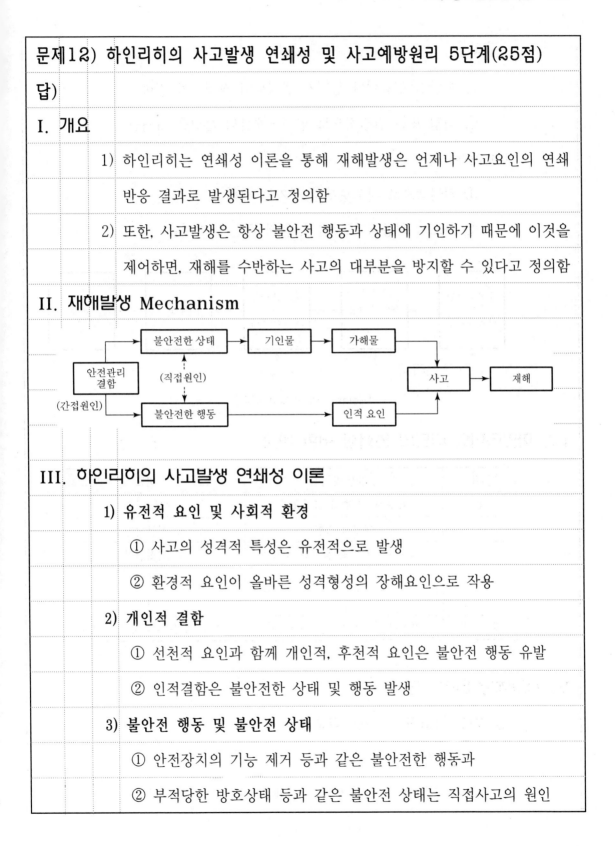

III. 하인리히의 사고발생 연쇄성 이론

1) 유전적 요인 및 사회적 환경

① 사고의 성격적 특성은 유전적으로 발생

② 환경적 요인이 올바른 성격형성의 장해요인으로 작용

2) 개인적 결함

① 선천적 요인과 함께 개인적, 후천적 요인은 불안전 행동 유발

② 인적결함은 불안전한 상태 및 행동 발생

3) 불안전 행동 및 불안전 상태

① 안전장치의 기능 제거 등과 같은 불안전한 행동과

② 부적당한 방호상태 등과 같은 불안전 상태는 직접사고의 원인

4) 사고

① 불안전 행동이나 상태가 선행되어 작업능률 저하

② 직접 또는 간접적으로 인명·재산의 손실을 가져옴

5) 재해

① 직접적으로 사고로부터 생기는 재해

② 사고의 최종결과로 인적, 물적 손실을 가져옴

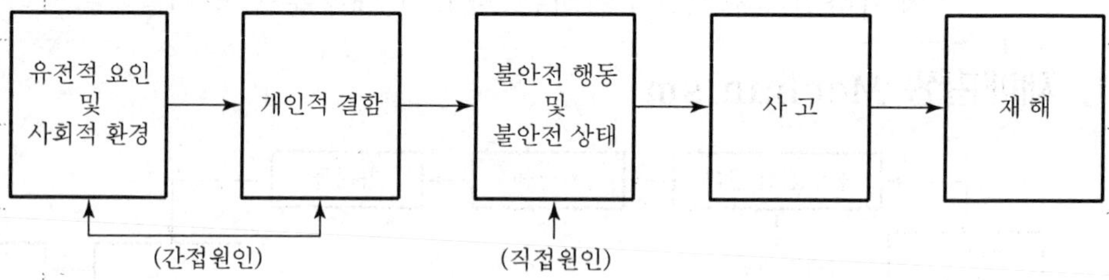

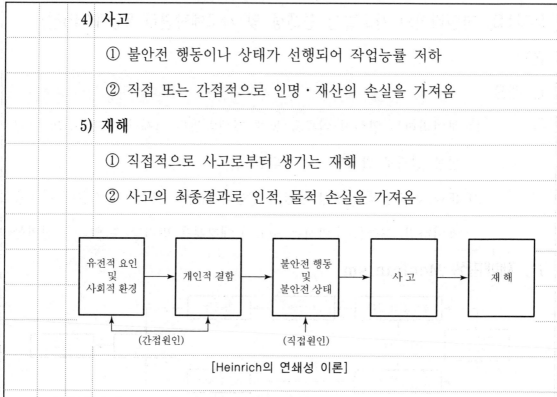

[Heinrich의 연쇄성 이론]

IV. 하인리히와 버드의 연쇄성 이론 비교

단계	하인리히	버드
1	유전적·사회적 환경요인	제어의 부족
2	개인적 결함	기본원인
3	불안전 행동 및 불안전 상태	직접원인
4	사고	사고
5	재해	재해
재해예방	직접원인을 제거하면 예방가능	기본원인을 제거하면 예방가능

V. 사고예방 원리 5단계

1) 제1단계(조직) - 안전관리조직

① 안전의 Line 및 참모조직

② 조직을 통한 안전활동의 전개

2) **제2단계(사실의 발견) - 현상파악**

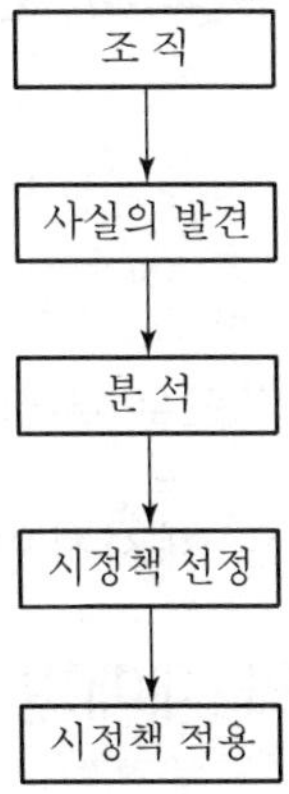

[사고예방 5단계]

① 사고 및 활동기록의 검토

② 작업분석, 점검 및 조사

3) **제3단계(분석) - 원인분석**

① 사고의 원인 및 경향분석

② 인적, 물적, 환경적 조건분석

4) **제4단계(시정책의 선정) - 대책수립**

① 기술적 개선

② 교육훈련의 개선

5) **제5단계(시정책의 적용) - 실시**

① 목표설정

② 3E(기술, 교육, 관리)의 적용

③ 후속조치(재평가 → 시정)

VI. 결론

1) 하인리히에 의하면 재해는 원칙적으로 예방이 가능하며 특히 직접원인의 제거가 현실적이고 실현 가능하다고 주장했다.

2) 이를 위한 과학적이고 체계적인 관리가 무엇보다도 중요하다고 본다.

끝

문제13) 버드의 연쇄성 이론(10점)

답)

I. 개요

버드는 손실제어요인이 연쇄반응의 결과로 재해가 발생된다는 연쇄성 이론을 제시하였다.

II. 버드의 재해발생 연쇄관계

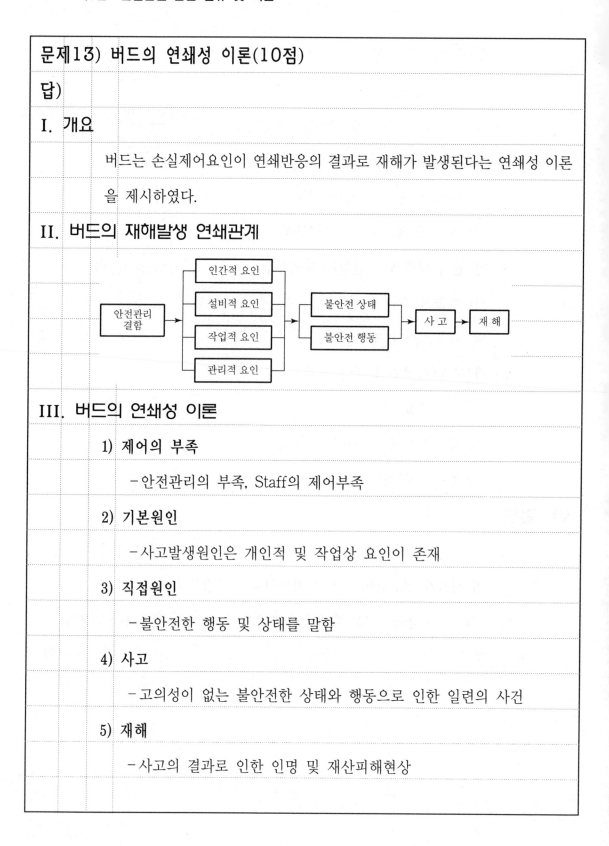

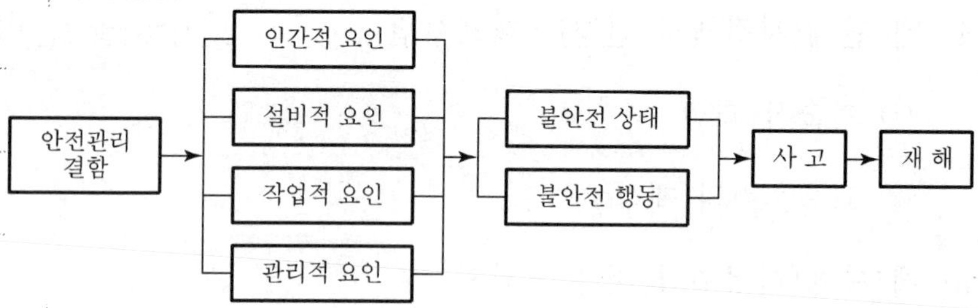

III. 버드의 연쇄성 이론

1) 제어의 부족

- 안전관리의 부족, Staff의 제어부족

2) 기본원인

- 사고발생원인은 개인적 및 작업상 요인이 존재

3) 직접원인

- 불안전한 행동 및 상태를 말함

4) 사고

- 고의성이 없는 불안전한 상태와 행동으로 인한 일련의 사건

5) 재해

- 사고의 결과로 인한 인명 및 재산피해현상

문제14) 재해예방의 4원칙(10점)

답)

I. 개요

1) 재해는 간접원인인 기술적 · 교육적 · 관리적 원인과 직접원인인 불안전한 상태 · 행동에 의해 발생되는데

2) Heinrich는 재해예방을 위한 4원칙을 제시했다.

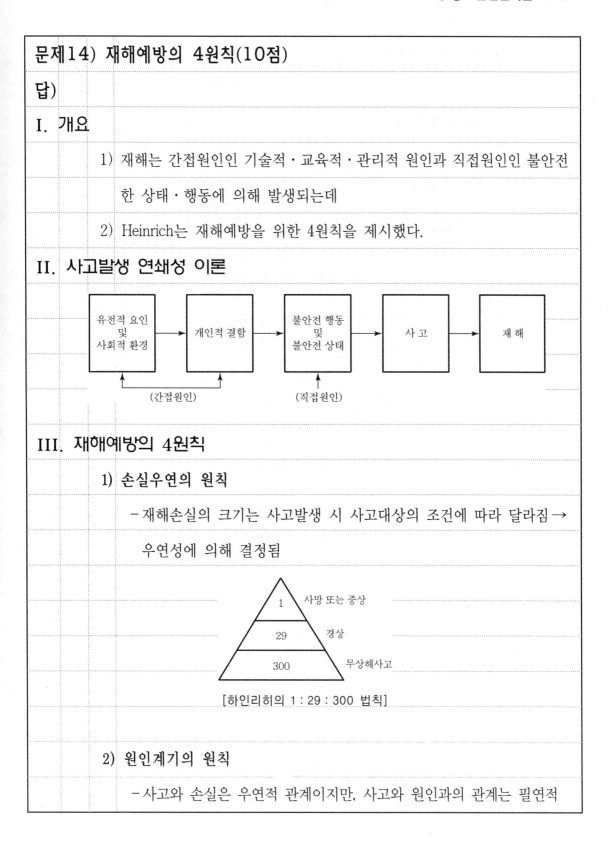

II. 사고발생 연쇄성 이론

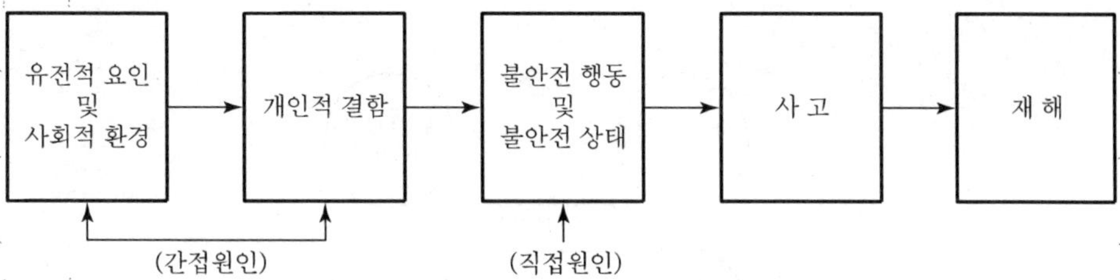

III. 재해예방의 4원칙

1) **손실우연의 원칙**

-재해손실의 크기는 사고발생 시 사고대상의 조건에 따라 달라짐→ 우연성에 의해 결정됨

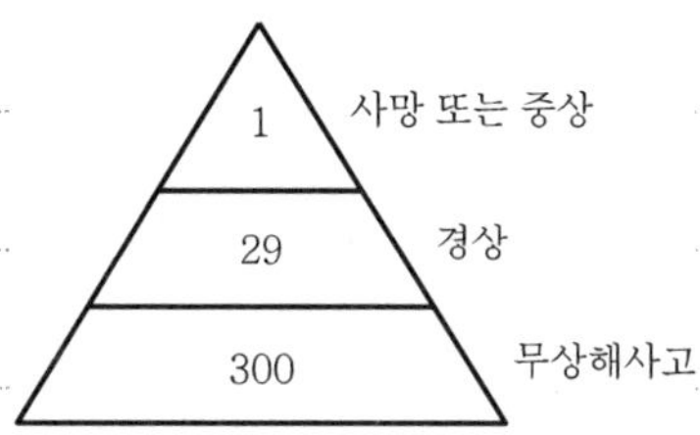

[하인리히의 1 : 29 : 300 법칙]

2) **원인계기의 원칙**

-사고와 손실은 우연적 관계이지만, 사고와 원인과의 관계는 필연적

3) 예방가능의 원칙

－재해는 원칙적으로 원인만 제거되면 예방 가능

4) 대책선정의 원칙

－재해예방을 위한 3E 대책이 중요

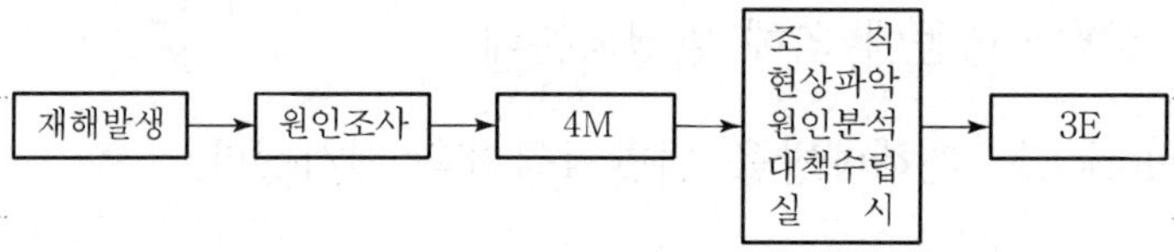

[재해예방활동 추진계획도]

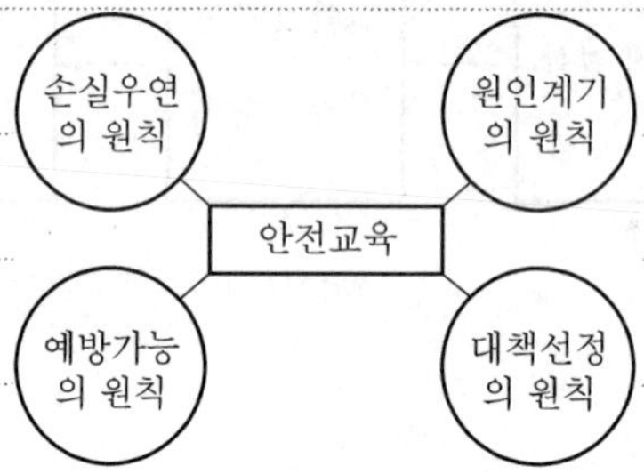

[재해예방의 4원칙]

끝

문제15) 재해의 발생원인 및 방지대책(25점)

답)

I. 개요

1) 재해는 간접원인인 기술적 · 교육적 · 관리적 원인과 직접원인인 불안전한 상태 및 행동에 의해 발생되며

2) 이러한 재해는 기술 · 교육 · 관리적(3E) 대책과 재해예방원칙에 의하여 재해예방을 할 수 있다.

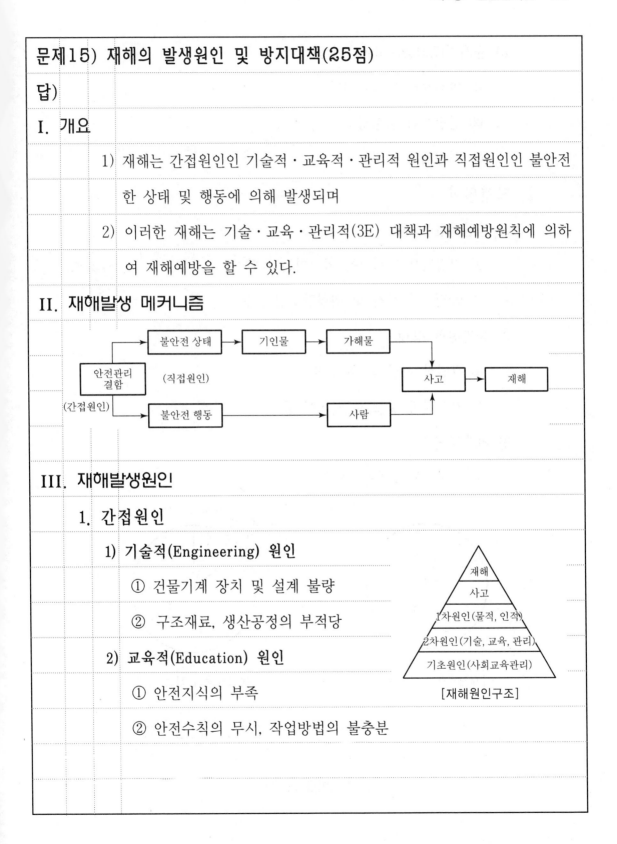

II. 재해발생 메커니즘

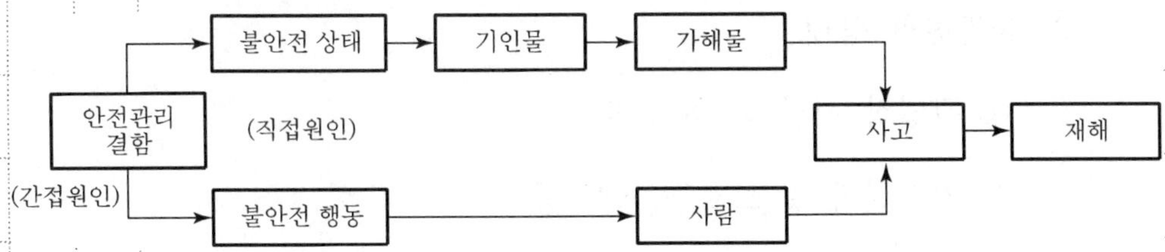

III. 재해발생원인

1. 간접원인

1) **기술적(Engineering) 원인**

① 건물기계 장치 및 설계 불량

② 구조재료, 생산공정의 부적당

2) **교육적(Education) 원인**

① 안전지식의 부족

② 안전수칙의 무시, 작업방법의 불충분

[재해원인구조]

3) **규제적(Enforcement) 원인**

① 안전관리조직의 결함

② 안전수칙 미제정

③ 인원배치 부적당

2. 직접원인

1) **불안전한 행동**

① 직접적으로 사고를 일으키는 원인

② 안전수칙 무시 및 위험장소접근 등

2) **불안전한 상태**

① 작업장 시설 및 환기 불량

② 기계설비 및 보호구 결함 등

3) **천재지변**

① 지진, 태풍, 홍수, 번개 등

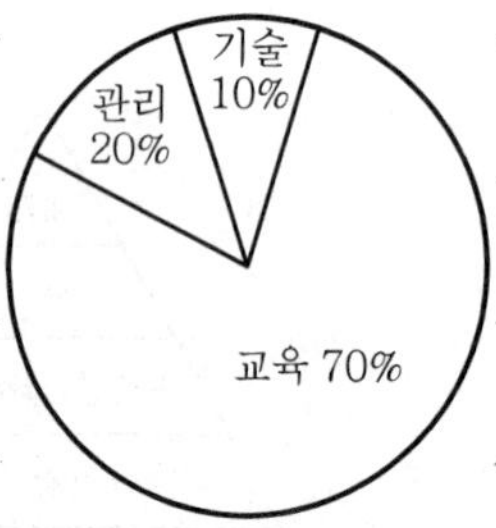

[재해발생의 간접원인]

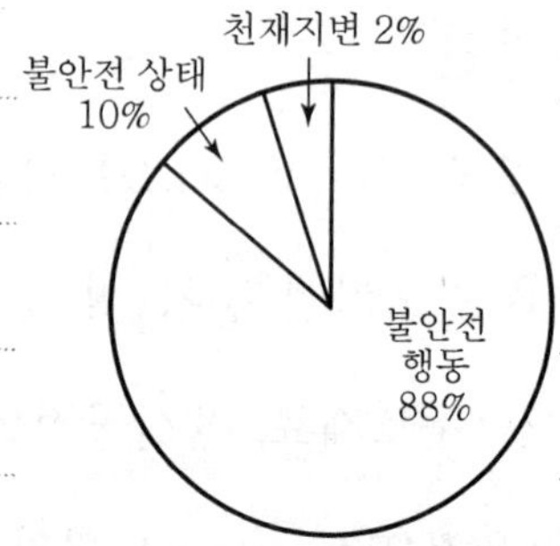

[재해발생의 직접원인]

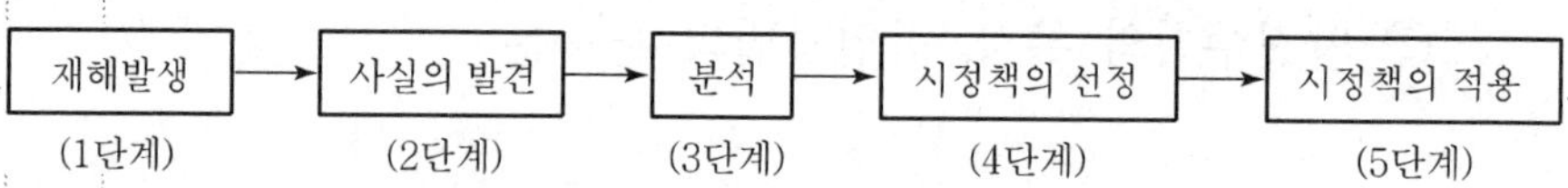

[재해예방 5원칙]

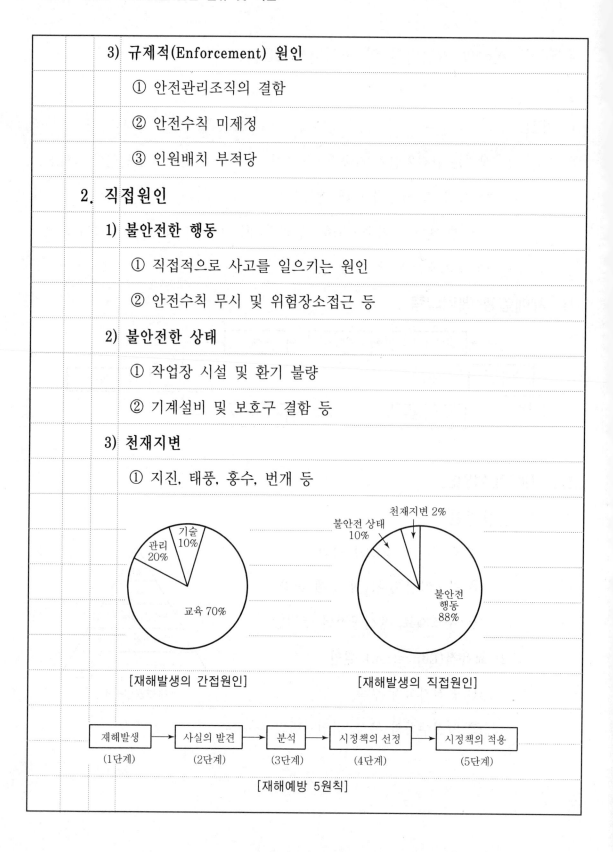

IV. 재해예방의 4원칙

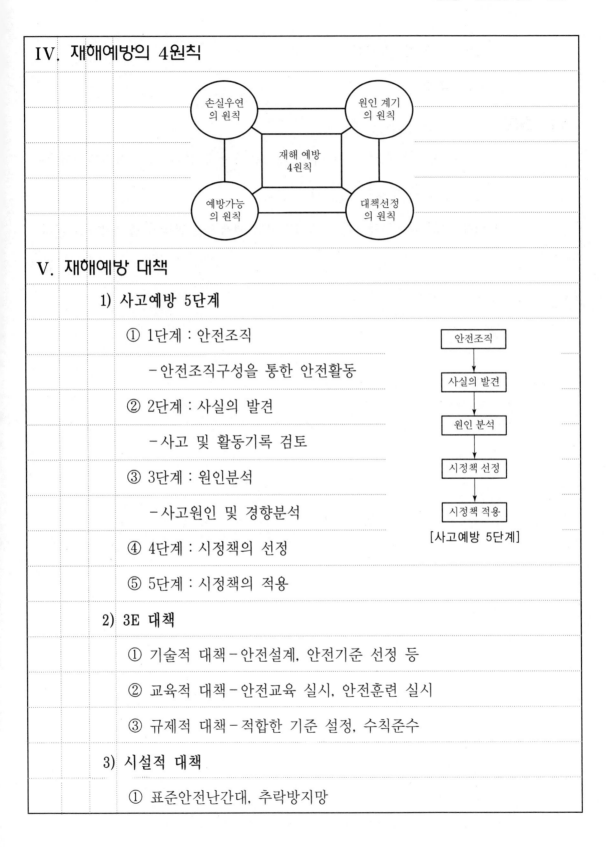

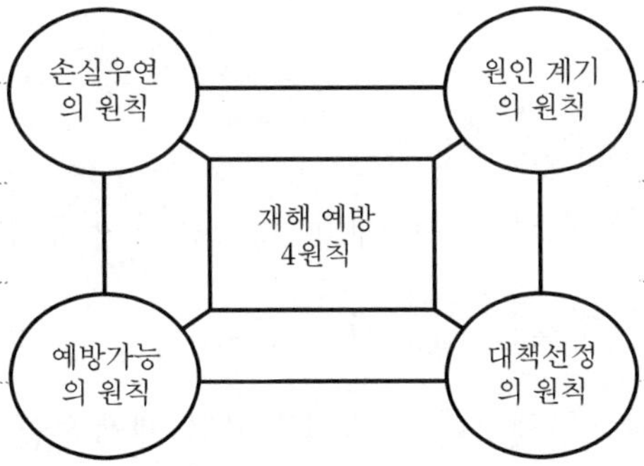

V. 재해예방 대책

1) 사고예방 5단계

① 1단계 : 안전조직

- 안전조직구성을 통한 안전활동

② 2단계 : 사실의 발견

- 사고 및 활동기록 검토

③ 3단계 : 원인분석

- 사고원인 및 경향분석

④ 4단계 : 시정책의 선정

⑤ 5단계 : 시정책의 적용

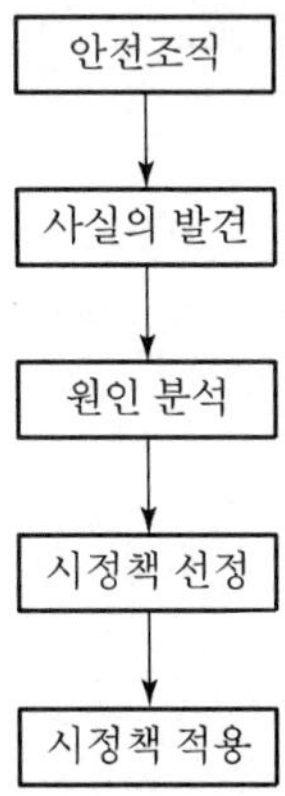

[사고예방 5단계]

2) 3E 대책

① 기술적 대책 - 안전설계, 안전기준 선정 등

② 교육적 대책 - 안전교육 실시, 안전훈련 실시

③ 규제적 대책 - 적합한 기준 설정, 수칙준수

3) 시설적 대책

① 표준안전난간대, 추락방지망

② 안전표지, 환기설비

4) **법령 준수**

VI. 결론

1) 재해는 원칙적으로 모두 예방이 가능하며 간접원인 및 직접원인에 대한 근본적인 대책을 선정해야 한다.

2) 이를 위해서는 무엇보다도 과학적이고 체계적인 관리가 중요하다고 본다.

끝

문제16) 재해조사(10점)

I. 개요

재해조사란 재해의 원인을 규명함으로써 동종재해 및 유사재해의 발생을 예방하고자 실시하는 것이다.

II. 재해조사의 목적

1) 동종재해를 미연에 방지

2) 유사재해를 미연에 방지

III. 재해조사순서

1) **1단계 : 사실의 확인**

- 재해발생까지의 경과 확인

2) **2단계 : 문제점 확인**

- 인적, 물적인 면에서 재해요인 파악

3) **3단계 : 기본원인 결정**

- 기본원인을 4M의 생각에 따라 분석 · 결정

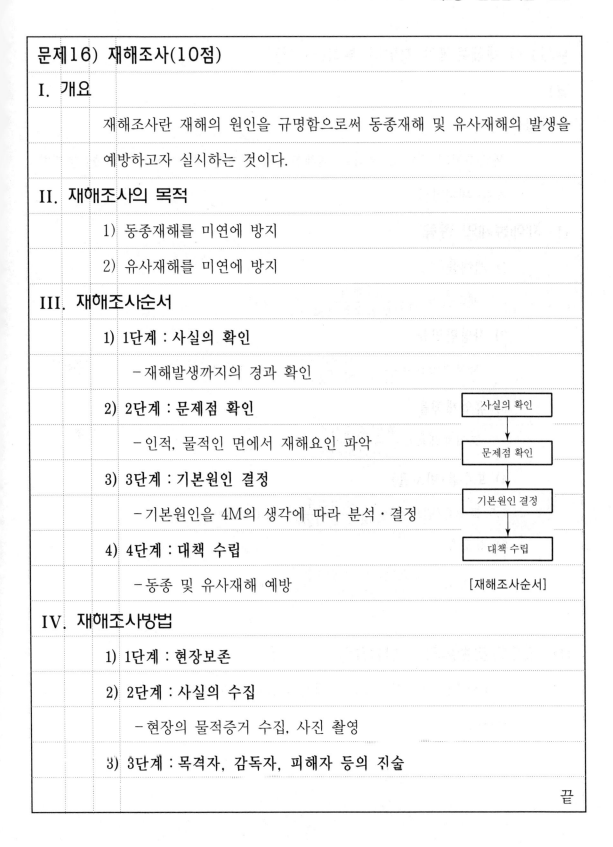

4) **4단계 : 대책 수립**

- 동종 및 유사재해 예방

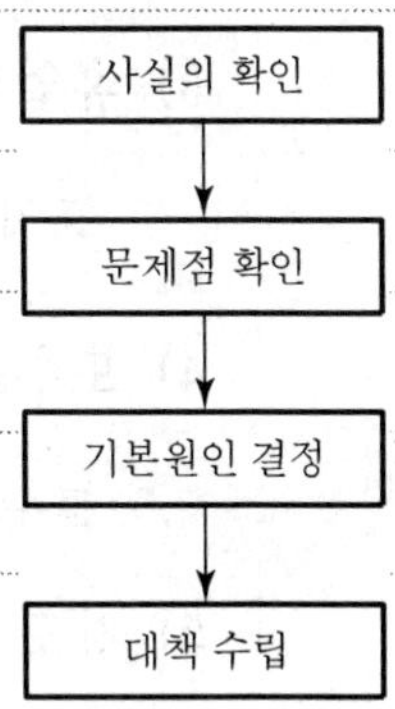

[재해조사순서]

IV. 재해조사방법

1) **1단계 : 현장보존**

2) **2단계 : 사실의 수집**

- 현장의 물적증거 수집, 사진 촬영

3) **3단계 : 목격자, 감독자, 피해자 등의 진술**

끝

문제17) 재해통계의 정량적 분석(10점)

답)

I. 개요

재해통계의 정량적 분석은 재해통계의 수치를 구체적으로 표시한 통계방식을 의미한다.

II. 재해통계의 종류

1) 재해율

$$재해율 = \frac{재해자수}{산재보험적용근로자수} \times 100$$

2) 사망만인율

$$사망만인율 = \frac{사망자수}{산재보험적용근로자수} \times 10,000$$

3) 휴업재해율

$$휴업재해율 = \frac{휴업재해자수}{임금근로자수} \times 100$$

4) 도수율(빈도율)

$$도수율(빈도율) = \frac{재해건수}{연\ 근로시간수} \times 1,000,000$$

5) 강도율

$$강도율 = \frac{총요양근로손실일수}{연\ 근로시간수} \times 1,000$$

III. 요양근로손실일수 산정요령

신체장해등급이 결정되었을 때는 다음과 같이 등급별 근로손실일수를 적용한다.

구분	사망	신체장해자 등급										
		1~3	4	5	6	7	8	9	10	11	12	13	14
근로손실일수(일)	7,500	7,500	5,500	4,000	3,000	2,200	1,500	1,000	600	400	200	100	50

※ 부상 및 질병자의 요양근로손실일수는 요양신청서에 기재된 요양일수를 말한다.

끝

문제18) 재해손실비(25점)

답)

I. 개요

1) 재해란 사고의 결과로 인한 인명과 재산의 피해현상을 의미한다.

2) 재해손실비(Accident Cost)란 재해가 발생되지 않았다면 지출되지 않는 직·간접손실 비용을 말한다.

II. 재해손실비 산정 시 고려사항

1) 쉽고 간편하게 산정할 수 있는 방법 강구

2) 규모에 관계없이 일률적 적용

3) 집계가 용이

4) 사회가 신뢰하는 확률방법

III. 재해손실비 평가방법

1. 하인리히 방식

1) 손실비 산정

- 총재해비용＝직접비＋간접비＝1：4
- 직접비에 비해 간접비가 1：4 비율로 크다는 이론

2) 직접비

① 법령에 의한 피해자 지급 비용(산재보상비)

② 요양, 휴업, 장애, 유족보상, 장례비

3) 간접비

① 재산손실, 생산중단 등으로 기업이 입은 손실

② 인적손실－작업대기, 복구정리 등

③ 생산손실 – 생산감소, 생산중단, 판매감소

④ 특수손실 – 신규채용, 교육훈련비

⑤ 기타 손실 – 병상 위문금, 여비 및 통신비

2. 시몬스 방식

1) 의미

– 총 재해비용 = 산재보험 비용 + 비보험 비용

→ 산재보험비용 < 비보험 비용

2) 산재보험비용

– 산업재해보상보험법에 의해 보상된 금액

3) 비보험비용

① 산재보험비용 이외의 비용

② 항목

– 새로운 작업자에게 추가 입금 지급

– 손상받은 재료, 설비의 수선 · 교체

– 신규작업자의 교육훈련비

– 기타 소송비용 등

3. 버드 방식

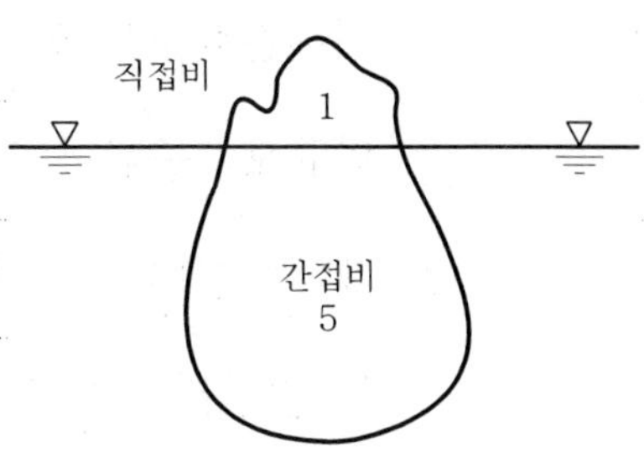

[버드의 빙산이론]

1) 손실비 산정

– 직접비 : 간접비 = 1 : 5

2) 직접비(보험료)

① 의료비

② 보상비

3) **간접비(비보험 손실비용)**

① 건물손실비

② 기구 및 장비손실

③ 조업중단·지연으로 인한 손실

4. 콤페스 방식

1) **의미**

① 총 재해비용=개별비용비+공용비용비

2) **개별비용비(직접 손실)**

① 작업중단, 수리비용, 사고조사

3) **공용비용비**

① 보험료, 안전보건 Team 유지비 등

IV. 재해예방 5단계

조 직 → 사실의 발견 → 분 석 → 시정책의 선정

→ 시정책의 적용

V. 결론

1) 재해손실비는 안전관리자가 쉽고 간편하게 산정할 수 있어야 하며, 기업규모·종류에 관계없이 일률적으로 채택되어야 한다.

2) 재해손실비 산출에 있어 간접비용이 중요한 만큼 정확하고 신뢰성 있는 간접비용의 산출방법이 강구되어야 한다.

끝

문제19) 안전모의 종류 및 성능시험(10점)

답)

I. 개요

안전모란 물체의 낙하, 비래 또는 추락에 의한 위험을 방지하거나, 감전위험으로부터 두부를 보호하기 위한 보호구로 적절한 성능시험을 받아야 한다.

II. 안전모의 구조

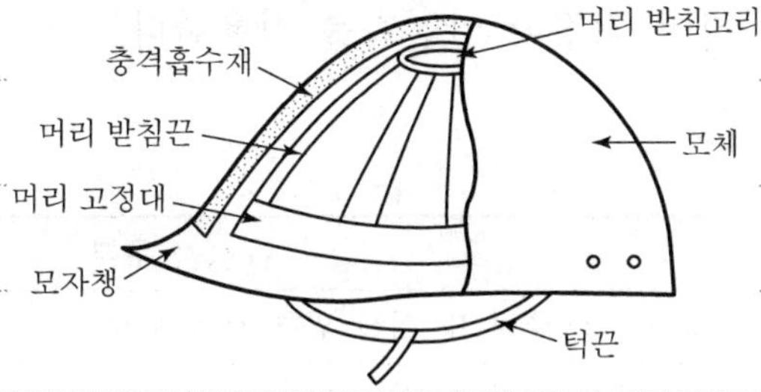

III. 안전모의 종류

종류	사용구분	비고
AB	물체의 낙하 · 비래 및 추락위험방지 · 경감	낙하, 비래, 추락
AE	물체의 낙하, 비래 및 감전위험방지 · 경감	낙하, 비래, 감전
ABE	물체의 낙하, 비래 및 추락위험, 감전위험의 방지 · 경감	낙하, 비래, 추락, 감전

IV. 성능시험

1) **내관통성 시험** – 0.45kg의 철제 추를 자유낙하시켜 관통여부 측정

2) **충격흡수성 시험** – 3.6kg의 둥근철제 추 사용

3) **내전압성 시험** – 1분간 절연파괴 없어야 함

4) **내수성 시험** – 질량증가율 산출

$$\text{질량증가율} = \frac{\text{담근 후 무게} - \text{담그기 전 무게}}{\text{담그기 전 무게}} \times 100$$

끝

문제20) 안전화의 종류 및 성능시험방법(10점)

답)

I. 개요

1) 안전화란 물체의 낙하, 충격 등으로부터 발 또는 발등을 보호하고 감전 방지를 위하여 착용하는 보호구이다.

2) 성능구분에 따라 안전화의 종류를 분류할 수 있으며, 작업환경・내용 등을 감안하여 적정한 안전화를 사용한다.

II. 안전화의 종류

종류	성능 구분
가죽제 안전화	물체낙하, 충격 및 찔림 위험 시 발보호
고무제 안전화	물체낙하, 충격 및 찔림 위험 시 발보호, 방수, 내화학성
정전기 안전화	물체낙하, 충격 및 찔림 위험 시 발보호, 정전기 인체 대전방지
발등 안전화	물체낙하, 충격 및 찔림 위험 시 발보호, 발등보호
절연화	물체낙하, 충격 및 찔림 위험 시 발보호저압전기 감전방지
절연장화	고압에 의한 감전방지 및 방수 겸할 것

III. 안전화의 성능시험

1) **내압박성 시험**

- 압박시험장치를 통해 규정된 압박하중을 가한 후 유점토의 최저부 높이를 측정

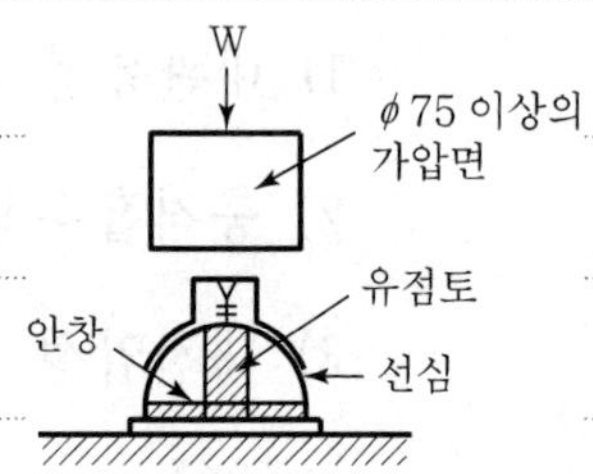

[내압박성 시험]

2) **내답발성시험**

3) **박리저항 시험**

4) **내충격성 시험**

무게 23±0.2kgf의 강재추를 자유낙하시켜 유점토의 변형된 높이를 측정 끝

문제21) 방망사의 신품 및 폐기 시 인장강도(10점)

답)

I. 개요

방망이란 그물코가 다수 연결된 것을 말하며 망, 테두리 Rope, 달기 Rope, 시험용사로 구성되어 고소작업 시 작업자의 추락방지를 위한 용도로 사용된다.

II. 방망의 구조

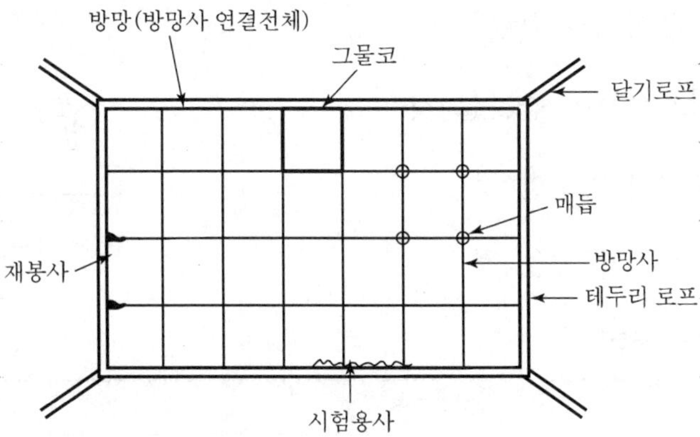

1) **방망** : 그물코가 다수 연속된 것

2) **그물코** : 사각 또는 마름모 모양으로 크기는 10cm 이하

3) **테두리 및 달기로프** : 방망주변 또는 지지점 부착용 로프

III. 방망사의 신품 및 폐기 시 인장

1) **방망사의 신품 인장강도(폐기강도)**

그물코 크기(cm)	매듭 無	매듭 有
10	240kg(150)	200kg(135)
5	–	110kg(60)

※ (　)는 폐기 시 인장강도

끝

문제22) 안전대 종류(10점)

답)

I. 개요

안전대는 고소작업 시 추락방지를 위한 보호구로 1~5종의 5가지 종류가 있다.

II. 보호구의 구비조건

1) 착용이 간편할 것
2) 방호성능이 충분할 것
3) 품질이 양호할 것
4) 마무리가 좋을 것

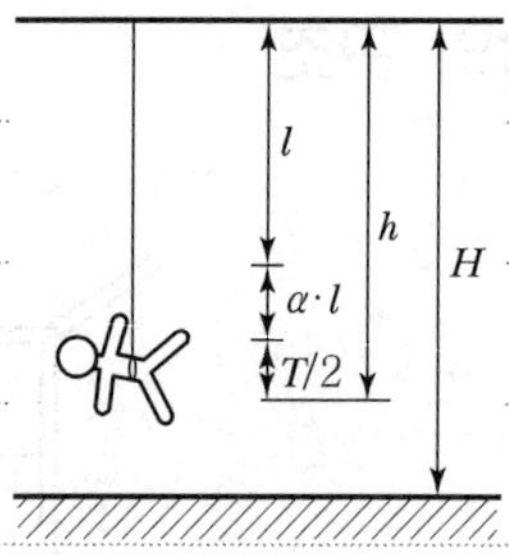

[최하사점]

III. 안전대의 종류

종류	사용구분	종류
1종	U자걸이 전용(전신주 작업)	※ 건설현장에서는 1개 걸이를 주로 사용 ※ 벨트식과 안전그네식이 있다.
2종	1개걸이 전용	
3종	U자 걸이+1개 걸이	
4종	안전블록	
5종	추락방지대	

IV. 최하사점

1) 정의

추락 시 근로자를 보호할 수 있는 로프의 한계길이

2) $H > h$ =(로프길이) ℓ +(로프의 신장) $\alpha \cdot \ell$ +(근로자 키)$1/2T$

$H=h$ 위험

$H < h$ 중상 또는 사망

끝

문제23) 표준안전난간(10점)

답)

I. 개요

1) 표준안전난간이란 작업발판 등에서 추락사고를 방지하기 위해 설치하는 가설시설물을 말하며

2) 난간기둥, 상부난간대, 중간대 및 발끝막이판으로 구성된다.

II. 구조 및 치수

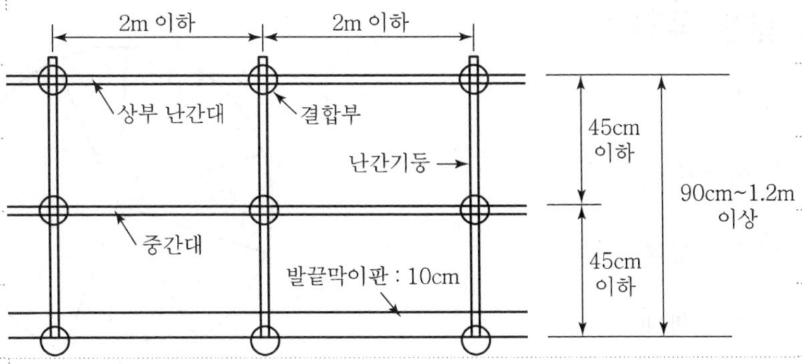

1) **높이** : 90cm 이상

2) **중간대 높이** : 45cm 이하

3) **기둥중심간격** : 2m 이하

4) **발끝막이판 높이** : 10cm 이하

5) **하중** · Span 중앙점 : 120kg

· 난간기둥과 상부난간대의 절점 : 100kg

III. 주의사항

1) 안전난간은 함부로 제거말 것, 부득이 제거 시 작업종료 즉시 원상복구

2) 와이어로프, 서포트연결재 등 사용금지

3) 안전난간에 자재를 기대어 두지 말 것

끝

문제24) 추락재해의 특성 발생원인 대책(25점)

답)

I. 개요

1) 건설현장에서 발생되는 추락 · 붕괴 · 낙하 · 비래 등의 재래형 재해는 전체 재해의 70~80% 수준으로 대부분 중대재해로 전개된다.

2) 특히 추락 재해는 사망사고로 연결되어 재해예방의 중점관리 대상이 되고 있다.

II. 재해의 발생 유형

1) 추락

2) 낙하 · 비래

3) 충돌 · 전도 · 협착

4) 붕괴 · 재해

5) 감전

6) 기타재해

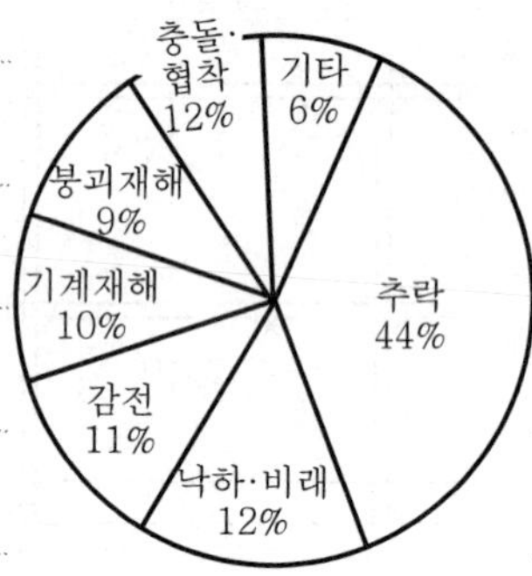

[건설재해 발생유형 예시(최근 10년간)]

III. 추락재해의 특성

1) 작업장보다 높은 장소에서 떨어져 낮은 장소에서 발생한다.

2) 대부분 중대재해로 및 사망재해로 발생한다.

3) 충격부위가 머리인 경우 사망가능성이 높다.

4) 충격장소가 딱딱하면 재해강도가 크다.

5) 추락장소가 높을수록 재해강도가 크다.

6) 고령자일수록, 노약자일수록 재해발생 가능성이 크다.

IV. 발생장소 및 원인

1) 추락발생장소

① 개방된 개구부에 추락

② 비계발판 및 가설통로

③ 이동식 비계, 사다리 또는 지붕작업 등

④ Lift, 엘리베이터 설치 시 등

2) 원인

① 안전시설 미설치 및 조립기준 미준수

② 안전표지 및 주의·경고시설물 미비

③ 안전대 미착용 등 보호구 미착용

④ 구조상 결함 및 불안정

⑤ 작업방법의 부적당과 안전수칙 미준수

⑥ 기타 근로자의 불안전한 행동 등

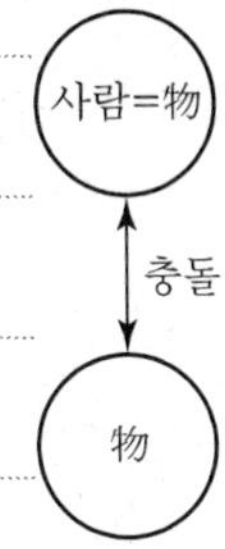

[추락재해]

V. 추락재해예방과 관리의 문제점

1) 건설업 특성상 고소작업과 임시작업이 많음

2) 작업상황에 따라 위험장소가 변화

3) 작업장소에 따른 안전시설 설치의 변화

4) 비교적 낮은 장소에서의 작업을 경시함

5) 건설업의 특성상 옥외작업으로 악천후 작업이 많음

VI. 예방대책

1) 추락방지 예방대책

① 높이 2m 이상 장소에서는 추락방지 안전시설의 철저한 설치

② 설치곤란 시 방망설치 및 안전대 착용

2) 개구부 방호조치

① 폭이 2m 이상 개구부는 표준안전난간대 설치

② 설치곤란 시 방망 설치 및 안전대 착용

③ 소형개구부에는 덮개설치

3) 안전대 부착설비

① 설계도서, 공작도 작성 시 안전대 부착설비 고리 등 반영

4) 악천후 시 작업중지

① 일반 및 철골작업 시

구분	일반	철골
풍속	10분간 10m/sec 이상	10분간 10m/sec 이상
강우	50mm/1회 이상	1mm/hr 이상
강설	25cm/1회 이상	1cm/hr 이상
지진	진도 4 이상	–

※ 풍속은 10분간 평균 풍속임

5) 조도확보

구분	초정밀작업	정밀작업	보통작업	기타 작업
기준	750lux	300lux	150lux	75lux

6) 승강설비 설치

7) 안전담당자 지정

8) 출입금지 등 안전표지판 설치

VII. 결론

추락재해는 건설현장에서 가장 많이 발생하는 후진국형 재래형 재해로 대부분 사망사고 등 중대재해로 발생되는 바 이에 대한 철저한 대책수립이 필요하다.

끝

문제25) 무재해운동(25점)

답)

I. 개요

1) 무재해란 근로자가 업무에 기인하여 사망 또는 4일 이상의 요양을 요하는 부상 또는 질병에 이환된 경우가 없는 상황을 말한다.

2) 무재해운동은 사업주 및 전 근로자의 참여로 산업재해를 근절하기 위한 운동이다.

II. 의의

1) 인간존중

2) 산업재해 근절

3) 안전보건 선취

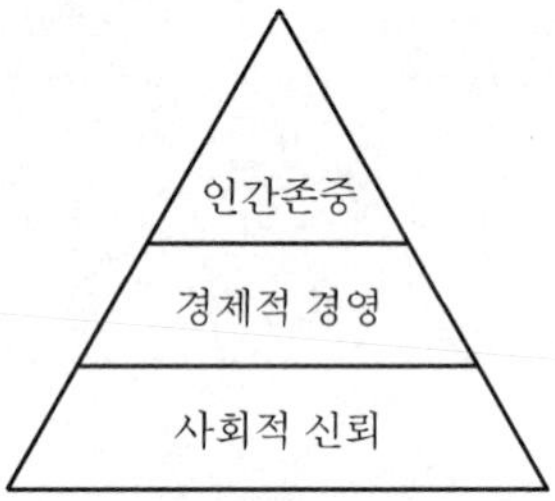

[안전관리의 목표]

III. 원칙

1) 무의 원칙

- 재해는 물론 일체의 잠재요인을 사전에 발견, 해결함으로써 근원적으로 산업재해를 제거

2) 선취의 원칙

- 위험요인을 사전 발견으로 재해를 예방

3) 참가의 원칙

- 전원참가의 원칙으로 문제 및 위험의 적극적 해결

[무재해운동의 기본이념]

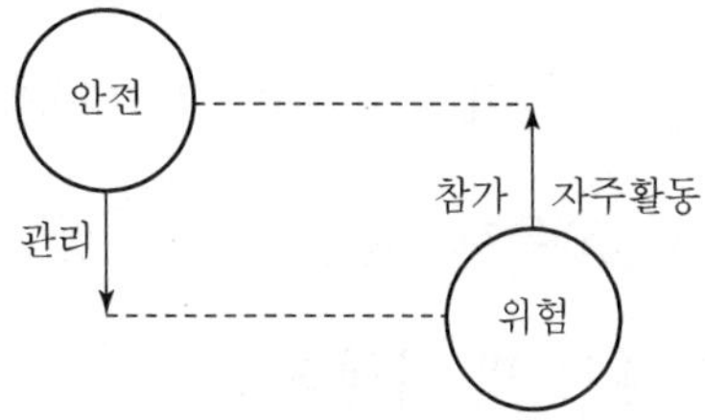

[참가의 원칙]

IV. 추진 3기둥

1) 최고경영자의 경영자세

① 최고경영자의 무재해, 무질병에 대한 확고한 경영자세로 시작

2) Line화의 철저

① 안전조직의 체계확립 및 활성화를 통한 안전활동 강화

3) 직장 자주활동의 활성화

① 직장 Team의 협력을 통한 직장의 활성화

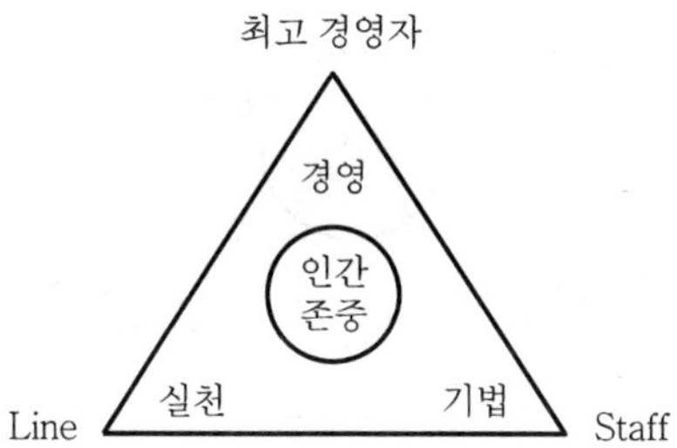

[무재해운동의 이념도]

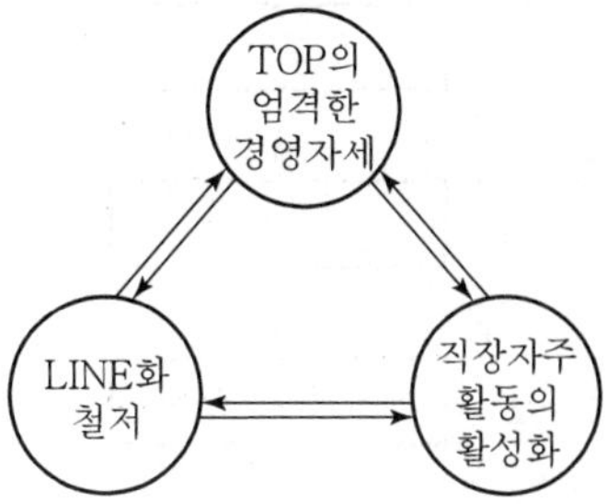

[무재해운동 3기둥]

V. 실천 4단계

1) 인식단계

① 경영방침으로서 무재해운동 설정

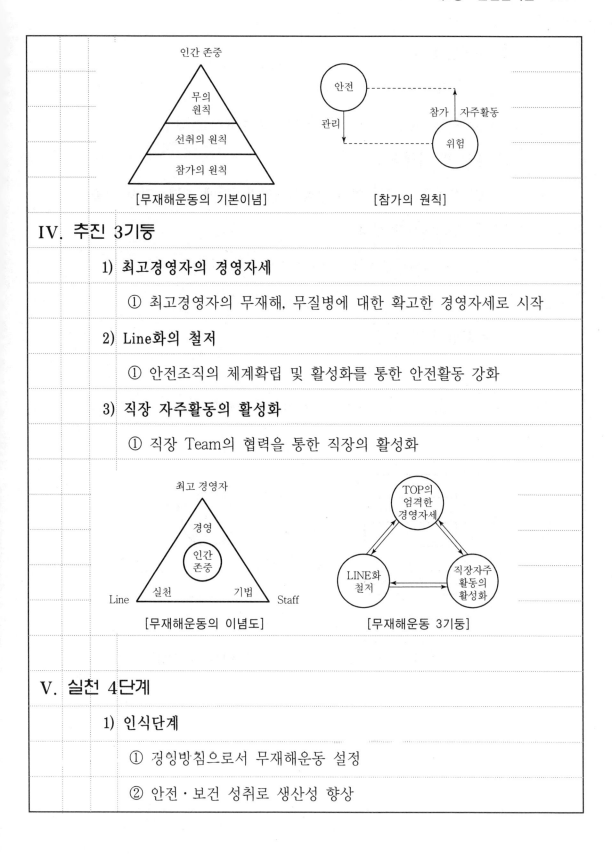

② 안전·보건 성취로 생산성 향상

2) **준비단계**

① 무재해운동의 추진체계 구축

② 무재해운동 적용대상 사업장 및 목표시간 설정

3) **개시 및 시행단계**

① 사업주는 14일 이내 한국산업안전공단에 개시보고서 제출

② 무재해시간 산정

- 무재해시간 = 실근무자 수 × 실근로 시간수

- 실근무 시간이 곤란 → 1일 8시간으로 산정

4) **목표달성 및 시상**

① 무재해 달성 보고

- 별도 서식에 의해 관할 지도원장에게 통보

② 시상 : 무재해 달성장 수여

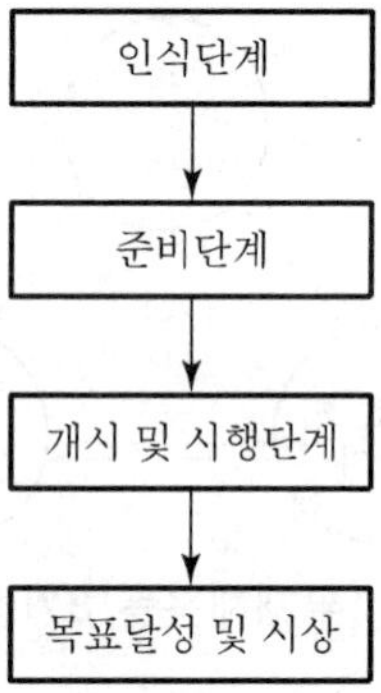

[무재해 실천의 4단계]

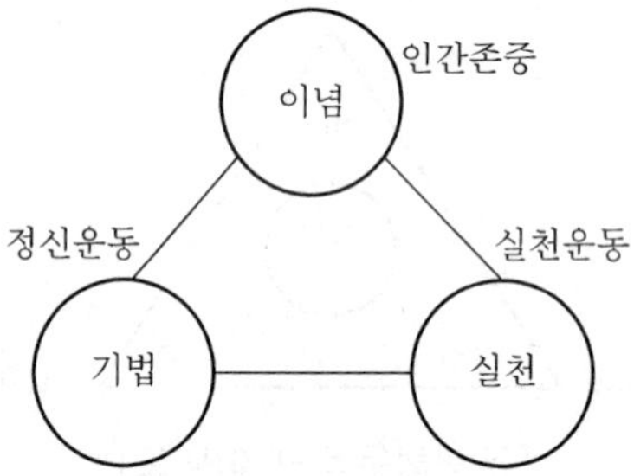

[무재해의 기본이념]

VI. 실천기법

1) 위험예지훈련

① 작업장 내 잠재위험요인을 행동 전 해결하는 것을 습관화하여 사고를 예방하는 훈련

- 브레인스토밍, 지적확인, TBM 활동

2) TBM 활동

① 작업개시 전, 중식 후, 작업종료 시에 5~7인이 작은 원을 만들어 3~5분 정도 Meeting하는 활동

② 작업 내 잠재위험을 스스로 생각, 납득

- TBM 역할연기훈련, One Point 위험예지훈련, 삼각 위험예지훈련 등

VII. 결론

무재해운동은 인간존중의 이념을 바탕으로 최고경영자부터 근로자 전원이 적극적으로 참여하여 직장의 안전과 보건을 위해 실시해야 목표를 달성할 수 있다.

끝

문제26) 위험예지훈련(10점)

답)

I. 개요

1) 위험예지훈련은 작업장 내 위험요인을 작업 전·중·후 단시간 내 토의하고

2) 위험요인을 해결하는 것을 습관화하는 감수성 훈련을 말한다.

II. 특성

1) 감수성 훈련

2) 단시간

무재해운동 > 위험예지훈련 > TBM

3) 문제해결훈련

III. 기초 4라운드

1R : 현상파악 → 2R : 본질추구 → 3R : 대책수립 → 3R : 목표설정

[기초 4라운드 진행방법(Flow Chart)]

1) 현상파악(1단계)

-전원의 토의로 잠재위험요인 발견(Brain Storming)

2) 본질추구(2단계)

-가장 중요하다고 생각되는 위험 파악

3) 대책수립(3단계)

-구체적이고 실행 가능한 대책수립

4) 목표설정(4단계)

-대책 실천을 위한 Team 행동 목표 설정

끝

문제27) 브레인스토밍(Brain Storming)(10점)

답)

I. 개요

1) 브레인스토밍이란 오스본에 의해 창안된 토의식 아이디어 개발기법으로

2) 안전분야에서는 위험예지훈련에서 활용하는 주요기법이다.

II. 위험예지훈련에서의 주요기법

1) 브레인스토밍

2) 지적확인

3) TBM 위험예지훈련

III. 특징

1) 토의 시 비판이나 판단하지 않고 머릿속에 떠오르는 대로 Idea를 내게 하는 방법

2) 자유연상에 의해 더 좋은 Idea를 산출할 수 있다는 기본 가정

3) 안전분야의 위험예지훈련의 기초 4Round 과정에서 활용

IV. 4원칙

1) 비판금지

2) 자유분방

3) 대량발언

4) 수정발언

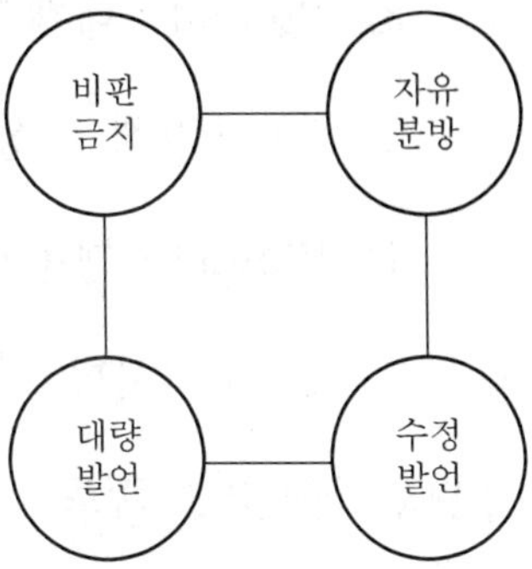

[브레인스토밍 4원칙]

끝

문제28) TBM(Tool Box Meeting)(10점)

답)

I. 개요

TBM은 재해방지를 위해 그때의 상황에 적응하여 실시하는 위험예지활동으로 즉시즉응법이라고도 한다.

II. 효과

1) 문제해결의 책임감 향상
2) 안전관리 향상
3) 개인에서 Team 수준으로 향상

무재해운동 > 위험예지훈련 > TBM

III. 진행방법(기초 4Round)

1) 1Round－**사실의 파악**
   ① 문제 제기 및 현상 파악
2) 2Round－**본질추구**
   ① 문제점 발견 및 중요문제 결정
3) 3Round－**대책수립**
   ① 해결책 구상 및 구체방안 수립
4) 4Round－**행동계획결정(목표설정)**
   ① 중점사항 결정 및 실시계획 책정

IV. TBM 훈련의 종류

1) TBM 역할연기훈련
   －한 팀이 역할 연기한 것을 다른 Team이 관찰, 강평

2) One Point 위험예지훈련

-기초 4R을 각각 One Point로 요약실시(현장활동 용)

3) 단시간 Meeting 즉시즉응훈련

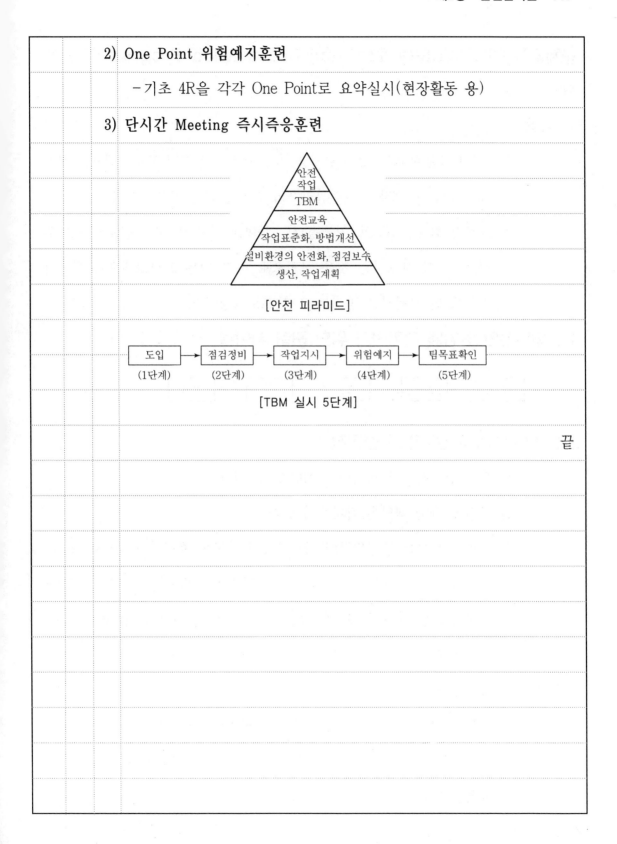

[안전 피라미드]

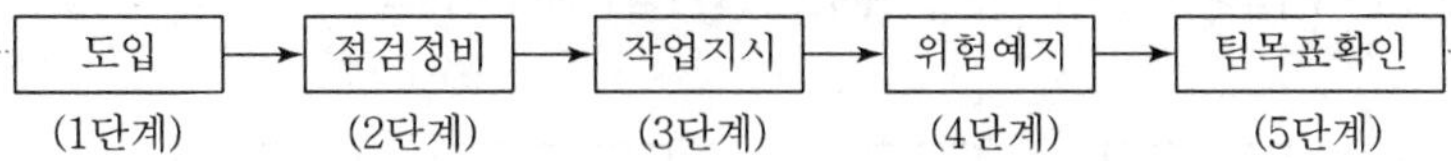

[TBM 실시 5단계]

끝

문제29) STOP(Safety Training Observation Program)(10점)

답)

I. 개요

1) STOP이란 관리자 및 근로자를 위한 안전관찰 훈련 프로그램으로 현장 소속 모든 근로자가 안전관리자의 역할을 하는 프로그램이다.

2) 효과가 검증된 STOP 기법을 사용하여 관리자 및 모든 근로자들을 위험으로부터 보호하는 것을 목적으로 하고 있는 프로그램으로 듀폰사가 개발한 안전사고 방지를 위한 프로그램이다.

II. 불안전한 행위를 제거하기 위한 관찰 사이클

III. STOP의 기본적인 안전원칙

1) 모든 안전사고와 직업병은 예방할 수 있다.

2) 안전에 관한 책임은 각자에게 있다.

3) 관리자는 모든 종업원들이 안전하게 일하도록 훈련시킬 책임이 있다.

4) 건설현장 내에 모든작업장에 대해 적절한 안전대책을 마련할 수 있다.

5) 안전사고 및 재해의 예방은 궁극적으로 기업의 성장에 기여하게 된다.

6) 작업의 안전은 곧 근로자에게 안전을 보장해야 한다.

IV. STOP의 효과

1) 부상의 위험도를 줄이고 근로자의 안전의식을 높인다.

2) 사업장 내 불안전한 행동과 불안전한 상태를 제거하여 무재해 목표를 달성한다.

끝

문제30) 현장소장으로서 건설현장에서 실시해야 할 일상적 안전관리활동의 내용에 대해 설명하시오.(25점)

답)

I. 개요

1) 현장소장은 안전보건관리책임자, 총괄책임자로서의 관리자 업무와,

2) 안전시공, 재해예방 및 위험으로부터 근로자를 보호해야 하는 일상적 업무를 병행 수행하여야 한다.

II. 관리자로서의 현장소장의 직무

1) **안전보건관리책임자**

① 산업재해 예방계획 수립

② 안전보건 관리규정 작성 및 변경

③ 근로자의 안전·보건 교육

④ 작업환경 측정 등 작업환경의 점검 및 개선

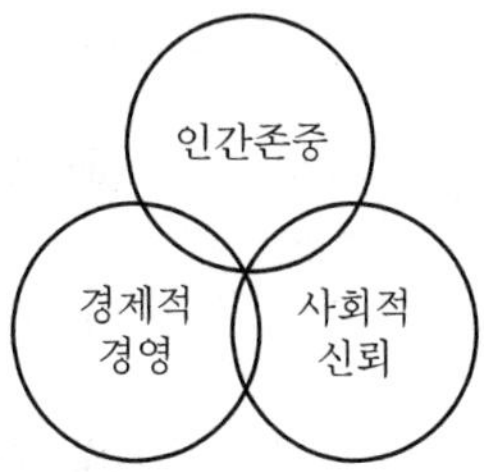

[안전관리의 목표]

⑤ 근로자의 건강진단 등 건강관리

⑥ 산업재해의 원인조사 및 재해방지 대책 수립

⑦ 산업재해에 관한 통계의 기록·유지

⑧ 안전장치 및 보호구 구입 시 적격품 여부 확인

⑨ 기타 노동부령이 정하는 사항

2) **안전보건총괄책임자**

① 작업의 중지 및 재개

② 노급사업에 있어서의 안전·보건 조치

③ 수급업체의 산업안전보건관리비 집행 감독 및 사용상 협의·조정

④ 기계 · 기구 및 설비의 사용 여부 확인

III. 안전시공의 관리체계

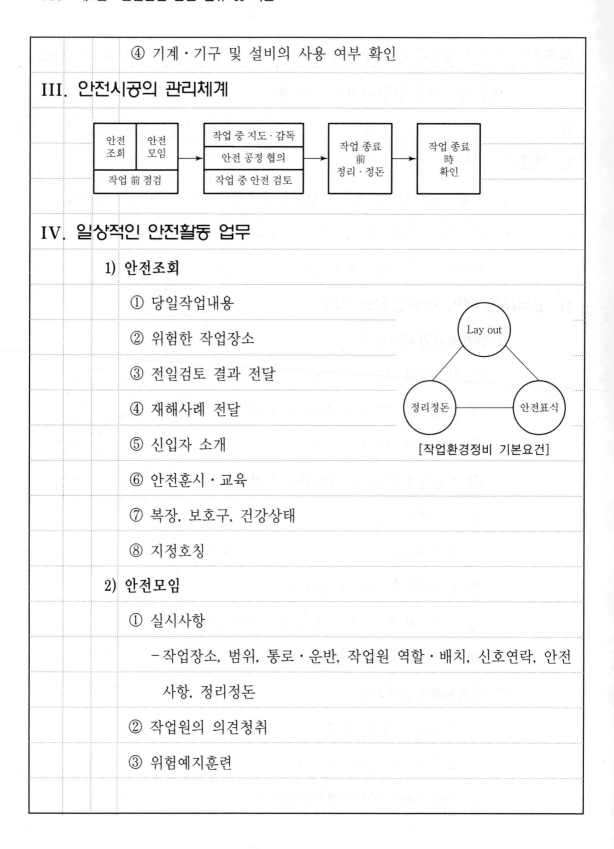

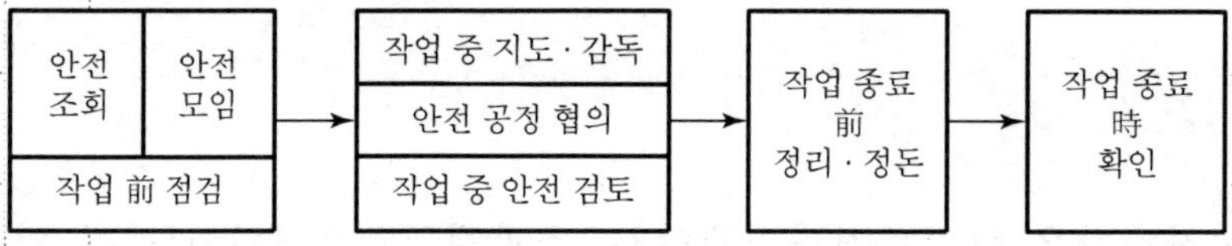

IV. 일상적인 안전활동 업무

1) 안전조회

① 당일작업내용

② 위험한 작업장소

③ 전일검토 결과 전달

④ 재해사례 전달

⑤ 신입자 소개

⑥ 안전훈시 · 교육

⑦ 복장, 보호구, 건강상태

⑧ 지정호칭

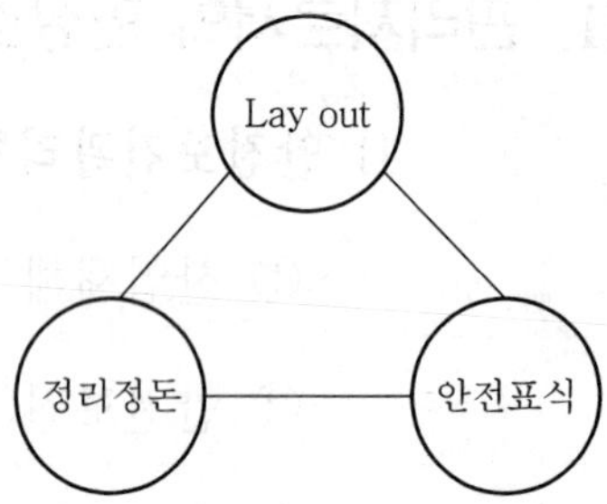

[작업환경정비 기본요건]

2) 안전모임

① 실시사항

- 작업장소, 범위, 통로 · 운반, 작업원 역할 · 배치, 신호연락, 안전사항, 정리정돈

② 작업원의 의견청취

③ 위험예지훈련

3) 작업 전 안전점검

① 원칙 대상 설정

② 반입작업 및 숙련공작업

③ 가설작업 시 관리자 지정

④ 복수작업 및 숙련공작업

⑤ 재료적치장은 안전한 곳

⑥ 점검표 작성

⑦ 하도급 작업 검토, 결과 기록

4) 작업 중 지도, 감독

① 안전시설, 설치 관련 지도 감독

② 불안전 행동, 불안전 상태 시 작업 중지

③ 신규채용자 및 고령자 등에 대한 배려

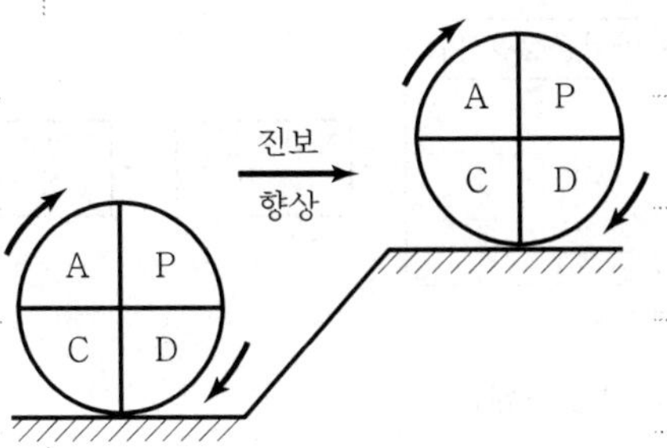

[안전관리 4Cycle]

[안전관리 목표]

5) 작업종료 전 정리정돈

① 5분 전 정리정돈

② 담당자 지정

③ 폐자재의 정리정돈

④ 청소상태의 경비부담 명확화

6) 작업종료 시 확인

① 원청사 실시사항

- 작업반장, 감독자 종료보고
- 현장 전체 순회
- 안전순찰일지 확인

② 하도급자 실시사항

- 일일작업검토
- 추가적인 작업사항 확인
- 정리정돈확인
- 화재위험요인 확인 등
- 협력업체의 종료보고
- 기타 전원, 시건장치 등 확인

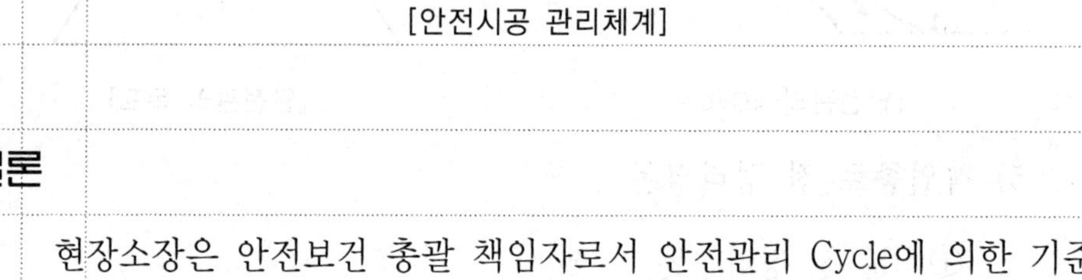

[안전시공 관리체계]

V. 결론

현장소장은 안전보건 총괄 책임자로서 안전관리 Cycle에 의한 기준을 수립해 시행할 의무가 있으며 건설업 특성상 도급인·수급인 근로자가 동일 현장에 근무하는 점을 감안해 안전관리업무 분장에 관한 기준의 제정과 실천이 매우 중요하다. 끝

문제31) 건설업 협력업체의 안전수준 향상방안(25점)

답)

I. 개요

1) 건설공사의 협력업체는 생산의 최일선, 재해의 직접적 시발점과 재해예방의 최종점인 양면성을 갖고 있다.

2) 그러므로 건설현장의 안전관리는 협력업체의 안전관리에서 비롯된다고 볼 수 있다.

II. 건설업의 특수성

1) 작업환경의 특수성

2) 작업자의 위험성

3) 공사계약의 편무성

4) 하도급 안전관리체제 미흡

5) 고용의 불안정, 노무자의 유동성

6) 근로자의 안전의식 미흡

7) 건설공사의 기계화

8) 재래형 재해 다량 발생

[안전관리의 목표]

III. 협력업체 안전관리의 문제점

1) **제도적인 측면**

① 원도급자의 일방적인 계약

② 원도급자와 하도급자 간의 책임한계 불분명

2) **인식 측면**

① 기능공의 안전의식 결여

② 고용 불안정

③ 미숙련공 투입 및 기능공의 노령화

3) **시설 측면**

① 타 공종과 동시작업 시 하도급 간 안전시설 한계 불분명

② 구체적인 안전시설 설치비용 미고려

4) **운영·관리 측면**

① 현장 안전관리·활동·의식부족

② 신공법·신기술 적용 시 안전성 검토 미흡

5) **환경적 측면**

① 작업의 복합성으로 재해 위험성 다양

② 작업환경의 가변성

③ 공정 변화 요인

IV. 안전수준 향상 방안

1) **협력업체 안전관리체계의 정립**

① 협력업체 경영주의 안전의식 및 확고한 목표 정립

② 안전조직 체계, 책임 및 권한 한계 명확화

③ 안전활동의 생활화 유도 - 정리정돈, 점검 등

④ 동일 작업장 내 통합 안전관리체제 구축

2) **외적 안전관리체제 구축**

① 설비 및 사용 기자재 점검 및 검사

② 노사 합동점검 및 순찰의 실질적 기능 강화

③ 현장 전담요원의 전문성 향상

④ 관리 감독자의 지역 및 책임 구분

-My Area제도 등

3) 관리 · 감독 강화

① 협력회사별 종합 안전점검반 운영

② 현장안전 실습 및 안전교육 강화

③ 안전지시 불이행 근로자 현장추방

④ 안전 및 작업순서 등의 준수 여부

⑤ 긴급작업, 돌관작업 등 관심 및 감독

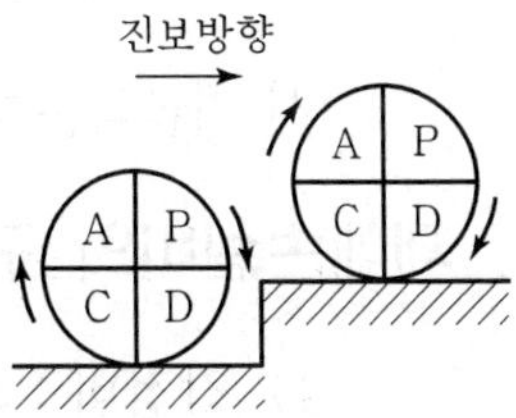

[안전관리 4 Cycle]

4) 원청사와의 공조체계 강화

① 협력업체 신규근로자 안전보건교육을 원청에서 통합 실시

② 실질적인 원청사와 협력업체 간의 안전 관련 실무 협의

③ 안전포상제도 시행

④ 안전보호용품 무상지원 실시

V. 결론

건설업은 특성상 원청사와 협력업체 간에 동일 장소에서 근무하는 점을 감안해 한 가족과 같이 원청사는 협력업체에 대한 안전지원을 하고, 협력업체도 재해예방은 곧 자신들의 생명을 지키고 안전을 지키는 것으로 생각하여 적극적인 자세로 안전관리 활동을 해야 하겠다.

끝

문제32) 재해손실비용 중 직접비와 간접비 평가방식에 대하여 설명하시오.(10점)

답)

I. 개요

재해손실비는 재해가 발생되지 않으면 지급되지 않는 비용으로 재해 발생 시 지급되는 인적상해 지급비용인 직접비용과 그 외 간접손실비용으로 구분된다.

II. 재해손실비의 구성

1) 직접비 : 의료비, 보상금 등 피해자 또는 유가족에게 지급되는 비용

2) 간접비 : 기업이미지 추락, 공사중지로 인한 손실기간, 기계기구의 가동 중지비용 등

III. 재해손실비의 평가방식

이론의 구분	직접비	간접비
Heinrich	1	4
Bird	1	5
Simonds	산재보험비	비보험비용
Compes	개별비용	공용비용

IV. 재해손실비 산정의 오차 방지를 위한 관리방안

1) 기업규모에 관계가 없는 방법일 것

2) 안전관리자가 쉽고 정확하게 산정할 수 있는 방법일 것

3) 전체적인 집계가 가능할 것

4) 사회적인 신뢰성과 경영자에 대한 믿음이 있을 것

V. 직접비와 간접비에 대한 빙산이론의 의의

1) 재해발생 시 표면적으로 나타나는 직접비는 부수적으로 발생되는 손실비용이 5배 이상 발생

2) 버드는 빙산이론을 제시하며 재해발생에 따른 간접비의 부담을 큰 요인으로 간주

3) 재해발생에 따른 간접비의 증가는 기업의 존폐를 가름할 정도의 비중으로 작용

끝

제2장

안전관리론

2. 안전심리

문제1) 안전심리 5요소(10점)

답)

I. 개요

1) 개인이 갖는 여러 습관은 안전사고에 큰 영향을 미친다.

2) 하인리히는 사고 연쇄성 이론을 통해 개인적·유전적 요인이 사고의 첫 번째 단계라고 주장하였다.

II. 불안전 행동의 배후요인

1) **인적 요인**

① 심리적 요인

② 생리적 요인

2) **외적(환경적) 요인**

① 인간관계 요인

② 설비적 요인

③ 작업적 요인

④ 관리적 요인

B=f(P·E)

f : 함수관계
B : 인간의 행동
P : 인적 요인
E : 외적 요인

[K.Lewin의 법칙]

III. 안전심리의 5요소

1) 동기

-사람의 마음을 움직이는 원동력(능동자극에서 발생)

2) 기질

-인간의 성격, 능력 등 개인특성(성장 시 환경에 좌우)

3) 감정

-사고를 일으키는 정신적 동기(희노애락)

4) **습성**

-인간행동에 영향을 미칠 수 있는 것

5) **습관**

-성장과정에서 자신도 모르게 습관화됨

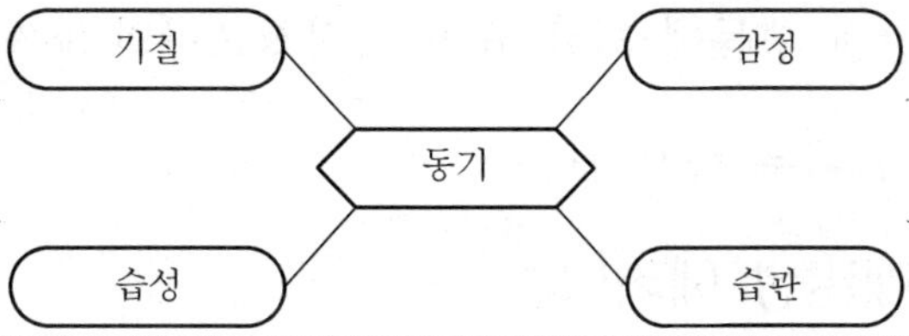

[안전심리의 5요소]

끝

문제2) 불안전 행동의 배후요인(25점)

답)

I. 개요

1) 사고의 직접적 요인은 불안전한 행동 및 불안전한 상태에서 이루어지며,

2) 특히 불안전 행동에 의한 요인은 직접요인의 88%에 이르므로 이에 대한 대책이 매우 중요하다.

II. 4M에 의한 재해발생 메커니즘

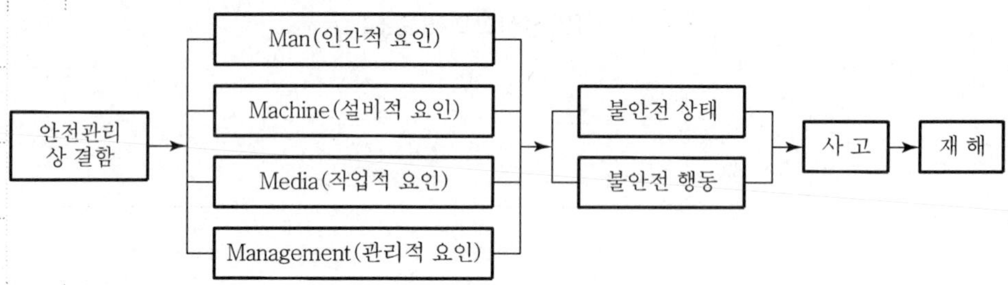

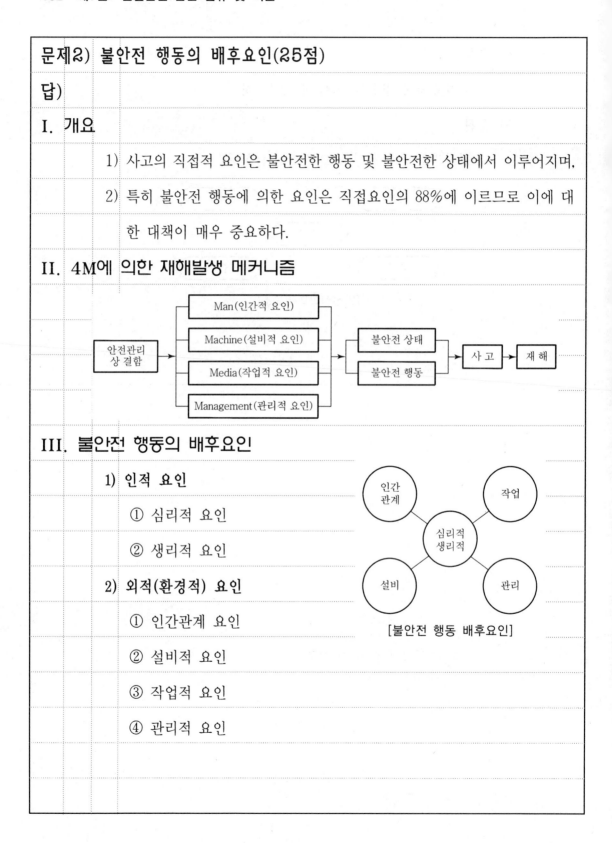

III. 불안전 행동의 배후요인

1) **인적 요인**

① 심리적 요인

② 생리적 요인

2) **외적(환경적) 요인**

① 인간관계 요인

② 설비적 요인

③ 작업적 요인

④ 관리적 요인

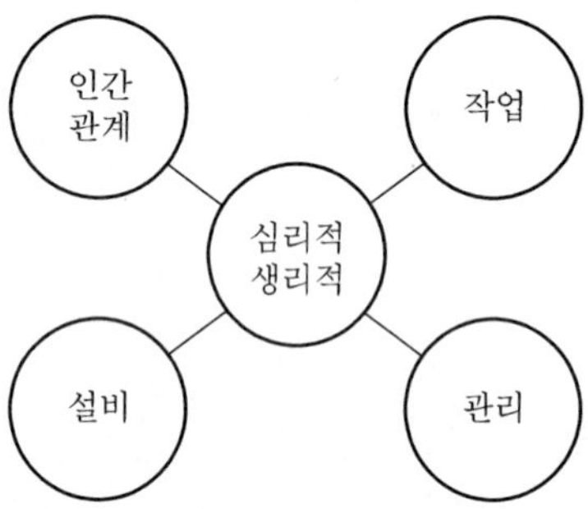

[불안전 행동 배후요인]

IV. 불안전 행동의 배후요인

1. 인적 요인

1) 심리적 요인

① 의식의 우회

-의식의 우회는 사고에 직결됨

② 소질적 결함

-선천적인 육체적·정신적인 결함

[재해발생의 직접원인]

③ 주변적 동작

-주위 상황을 보지 않고 작업에만 몰두

→위험을 알아차리지 못해 사고로 연결

④ 걱정거리

-작업 외의 문제 때문에 발생되는 불안전 행동

⑤ 착오

-착각을 하여 잘못함

⑥ 생략

2) 생리적 요인

① 피로

-육체적·정신적 노동에 의해 작업능률 저하

② 영양과 에너지 축적

-근로에너지에 필요한 영양분 섭취

③ 적성과 작업

-근로자의 적성을 잘 조화시켜 불안전행위 제거

2. 외적 요인(환경적 요인)

1) 인간관계 요인

① 작업자의 인간관계는 사고나 재해에 큰 영향

2) 설비적 요인(물적 요인)

① 기계설비의 위험성과 취급상의 문제

② 기계설비의 관리와 유지관리의 문제점

3) 작업적 요인

① 작업방법적 요인

-작업자세 · 속도 · 강도, 근로시간 등

② 작업환경적 요인

-작업공간, 조명, 색채, 정리 · 정돈 등

4) 관리적 요인

① 교육훈련의 부족

-작업자의 지식부족 등에 의한 불안전 행동

② 감독지도 불충분

-작업자의 작업행동, 안전확인 등 불충분

③ 적정배치 불충분

V. 결론

불안전 행동은 전체 재해발생요인에 가장 큰 부분으로 인적 요인과 외적 요인의 제어를 통해 가능하므로 사고와 재해를 방지하기 위해서는 이러한 인적 · 외적요인의 배후요인을 제거하는 것이 중요하다. 끝

문제3) 불안전 행동의 종류(10점)

답)

I. 개요

1) 불안전 행동은 재해의 직접 원인 중 88%에 해당하므로 이에 대한 관리가 중요하다.

2) 불안전 행동의 종류는 크게 4가지로 구분할 수 있다.

II. 불안전 행동의 배후요인

1) 인적 요인

① 심리적 요인

② 생리적 요인

2) 외적(환경적) 요인

① 인간관계 요인

② 설비적 요인

③ 작업적 요인

④ 관리적 요인

B=f(P · E)

f : 함수관계
B : 인간의 행동
P : 인적 요인(사람)
E : 외적 요인(환경)

[K. Lewin의 법칙]

III. 불안전 행동의 종류

1) 지식부족

2) 태도불량

3) 기능미숙

4) 인간에러

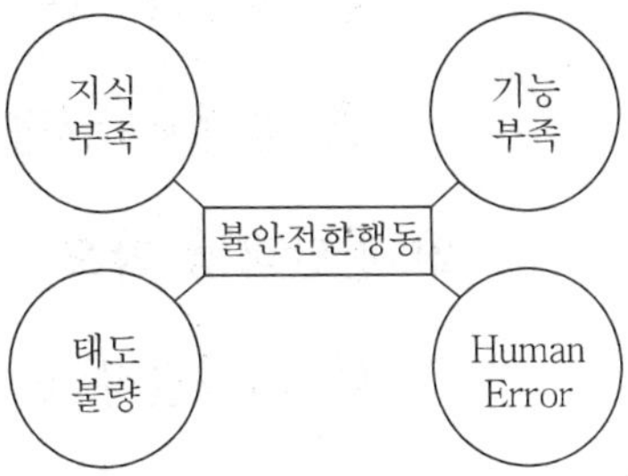

[불안전행동의 직접원인]

끝

문제4) 착오발생의 3요인(10점)

답)

I. 개요

착오는 사실과 관념이 일치하지 않아 불안전한 행동을 일으키는 심리적 요인이 되므로 착오발생의 방지는 사고예방을 위해 매우 중요하다.

II. 안전행동 중 심리적 요인의 종류

1) 착오

2) 의식의 우회

3) 무의식적 행동

4) 억측판단

5) 주변적 동작

6) 소질적 결함

7) 걱정거리

III. 착오발생 3요인

1) 인지과정 착오

① 외부의 정보가 감각기능으로 인지되기까지 에러

② 감각차단, 정서 불안전

2) 판단과정 착오

① 의사결정 후 동작명령까지의 에러

② 정보부족, 자기합리화

3) 조작과정 착오

① 동작을 나타내기까지 조작의 실수에 의한 에러

끝

문제5) Maslow의 동기부여 이론(10점)

답)

I. 개요

근로자에게 행동을 일으키게 하는 내적·외적 요인을 동기라고 하며, 재해를 예방하기 위해서는 안전동기를 유발시키는 것이 중요하다.

II. 동기부여방법

1) 안전목표를 명확히 설정할 것

2) 기본이념을 인식시킬 것

3) 상과 벌을 줄 것

4) 결과를 알려 줄 것

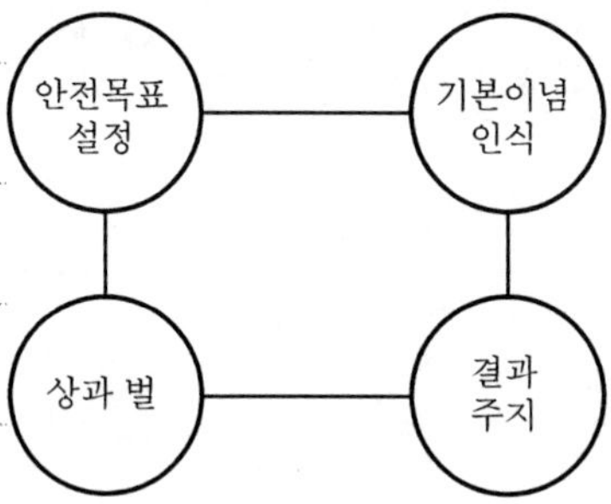

[동기부여방법]

III. 동기부여 이론(Maslow)

1) 1단계 : 생리적 욕구

-기아, 갈증, 호흡 등 인간의 기본적인 욕구

2) 2단계 : 안전 욕구

-안전을 구하려는 욕구

3) 3단계 : 사회적 욕구

4) 4단계 : 인정받으려는 욕구

5) 5단계 : 자아실현의 욕구

- 잠재능력을 실현하고자 하는 욕구

IV. 비교

<table>
<tr><th>구분</th><th>Maslow</th><th>Alderfer</th><th>McGregor</th><th>Herzberg</th></tr>
<tr><td>1단계</td><td>생리적 욕구</td><td rowspan="2">생존 욕구</td><td rowspan="2">X 이론</td><td rowspan="2">위생 요인</td></tr>
<tr><td>2단계</td><td>안전 욕구</td></tr>
<tr><td>3단계</td><td>사회적 욕구</td><td>관계 욕구</td><td rowspan="3">Y 이론</td><td rowspan="3">동기부여 요인</td></tr>
<tr><td>4단계</td><td>인정받으려는 욕구</td><td rowspan="2">성장 욕구</td></tr>
<tr><td>5단계</td><td>자아실현의 욕구</td></tr>
</table>

끝

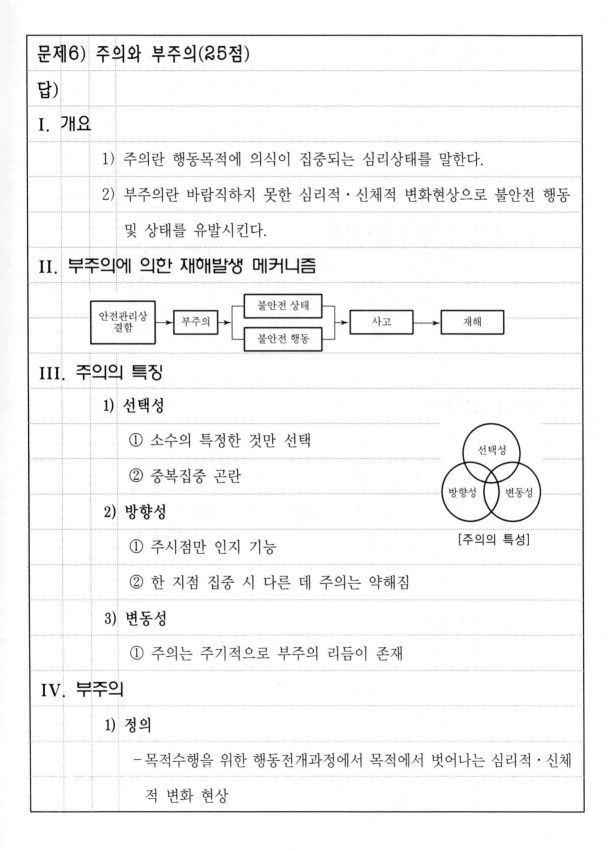

문제6) 주의와 부주의(25점)

답)

I. 개요

1) 주의란 행동목적에 의식이 집중되는 심리상태를 말한다.

2) 부주의란 바람직하지 못한 심리적·신체적 변화현상으로 불안전 행동 및 상태를 유발시킨다.

II. 부주의에 의한 재해발생 메커니즘

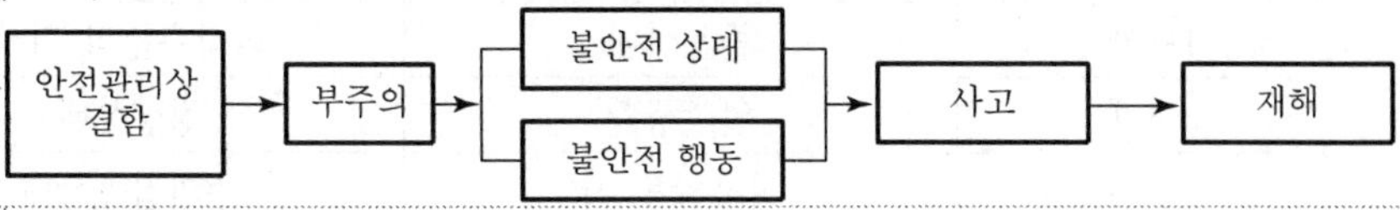

III. 주의의 특징

1) **선택성**

① 소수의 특정한 것만 선택

② 중복집중 곤란

2) **방향성**

① 주시점만 인지 기능

② 한 지점 집중 시 다른 데 주의는 약해짐

3) **변동성**

① 주의는 주기적으로 부주의 리듬이 존재

[주의의 특성]

IV. 부주의

1) **정의**

-목적수행을 위한 행동전개과정에서 목적에서 벗어나는 심리적·신체적 변화 현상

2) 부주의 현상

① 의식의 단절

② 의식의 우회

③ 의식수준의 저하

④ 의식의 과잉

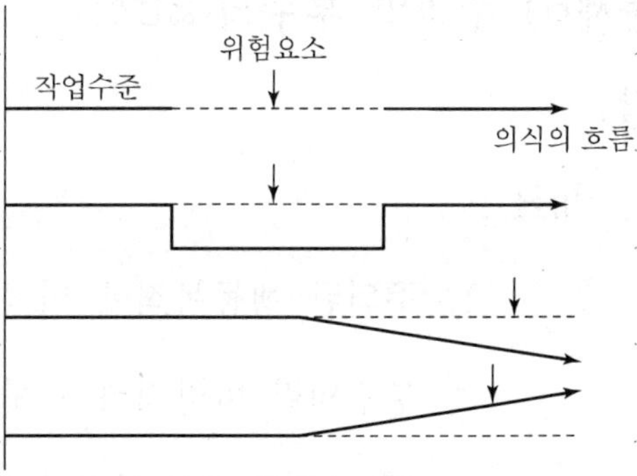

3) 의식수준과 부주의 현상

의식수준	주의상태	부주의 현상
0단계	수면 중	의식의 단절
1단계	졸음상태	의식수준의 저하
2단계	일상생활	정상상태
3단계	적극활동 시	주의집중상태
4단계	과긴장 시	의식의 과잉

V. 부주의 발생원인

1) 외적 요인

① 작업·환경조건 불량

– 불쾌감, 신체적 기능저하 발생으로 주의력 지속 곤란

② 작업순서 부적당

– 판단의 오차 및 조작 실수 발생

2) 내적 요인

① 소질적 조건

– 간질병 등 재해원인 요소를 갖춘 자

② 의식의 우회

– 걱정, 고민, 불만 등으로 인한 부주의

③ 경험, 미경험

VI. 부주의 예방대책

1) **외적 요인**

① 작업환경 조건의 정비

② 근로조건의 개선

③ 작업순서 정비

④ 작업방법 습득

⑤ 인간특성고려 설비제공

2) **내적 요인**

① 적정작업 배치

② 정기적인 건강 진단 및 검사

③ 안전 Counseling

④ 안전교육 철저

⑤ 스트레스 해소 대책 수립 및 실시

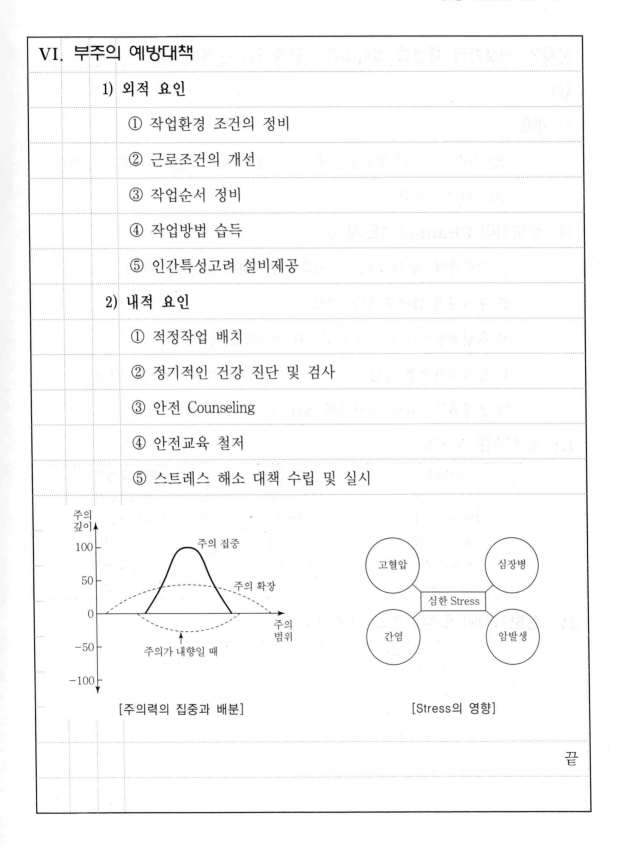

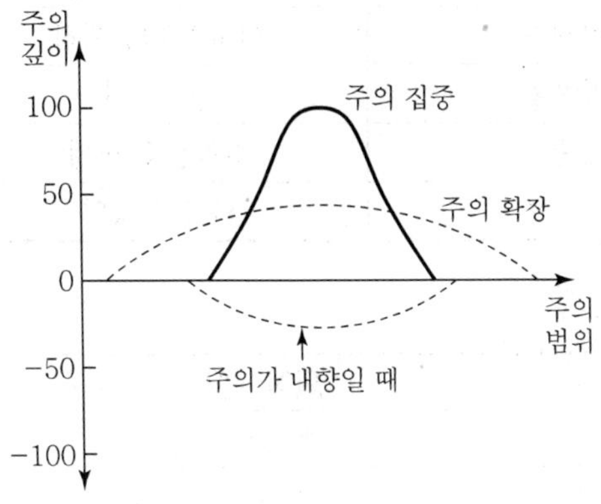

[주의력의 집중과 배분]

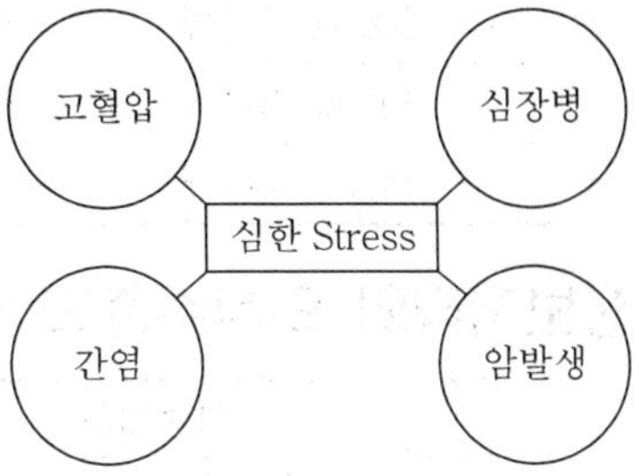

[Stress의 영향]

끝

문제7) 정보처리 채널과 의식수준 5단계와의 관계(10점)

답)

I. 개요

정보처리란 감지한 정보를 수행하는 단계로, 휴먼에러와 의식수준 5단계와도 깊은 관련이 있다.

II. 정보처리 Channel 5단계

1) **반사작업** - 반사작용으로 지각을 통과하지 않는 정보처리

2) **주시하지 않아도 되는 작업**

3) **루틴작업** - 미리 순서가 결정된 정상적인 정보처리

4) **동적의지결정 작업** - 조작 후 결과를 보아야만 다음 조작결정

5) **문제해결** - 미지, 미경험에 대한 정보처리 → 창의력 필요

III. 의식수준 5단계

의식수준	주의상태	부주의 현상
Phase 0단계	수면 중	의식의 단절
Phase 1단계	졸음상태	의식수준의 저하
Phase 2단계	일상생활	정상상태
Phase 3단계	적극활동 시	주의집중 상태
Phase 4단계	과긴장 시	의식의 과잉

IV. 정보처리와 의식수준의 상호관계

정보처리	의식수준
반사작업	Phase Ⅰ
주시하지 않아도 되는 작업	Phase Ⅱ
루틴작업	Phase Ⅱ
문제해결	Phase Ⅲ
창의적 작업	Phase Ⅲ

끝

문제8) RMR(10점)

답)

I. 개요

작업강도란 작업수행에 필요한 에너지 양을 말하며, 에너지 대사율(RMR)에 의해 그 정도를 나타낸다.

II. RMR(Relative Metabolic Rate)

$$RMR = \frac{작업대사량}{기초대사량} = \frac{작업\ 시\ 소비에너지 - 안정\ 시\ 소비에너지}{기초대사량}$$

III. RMR과 작업강도

RMR	작업강도	작업내용
0~2	경작업	사무작업 등 주로 앉아서 하는 작업
2~4	中작업	동작·속도가 작은 작업
4~7	重작업	동작·속도가 큰 작업
7 이상	초중작업	과격작업

IV. 작업강도에 영향을 주는 요소

1) 에너지 소모량
2) 작업속도
3) 작업자세
4) 작업범위
5) 작업의 위험도 등

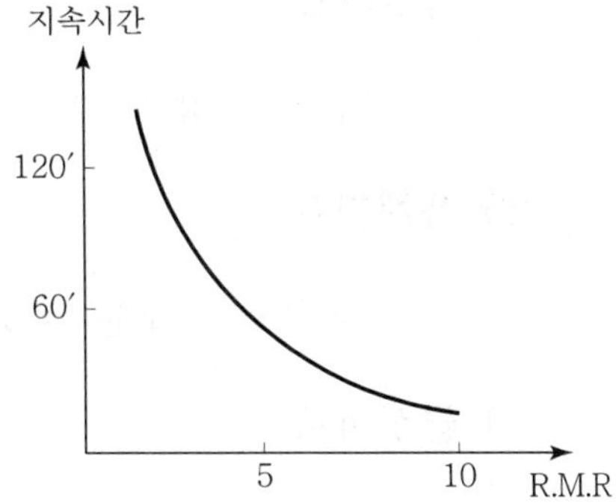

[작업강도와 시간의 상관관계]

끝

문제9) 피로(10점)

답)

I. 개요

1) 피로란 일정시간동안 육체적·정신적 노동을 계속하면 근무능률 저하를 가져오는 심리적 불쾌감을 일으키는 현상이다.

2) 작업강도에 직접적인 영향을 받으며 4종류로 구분된다.

II. 피로에 의한 재해발생 메커니즘

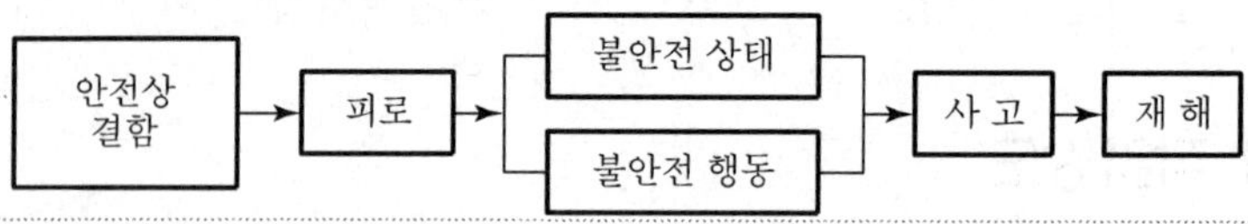

III. 피로의 분류

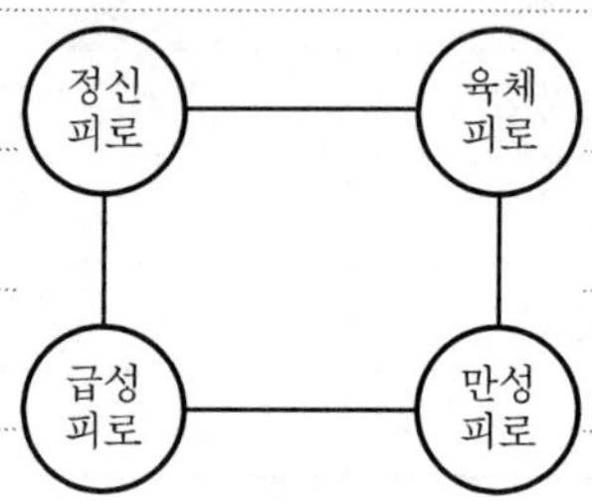

[피로의 분류]

1) **정신피로**

- 정신적 긴장에 의해 일어나는 피로

2) **육체피로**

- 육체적으로 오는 피로

3) **급성피로**

- 휴식에 의해 회복되는 피로

4) **만성피로**

- 오랜 기간에 걸쳐 축적되어 일어나는 피로로 휴식에 의해 회복 불가능

IV. 피로회복대책

1) 휴식과 수면을 취할 것

2) 충분한 영양 섭취

3) 산책 및 가벼운 체조

4) 작업속도를 적절하게 할 것

5) 음악 감상 및 휴식

끝

문제10) Biorhythm(10점)

답)

I. 개요

1) 'Biorhythm'은 Biological Rhythm으로

2) 인간의 생리적 주기에 관한 이론을 말한다.

II. Biorhythm 곡선

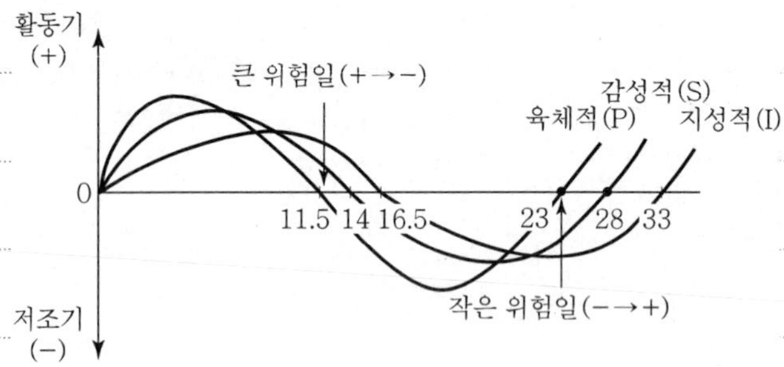

※ 특히, rhythm의 위험이 겹치는 날(1~3회/년)→사고확률이 높으므로 각별한 주의 필요

III. Biorhythm의 종류와 특징

1) 육체적 리듬(P : Physical rhythm)

① 23일 주기, 청색(실선) 표기

② 활동력, 지구력, 스테미너에 밀접

2) 감성적 리듬(S : Sensitivity rhythm)

① 28일 주기, 적색(점선) 표기

② 정서, 창조감, 예감, 감정

3) 지성적 리듬(I : Intellectual rhythm)

① 33일 주기, 녹색(이점쇄선) 표기

② 상담, 사고, 기억의지, 판단력

끝

문제11) 운동의 시지각과 착시현상(10점)

답)

I. 개요

1) 운동의 시지각이란 착각에 의해 움직이는 것 같이 보이는 현상이며

2) 착시란 실제와 보이는 것이 일치하지 않는 것으로 시각의 착각을 말한다.

II. 운동의 시지각 종류

1) **자동운동**-암실 내의 정지된 소광점 응시→움직임으로 착각

2) **유도운동**-실제 움직이지 않는 것을 어느 기준에 의해 유도되어 움직이는 것으로 느낌

3) **가현운동**-정지하고 있는 대상물이 급히 나타나든가 소멸

III. 착시현상

1) Műler-Lyer 착시

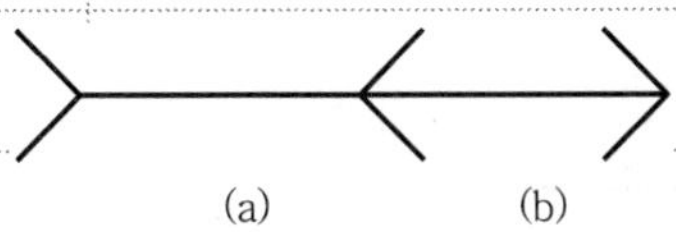

→ (a)가 (b)보다 길어 보임

2) Helmholz의 착시

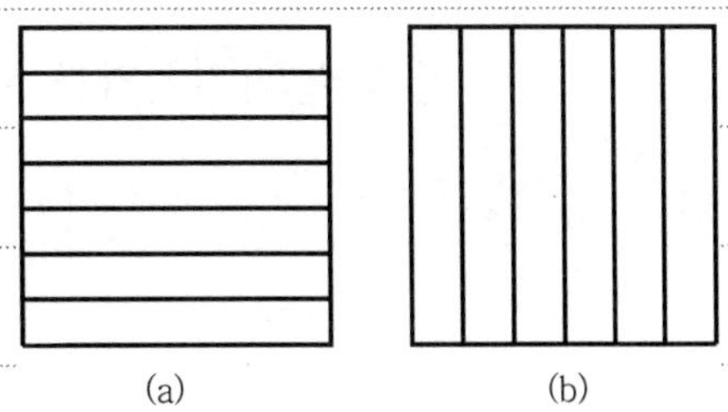

3) Herling의 착시

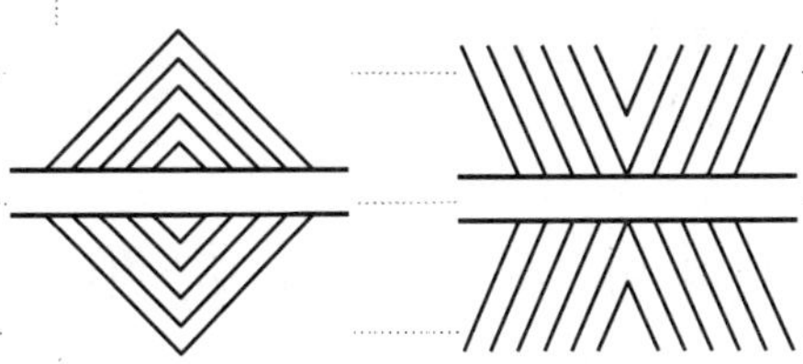

[양단이 벌어져 보임] [중앙이 벌어져 보임]

4) Poggendorff의 착시

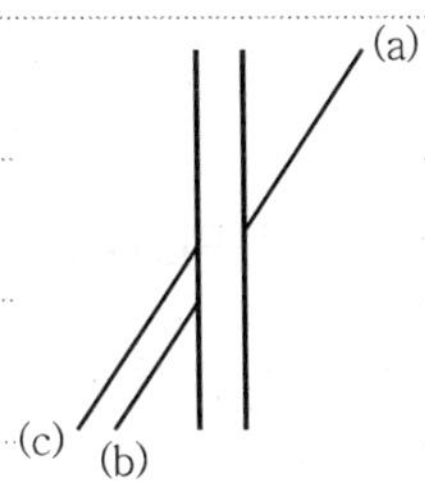

[(a)와 (c)가 일직선으로 보이지만 실제 (a)와 (b)가 일직선]

끝

문제12) 연습곡선(학습곡선)(10점)

답)

I. 개요

1) 학습이란 심신 모든 분야에서 생기는 기능의 변화가 영속적일 때의 그 변화 과정을 의미한다.

2) 연습이란 일정한 목적을 가지고 능력을 향상시키기 위해서 학습이나 작업을 반복하는 것과 그 효과를 포함한 전체과정을 말함

II. 연습의 3단계 Flow Chart

의식적 연습 → 기계적 연습 → 응용적 연습

III. 연습곡선(학습곡선)

1) 연습곡선(학습곡선)

일정한 목적에 따라 학습, 작업을 반복하여 연습할 때 진보경향이 어떻게 달라지는가를 알기 위해 그래프로 표시한 것

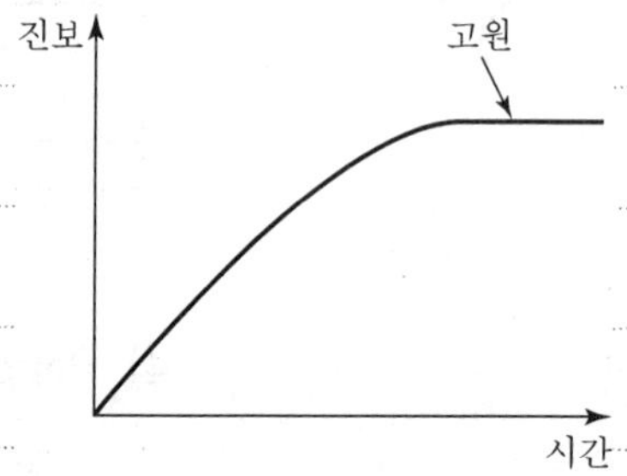

[연습곡선(학습곡선)]

2) 고원(Plateau) 현상

연습곡선은 시간의 경과에 따라 일정하게 능률이 상승하다가 일정시간 경과 후 정체상태가 지속되는 것으로, 피로 등으로 인해 발생한다.

끝

제2장

안전관리론

3. 안전교육

문제1) 건설현장에서의 안전교육 활성화를 위해 숙지해야 할 교육의 원칙적 이론에 대해 설명하시오.(25점)

답)

I. 개요

1) 교육이란 피교육자를 자연적 상태에서 바람직한 상태로 이끌어주는 것을 말한다.

2) 안전교육은 불안전한 행동의 유발 방지를 위해 매우 중요하다.

II. 교육의 3요소

1) **교육의 주체** – 강사

2) **교육의 객체** – 수강자

3) **교육의 매개체** – 교재

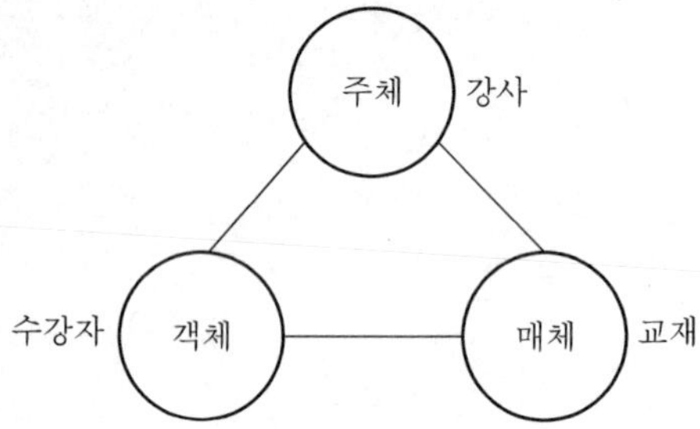

[교육의 3요소]

III. 교육의 형태

1) OJT(On the Job Training)

① 직장중심의 교육훈련

② 직속상사가 부하직원에 대해 실시하는 일상 업무교육

2) Off JT(Off the Job Training)

① 직장 외 교육훈련

② 초빙강사를 불러 다수 근로자에게 조직적으로 하는 교육

IV. 교육지도의 8원칙

1) 상대방의 입장에서 교육

2) 동기 부여

3) 쉬운 부분에서 어려운 부분으로 진행

4) 반복 교육

5) 한번에 하나씩 교육

6) 인상의 강화

7) 5감의 활용

8) 기능적인 이해

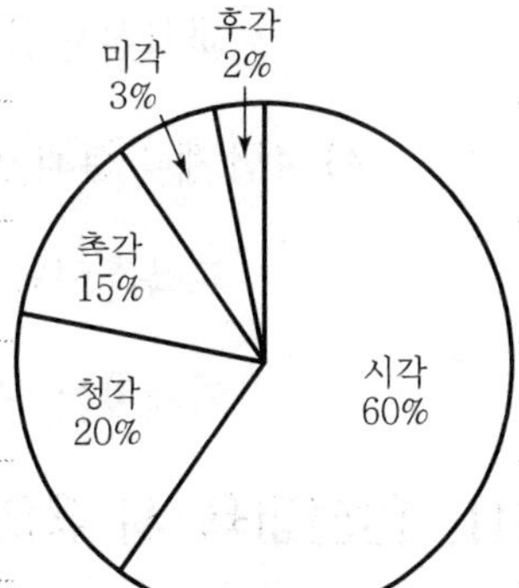

[5감의 효과]

V. 안전교육법의 4단계

1) **제1단계 : 도입**

- 교육의 목적 및 중요성 설명

2) **제2단계 : 제시**

- 피교육자의 능력에 맞게 교육실시

3) **제3단계 : 적용**

- 이해시킨 내용을 구체적으로 활용지도

4) **제4단계 : 확인**

- 피교육자가 교육내용을 올바로 이해했는지 확인

VI. 이해도

구분	귀	눈	귀+눈	귀+눈+입	머리+손·발
이해도	20%	40%	60%	80%	90%

VII. 안전교육 내용 평가(효과) 4단계

1) **1단계 : 반응단계**

- 훈련을 어떻게 생각하고 있는가?

2) **2단계 : 학습단계**

- 어떠한 원칙과 사실 및 기술 등을 배웠는가?

3) 3단계 : 행동단계

- 교육훈련을 통하여 직무수행상 어떠한 행동의 변화를 가져왔는가?

4) 4단계 : 결과단계

- 교육훈련을 통하여 Cost 절감, 품질개선, 안전관리 등에 어떠한 결과를 가져왔는가?

VIII. 안전교육 시 유의사항

1) 교육대상자의 지식이나 기능정도에 따라 교재준비
2) 계속적이고 반복적으로 끈기있게 교육
3) 구체적인 내용으로 실시
4) 사례중심의 산교육 유도
5) 교육 후 평가 실시

IX. 결론

1) 안전교육은 모든 사고를 예방하는 데 효과가 매우 좋으며,
2) 효과적인 안전교육 시행을 위해서는 사전에 철저한 준비와 적합한 교육내용 및 방법의 연구가 선행되어야 한다.

끝

문제2) 학습지도(10점)

답)

I. 개요

학습지도란 교육목적을 효과적으로 달성토록 도와주는 교육활동을 말한다.

II. 교육의 3요소

1) **교육의 주체** – 강사

2) **교육의 객체** – 수강자

3) **교육의 매개체** – 교재

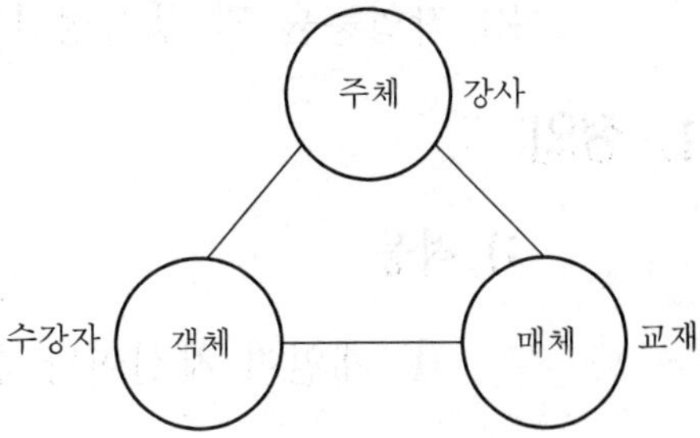

[교육의 3요소]

III. 학습지도방법의 7형태

1) **강의식**

– 강사를 통한 설명과 해설

2) **독서식**

– 교재에 의한 학생의 학습

3) **필기식**

– 강의와 독서를 겸한 방식

4) **시범식**

5) **신체적 표현**

– 신체를 이용한 교육방식

6) **시청각 교재 이용**

7) **계도(유도)**

– 학습의 어려운 문제 해결 지도

끝

문제3) 적응과 부적응(10점)

답)

I. 개요

1) 적응과 부적응은 개인이 자신이나 환경에 대한 만족 여부를 나타내며

2) 작업능률 및 생산성과 밀접한 관계가 있다.

II. 정의

1) 적응

① 개인이 자신이나 환경에 만족한 관계를 갖는 것

② 개인이 상당한 능률을 발휘할 수 있는 것

2) 부적응

① 욕구불만이나 갈등상태에 놓여지는 것

② 서로 대립되는 2개 이상의 욕구를 만족할 수 없는 심리상태

III. Lewin의 3가지 갈등형

1) 긍정-긍정 갈등형

① 2개 이상 긍정욕구 발생 시 갈등

② 시공기술사와 안전기술사 공부 선택

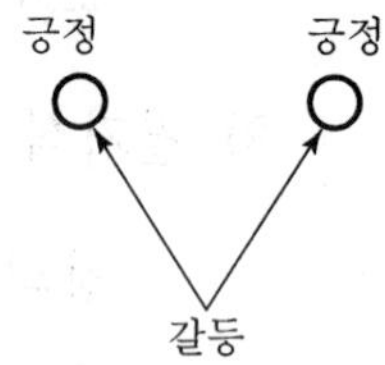

[긍정-긍정 갈등형]

2) 부정-부정 갈등형

① 부정적인 유의성이 동시에 일어남

② 공부 안하고 술 먹을까? TV볼까?

[부정-부정 갈등형]

3) 긍정-부정 갈등형

① 긍정적 욕구와 부정적 욕구 동시 발생

② 공부할까? 술 마실까?의 갈등

끝

문제4) 안전교육의 3단계(10점)

답)

I. 개요

1) 교육이란 피교육자를 자연적 상태에서 바람직한 상태로 이끌어주는 것으로

2) 지식·기능·태도의 3단계 교육원칙이 있다.

II. 교육의 3요소

1) **교육의 주체**－강사

2) **교육의 객체**－수강자

3) **교육의 매개체**－교재

III. 교육의 3단계

1) **제1단계 : 지식교육**

① 재해발생의 원리를 통한 안전의식 향상

② 작업에 필요한 안전규정 및 기준 습득

2) **제2단계 : 기능교육**

① 전문기술연마를 통한 안전작업 기능 향상

② 위험 예측 및 방호장치 관리 기능

3) **제3단계 : 태도교육**

① 작업동작 및 표준작업 방법 습관화

② 지시전달 확인 등 태도의 습관화

지식교육 → 기능교육 → 태도교육

IV. 교육지도의 8원칙

1) 상대방의 입장에서 교육
2) 동기부여
3) 쉬운 부분부터 진행
4) 반복교육
5) 한번에 하나씩
6) 인상의 강화
7) 오감활용
8) 기능적인 이해

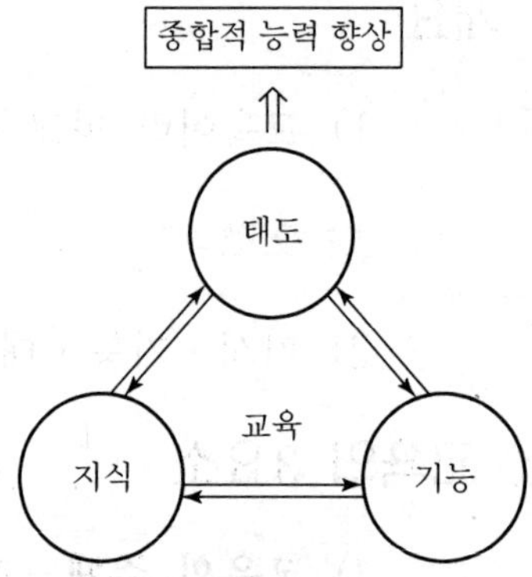

[교육훈련체계도]

끝

문제5) 기업 내 정형교육의 분류에 대해 설명하시오.(25점)

답)

I. 개요

1) 안전교육이란 인간측면에 대한 사고예방수단의 하나로, 안전유지 및 안전태도를 형성하기 위한 것이다.

2) 기업 내의 교육에는 정형교육과 비정형교육으로 나누며 계층별 기업 내 정형교육에는 TWI, MTP 등이 있다.

II. 안전교육의 목적

1) 인간정신의 안전화

2) 행동의 안전화

3) 환경의 안전화

4) 설비·물자의 안전화

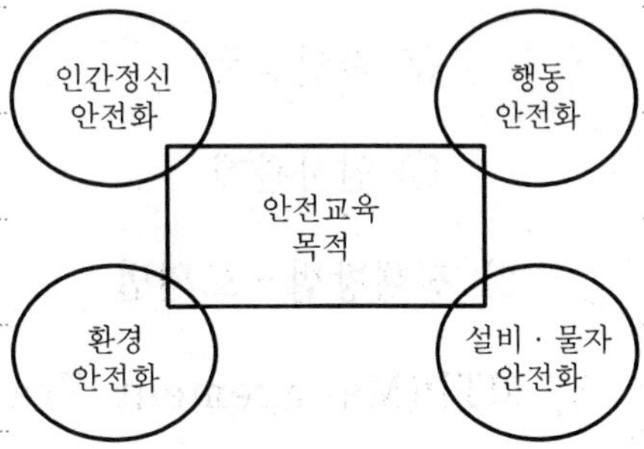

III. 교육의 3요소

1) **교육의 주체**－강사

2) **교육의 객체**－수강자

3) **교육의 매개체**－교재

IV. 기업 내 정형교육

1. ATP(Administration Training Program)

1) **대상**

－Top Management(최고 경영자)

2) **교육내용**

① 안전보건정책 수립

② 조직, 통제, 운영에 관한 사항

3) **진행방법**

-강의법+토의법

2. ATT(American Telephone Telegram)

1) **대상**

-대상계층이 한정되어 있지 않음

2) **교육내용**

① 작업계획 및 인원배치

② 작업감독

③ 인사관계

3) **진행방법-토의법**

3. MTP(Management Training Program)

1) **대상**

-안전관리자, 관리감독자

2) **교육내용**

① 관리의 기능

② 조직의 운영

③ 작업개선 및 안전작업

3) **진행방법-토의법**

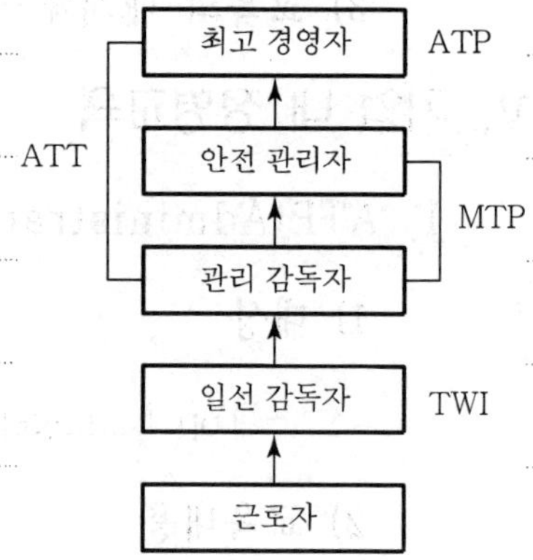

4. TWI(Training Within Industry)

1) **대상**

-일선 감독자

2) **교육 내용**

① 작업지도 훈련

② 작업방법 훈련

③ 작업안전 훈련

3) **진행방법 - 토의법**

V. 교육지도의 8원칙

1) 상대방의 입장에서 교육

2) 동기부여

3) 쉬운 부분부터 진행

4) 반복교육

5) 한번에 하나씩 교육

6) 인상의 강화

7) 오감활용

8) 기능적인 이해

〈교육효과 구분〉

구분	감지효과
시각	60%
청각	30%
미각	20%
촉각	5%
후각	3%

VI. 안전교육법의 4단계 Flow Chart

도입 (1단계) → 제시 (2단계) → 적용 (3단계) → 확인 (4단계)

VII. 결론

1) 안전교육의 목표는 모든 사고를 예방하는 능력을 함양하는 데 있으며

2) 안전교육을 효과적으로 시행하기 위해서는 사전에 철저한 준비와 적합한 교육내용 및 방법에 대한 연구가 선행되어야 한다.

끝

제3장

인간공학 및 시스템 안전

1. 인간공학

문제1) 인간 및 기계가 갖는 각각의 우수한 기능과 기본기능에 대해 설명 하시오.(25점)

답)

I. 개요

1) 인간공학이란 인간과 기계를 하나(Man-machine System)로 연결하여
2) 각각의 장점을 조합해 안전성 확보 및 효율성을 최대화하기 위한 학문 이다.

II. 인간과 기계의 통합체계

1) 수동체계

① 수공구나 보조물을 통한 기계조작

② 자신의 힘을 이용한 작업 통제

2) 기계화체계

① 반자동체계라고도 하며, 동력장치를 통한 기능 수행

② 동력은 기계가 전달, 운전자는 기능을 조정·통제하는 체계

3) 자동체계

① 인간은 감시 및 장비기능만 유지

② 센서를 통한 기계의 자동작동체계

III. 인간 및 기계의 우수한 기능

1) 인간이 우수한 기능

① 자극을 감지하는 기능(시각, 촉각, 후각 등)

② 신호를 인지

③ 예기치 못한 사건 감지

④ 중요도에 따른 정보 보관

⑤ 다양한 경험을 통한 의사결정

⑥ 과부하상황에서 중요한 일에만 전념

⑦ 문제해결에 있어 독창력 발휘

⑧ 귀납적 추리 가능

⑨ 원칙을 토대로 다양한 문제 해결

⑩ 주관적 추산 평가

2) 기계가 우수한 기능

① 자극을 감지하는 기능(초음파, X선, 레이더파)

② 드물게 발생하는 사상을 감지

③ 암호화된 정보를 신속 대량 보관

④ 연역적으로 추리

⑤ 입력신호에 대해 일관된 반응

⑥ 명시된 Program에 따라 정량적인 정보처리

⑦ 물리적인 양을 계수·측정

⑧ 장시간에 걸쳐 작업수행

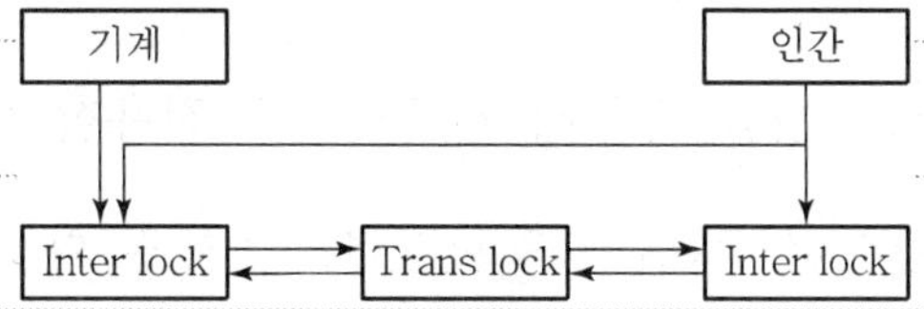

[Lock System]

IV. 인간 및 기계의 기본기능

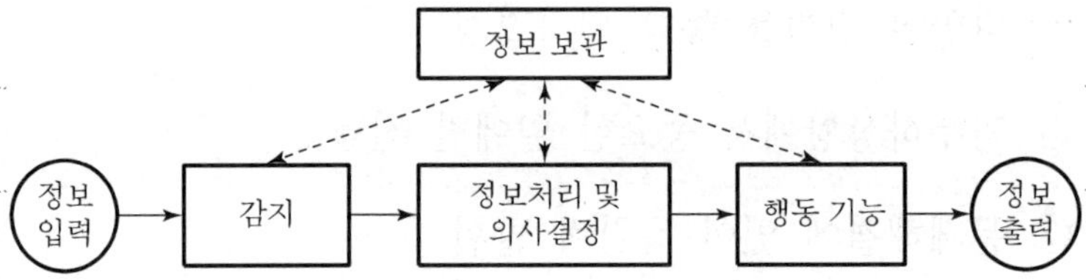

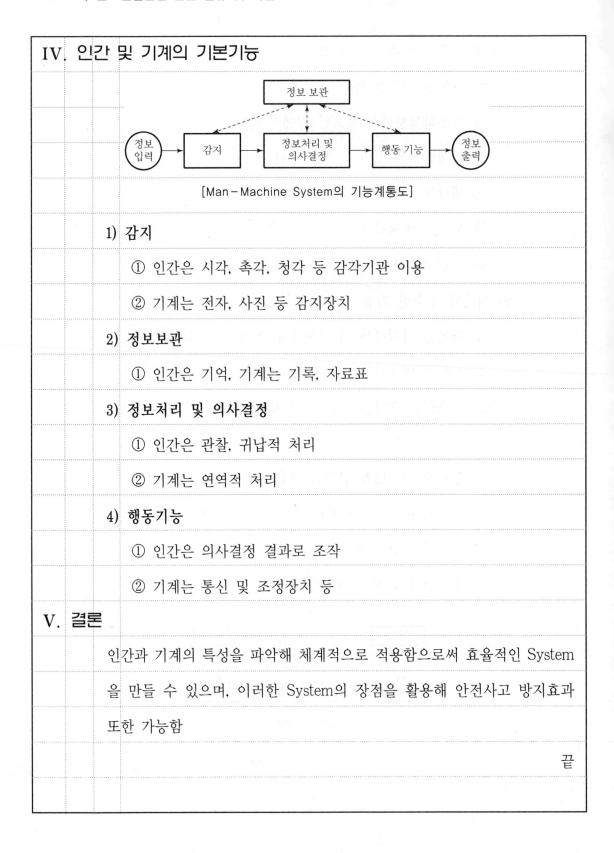

[Man-Machine System의 기능계통도]

1) 감지

① 인간은 시각, 촉각, 청각 등 감각기관 이용

② 기계는 전자, 사진 등 감지장치

2) 정보보관

① 인간은 기억, 기계는 기록, 자료표

3) 정보처리 및 의사결정

① 인간은 관찰, 귀납적 처리

② 기계는 연역적 처리

4) 행동기능

① 인간은 의사결정 결과로 조작

② 기계는 통신 및 조정장치 등

V. 결론

인간과 기계의 특성을 파악해 체계적으로 적용함으로써 효율적인 System을 만들 수 있으며, 이러한 System의 장점을 활용해 안전사고 방지효과 또한 가능함

끝

문제2) Human Error(10점)

답)

I. 개요

작업현장의 Human Error는 4M에 의해 발생되며, 발생요인에 따라 인지·판단·조작 오류로 분류된다.

II. 휴먼에러의 배후요인

1) Man – 인간의 과오, 망각, 무의식, 피로 등

2) Machine – 기계설비의 결함 및 안전장치 미설치

3) Media – 작업순서, 작업방법, 작업환경 등

4) Management – 안전관리조직, 안전교육 및 훈련 미흡

III. 휴먼에러의 종류

1) 인지 오류

① 외부정보를 인지하기까지의 에러

② 확인 시의 미스도 포함

2) 판단 오류

① 의사결정 후 동작명령을 내놓기까지의 에러

② 기억 실패도 포함

3) 조작 오류

① 동작 도중에 일어나는 미스

② 동작 및 절차 생략 에러

끝

문제3) 실수의 분류 및 원인 · 대책(10점)

답)

I. 개요

실수란 인간의 정보처리 및 조작이 옳지 못한 경우에 발생되는 현상이다.

II. 실수의 분류

1) 열심에서 오는 실수

-목적달성을 위해 열심에 빠져 실수 발생

2) 확신에서 오는 실수

-고도숙련자의 습관화된 행동에서 발생

3) 초조에서 오는 실수

4) 방심에서 오는 실수

5) 바쁜 데에서 오는 실수

-교육훈련 부족, 이해도 불충분 등 실수 발생

III. 실수의 원인

1) 자기 자신의 습관

2) 주의가 다른 방향에 집중

3) 자기의도대로 생각

4) 판단, 결심단계의 심리적 구조

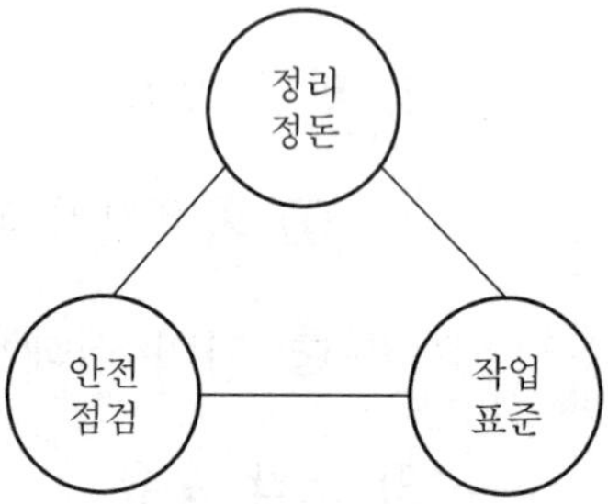

[안전작업의 3요소]

IV. 대책

1) 충분한 휴식과 수면

2) 적정 작업량

3) 적재적소 배치

끝

문제4) 동작경제의 3원칙(10점)

답)

I. 개요

동작경제란 작업자의 불필요한 동작 및 위험요인을 찾아내 가장 경제적이고 합리적인 동작이 가능하도록 조치하는 것을 의미함

II. 인간동작의 특성

1) 외적 조건

① 동적·정적 조건에 따라 동작 변화

② 기온, 습도, 소음 등 환경조건에 따라 변화

2) 내적 조건

① 경력 및 개인차

② 생리적 요건에 의한 변화

III. 동작경제의 3원칙

1) 동작능력활용의 원칙

① 왼손 또는 발 사용

② 양손을 동시에 사용

2) 작업량 절약의 원칙

① 작게 움직인다.

② 재료, 공구를 부근에 정돈한다.

3) 동작개선의 원칙

① 동작이 자동적으로 이루어지는 순서로 한다.

② 관성, 중력을 이용

끝

제3장

인간공학 및 시스템 안전

2. 시스템 안전

문제1) System 안전에서 위험의 3가지 의미(10점)

답)

I. 개요

1) System 안전이란 어떤 System에서 기능 · 시간 · Cost의 제약조건하에 인원, 설비, 손상 발생을 가장 적게 하는 것이다.

2) System 안전에서 위험은 Risk, Peril, Hazard로 나눌 수 있다.

II. 위험의 분류

1) Risk – 손해 · 재해발생의 위험

2) Peril – 위기상황에 의한 위험

3) Hazard – 모험에 의한 위험

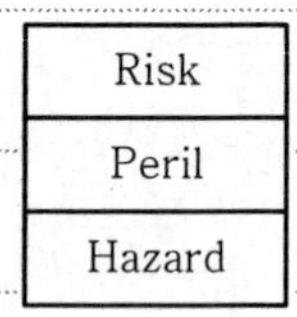

[위험의 분류]

III. 위험의 3가지 의미

1) Risk

① 사고발생 가능성

② 손해 또는 피해의 가능성

2) Peril

① 재해를 유발하는 우연한 사고

② 화재, 낙뢰, 폭발, 풍수해

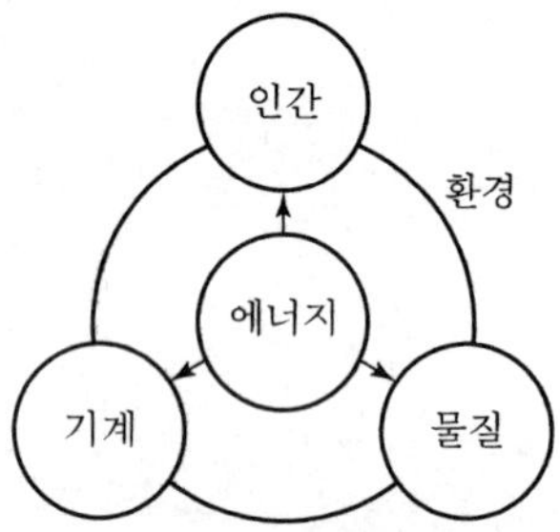

[System 안전]

3) Hazard : 모험적 위험(어떤 위험을 무릅쓰고 실행해서 오는 위험)

IV. System 안전 program 5단계

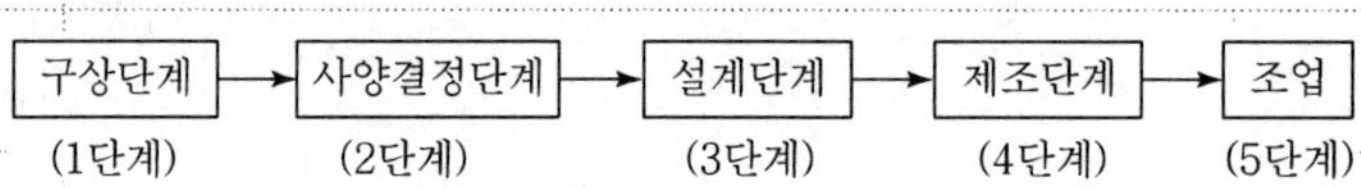

끝

문제2) Fail Safe(10점)

답)

I. 개요

1) Fail Safe란 결함이 존재해도 안전이 보장되는 체계로서, 사람의 작업방법상의 실수 등이 발생해도

2) 2중, 3중 장치로 안전을 보장하는 System을 말함

II. 안전장치의 선정요건

1) 작업성

2) 안전성

3) 신뢰성

4) 경제성

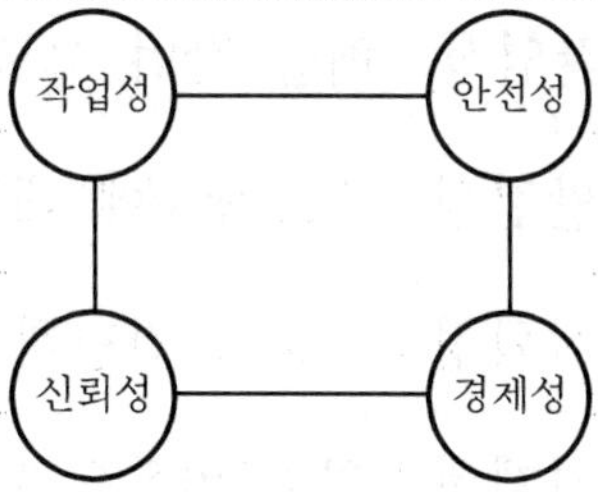

[안전장치 선정요건]

III. Fail Safe 기능의 3단계

1) Fail Passive(자동감지)

－부품 고장 시 기계는 정지

2) Fail Active(자동제어)

－부품 고장 시 기계는 경보를 울리는 가운데 짧은 시간 작동 후 정지

3) Fail Operational(차단 및 조정)

－부품 고장 시 다음 보수까지 최소의 안전기능은 유지

IV. 안전설계기법의 종류

1) Fail Safe 2) Back up System

3) 다중계화 4) Fool Proof

끝

문제3) Fool Proof(10점)

답)

I. 개요

1) Fool Proof란 인적 오류가 발생되었을 경우에도 전체로는 재해가 발생되지 않도록 설계하는 것

2) 즉, Human Error를 방지하기 위한 기법

II. 선정요건

1) **작업성** : 해당 작업 시 작업이 용이할 것

2) **안전성** : 방호장치에 대한 안전성을 확보할 것

3) **신뢰성** : 구조가 간단하고 쉬울 것

4) **경제성** : 최소 비용으로 최대의 효과를 거둘 것

III. 중요기구

1) **Guard**

- 안전장치가 가동되지 않으면 기계작동 정지

2) **조작기구**

- 양손을 동시에 조작하지 않으면 기계작동 정지

3) **Lock(제어) 기구**

- 위험 시 기계정지 및 안전장치 작동 후 지속 작업 동작

IV. 안전설계기법의 종류

1) Fail Safe　　2) Back Up

3) 다중계화　　4) Fool Proof

끝

문제4) 안전성 평가(10점)

답)

I. 개요

안전성 평가란 위험성을 확인·평가 후 그 위험성을 사고 및 재해로 연결되지 않는 정도까지 감소시키는 것으로 건설업에서는 유해·위험방지계획서와 안전관리계획서 등에 의한 사전 안전성 평가제도가 있다.

II. 기본원칙 5단계

1) 1단계 : 기본자료의 수집

- 안전성 평가를 위한 기본자료 수집 및 분석

2) 2단계 : 정성적 평가

- 안전확보를 위한 기본자료의 검토

3) 3단계 : 정량적 평가

- 기본자료 확인 후, 재해 가능성이 높은 것에 대한 위험도의 평가

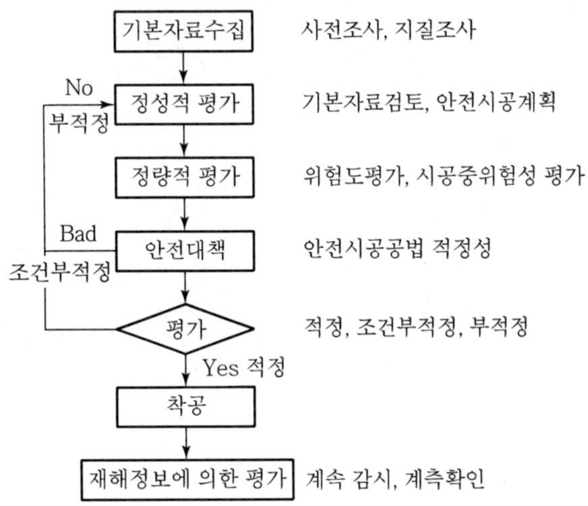

[안전성 평가]

4) 4단계 : 안전대책

- 위험도 정도에 따라 안전대책 검토

5) 5단계 : 재평가

- 재해정보 및 FTA에 의한 재평가

III. 건설업 사전안전성평가제도 : 유해·위험방지계획서, 안전관리계획서

끝

PART 02

건설안전 기술론

제1장

총론

문제1) 화학물질 사용현장의 재해발생 요인과 안전관리 대책을 설명하시오.(25점)

답)

I. 개요

용제는 수지·유지 등 중합체를 용해하여 도장하기에 적당한 점도로 희석하고, 도장할 때의 건조 속도를 조절하여 작업성을 좋게 하거나 도장막의 평활성(유동성)을 부여하는 역할을 한다. 다만 이러한 유기용제는 마취작용이 있고 인체의 여러 기관에 유해작용을 하므로 사용 시 안전대책을 반드시 강구하여야 한다.

II. 용제류의 종류

1) **알콜류** : 부틸알코올, 에틸알코올, 메틸알코올
2) **방향족 탄화수소** : 벤젠, 톨루엔
3) **염화탄화수소** : 클로로벤젠, 클로로포름
4) **에스테르류** : 부틸초산, 에틸초산, 메틸초산
5) **에테르류** : 이소프로필에테르
6) **기타** : 케톤류, 니트로파라핀류

III. 유기용제 노출로 인한 영향

1) **신경장해** : 마취작용 등 중추신경 억제작용, 말초신경장해
2) **조혈계장해** : 현기증, 혈소판 감소, 백혈구 감소, 빈혈
3) **피부 및 점막에 미치는 작용** : 피부염, 알러지성 피부염
4) **소화기장해** : 위통, 구역질, 소화불량
5) **호흡기장해** : 코 점막에 염증, 폐수종

IV. 중금속 노출로 인한 영향

1) **납** : 조혈계장해, 신경장해, 소화기장해

2) **카드뮴** : 폐기능장해, 골장해, 신장기능장해, 위장장해

3) **크롬** : 점막장해, 피부장해, 호흡기장해

4) **흑연** : 호흡기장해

V. 예방대책

1) **작업환경관리**

① 전체환기 : 송풍기와 배풍기를 설치하여 오염된 공기를 희석하는 방법으로, 저독성의 유기용제를 사용하는 사업장에 적합하다.

② 국소배이 : 오염물질이 발생원에서 이탈하여 작업장 내 비오염지역으로 확산되기 전에 포집·제거하는 방법을 말하며, 페인트나 시너 등을 취급하는 사업장에서는 전체환기보다 먼저 고려해야 한다.

- 오염물질의 발생량이 적은 곳
- 오염물질의 독성이 강한 곳
- 근로자의 작업위치가 오염물질 발생원에 근접한 경우
- 오염물질의 발생주기가 일정하지 않은 경우
- 오염물질 발생원이 고정된 경우에 적합

③ 사용하는 유기용제 등의 성분, 영향, 취급방법 등이 나와 있는 물질안전보건자료(MSDS)를 반드시 비치·게시하고 정기교육을 실시한다.

④ 흡입되는 각종 유해물질증기의 농도를 노출기준 이하로 유지하며 만성중독을 예방한다.

⑤ 탱크 내 작업 시 혼자서 작업을 해서는 안 되며 작업보조자, 안전관리자가 만일의 사고를 대비할 수 있도록 해야 한다.

2) 건강관리

① 페인트와 시너를 사용하는 근로자에 대하여 일반건강진단 외에 반드시 배치 전과 1년 1회 이상 유기용제 및 중금속 특수건강진단 실시

② 급성중독 산소결핍, 접촉성 피부질환 등의 응급사항에 대비하여 구급조치를 할 수 있도록 구급설비와 인력 확보

③ 방진·방독마스크, 보호의, 장갑, 앞치마, 세척비누 등 구비

④ 용기 보관 및 관리 : 작업장 내 별도 보관장소에 보관, 화기 접근금지

3) 작업관리

① 페인트, 시너 사용 시 작업시간은 일 8시간, 주 44시간 이내 기준

② 적절한 보호구의 비치 및 착용

③ 개인위생 및 정리정돈 철저

4) 특별안전보건교육 실시

VII. 결론

도장공사 등에 사용되는 유기용제의 유해요인을 면밀히 파악하고 노출되는 근로자의 건강장해 여부에 대해 조사하고 각 유해인자별 작업장의 농도 및 실제 발생 상황 등을 측정하여 근로자에게 미치는 영향을 최소화할 수 있는 방안을 항상 강구하여야 한다.

끝

문제2) 건설현장에서 동절기에 발생되는 재해 유형별 예방대책에 대하여 기술하시오.(25점)

답)

I. 개요

1) 동절기에는 사람의 행동이 둔해지고 행동에 제약을 받게 되어 사고 위험성이 커진다.

2) 건설현장의 옥외작업은 한냉 조건에서 이루어지므로 근로자들에게 미치는 영향이 크고 불안전 행동을 유발하여 재해가 발생요인이 되므로 이에 대한 사전 예방 대책이 강구되어야 한다.

II. 재해 발생 메커니즘

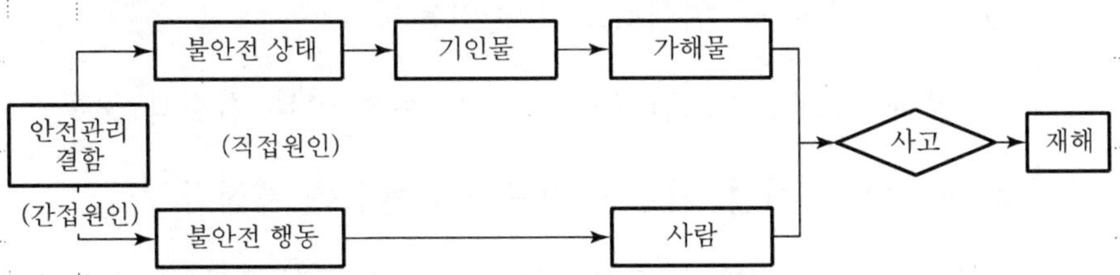

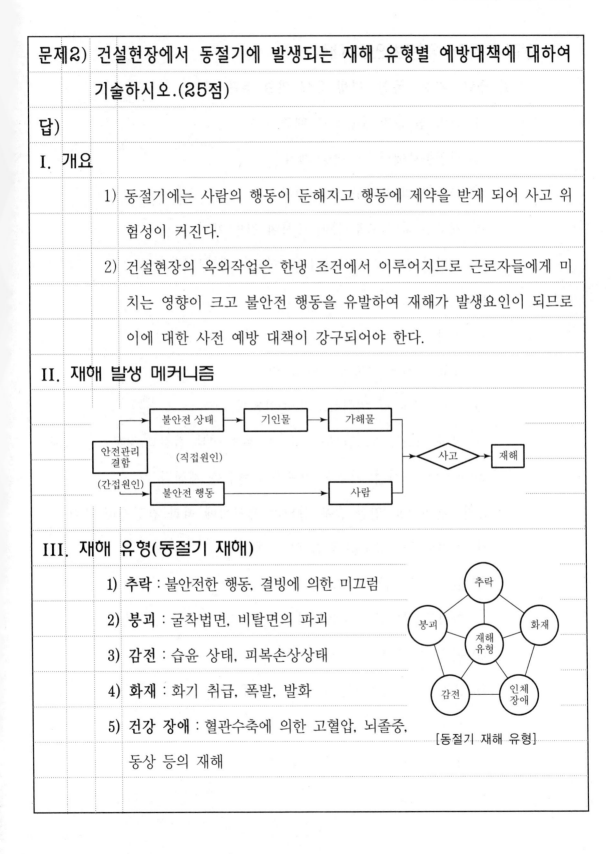

III. 재해 유형(동절기 재해)

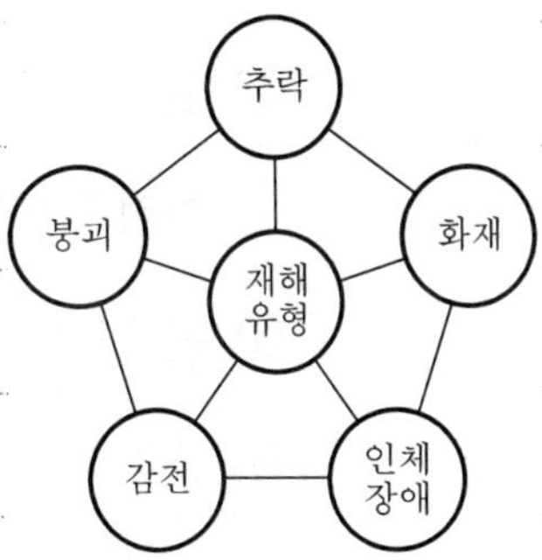

[동절기 재해 유형]

1) **추락** : 불안전한 행동, 결빙에 의한 미끄럼

2) **붕괴** : 굴착법면, 비탈면의 파괴

3) **감전** : 습윤 상태, 피복손상상태

4) **화재** : 화기 취급, 폭발, 발화

5) **건강 장애** : 혈관수축에 의한 고혈압, 뇌졸중, 동상 등의 재해

IV. 동절기 재해 유형별 안전 대책

1) 추락 - 강풍, 폭설, 결빙 등에 의한 추락

① 작업 전 준비 운동으로 체조 실시

② 작업통로에서 눈, 결빙 제거

③ 안전대 및 보호구 착용 철저

④ 개구부 및 돌출부 등에 대하여 결빙 제거

⑤ 결빙된 승하강용 사다리 및 계단 사용 금지

2) 붕괴

① 굴착 구배 완화

② 지표수 침투 차단과 배수층 설치

③ 붕괴, 낙하 등 위험장소의 출입통제

④ 상하수도관, 가스관 등 누수 및 누출 여부 점검과 보온시설 확보

⑤ 흙막이 가시설, 거푸집 지보공의 변위를 재점검

3) 감전 - 결빙으로 인한 습윤 상태가 유지됨에 따라 감전재해 증가

① 절연피복 손상부분 점검 및 교체

② 안전장구, 피복의 건조상태 유지

③ 가정용 비닐전선 사용금지

④ 콘센트에 과부하 방지

⑤ 플러그 및 콘센트는 접지용 규격품 사용

⑥ 누전차단기 작동상태 점검

⑦ 담당자 외 전기시설 설치금지

4) 화재 - 화기취급 증가로 인한 화재요인 급증

① 화기 주변에 소화기 비치

② 사용 중 주유 금지

③ 인화성 물질은 지정된 장소에 보관

④ 화기 주변에는 가연성 물질 제거

⑤ 난방기구는 승인된 제품 사용

⑥ 방화사, 방화수, 화재 진압 장비 설치

⑦ 퇴근시 소화상태 확인

5) 근로자 안전 · 보건 - 저체온증, 동상, 고혈압, 뇌졸중 등이 발생할 수 있으므로 건강 관리 수칙 준수

① 충분한 휴식을 취하고 충분한 영양섭취

② 과도한 음주와 흡연 금지

③ 젖은 양말, 장갑착용 금지

④ 건강체조를 하여 혈액순환 실시

⑤ 손, 발은 항상 청결 유지

⑥ 방한복 착용

⑦ 따뜻한 물과 영양섭취

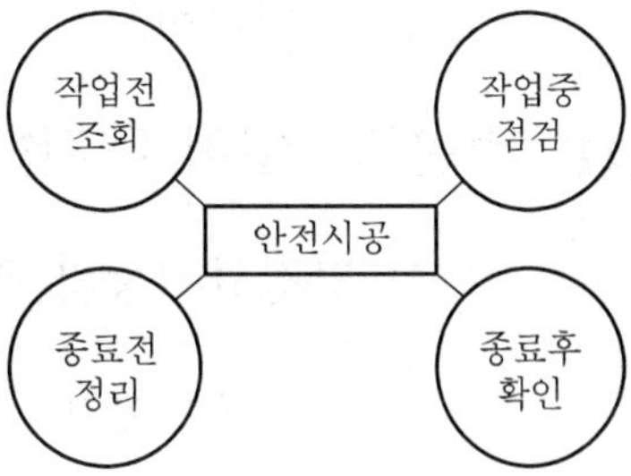

[안전시공 4체계]

V. 결론

동절기 안전계획 수립 시 근로자 안전보건대책과 작업환경 개선대책, 동결 및 동파예방대책, 전기 · 화재대책 등 현장에서 전반적인 안전관리가 이루어질 수 있는 Total 안전관리가 될 수 있도록 안전대책을 수립하는 것이 필요하다. 끝

문제3) 건설폐기물의 재활용 방안에 대해 설명하시오.(25점)

답)

I. 개요

1) 건설현장의 재건축·재개발 증가 및 건설공사의 대형화로 인한 건설폐기물은 날로 증가되고 있는 실정이다.

2) 이러한 폐기물로 인한 공해방지 및 건설자재 재활용은 건설산업뿐 아니라 생태계 보존차원에서도 중요한 사항이다.

II. 재활용의 필요성

1) 환경공해 방지

2) 자원회수

3) 절약의식 고취

4) 산업활성화

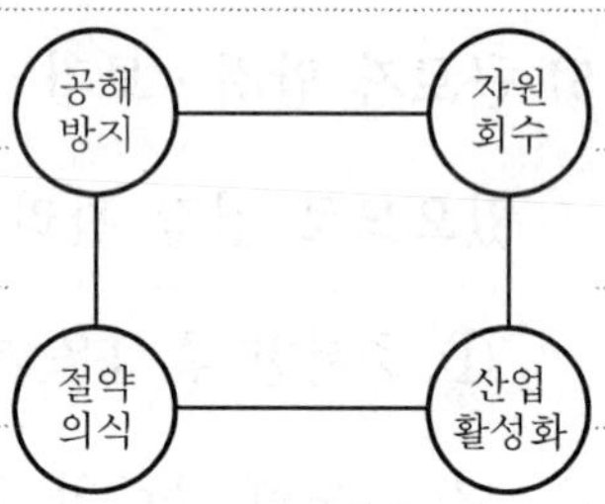

[재활용의 목적]

III. 건설폐기물이 미치는 영향

1) 안전관리상의 영향

① 정리정돈 불량으로 안전사고 발생

② 건강상 저해요인 발생

2) 환경관리의 영향

① 비산, 분진, 주위환경 오염

② 시멘트 페이스트, 페인트, 벤토나이트 수질오염

3) 공사관리의 영향

① 정리정돈을 위한 인력 투입

② 과투자, 자재손실로 공사비 증대

IV. 폐기물의 종류

1) 해체공사

① 폐콘크리트, 폐목재

② 폐벽돌, 폐철근

2) 토공사

① 안정액(Bentonite)

② 파일 두부 정리재

3) 구조체 공사

① 폐철근

② Con'c 부스러기

4) 마감공사

① 각종 자재 여분

② 파손재, 포장재

V. 폐기물 처리순서 Flow Chart

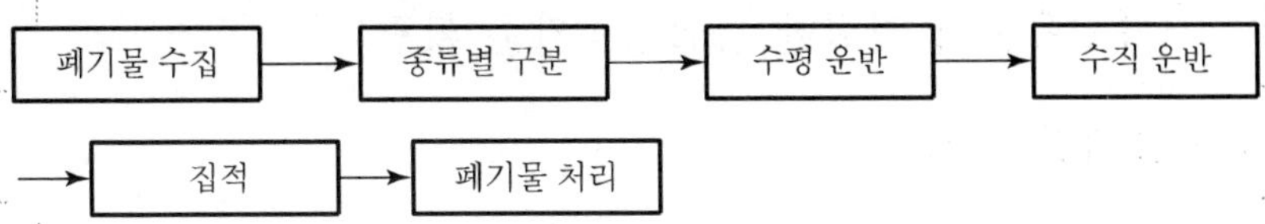

VI. 폐기물 재이용 방법

1) 직접 이용형

① 해체된 자원 그대로 이용

② 도로포장, 하층재로 이용

2) **가공 이용형**

① 해체물을 가공 사용 ② 철판, Glass 등

3) **재생 이용형**

① 파쇄한 것을 부분적으로 재이용 ② 재생골재 등

4) **환원형**

① 소각 후 에너지로 회수

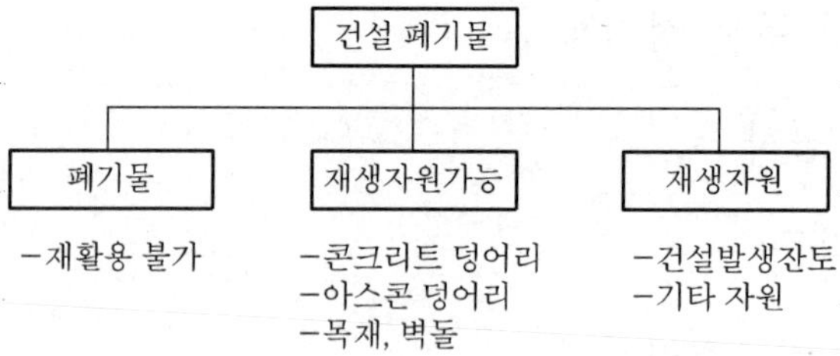

[건설폐기물 재생자원 개념도]

VII. 향후 추진 방향

1) **재생 이용 활성화**

2) **성능기준 확립**

-재활용품의 적절한 품질성능기준 확립

3) **기술개발 추진**

-재활용 연구·개발 기관 설립

4) **정부차원의 지원 및 홍보실시**

VIII. 결론

재건축, 재개발, 리모델링 시 발생되는 건설폐기물의 재활용방안에 대한 연구노력은 모든 건설관계자가 관심을 가져야 할 사항이다.

끝

문제4) 건설공해의 종류 및 방지대책(25점)

답)

I. 개요

1) 건설공해란 건설공사로 인해 주변 생활 환경 및 인간의 쾌적한 생활을 저해하는 것을 말한다.

2) 건설공사 시 각 공종별 공해요인을 사전조사하여 건설공해로 인한 피해를 최소화해야 한다.

II. 건설공해의 종류

1. 직접 공해

1) 소음 · 진동
2) 비산 · 분진
3) 지반침하
4) 수질오염
5) 불안감
6) 교통장애

2. 간접 공해

1) 경관저해
2) 반사광
3) 일조권 저해
4) 전파방해

〈공사장 소음기준〉

구분	조석	주간	심야
주거지역	60dB	65dB	50dB
상업지역	65dB	70dB	50dB

〈진동 기준치〉 단위 : cm/sec

구분	문화재	주택	상가	철근 Con'c
건물기초 진동치	0.2	0.5	1.0	1~4

III. 건설공해의 원인 및 방지대책

1. 소음, 진동

1) 원인

① 해체공사 및 발파 공사

② 토공사, 파일공사

③ 기타 뿜칠작업, 연마작업 등

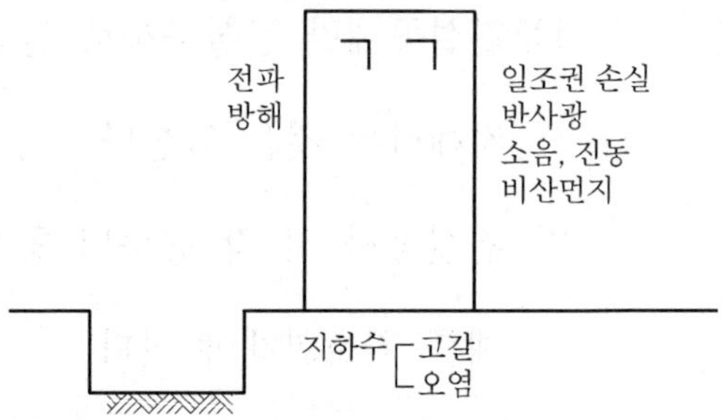

[건설공해 도해]

2) 대책

① 저소음·저진동 건설기계 시공

② 공법 변경 유도, 방음벽 설치

2. 비산·분진

1) 원인

① 해체물의 분진, 비산

② 차량통행의 흙 먼지

2) 대책

① 세륜시설 설치, 도로 임시포장

② 살수차 운행, 방진벽 설치, 분체상 물질 방진덮개 설치

3. 지반침하

1) 원인

① 흙막이벽의 붕괴

② Heaving, Boiling 등

2) 대책

① 지반의 충분한 사전조사 실시

② 지하수위저하를 위한 배수공법 실시 및 흙막이 벽체의 차수공법 채택

4. 수질오염

1) 원인

① 토공사 시 폐액처리 불량

② 건설현장에서 오물 무단 방류

2) 대책

① Bentonite 용액의 분리시설 설치

② 배수 시 정화 후 방류

5. 불안감 · 위화감 조성

1) 원인

① 대형 건설장비의 위압감

② 건설장비 사용 시 높은 레벨의 소음 · 진동

2) 대책

① 가설울타리, 보호막 설치

② 사전 주민 설명회 개최

6. 교통장애

1) 원인

① 공사장 주변 도로 파손으로 인한 교통체증

2) 대책

① 신호수 배치로 교통정리 및 신속한 도로보수

② 도로청소 및 살수

7. 간접 공해

1) 원인

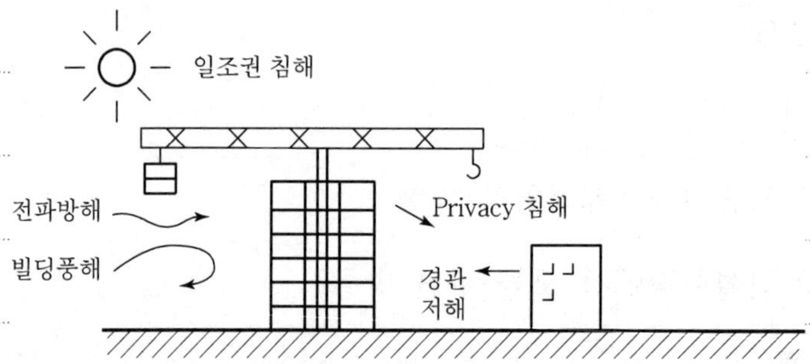

2) 대책

① 고층건물 설계 시 주위환경을 고려할 것

② 환경영향 평가 실시

IV. 결론

1) 건설공해로 인한 환경보존과 공해대책이 사회문제로 대두되고 있음

2) 설계·계획 시부터 철저한 사전조사와 철저한 공해방지 계획 및 대책을 세워 피해를 최소화하여야 한다.

끝

문제5) 지진이 구조물에 미치는 영향 및 내진설계 시 안전대책에 대해 설명하시오.(25점)

답)

I. 개요

1) 지진은 지각 내의 급격한 활동에 의해 발생되며 대규모 재해를 수반한다.

2) 따라서 이러한 재해를 최소화시키기 위해서는 내진설계 및 안전성의 확보가 중요하다.

II. 지진이 구조물에 미치는 영향

1) 지반의 침하 및 액상화로 인한 구조물의 부동침하

① 상대밀도가 작을수록, 지진의 Cycle이 빈번할수록 지반침하 및 액상화는 커진다.

② 직접 기초나 마찰 말뚝 시 피해확대 우려

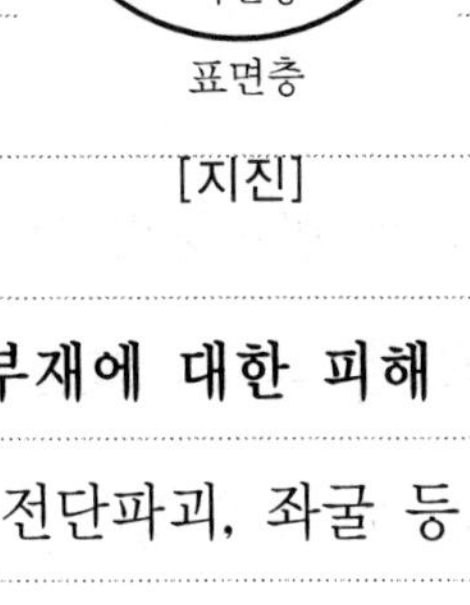

[지진]

2) 구조체의 각 구성부재에 대한 피해

① 기둥 - 휨파괴, 전단파괴, 좌굴 등

② 보 - 휨·전단파괴 발생

③ 벽체 - X자형 전단균열 발생

④ 기초-상부구조에의 피해, 1층 바닥판 부근 전단파괴나 휨파괴 발생

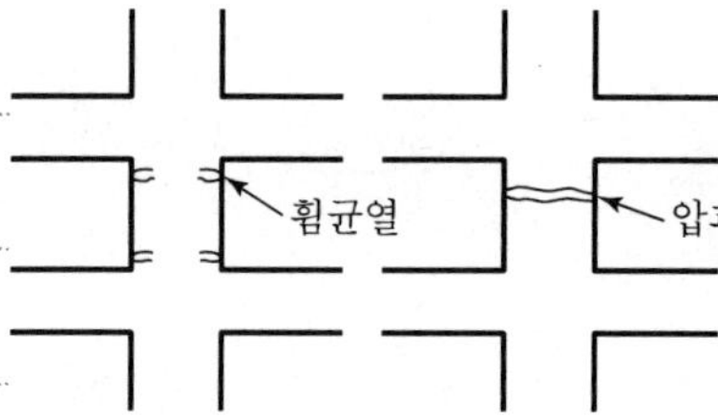

[기둥의 피해]

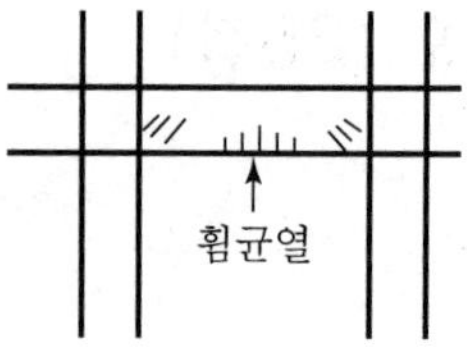

[보의 휨, 전단균열]

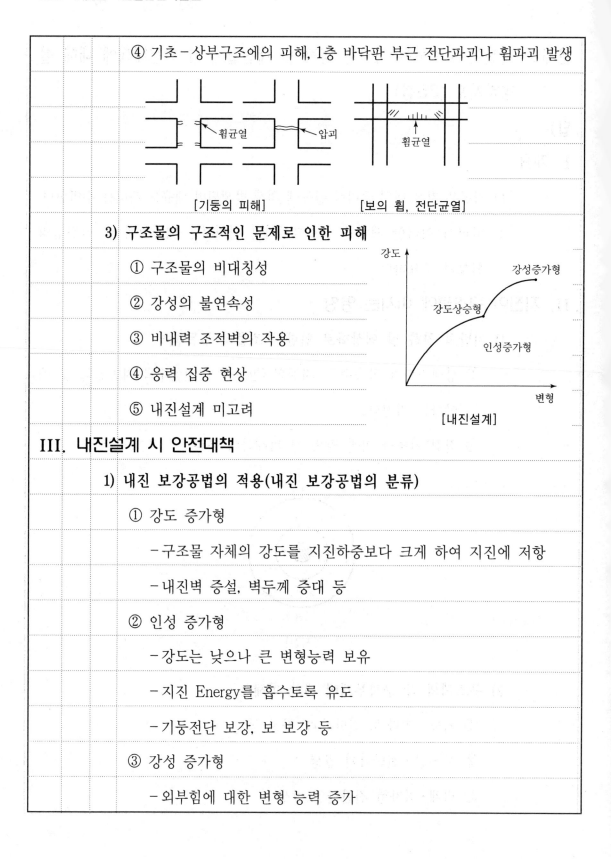

3) **구조물의 구조적인 문제로 인한 피해**

① 구조물의 비대칭성

② 강성의 불연속성

③ 비내력 조적벽의 작용

④ 응력 집중 현상

⑤ 내진설계 미고려

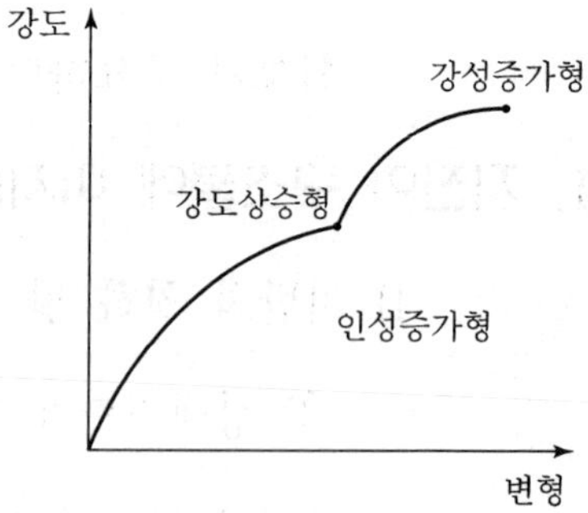

[내진설계]

III. 내진설계 시 안전대책

1) **내진 보강공법의 적용(내진 보강공법의 분류)**

① 강도 증가형

- 구조물 자체의 강도를 지진하중보다 크게 하여 지진에 저항
- 내진벽 증설, 벽두께 증대 등

② 인성 증가형

- 강도는 낮으나 큰 변형능력 보유
- 지진 Energy를 흡수토록 유도
- 기둥전단 보강, 보 보강 등

③ 강성 증가형

- 외부힘에 대한 변형 능력 증가

-철골, 강구조화 등

④ 혼합형

-강도상승형과 인성향상형을 병용

⑤ 건물의 균형 향상형

2) 구조물의 형태 고려

① 단순하고 대칭구조의 형태

② 입면·평면상 길이와 폭의 비 조정

③ 동일한 구조의 연속분포

④ 보에서 먼저 소성변형토록 설계 고려

3) 구조재료의 선택

① 인성이 좋은 재료 선택

② 가벼우면서도 강한 재료 선정

③ 구조재료의 분리가 안 되게 균일성 유지

④ 부재 간의 강성이 큰 접합부 설치

⑤ 구조물의 강도가 큰 재료 사용

4) 내진구조 계획

① 라멘구조

-수평력에 대한 저항을 기둥과 보의 접합강성으로 대처

② 골조 Tube System

-라멘구조에 비해 휨변위가 $\frac{1}{5}$ 이하 감소

③ DIB(Dynamic Intelligent B/D) 설계

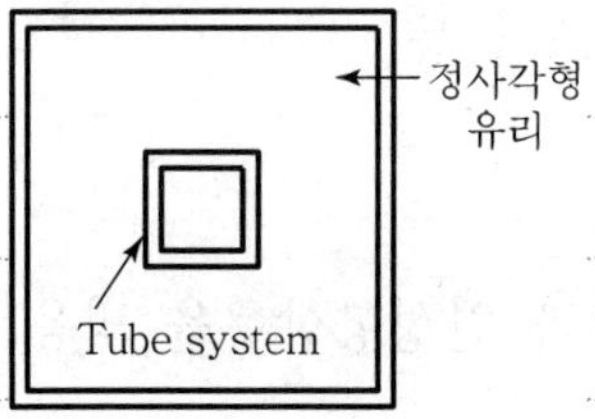

[골조 Tube System]

IV. 향후 개선 방향

1) 지진 관련 연구 전담기관 설치

2) 전문인력 양성 및 내진설계 기술 개발

3) 한반도의 지진 위험도 평가, 반영

4) 내진설계의 심의 및 기준 개선

V. 결론

1) 국내 건축물 구조물에 대한 내진구조 도입상태는 아직 미흡한 실정이며 전문인력 또한 부족한 실정이다.

2) 따라서 우리나라 실정에 적합한 내진설계 기준을 수립하여 지진에 대한 적극적인 안전대책을 수립할 필요가 있다.

끝

문제6) 해빙기 건설현장에서의 재해발생 우려장소와 안전 점검 시 조사항목 (10점)

답)

I. 개요

해빙기란 매년 2~4월 전후를 말하며, 기상상황 및 지역적 여건을 고려해서 해빙기에 대한 적절한 대책을 세우는 것이 필요하다.

II. 해빙기 재해발생 우려장소

1) 절성토면 내 공극수 동결융해 반복에 의한 비탈면 붕괴
2) 굴착배면 지반 연약화로 흙막이지보공 붕괴 및 파괴
3) 지반 이완 및 침하로 인한 지하매설물 파괴 및 파손
4) 지하층 구조체의 균열부 지하수, 침투수로 인한 철근 부식 및 구조물 붕괴 (옹벽 붕괴 등)
5) 동절기 타설 콘크리트의 동결 및 해빙에 의한 구조물 붕괴
6) 산악지형 바위틈, 계곡, 바위능선 하부로 낙석, 낙빙 등

III. 안전점검 시 조사항목

1) 석축 및 옹벽의 이상 유무(기울기, 침하 등)
2) 건축물 부등침하 상태
3) 건축물 주변 지표면 상태
4) 흙막이 지보공의 변위 및 변형 발생
5) 구조물의 균열 및 손상 발생유무
6) 도로 및 지반의 침하 상태

끝

문제7) 건축물의 지진 중요도 I 등급(10점)

답)

I. 개요

최근 한반도에 지진발생빈도가 점차 증가되고 있어 정부차원의 법규강화가 지속적으로 이루어지고 있으며 발주자 및 설계자는 지진구역 및 중요도 등급을 파악해 업무에 임해야 할 것이다.

II. 내진설계대상 시설물 및 설계기준

1) 대상시설(2017.2.1 시행)

① 층수가 2층 이상인 건축물

② 연면적 200m^2 이상인 건축물(창고, 축사 제외)

③ 높이 13m 이상인 건축물

④ 처마높이가 9m 이상인 건축물

⑤ 기둥과 기둥 사이 거리가 10m 이상인 건축물

⑥ 중요도 특 또는 중요도 1에 해당하는 건축물(개정 2017.10.24.)

III. 지진구역 1

서울특별시, 광역시, 세종특별자치시, 경기도, 강원도 남부(강릉시, 동해시, 삼척시, 원주시, 태백시, 영월군, 정선군), 충청북도, 충청남도, 전라북도, 전라남도, 경상북도, 경상남도

IV. 중요도(특)

1) 연면적 1,000m^2 이상인 위험물 저장 및 처리시설, 국가 또는 지방자치단체 청사, 외국공관, 소방서, 발전소, 방송국, 전신전화국

2) 종합병원, 수술시설이나 응급시설이 있는 병원

V. 중요도(1)

1) 연면적 1,000m^2 미만인 위험물 저장 및 처리시설 · 국가 또는 지방자치단체의 청사 · 외국공관 · 소방서 · 발전소 · 방송국 · 전신전화국

2) 연면적 5,000m^2 이상인 공연장 · 집회장 · 관람장 · 전시장 · 운동시설 · 판매, 운수시설

3) 아동관련시설 · 노인복지시설 · 사회복지시설 · 근로복지시설

4) 5층 이상인 숙박시설 · 오피스텔 · 기숙사 · 아파트

5) 학교

6) 수술시설과 응급시설이 모두 없는 병원, 기타 연면적 1,000m^2 이상인 의료시설로서 중요도(특)에 해당하지 않는 건축물

7) 국가적 문화유산으로 보존할 가치가 있는 박물관 · 기념관 그 밖에 이와 유사한 것으로서 연면적의 합계가 5천m^2 이상인 건축물

8) 특수구조 건축물 중 다음의 것

① 한쪽 끝은 고정되고 다른 끝은 지지(支持)되지 아니한 구조로 된 보 · 차양 등이 외벽의 중심선으로부터 3m 이상 돌출된 건축물

② 특수한 설계 · 시공 · 공법 등이 필요한 건축물로서 국토교통부장관이 정하여 고시하는 구조로 된 건축물

9) 단독주택 및 공동주택

끝

문제8) 미세먼지는 작업장 인근주민과 근로자의 건강장해 발생의 주요인이 되고 있다. 건설현장에서 미세먼지 발생 방지를 위한 대응방안과 관리대책을 설명하시오.(25점)

답)

I. 개요

사업주는 노동자의 안전과 건강을 유지·증진시키고 국가의 산업재해 예방시책을 따를 의무가 있으며 분진 등의 유해인자에 의한 건강장해를 예방하기 위해 필요한 조치를 하여야 할 의무가 있으므로 규정된 사항을 적극 준수하여 옥외작업자의 건강보호를 위해 노력해야 한다.

II. 미세먼지가 옥외작업자에게 미치는 문제점

1) 호흡기 질환

① 기관지염

② 천식

③ 폐기종 등

2) 기타 질환

① 결막염

② 피부염

③ 심혈관계 질환 등

III. 미세먼지 농도에 따른 경보 발령기준

구분	미세먼지(PM10)	초미세먼지(PM2.5)
미세먼지 주의보	150μg/m² 이상	75μg/m² 이상
미세먼지 경보	300μg/m² 이상	150μg/m² 이상

IV. 단계별 예방조치

사전 준비 → 미세먼지 주의보 → 미세먼지 경보 → 이상징후자 조치

V. 단계별 세부내용

1) 사전 준비 단계

① 민감군 확인 : 옥외작업자 중 폐질환(천식 등)이나 심장질환이 있는 사람, 고령자, 임산부 등 미세먼지에 노출되었을 경우 건강 영향을 받기 쉬운 노동자 사전 파악

② 연락망 구축 : 미세먼지 농도에 따른 작업시간 제한이나 건강이상자 긴급보고 등을 위한 비상연락망 구축·정비

③ 교육 및 훈련 : 미세먼지의 유해성과 농도 수준별 조치사항, 개인위생 관리, 방진마스크 착용방법 등에 대해 교육·훈련 실시

④ 미세먼지 농도 확인 : 수시로 미세먼지 농도를 확인하고 단계별 조치해야 할 사항을 사전 확인

⑤ 마스크 비치 : 마스크를 비치하고, 옥외작업자가 마스크 착용을 원하는 경우 사용할 수 있도록 조치

2) 미세먼지 주의보 단계

① 미세먼지 정보 제공 : 미세먼지 주의보가 발령되면 옥외작업자에게 발령사실과 조치사항들에 대한 정보 제공

② 마스크 지급 및 착용 : 옥외작업자에게 마스크를 지급하고 착용상태 확인

③ 민감군에 대한 추가조치 : 민감군에 대해서는 가능한 한 중작업(重

作業)을 줄이거나 자주 휴식할 수 있도록 조치

3) **미세먼지 경보 단계**

① 미세먼지 정보 제공 : 미세먼지 경보가 발령되면 옥외작업자에게 발령사실과 조치사항들에 대한 정보 제공

② 마스크 지급 및 착용 : 옥외작업자에 방진마스크 지급 및 착용상태 확인

③ 휴식 : 휴식시간을 자주 갖도록 조치

④ 중작업(重作業) 일정 조정 : 가능한 한 중작업(重作業)은 다른 날에 하도록 일정을 조정하거나 불가피한 경우 작업량 경감

⑤ 민감군에 대한 추가조치 : 민감군에 대해서는 작업량을 줄이고 휴식시간 추가 배정

4) **이상징후자 조치**

이상징후자에 대한 작업 전환 또는 작업 중단 : 옥외작업 중 호흡곤란이나 그 밖의 건강이상 증상을 느끼는 노동자에 대해서는 정해진 휴식시간과 상관없이 스스로 작업을 중단하고 쉴 수 있도록 하고 필요시 의사의 진료를 받을 수 있도록 조치

VI. 결론

미세먼지는 근로자에게 기관지염을 비롯해 천식, 폐기종 등의 호흡기 질환과 결막염, 피부염, 심혈관계 질환을 유발하므로 미세먼지 주의보 및 경보 단계별로 정보 제공, 마스크 지급 및 착용상태 확인, 엄격한 휴식시간의 제공과 중작업 일정의 조정 및 민감군에 대한 추가조치를 취해야 하며, 특히

이상징후자에 대해서는 휴식시간과 관계없이 작업의 중지 및 의사의 진료를 받도록 하는 등의 조치가 필요하다.

끝

제2장

가설공사

문제1) 강관비계의 조립기준 및 비계조립해체 시 안전대책에 대해 설명하시오.(25점)

답)

I. 개요

1) 강관비계란 고소작업을 위해 외벽을 따라 설치한 가설물로서

2) 안전성이 우수해야 함은 물론 작업성, 경제성이 확보되어야 하며, 규정된 기준 및 안전수칙에 부합되어야 한다.

II. 가설공사의 3요소

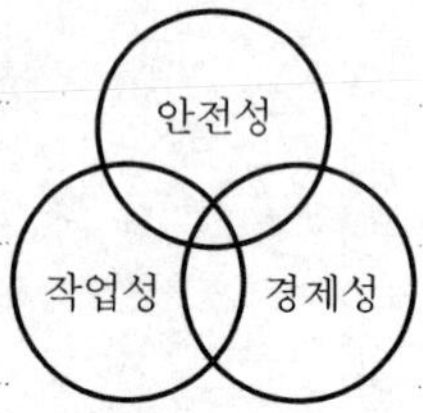

[비계의 3요건]

1) 작업성

-작업내용이 간단하고 시공성이 우수해야 한다.

2) 안전성

-전도, 도괴, 비틀림 등 변형에 대해 안전성을 확보할 것

3) 경제성

-합리적인 설계 및 부재의 선정으로 안전하고 경제적인 공법 선정

III. 강관비계의 조립기준

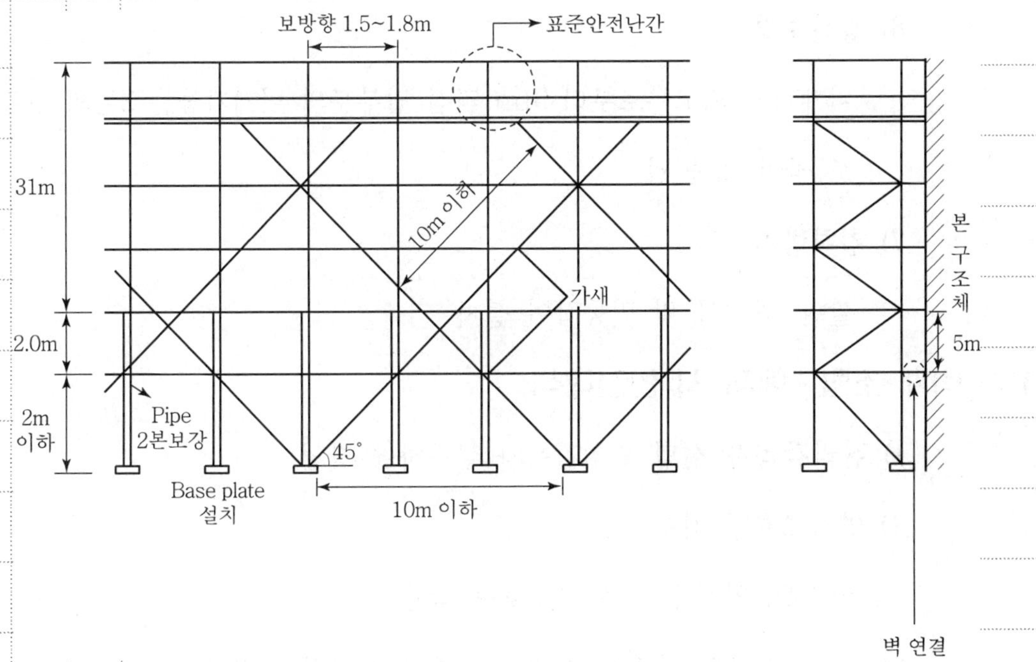

1) 비계기둥 설치간격

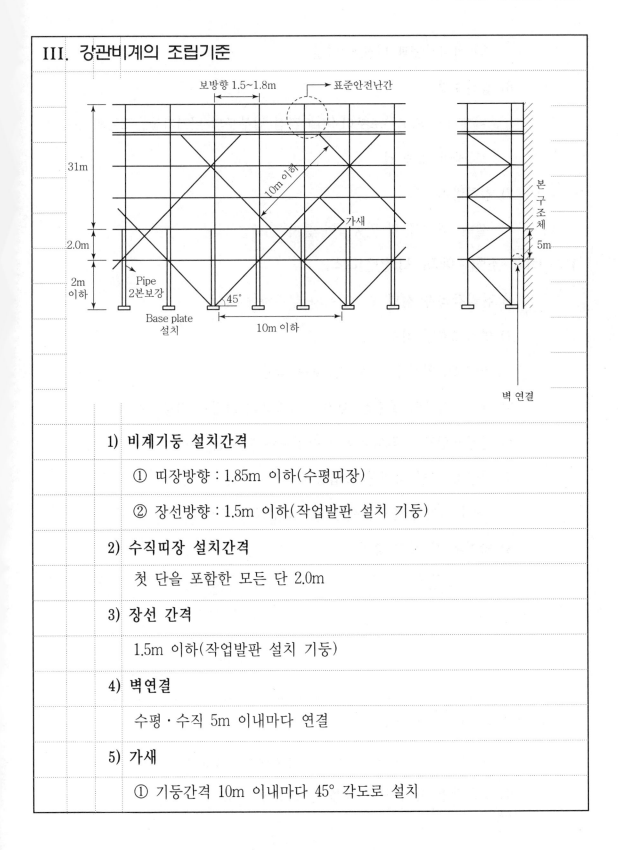

① 띠장방향 : 1.85m 이하(수평띠장)

② 장선방향 : 1.5m 이하(작업발판 설치 기둥)

2) 수직띠장 설치간격

첫 단을 포함한 모든 단 2.0m

3) 장선 간격

1.5m 이하(작업발판 설치 기둥)

4) 벽연결

수평 · 수직 5m 이내마다 연결

5) 가새

① 기둥간격 10m 이내마다 45° 각도로 설치

② 비계기둥과 띠장에 연결

6) **강관보강**

비계기둥 최고부로부터 31m 지점 밑부분의 비계기둥은 2본의 강관으로 묶어 세울 것

7) **침하방지**

깔판, 받침목 및 밑둥잡이 설치

IV. 비계 조립·해체 시 안전대책

1) **관리감독자 선임** 관리감독자 감독하에 작업

2) **안전보호구 착용**

안전모, 안전대 등 안전보호구 착용

3) **재료, 기구의 불량품 제거**(비계재료의 불량품 사용금지)

4) **안전책임자는 작업내용을 작업자에게 사전 주지**

5) **작업자 이외 작업장 출입금지**

작업자 이외 출입금지시키고, 안전표지 부착

6) **악천후 시 작업 중지**

구분	내용
강풍	10분간 평균 풍속이 10m/sec 이상
강우	50m/m/회 이상
강설	25cm/회 이상
지진	진도 4 이상

7) **비계의 점검 보수**

악천후 작업 중지 후 또는 조립·해체·변경 후

8) **고소작업 시 안전대 착용 등 보호구 착용**

9) **상하 동시 작업**

상하 동시 작업 시 금지 및 부득이 작업 시 상하연락과 안전조치 후 실시

10) **달줄, 달포대 사용**

재료, 기구, 공구 등 올리고 내릴 경우

11) **고압선 등 전력선 방호조치**(절연전선케이블 등 방호조치) 및 안전표지판 설치

12) **해체작업 순서 준수 및 정리 정돈**

해체 작업 시 재료는 순서대로 정리 정돈하고 상부해체 시 하부로 던지지 말 것

V. 개발방향

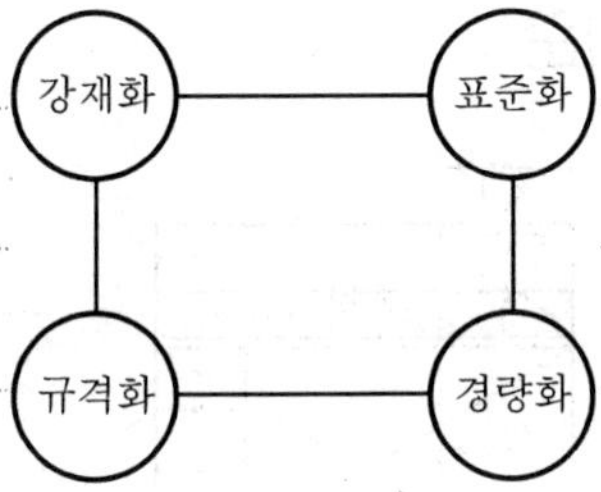

VI. 결론

1) 비계는 부재의 결합이 불안전하며 구조적으로도 견고하지 못한 특징이 있다.

2) 안전성, 작업성, 경제성이 우수한 구비요건을 갖추어야 하며 안전담당자의 지휘하에 작업을 행하여야 한다.

끝

문제2) 이동식 비계의 조립 기준(10점)

답)

I. 개요

1) 이동식 비계는 일시적인 작업을 위한 비계로 하부의 바퀴로 이동하면서 작업할 수 있는 비계이다.

2) 브레이크 등의 바퀴고정 장치가 필요하다.

II. 가설구조물의 특징

1) 연결재가 적은 구조

2) 부재 결합이 간단, 불안전 결합

3) 조립 정밀도가 낮다.

4) 구조적인 문제점이 많다.

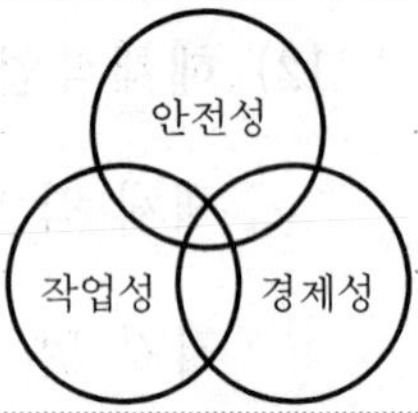

[비계의 3요건]

III. 이동식 비계의 조립기준

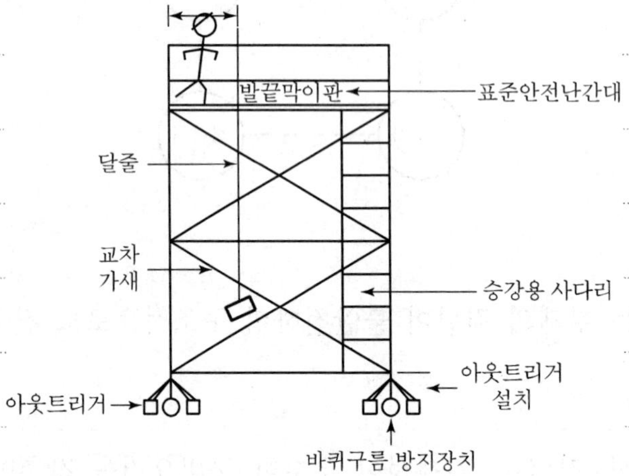

1) **높이제한** - 밑변 최소길이의 4배 이하

2) **승강설비** - 승강용 사다리 부착

3) **제동장치** - 바퀴구름 방지장치(Stopper), 아웃트리거 설치 끝

문제3) 이동식 비계의 조립 기준과 조립 및 사용 시 준수사항에 대해 설명하시오.(25점)

답)

I. 개요

1) 이동식 비계란 작업장소 일부에 비계를 설치하거나 일시적 작업 시 비계틀을 만들어 하부에 바퀴를 달아 이동하면서 작업할 수 있는 비계이다.

2) 바퀴구름 방지장치 및 아웃트리거 등의 바퀴고정 장치가 필요하다.

II. 가설재의 구비요건

1) **안전성**

-파괴 및 도괴에 충분한 강도

2) **시공성(작업성)**

-넓은 공간 및 작업 발판

3) **경제성**

-가설 및 철거용이, 전용률이 높을 것

[가설구조물 3요소]

III. 가설구조물의 구조적 특징

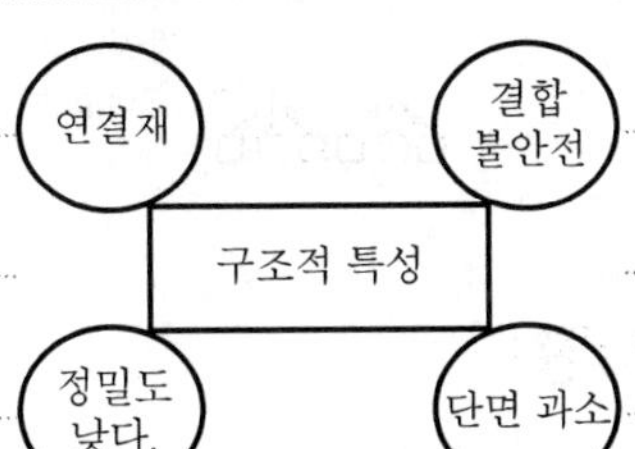

1) 연결재가 부족한 구조가 되기 쉽다.

2) 부재의 결합이 간단, 불안전한 구조물

3) 구조물이라는 개념이 적어 정밀도 낮다.

4) 부재가 과소단면, 결함원인

IV. 조립 기준

구분	준수사항
높이제한	밑변 최소길이의 4배 이하
승강설비	승강용 사다리 부착
적재하중	작업대 위의 최대 적재하중 : 250kg 이하
제동장치	바퀴구름 방지 장치(Stopper) 설치
작업발판	① 목재 또는 합판 사용 ② 폭 40cm 이상 ③ 표준안전난간 설치(상부난간 : 90cm, 중간대 : 45cm)
가새	2단 이상 조립 시 교차가새 설치
표지판	최대적재하중 및 관리책임자 명시

V. 조립도

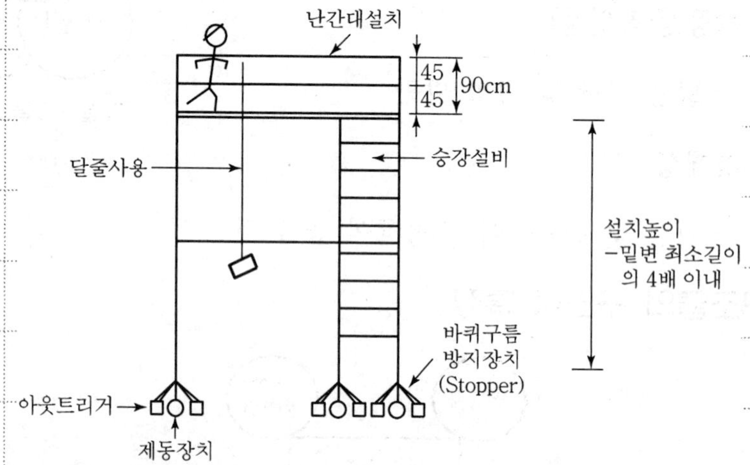

VI. 조립 · 사용 시 준수사항

1) **관리감독자 선임** 관리감독자 감독하에 작업

2) **최대높이 준수**

- 비계의 최대높이는 밑변 최소폭의 4배 이하

3) **건물과의 체결**

-비계 일부를 건물에 체결하여 이동 및 전도 방지 조치

4) **승강용 사다리 견고 부착**

5) **최대적재하중 표시**

6) **교차가새 설치**

-2단 이상 조립 시 교차가새 설치

7) **제동장치 구비**

-불의의 이동을 방지하기 위해 바퀴구름 방지 장치 및 아웃트리거 설치

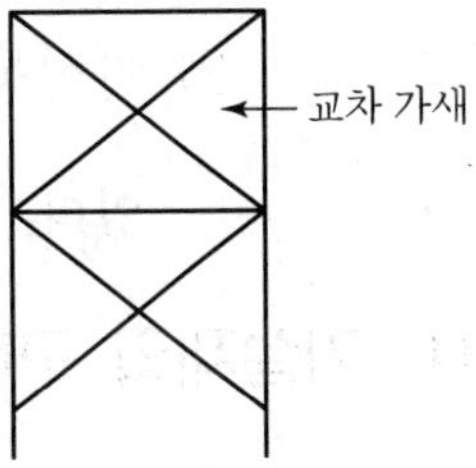

[교차 가새]

VII. 개발방향

1) **강재화**

2) **표준화**

3) **규격화**

4) **경량화**

5) **동력화**

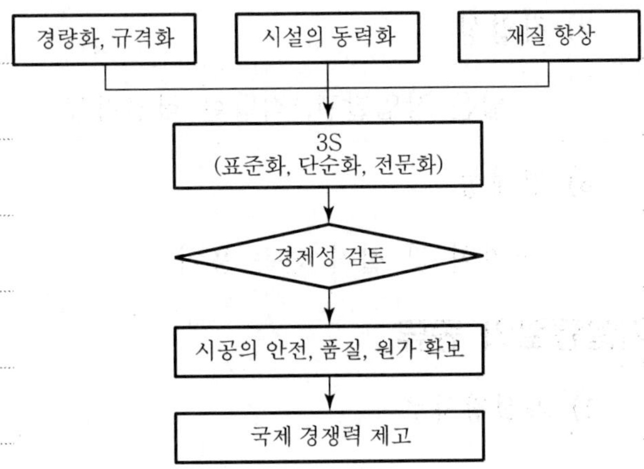

VIII. 결론

이동식 비계는 일시적인 작업을 위해 비계 하부에 바퀴를 달아 이동하며 작업할 수 있도록 한 비계를 말하며 특성상 전도·미끄럼 재해에 유의해야 한다.

끝

문제4) 가설통로의 종류 및 경사로의 미끄럼막이 간격(10점)

답)

I. 개요

1) 가설통로란 작업장으로 통하는 장소, 근로자가 사용하기 위한 통로로,

2) 가설통로의 종류에는 경사로, 통로발판, 사다리, 가설계단, 승강로 등이 있다.

II. 가설재의 구비요건

1) 안전성

-파괴 및 도괴에 대한 충분한 강도

2) 작업성

-넓은 작업발판, 적당한 작업자세

3) 경제성

-가설 및 철거 신속 용이

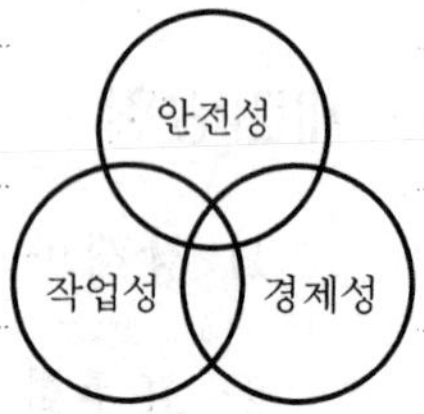

[비계의 3요건]

III. 가설통로의 종류

1) 가설경사로

비탈면의 경사각은 30° 이내, 경사가 15° 초과 시 미끄럼막이 설치

2) 통로 발판

근로자 작업 및 이동에 충분한 넓이 확보

3) 사다리

고정 사다리, 옥외용 사다리, 이동식 사다리 등

4) 가설계단

폭 1m 이상, 높이 3.7m 이내 계단참 설치

5) 승강로(Trap)

철골공사 시 근로자가 수직방향으로 이동하기 위해 철골 기둥부재에 고정하여 설치하는 발판

IV. 미끄럼막이 간격

경사각	미끄럼막이 간격	경사각	미끄럼막이 간격
30° 이내	30cm	19°	43cm
24°	38cm	14° 초과	47cm

끝

문제5) 가설도로 시공 시 준수사항(10점)

답)

I. 개요

가설도로란 공사 목적으로 현장 진입도로 및 현장 내 가설하는 도로로, 장비 및 차량이 안전하게 운행할 수 있도록 한다.

II. 가설도로 시공 시 준수사항

1) 견고할 것

- 장비 · 차량이 안전하게 운행할 수 있도록 견고하게 설치

2) 차량통행에 지장이 없을 것

- 진입로, 경사로 등 차량통행에 지장 없도록 설치

3) 바리케이트 및 연석 설치

- 도로와 작업장 높이에 차가 있을 경우에 설치

4) 배수시설 설치

- 배수를 위해 경사지게 하거나 배수시설 설치

5) 차량 속도 제한

- 커브구간에서 가시거리의 $\frac{1}{2}$ 이내에 정지 가능

6) 허용 경사도 10% 이내

- 최고 허용 경사도는 부득이한 경우 제외 10% 이내

7) 안전운행 조치

- 살수, 겨울철 방빙 대책

끝

문제6) 비계의 구비요건과 비계에서 발생되는 재해유형(10점)

답)

I. 개요

1) 비계란 고소작업에서 작업자가 작업할 수 있도록 설치하는 구조물로, 안전성·작업성·경제성의 구비요건이 필요하다.

2) 비계에서의 재해로는 추락, 도괴, 낙하 등이 있다.

II. 비계의 구비요건

1) 안전성

-파괴 및 도괴의 충분한 강도

-추락에 대한 방호조치 구조

2) 작업성

-넓은 작업 발판

-넓은 공간 및 적당한 작업자세

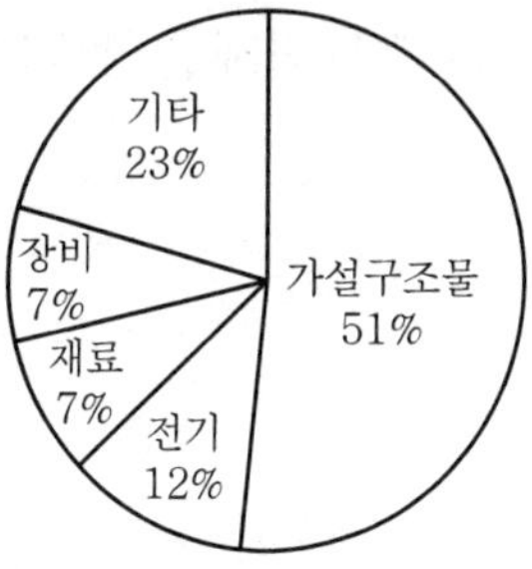

[중대재해원인]

3) 경제성

-가설 및 철거비 저렴

-삼각비 저렴 : 전용성 확보

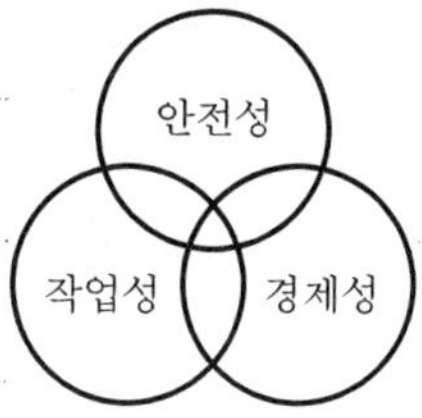

[비계의 3요건]

III. 비계에서 발생되는 재해

1) 작업발판 미고정으로 인한 추락
2) 고소비계작업 시 안전난간 미설치로 추락
3) 이동식 비계에 탑승한 채로 이동 중 전도
4) 외부비계를 타고 내려오다 실족 추락
5) 외부비계와 본체 사이의 간격으로 실족 추락
6) 비계상단 작업발판에 물건방치로 낙하물 낙하
7) 비계의 과하중으로 인한 도괴
8) 적재물의 과하중으로 인한 도괴

끝

문제7) 건설용 Lift의 설치기준 및 안전대책에 대해 기술하시오.(25점)

답)

I. 개요

1) 건설용 Lift란 Guide Rail을 따라 움직이는 운반구를 갖춘 구조로서 화물용 Lift와 인·화물공용 Lift로 분류된다.

2) Lift에 의한 재해는 추락, 낙하, 협착사고 등 중대재해의 발생이 높으므로 주의가 요망된다.

II. 재해유형

1) 급상승·하강에 의한 충돌

2) Lift Car 하대에 울타리 미설치로 인한 충돌

3) 머리를 내밀다가 Lift에 협착 및 추락

4) Lift Car에서 작업 중 발판 미고정으로 인한 추락

III. Lift의 설치 기준

1. Lift의 구성

1) 운반구

① 운반구는 가이드레일 또는 마스트와 균형유지

② 운반구 상부에는 방수구조 지붕 설치

2) 마스트

① 리프트제작 기준에서 정한 허용응력 이상의 재료 사용

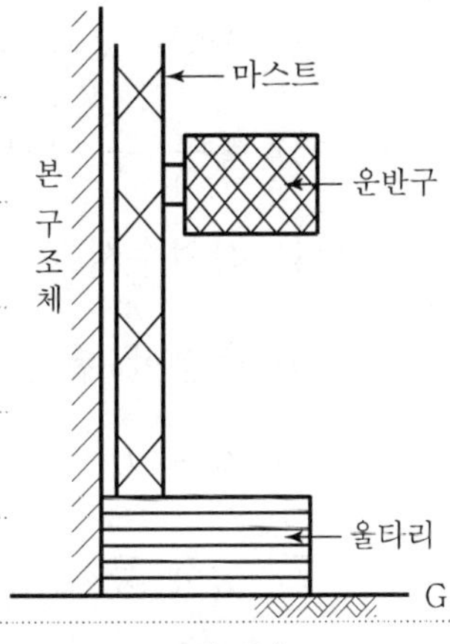

[Lift]

② 수직도는 1/1,000M 이내 유지

3) 구동부

① 브레이크 장치, 속도감속기 등 낙하방지장치 장착

2. 설계 기준

1) 부동침하를 방지하기 위해 기초부를 견고하게 설치

2) 하부기초에는 충격흡수용 Lift 완충장치 설치

3) Mast의 수직도 준수

4) 높이 18m 이내마다 상부를 건설물에 지지 고정

5) Guide Rail 열변형 방지

6) 사다리는 최상부까지 설치

7) 바닥면으로부터 1.8m 높이까지 승강로 측면에 울 설치

8) Lift 적재함과 탑승장까지의 이격거리는 6cm 이내

9) 상부 낙하 방호용 천정 설치

IV. 조립 · 해체 시 조치

1) 관리감독자 선임

2) 작업근로자 이외 출입금지

3) 폭풍 등 악천후 시 작업중지

4) 작업순서를 정하고, 그 순서에 따라 작업실시

5) 충분한 부지공간 확보 및 장애물 등을 없앨 것

6) 작업 시 반드시 안전대 착용

7) 상하 동시 작업 금지

8) 유도자 배치, 일정 신호방법 준수

V. 안전대책

1) **사용제한**

① 노동부장관이 정하는 제작 및 안전기준에 미적합한 Lift 사용금지

2) **권과방지장치**

① 권상용 Wire Rope의 권과에 의한 위험 방지

3) **과부하 제한**

① 적재하중 초과하중의 사용 금지

4) **출입금지 · 제한**

5) **Lift 청소 및 보수작업**

① 운반구 낙하방지 조치 후 청소실시

6) **운반구의 주행로상 정지위치 금지**

① 주행로상에 달아올린 상태로 정지금지

7) **작업시작 전 점검**

① 브레이크 및 리프트카의 작동상태 확인

② Wire Rope가 통하고 있는 곳의 상태

8) **폭풍 등의 이상유무 점검**

VI. 결론

리프트는 양중기에 속하며 동력을 사용해 근로자나 화물을 운반하는 기계 설비로 설치기준 및 안전대책을 준수하여 재해 방지조치를 해야 한다.

끝

문제8) Tower Crane의 구성 부위별 안전성 검토 및 안전대책에 대해 기술하시오.(25점)

답)

I. 개요

1) 건축물의 고층화 추세에 따라 Tower Crane에 의한 자재의 운반이 보편화 되고 있다.

2) 타워크레인의 상호 충돌·전도 등의 사고 유형은 대부분 중대재해로 발생되므로 이에 대한 안전대책이 절실히 요구된다.

II. 사고 유형

1) 전도

① 안전장치 고장으로 인한 과하중

② 기초의 강도 부족(24MP 이상)

2) Boom 대의 파손

① Tower Crane 상호 충돌, 장애물 충돌

② 안전장치 고장으로 인한 과하중

3) Crane 본체 낙하

① 마스트의 연결핀 또는 볼트의 체결 불량

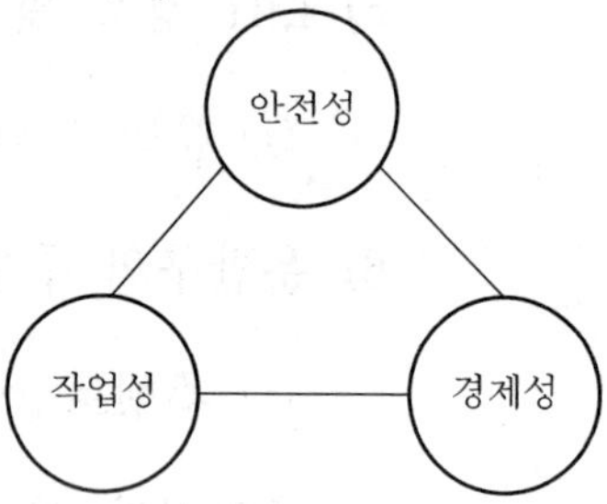

[Tower Crane의 조건]

III. 배치 계획

1) 가급적 평탄한 곳에 설치

2) 붐대의 선회에 지장이 없고, 대지경계선도 고려

3) 조립 및 해체가 용이한 장소

4) 자재의 운반 및 수급이 용이한 동선 고려

5) 지휘자와의 연락이 용이한 곳

6) 타 공정 작업에 지장을 주지 않는 곳

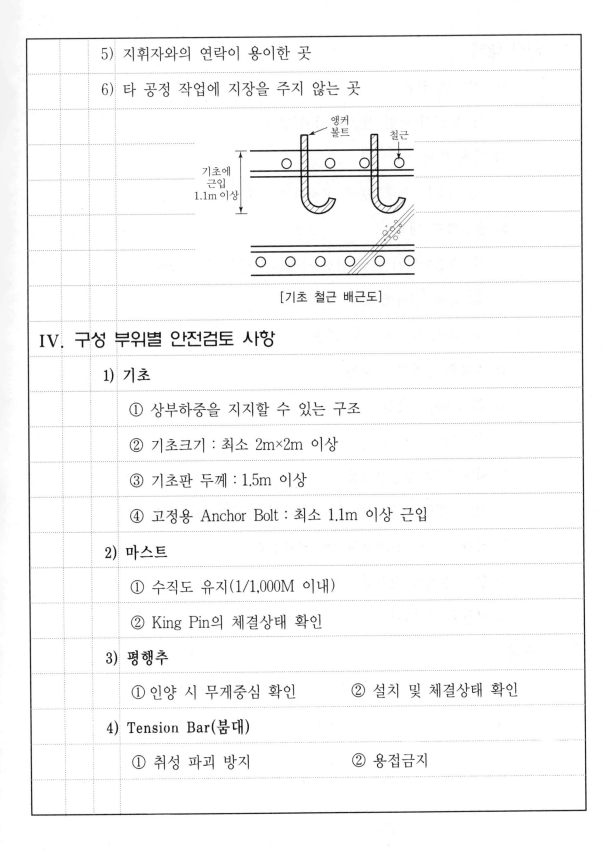

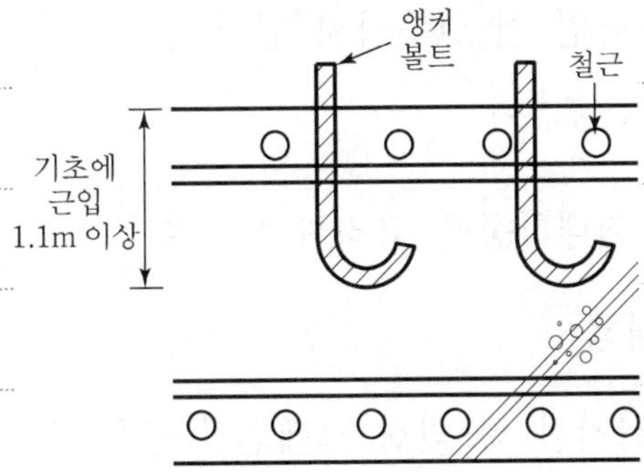

[기초 철근 배근도]

IV. 구성 부위별 안전검토 사항

1) 기초

① 상부하중을 지지할 수 있는 구조

② 기초크기 : 최소 2m×2m 이상

③ 기초판 두께 : 1.5m 이상

④ 고정용 Anchor Bolt : 최소 1.1m 이상 근입

2) 마스트

① 수직도 유지(1/1,000M 이내)

② King Pin의 체결상태 확인

3) 평행추

① 인양 시 무게중심 확인 ② 설치 및 체결상태 확인

4) Tension Bar(붐대)

① 취성 파괴 방지 ② 용접금지

V. 안전 대책

1) 작업 전 점검

① 반드시 작업 전 안전장치 점검

2) 기초 대책

① 기초는 최대하중을 고려하여 구축

3) 충돌방지 대책

① 작업범위지점 및 인접 크레인과 충돌 방지 고려

② 음파, 전파에 의한 위치 감지

③ 무선, 유선에 의한 조종사 상호 통화

4) 과하중 방지장치 부착

5) Wire Rope 점검

① Wire Rope의 이상유무 수시 점검

6) 피뢰침 및 항공장애등

① 크레인 최상부 피뢰침 설치 및 항공장애등 설치

7) 정지 시 자유선회장치 작동상태점검

8) 일정 주기별 정기점검 실시

9) 악천후 시 대책

VI. 결론

Tower Crane은 고층 건축물 시공 시 사용되는 양중기로 구성 부위별 안전 검토사항에 대한 준수가 중요하다.

끝

문제9) 건설현장에서의 전기재해유형과 방지대책에 대해 설명하시오.(25점)

답)

I. 개요

1) 전기재해에는 인체에 전류가 관통하는 감전재해와 전기가 점화원이 되는 화재·폭발 등이 있다.

2) 건설현장에서의 전기재해는 충전부에 의한 감전재해가 거의 대부분을 차지하고 있다.

II. 재해유형

1) 전기배선 불량으로 인한 감전

2) 정전기에 의한 화재폭발

3) 전기감전으로 인한 추락

4) 교류 Arc 용접기 사용 중 감전

5) 가공선로 접촉에 의한 감전

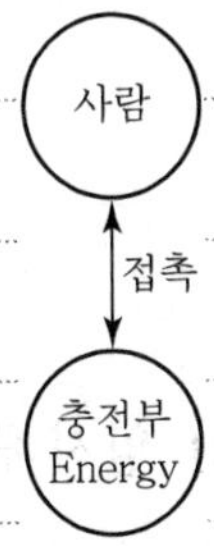

[감전재해]

III. 재해원인

1) 가공선로에 의한 사고

① Pipe, 긴 철근 등의 취급운반 시 접촉

② 이동식 Crane 등 건설장비의 접촉

2) 임시 배선에 의한 사고

① 피복손상, 전선 Cable의 노출로 인한 감전

② 임시배선의 접지 미실시

3) 이동식 전기기계·기구에 의한 사고

① 전기 드릴, 배수펌프 등 사용 시 절연상태 불량으로 인한 누전

② 교류 아크 용접기 누전차단기 미설치

4) 정전기에 의한 화재 · 폭발

① 정전기 방전이 가연성 물질의 착화원이 됨

IV. 전기재해 대책

1) 가공선로 부근에서의 작업

① 공사 전 감전예방계획 수립

② 고압 가공선로의 방호조치(비닐시트, 고무관 등)

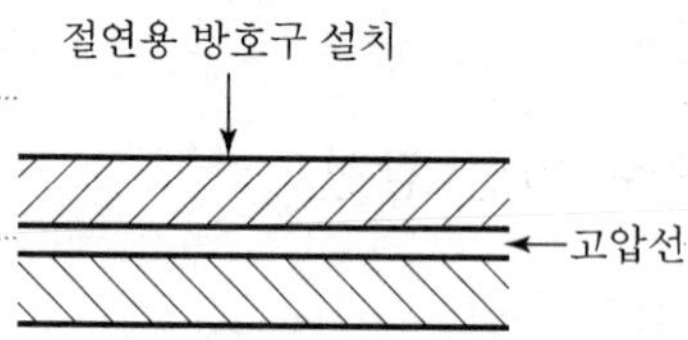

[고압선 방호조치]

2) 임시배선

① 모든 배선은 분전반 및 배전반에서 인출

② 전선의 피복 손상 여부 및 노출부에 대한 정기적 검사

③ 배선은 질서정연하게 배열

3) 이동식 전기기계 · 기구

① 감전 방지 보호구 착용

② 교류 아크 용접기의 자동 누전차단기 설치

4) 크레인, 펌프카 등 건설장비

① 장비사용 현장의 사전작업계획 수립

② 가공선로로부터 안전한 이격거리 준수

5) **분전반 · 배전반 안전**

① 임시 배전반을 설치하여 사용

② 낙뢰 및 감전사고 방지를 위한 접지 실시

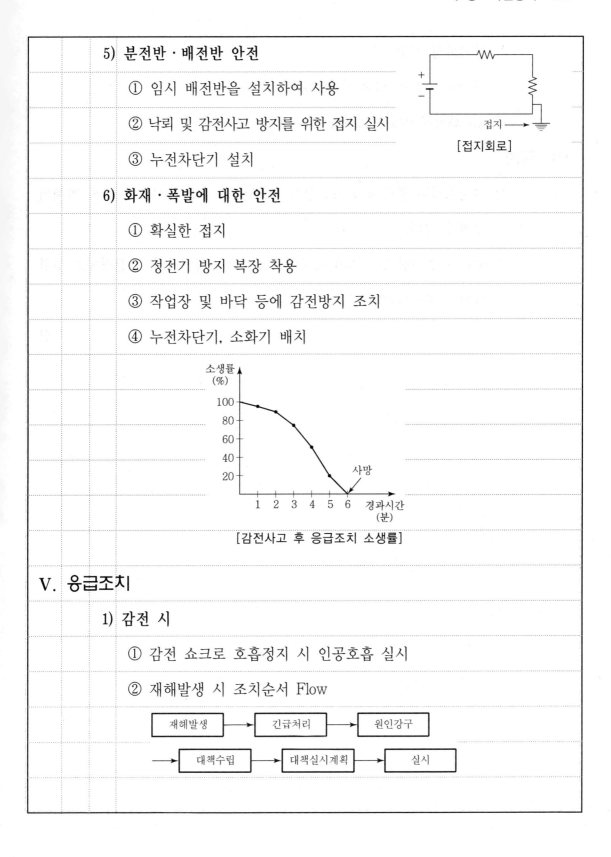

③ 누전차단기 설치

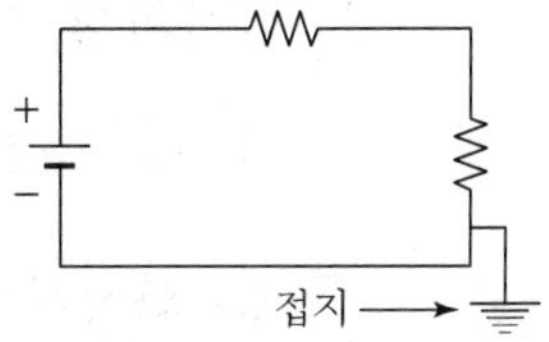

[접지회로]

6) **화재 · 폭발에 대한 안전**

① 확실한 접지

② 정전기 방지 복장 착용

③ 작업장 및 바닥 등에 감전방지 조치

④ 누전차단기, 소화기 배치

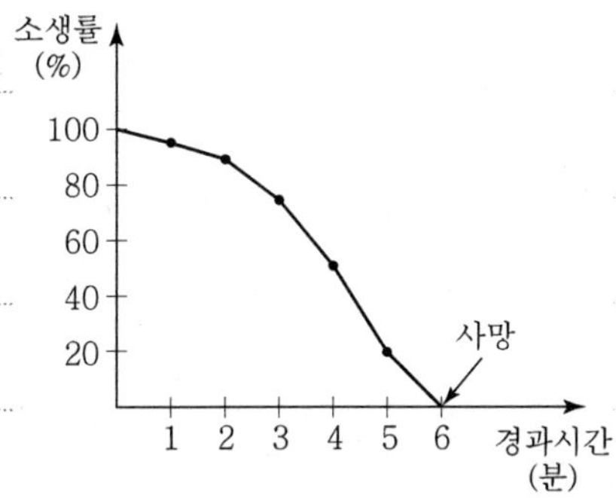

[감전사고 후 응급조치 소생률]

V. 응급조치

1) **감전 시**

① 감전 쇼크로 호흡정지 시 인공호흡 실시

② 재해발생 시 조치순서 Flow

재해발생 → 긴급처리 → 원인강구

→ 대책수립 → 대책실시계획 → 실시

2) 전기화상 사고 시

① 물, 소화용 담요 등을 이용하여 소화

② 화상부위에는 화상용 붕대 사용

VI. 결론

1) 전기재해는 중대재해 가능성이 높으며, 전기로 인한 2차 재해 피해의 우려가 크다.

2) 따라서 철저한 전기재해 방지대책을 수립·시행하며, 감전재해로 인한 피해를 방지하여야 한다.

끝

문제10) 건설기계에 의한 재해의 유형 및 안전대책에 대해 설명하시오.(25점)

답)

I. 개요

1) 산업발달에 따라 건설공사의 규모가 대형화됨에 따라 건설기계화 시공이 일반화되었으며

2) 이러한 건설기계에 의한 재해는 건설기계의 종류에 따라 다양한 재해 발생 형태를 보이고 있다.

II. 건설기계의 재해 유형

1) 건설기계의 전도

① 연약지반 위에서 받침목 미사용

② 급선회, 고속운전 등 운전 결함

2) 건설기계에 협착

① 운전 미숙에 의한 근로자 협착

② 출입금지구역에의 출입

3) 건설기계에서의 추락

① 난폭운전에 의한 운전자 추락 및 기계의 전도사고

② 운전자 외 승차

4) 크레인 등의 전도·도괴

① 연약지반 보강재 미사용

② 아웃트리거 및 밑받침목 미사용

③ 규정 이상의 중량물 적재

5) **인양화물에 의한 낙하, 협착**

① 운반화물의 낙하와 작업자의 협착사고

6) **감전재해**

① 통전되고 있는 가공선로 고압선에 장비의 접촉사고

7) **Lift, Crane의 재해**

① Lift Car에 방호울 미설치로 인한 추락사고

② Lift Car 출입구 주변 울타리 미설치로 인한 부딪힘사고

③ Tower Crane의 전도, Boom 절단사고 등

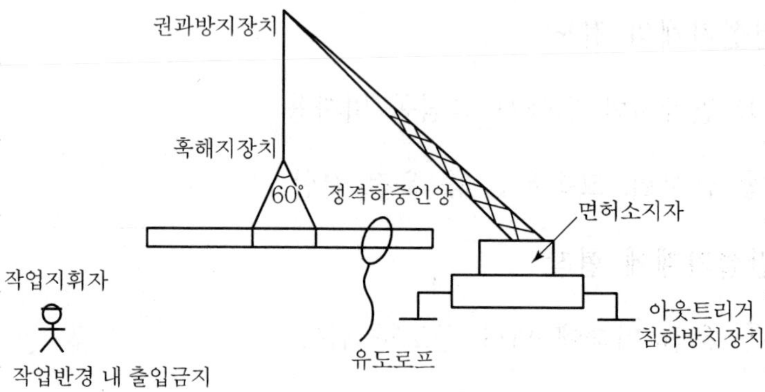

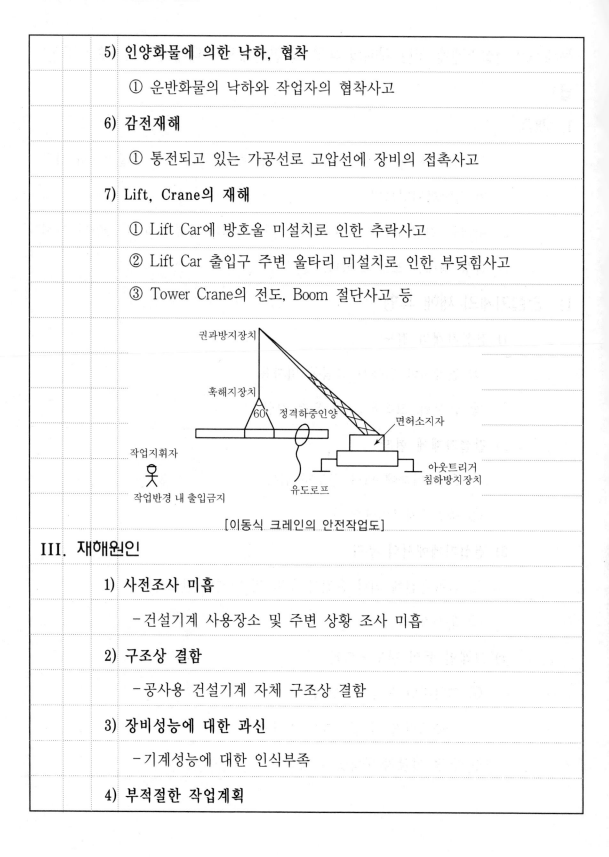

[이동식 크레인의 안전작업도]

III. 재해원인

1) **사전조사 미흡**

- 건설기계 사용장소 및 주변 상황 조사 미흡

2) **구조상 결함**

- 공사용 건설기계 자체 구조상 결함

3) **장비성능에 대한 과신**

- 기계성능에 대한 인식부족

4) **부적절한 작업계획**

-공사의 종류와 규모에 따른 작업계획 부적절

5) 불안전한 작업방법

-작업환경 및 조건에 대한 안전 미확보

6) 교육훈련 부족

-운전자나 작업자에 대한 교육훈련 부족

7) 작업장소 주변에 신호수 및 유도자 미배치

IV. 안전대책

1) 건설기계의 전도방지

① 연약지반의 침하 방지(받침목, 아웃트리거 사용)

② 운전자는 유자격자일 것

2) 건설기계에 대한 안전운행

① 신호수의 지시에 따라 작업

② 관계작업자 외 출입금지

3) 건설기계에서의 추락방지

① 신호자 배치 및 유자격자에 의한 운전

② 운전자 외 탑승금지

4) Crane의 도괴·전도방지

① 아웃트리거 및 밑받침목 적정 설치

② 적정하중 준수

③ 연약지반 보강 실시

5) 인양화물에 의한 낙하·협착방지

① 2개소 이상 결속 및 유도 Rope 설치

6) 건설기계의 감전사고 방지

① 전선의 이설 및 방호조치 실시

② 고압선(가공선로)과 이격하여 작업실시

7) Lift, Tower Crane의 안전대책

① 작업 전 안전장치 점검

② 기초는 최대하중을 고려하여 구축

③ 과하중 방지장치 부착

④ 와이어로프 수시 점검

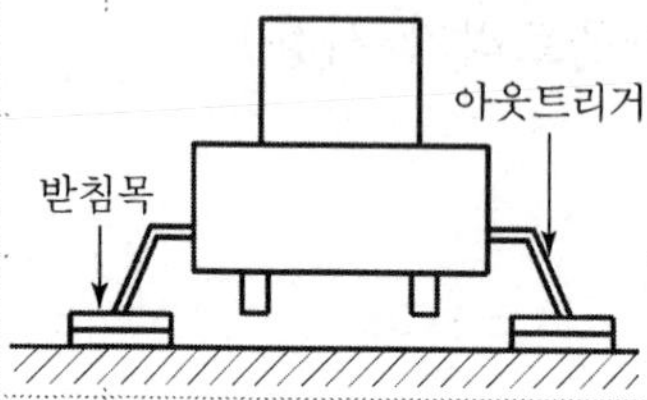

[침하방지조치]

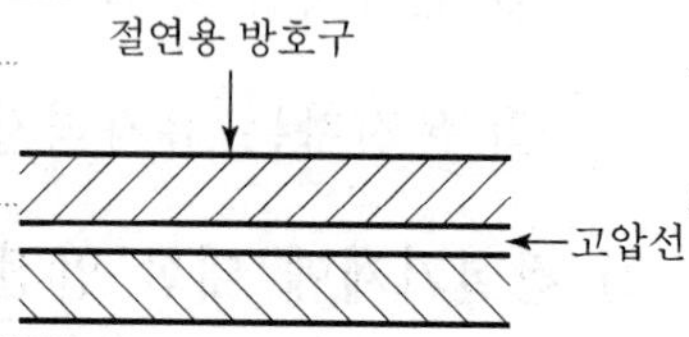

[절연용 방호구 설치]

V. 결론

1) 건설기계의 재해원인은 사전조사 미흡, 기계 자체의 구조상 결함 등에 의해 발생되므로

2) 재해를 방지하기 위해서는 작업장소 및 주변 조사, 적정 작업계획 수립 등 세밀한 대책 마련이 필요하다.

끝

문제11) 우기철 낙뢰 발생 시 인적 재해 방지대책에 대해 설명하시오.(10점)

답)

I. 개요

1) 우기철에는 지반 연약화로 전도, 도괴, 감전사고 등 각종 재해가 발생하기 쉬우므로

2) 특히 낙뢰로 인한 감전사고를 예방하기 위하여 건설현장에서 사전에 충분한 대책을 강구하여 근로자 생명을 보호해야 한다.

II. 피뢰침 설치기준

1) 돌침형 보호각

① 20m 이하 55도

② 30m 이하 45도

③ 45m 이하 35도

④ 60m 이하 25도

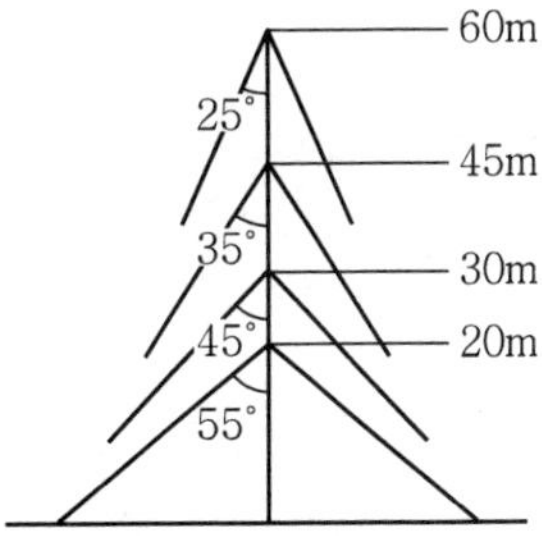

2) 피뢰침 접지저항은 10Ω 이하(1종 접지)

3) 다른 접지극과 2m 이상 이격시킬 것

4) 돌침길이 1.5m 이상, 굵기 12mm 이상

III. 낙뢰 시 인적 재해 방지대책

1) 큰 빌딩 등 낙뢰방지 시설이 설치된 장소로 대피

2) 전화사용 금지

3) 큰 나무 등의 돌출된 지역에 있지 말 것

4) 물가로부터 떨어질 것

5) 트랙터 등 기계류로부터 멀리 떨어질 것

6) 금속체로부터 멀리 떨어질 것(울타리, 금속제, 배관, 철길 등)

7) 고립된 구조물 안에 있지 말 것 끝

문제12) 고소작업대 사용현장의 재해유형과 재해발생 방지를 위한 안전대책을 설명하시오.(25점)

답)

I. 개요

고소작업대는 사람탑승용 차량탑재형의 종류별로 안전검사 기한 및 주기가 자동차 관리법에 의해 관리되고 있으며 작업 시에는 안전작업절차 및 주요 안전점검사항에 의한 안전한 작업이 이루어지도록 해야 한다.

II. 고소작업대의 종류

1) 차량탑재형

2) 시저형

3) 자주식

III. 고소작업대 종류별 재해유형

1) 차량탑재형

① 작업대 전도로 인한 근로자 추락

② 감전

③ 차량 전도

2) 시저형

① 감전

② 작업자 탑승상태 이동으로 인한 충돌

3) 자주식

① 작업대 전도로 인한 근로자 추락

② 작업자 탑승상태 이동으로 인한 충돌

③ 차량 전도

④ 감전

IV. 사용 시 안전대책

1) 안전검사기한 및 주기의 준수

① 자동차관리법 제8조에 의한 신규 등록 이후 3년 내 최초 안전검사

② 안전검사주기 : 최초 안전검사 이후 2년마다

2) 주요 안전점검사항

① 연장구조물 구동장치

② 작업대

③ 제어장치

④ 안전장치

⑤ 작동시험

⑥ 비상정지장치

⑦ 연장구조물

⑧ 안정기

V. 안전검사 처리절차

1) 신청시기 : 안전검사주기 만료 30일 이전

2) 처리기간 : 신청일로부터 30일 이내

3) 절차

신청서 작성 → 접수 → 서류 검토 및 예정일 통지 → 검사 실시 → 안전검사 합격증명서 발급

VI. 안전작업 절차

1) 출입문 안전조치

① 체인이나 로프를 출입문으로 사용금지

② 자동으로 닫히고 고정되거나 닫힐 때까지는 고소작업대의 작동이 불가능하도록 상호 연동되어 있을 것

③ 바깥쪽으로 열리지 않을 것

④ 임의로 열리지 않을 것

2) 이동 시 준수사항

① 작업대는 가장 낮은 위치로 할 것

② 작업자가 탑승한 상태에서의 이동 금지

③ 차량전도 방지를 위한 도로상태 및 장애물 확인

3) 설치 시 준수사항

① 작업대와 지면의 수평 유지

② 전도 방지를 위한 아웃트리거와 브레이크 설치 및 작동

4) 설치기준

① 와이어로프 : 안전율>5

② 권과방지장치 이상여부 확인

③ 붐과 지면 경사각의 기준 준수

④ 정격하중 부착 : 안전율>5

⑤ 유압의 이상저하 방지장치 설치

⑥ 과상승 방지장치 설치 : 작업대의 충돌 및 끼임 재해 방지조치

⑦ 조작반의 스위치에 명칭 및 방향표시 부착

VII. 사용 시 준수사항

① 보호구 착용 : 안전모, 안전대

② 작업구역 내 출입금지조치

③ 조도확보 : 75lux 이상(통로조명 기준)

④ 감전사고 방지를 위한 신호수 배치

⑤ 전환스위치의 임의적 고정 금지

⑥ 작업대의 정기적 점검

⑦ 정격하중 준수

⑧ 붐대 상승상태에서의 작업대 이탈 금지

VIII. 결론

고소작업대 운전자 본인이 자영업 형태로 운영하는 경우가 대부분으로 안전의식이 결여되어 있는 것이 사실이므로 해당 작업공종에 투입될 경우 공종별 교육을 이수하도록 하는 등 제도적 개선의 선행이 무엇보다 중요하다. 또한 자동차 관리법에 의해 차량탑재형의 종류별로 안전검사 기한 및 주기를 준수하며 관리와 작업 시 안전작업 절차 및 주요 안전점검사항에 의한 안전한 작업이 이루어지도록 관리해야 한다.

끝

문제13) 리프트 사용 시 안전대책(10점)

답)

I. 개요

건설작업용 리프트는 작업자 또는 화물의 수직 이송을 목적으로 사용하는 기계설비로 고층건축물의 시공사례가 빈번해짐에 따라 그 사용빈도가 높으므로 사용 시 인적, 물적 원인에 의한 위험요인을 발굴해 적절한 대책을 수립해 운영하는 것이 중요하다.

II. 건설작업용 리프트의 구조

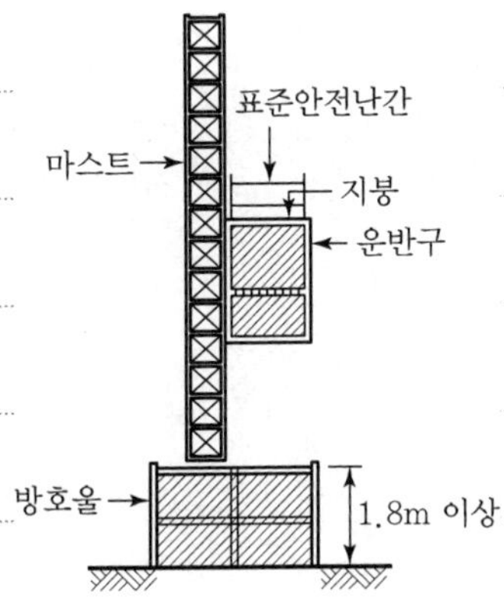

III. 리프트 사용 시 재해유형

1) 근로자 임의 운행으로 인한 리프트와 건물 사이 추락

2) 리프트 상승 시 상체를 내밀던 중 리프트에 충돌

3) 길이가 긴 자재의 무리한 적재로 자재가 건물에 걸리며 낙하

4) 리프트 출입문이 열린 상태에서 탑승 도중 추락

5) 리프트 높이가 각 층 높이에 맞지 않은 상태에서 탑승 중 추락

6) 권과방지장치 고장으로 인한 마스트 넘어 이탈 및 낙하

IV. 사용 시 준수사항

1) 전담 운전자 배치 및 조작방법 숙지
2) 전담 운전원의 운전수칙 작성, 수시교육 및 운전상태 확인
3) 리프트 상부 단부에 안전난간 설치
4) 권과방지장치 등 안전장치 부착
5) 정기점검, 자체검사 실시 및 점검표 기록 관리
6) 안전수칙 및 정격하중 표지판 설치

V. 자체점검 시 점검대상 안전장치

1) 과부하 방지장치
2) 권과방지장치
3) 낙하방지장치
4) 비상정지장치
5) 안전고리
6) 완충장치

끝

제3장

토공사 · 기초공사

문제1) 토공사 착공 전 조사 · 준비해야 할 사항에 대하여 기술하시오.(25점)

답)

I. 개요

1) 토공사의 착공 전에는 지하매설물 현황과 지반조사 토층상태, 지하수 상태, 주변영향 등의 충분한 검토가 필요하다.

2) 토공사는 전체 공사를 안전하게 시공하는 최초 단계의 공사로 지반의 공학적 안전성 확보와 구조물의 안전을 위하여 매우 중요한 공정이다.

II. 착공 전 준비사항

1) 가설설비계획 수립

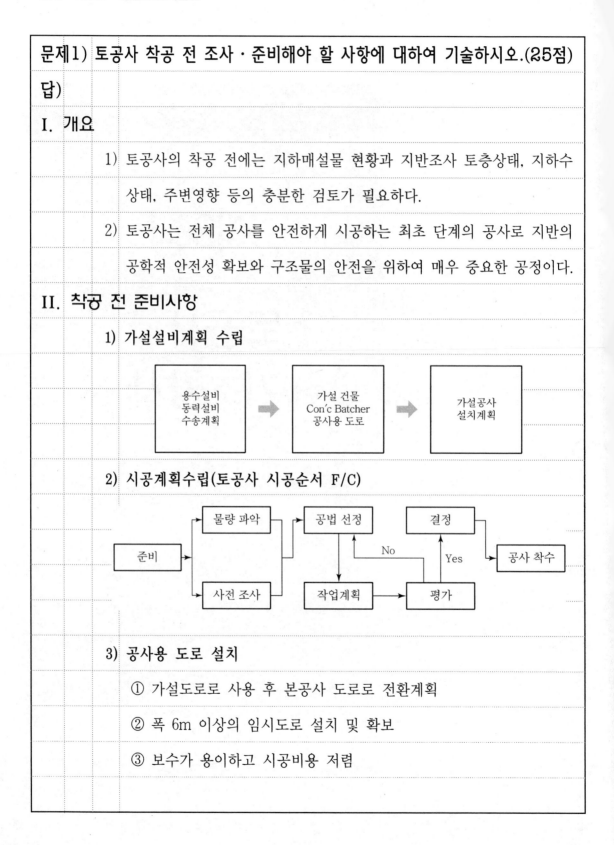

2) 시공계획수립(토공사 시공순서 F/C)

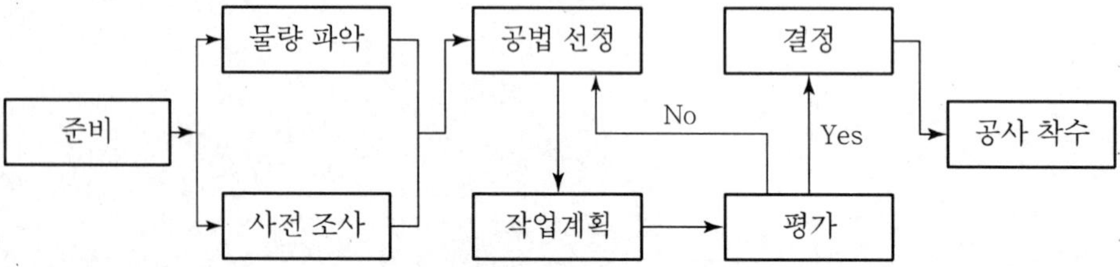

3) 공사용 도로 설치

① 가설도로로 사용 후 본공사 도로로 전환계획

② 폭 6m 이상의 임시도로 설치 및 확보

③ 보수가 용이하고 시공비용 저렴

4) **측량실시**

① 설계도면을 근거로 기준점 설치

② 규준틀 및 중앙선 설치, Level 표시

5) **지형 및 지질도 입수**

지형도면, 항공도면, 지질 주상도 확보

6) **인접현장 공사 자료 확보**

7) **공사계획 수립**

① 장비, 노무, 자재, 자금 투입계획

② 공정관리계획을 수립하여 시공계획 작성

③ 안전 시공을 위한 공사계획 수립 등 안전공정표 작성

III. 조사해야 할 사항

1) **사토장 조사**

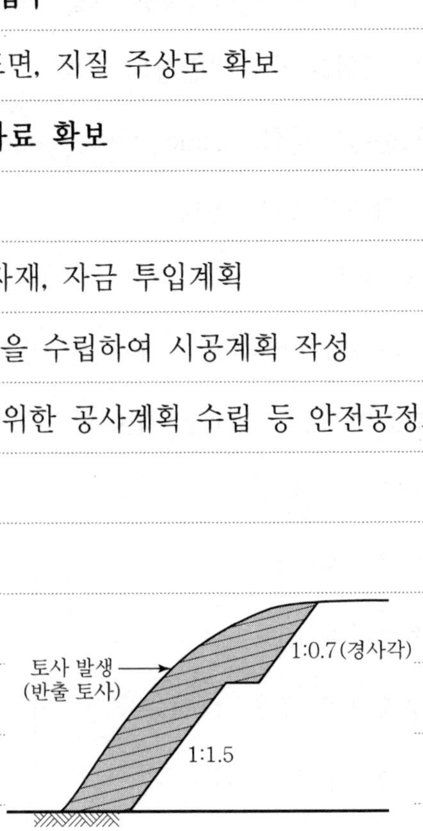

[토취장]

① 토질, 토량, 운반거리 공해 발생 유무 조사

② 경제적인 토취장 선정(현장과 인접한 곳)

2) **토질 조사**

① Boring

- 지중 천공하여 토사 채취, 관찰 및 지중의 토질분포, 흙의 층상

등 조사

- 오거식, 수세식, 충격식, 회전식 등이 있다.

② Sounding

- 선단에 부착된 저항체를 관입, 회전, 인발 시 저항값으로 지반상태 파악
- 표준관입시험, Vane Test, Cone Test, 스웨덴식 등이 있다.

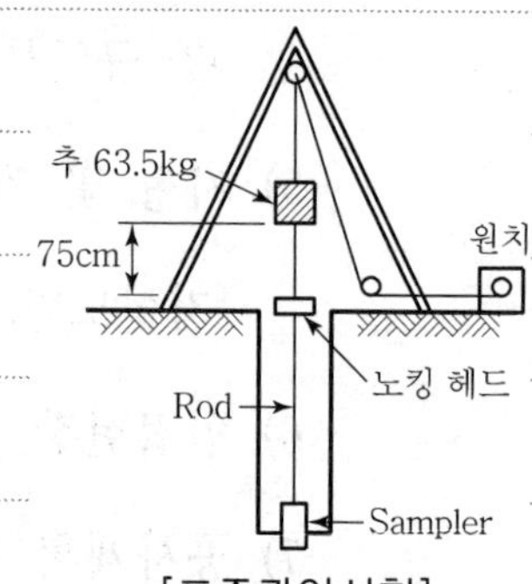

[표준관입시험]

③ 시료 채취

- 교란시료 : 보링시 물과 함께 배출된 시료 채취
- 불교란시료 : 점성토 지반의 자연시료 채취

④ Atterberg 한계

- 액성한계(LL)
- 소성한계(PL)
- 수축한계(SL)
- 소성지수(PI) = LL - PL
- 수축지수(SI) = PL - SL

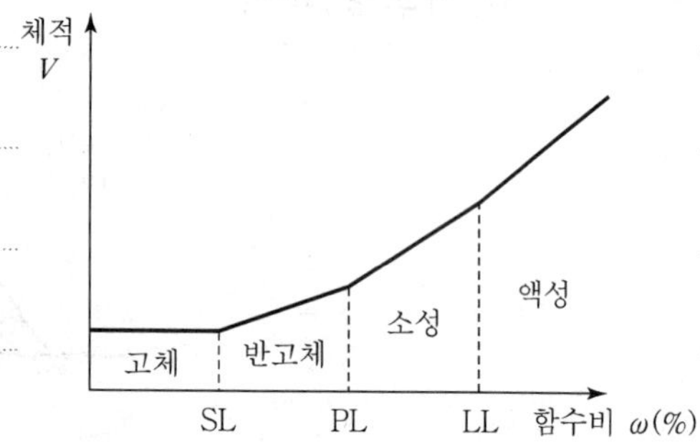

⑤ 입도분석

㉠ 분석방법

- 체분석 : 자갈, 모래와 같은 조립토(일정한 크기의 체에 남는 자갈, 모래 등)
- 침강분석 : 실트, 점토와 같은 세립토
- 균등계수와 곡률계수 등을 통한 입도판정

⑥ 지반반력 추정

- 평판재하시험에 의해 지반지지력 추정
- 지반반력계수(K)

$$K = \frac{하중강도(kgf/cm^2)}{침하량(cm)}(kgf/cm^3)$$

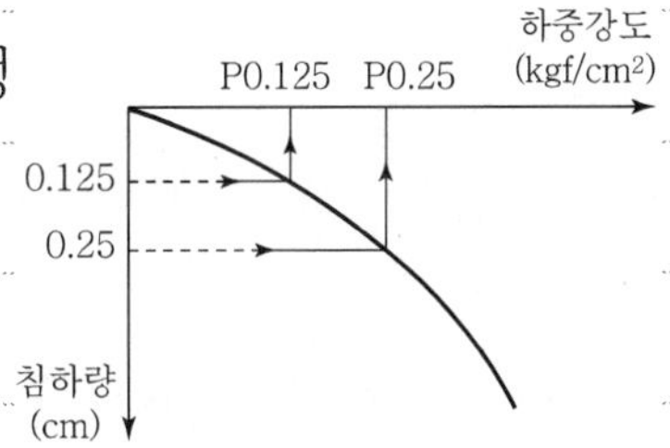

[하중강도 - 침하량 곡선]

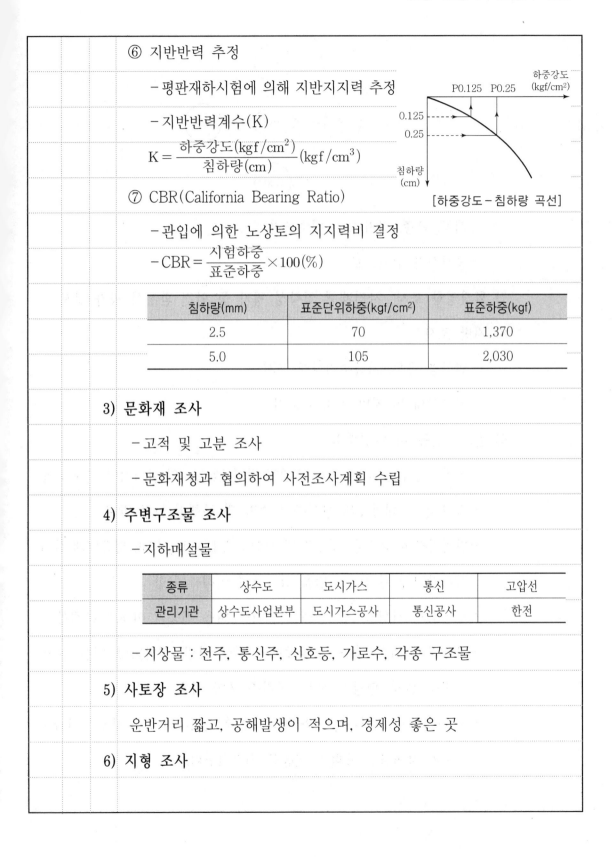

⑦ CBR(California Bearing Ratio)

- 관입에 의한 노상토의 지지력비 결정
- $CBR = \frac{시험하중}{표준하중} \times 100(\%)$

침하량(mm)	표준단위하중(kgf/cm²)	표준하중(kgf)
2.5	70	1,370
5.0	105	2,030

3) 문화재 조사

- 고적 및 고분 조사
- 문화재청과 협의하여 사전조사계획 수립

4) 주변구조물 조사

- 지하매설물

종류	상수도	도시가스	통신	고압선
관리기관	상수도사업본부	도시가스공사	통신공사	한전

- 지상물 : 전주, 통신주, 신호등, 가로수, 각종 구조물

5) 사토장 조사

운반거리 짧고, 공해발생이 적으며, 경제성 좋은 곳

6) 지형 조사

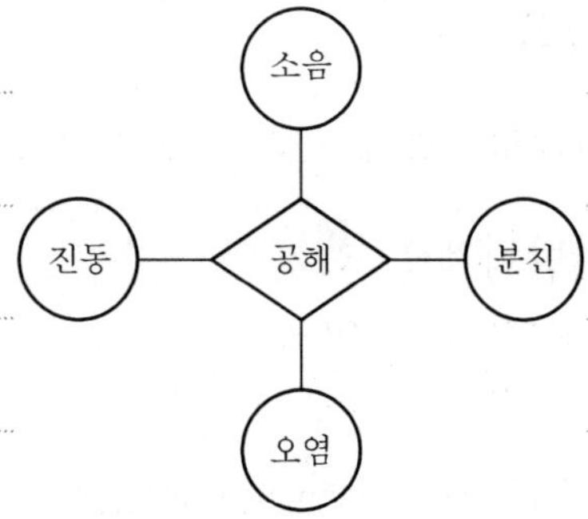

- 계곡, 단층, 입지조건, 배수조건
- 공사현장 접근도로

7) 환경영향 조사, 사전재해 영향성 평가 등 안전 환경성 평가 실시

8) 지반 조사

- 연약층 유무, 지하수위상태 조사
- 지층상태 및 지반 지지력 조사

9) 발파 · 진동 시 안전대책

- 발파작업에는 현장조건에 적합한 발파 Pattern의 합리적인 설계 적용
- 발파 전 안내방송을 실시하여 주민 및 통행인 놀람 방지
- 발파막장의 방음문, 정차장 및 작업구에 Blasting Mat, 방음덮개 설치
- 발파작업에 관하여 주민을 설득하여 이해를 구함
- 진동식과 시험발파를 통해 진동치를 허용 진동치 이내로 조절함.
- 약장약에 의한 방법, 조절발파에 의한 방법, 심발파에 의한 방법, 방진구 설치, 팽창재 사용, 저비중 폭약 사용
- 토류벽 설치 시 항타를 지양하고 천공 후 삽입하며 천공 시에는 가급적 고주파 장비를 이용하여 진동을 최소화한다.

10) 지하매설물 안전대책

- 지하매설물에 대한 현황조사 실시
- 지하매설물 발견 시 매설물 이전 및 매달기방호, 받침방호 등 실시

IV. 결론

토공사 착공 전에 조사할 사항은 가설계획 수립과 지반조사계획 수립을 포함하며, 특히 지하매설물 위치확인과 지하매설물에 대한 방호조치 등 철저한 안전계획 수립이 필요하다.

끝

문제2) 복공판의 안전대책(10점)

답)

I. 개요

지하철 현장 등 대규모 굴착공사장에서 차량이나 보행자가 통행할 수 있도록 설치된 임시구조물로서 안전검토가 필요한 구조물이다.

II. 복공판의 구성요소

1) 강재기둥 2) 주형보

3) 복공판 4) 가로보

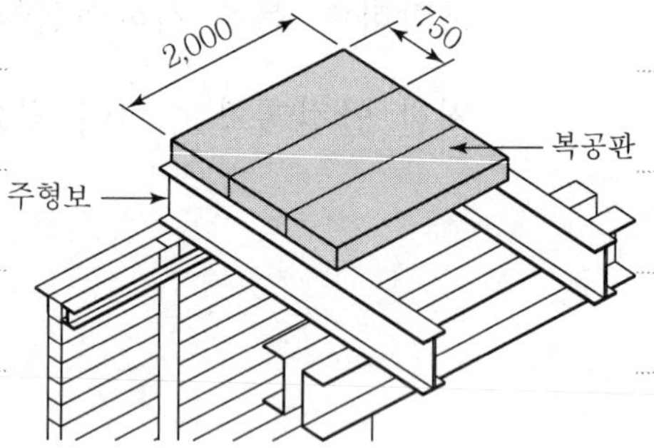

III. 복공판의 구조안전성 검토사항

1) 구조검토를 통해서 응력을 확인하여 구조적 안정성 검토

2) KS규정에 따라 복공판을 구성하는 강재시편을 채취하여 인장강도시험 실시

3) 부재 연결상태 점검 – 연결부 용접검사

4) 복공판지지보의 처짐 L/400

5) 공사기간 중 재하되는 하중에도 충분한 강도와 강성을 가질 것

6) 용접의 길이 및 두께 규정 준수

IV. 복공판 시공 시 안전관리사항

1) 복공판 재료의 품질 확보

2) 복공판 지지기둥의 강성 확보

3) 복공판지지보의 처짐 관리

4) 구조검토를 통한 안정성 확보

5) 복공판 통행차량 및 보행자의 안전 확보 끝

문제3) 암반의 등급 판별기준(10점)

답)

I. 개요

1) 발파작업 시 암질 변화구간 및 이상 암질 출현 시 암질판별을 실시하여

2) 시험발파 실시 후 발파시방을 작성하여야 한다.

II. 암반의 등급 판별

1) RQD

① 암반의 Core 채취를 통한 암질상태 분류

② 10cm 이상 되는 Core 길이가 많을수록 커진다.

③ $RQD = \dfrac{10cm\ 이상인\ Core\ 길이의\ 합계}{총\ 시추길이} \times 100\%$

2) RMR

① 암반평점에 의한 암반 분류방법

② 평점이 높을수록 암반의 강도가 크다.

③ RMR 계산 시 필요 요소 : 암석의 일축 압축 강도, Core의 질, 지하수 상태, 절리 상태, 절리 방향, 절리 간격

3) **일축압축강도**

① 압축강도에 의한 암질 판별

② 압축이 커질수록 강도가 크다.

4) **탄성파 속도**

① 탄성파 속도에 의한 암질 판별

② 속도가 빠를수록 강도가 크다.

5) **진동 값 속도**

끝

문제4) 비탈면 굴착 시 붕괴원인, 점검요령 및 방지대책을 기술하시오.(25점)

답)

I. 개요

1) 비탈면 굴착 시 지형조건상 붕괴의 우려가 크므로

2) 붕괴 재해의 방지를 위해서는 지형, 지질의 사전조사 및 제규정에 입각한 안전성 검토 및 수시점검이 필요하다.

II. 붕괴의 형태

1) 사면 천단부 붕괴

- 사면 경사각 53° 이상

2) 사면 중심부 붕괴

- 연약토에서 굳은 기반이 얕게 있을 때 발생

3) 사면 하단부 붕괴

- 연약토에서 굳은 기반이 깊이 있을 때 발생

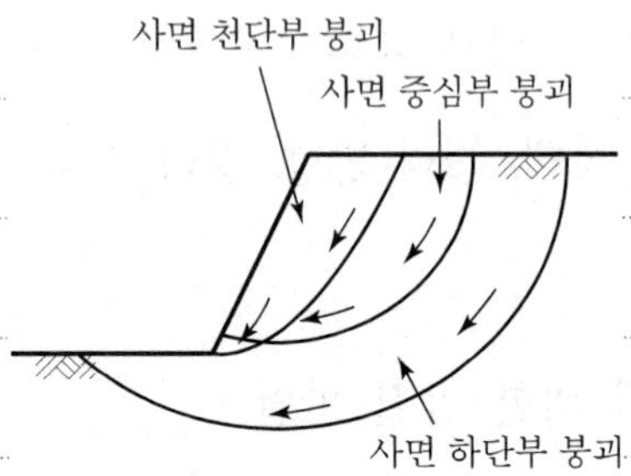

[붕괴 형태]

III. 토석붕괴의 원인

1) 외적 원인

① 사면의 경사 및 기울기의 증가

② 절토 및 성토높이의 증가

③ 공사에 의한 진동 및 반복 하중의 증가

④ 지표수 및 지하수의 침투에 의한 토사 중량의 증가

⑤ 지진, 차량, 구조물의 하중작업

⑥ 토사 및 암석의 혼합층 두께

2) **내적 원인**

① 절토사면의 토질, 암면

② 성토사면의 토질구성 및 분포

③ 토석의 강도 저하

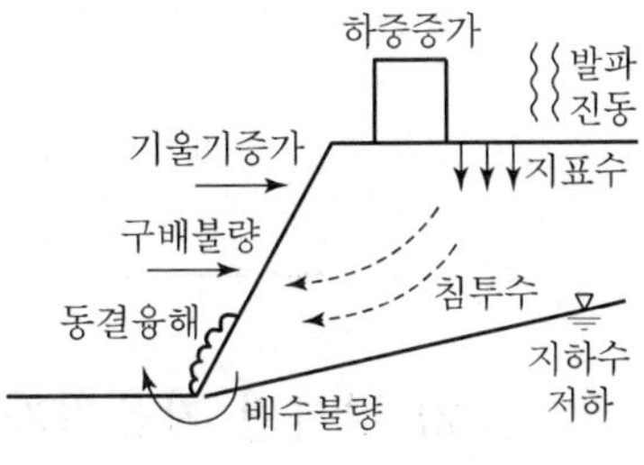

[비탈면 붕괴 원인]

IV. 점검요령(비탈면의 안전점검요령)

1) 전 지표면의 탐사

2) 경사면의 상황변화 확인

3) 부석의 상황변화 확인

4) 용수의 발생 유무 또는 용수량의 변화 확인

5) 결빙과 해빙에 대한 상황 확인

6) 각종 경사면 보호공의 변위, 탈락 유무

7) 점검시기는 작업 전·중·후, 비온 후, 인접구역에서 발파한 경우에 실시

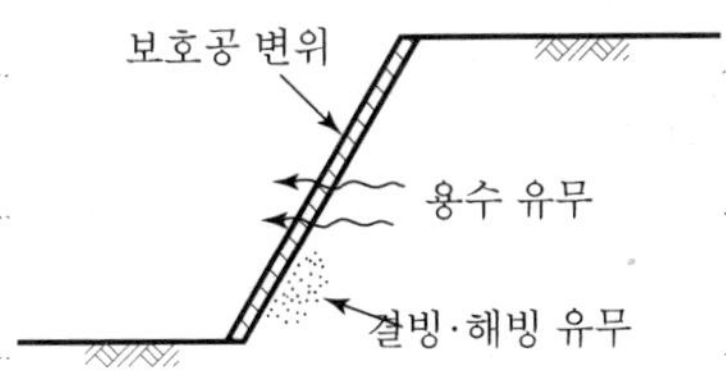

[점검요령]

V. 방지대책

1) 적절한 경사면의 기울기 계획

구분	지반의 종류	구배
보통 흙	습지	1 : 1~1 : 1.5
	건지	1 : 0.5~1 : 1
암반	풍화암	1 : 1.0
	연암	1 : 1.0
	경암	1 : 0.5

2) 경사면 기울기가 당초계획과 차이 발생 시 재검토하여 계획 변경

3) 활동할 가능성이 있는 토석 제거

4) 경사면 하단부에 보강공법으로 활동에 대한 보강대책 강구

5) 말뚝(강관, H형강, RC)을 타입하여 지반 강화

6) 보호공법

① 떼붙이기공 : 평떼, 줄떼

② 식생Mat공 : 비탈면 식물피복

③ 식수공 : 나무를 심어 법면 보호

④ 파종공 : 종자를 압력으로 비탈면에 뿜어 붙임

7) 보강공법

① Con'c 붙이기공

② Soil Nailing

③ Shotcrete : 풍화가 심한 곳

④ Con'c 격자 Block공

⑤ Tie Back Anchor(Earth Anchor, Rock Anchor)

VI. 안전대책

1) **동시작업의 금지**

① 붕괴토석의 최대 도달거리 내 굴착공사 등의 동시작업 금지

② 동시작업 시 적절한 보강대책 강구

2) **대피공간의 확보**

① 작업장 좌우에 피난통로 확보

3) **2차 재해방지**

① 작은 붕괴 발생 후 대형붕괴 연속발생 대비

VII. 결론

1) 비탈면의 굴착은 굴착작업에 앞서 경사면의 안전성 검토에 의한 사전 예방조치가 무엇보다 중요하며

2) 아울러 안전대책을 철저히 수립하여 각종 위험요인으로부터 대처하여야 한다.

끝

문제5) 연약지반에서의 구조물 시공 시 유의사항과 안전대책에 대해 기술하시오.(25점)

답)

I. 개요

1) 연약지반에서의 구조물 시공은 지반침하로 인한 부등침하, 주변 시설물 및 도로 침하 등의 문제점이 발생한다.

2) 따라서 연약지반에서는 치환공법 등의 지반개량공법으로 지지력을 증가시켜야 한다.

II. 사전조사

1. 토질 및 지반조사

1) 조사 대상

- 지형, 지질, 지층, 지하수, 용수, 식생 등

2) 조사 내용

① 주변 기 절토된 경사면의 실태조사

② 토질구성, 토질구조, 지하수 및 용수의 형상

③ Sounding, Boring, 토질시험 등 실시

2. 지하매설물 조사

1) Gas관, 상수도관, 지하 Cable, 건축물의 기초 등에 대하여 조사

2) 지하매설물에 대한 안전조치

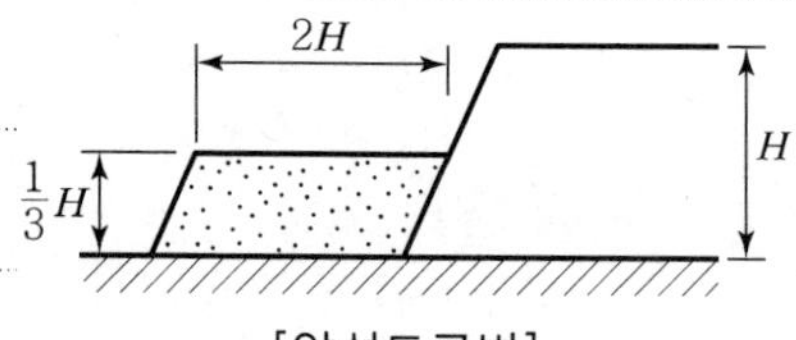

[압성토공법]

III. 연약지반 안전대책

1) 치환공법

① 연약지반을 양질의 재료로 치환하는 공법

② 종류

- 굴착치환, 활동치환, 폭파치환

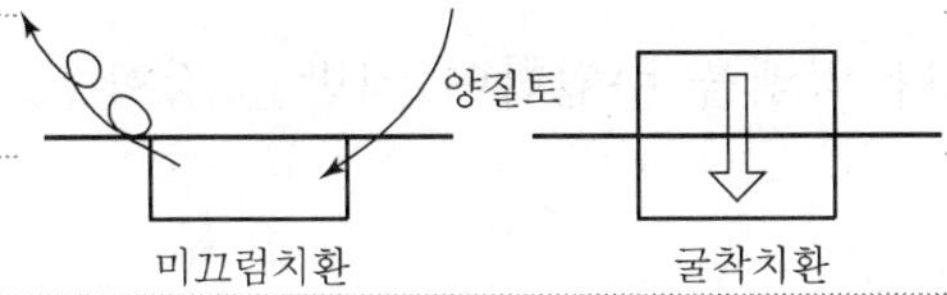

2) 재하공법

① 연약지반에 하중을 가하여 흙을 압밀시키는 공법

② 종류

- 선행재하공법, 압성토공법, 사면선단재하공법

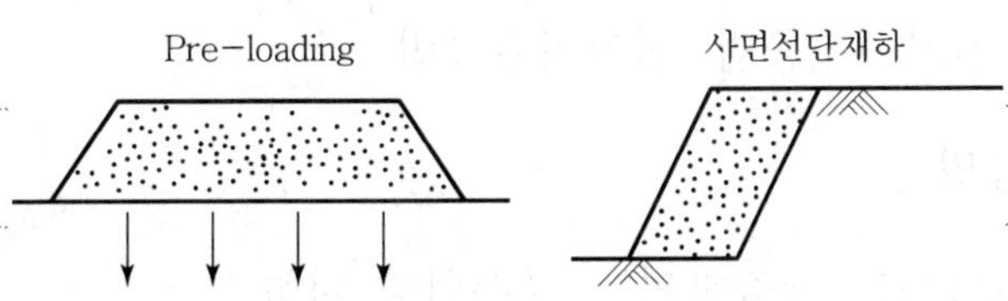

3) 혼합공법

① 다른 재료를 혼합하거나 화학약제를 혼합

② 종류

- 입도조정, Soil Cement, 화학약제혼합

4) 탈수공법

① 연약지반의 수분을 탈수하여 지반압밀 증가

② 종류

- Sand Drain, Paper Drain, Pack Drain 공법

5) **진동다짐 압입공법**

① 인위적인 외력을 가하여 점착력을 증가

② 종류

- Vibro Floatation 공법, Vibro Composer 공법

6) **고결 안전공법**

① 시멘트나 약액을 주입하여 지반을 강화

② 종류

- 시멘트 주입공법, 약액주입공법 등

7) **전기화학 고결법**

① 지반 속의 물을 전기화학적으로 고결

② 종류

- 전기고결공법, 전기침투공법

8) **배수공법**

① 지하수를 배출하여 지하수위를 저하

② 종류

- 중력배수, 강제배수, 전기침투공법

IV. 작업 시 안전대책

1) **공사 전 및 공사 중 안전조치사항**

① 작업내용 숙지

② 근로자 소요인원 계획

③ 장애물 제거

④ 매설물 방호조치

⑤ 작업자재 반입

⑥ 토사반출(평탄작업)

⑦ 신호체계 유지

⑧ 지하수 유입

2) 일일준비(매일 작업 시 준수사항)

① 불안전한 상태점검

② 근로자 적절 배치

③ 사용기기 공구확인

④ 안전모, 안전대 착용

⑤ 단계별 안전대책

⑥ 출입금지 표시

⑦ 표준신호 준용

V. 결론

1) 연약지반의 구조물 축조 시에는 반드시 지반을 개량하여 지지력을 증대해야 하며

2) 시공 시 소음, 진동 등의 환경공해에 대한 안전대책을 수립해야 한다.

끝

문제6) Slurry Wall 시공 시 유의사항과 안전관리대책을 기술하시오.(25점)

답)

I. 개요

1) Slurry Wall 공법이란 지중에 Con'c Panel을 연속으로 축조하여 지수벽, 흙막이벽, 구조체벽 등을 설치하는 공법이다.

2) 이 공법은 벽식, 주열식 공법으로 구분되며, 저소음, 저진동공법으로 도심지 시공에 적합하다.

II. 특징

1) 장점

① 무소음, 무진동공법

② 벽체의 강성이 크다.

③ 지수성이 높다.

2) 단점

① 공사비가 고가

② Bentonite 정화 등 부가설비 필요(이수처리)

③ 굴착 중 품질관리 어려움(수중 콘크리트)

III. 사전조사

1) 설계도서 검토

2) 입지조건 검토(인접구조물, 도로현황 등)

3) 지반조사(토질 및 매설물 등)

4) 공해, 기상조건 검토

IV. 공사 전 작업 시 안전대책

1) 공사 전 준비사항

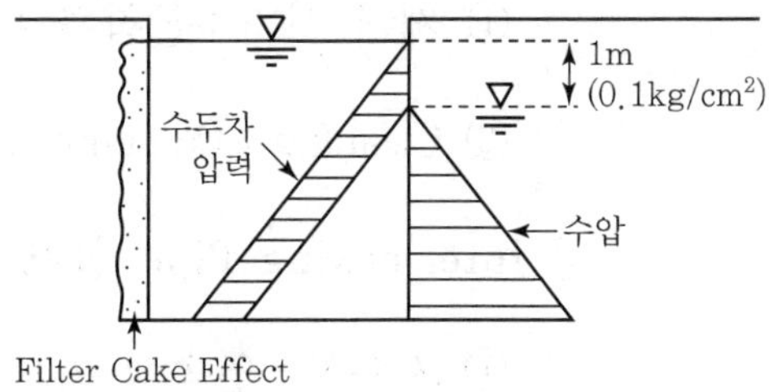

① 작업에 대한 이해

② 근로자 소요인원 계획

③ 장애물 제거

④ 매설물 방호조치

2) 작업 시 준수사항

① 불안전한 상태 점검

② 근로자 배치

③ 사용기기, 공구 확인

④ 안전모, 안전대 착용

V. 시공순서 Flow-Chart

Guide Wall 설치 → 굴 착 → Slime 제거 → Interlocking Pipe 설치 → 철근망 조립 → Tremie관 설치 → Con'c 타설 → Interlocking Pipe 인발

VI. 시공순서 및 유의사항

1) Guide Wall 설치

① 수직도 유지의 기준

② 흙막이 소요폭+50mm

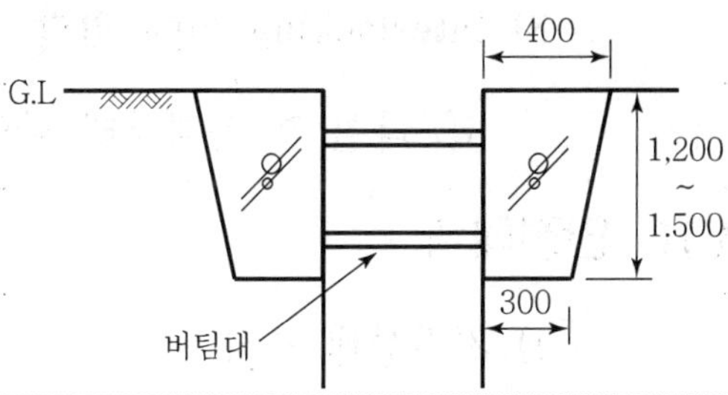

[Guide Wall 설치]

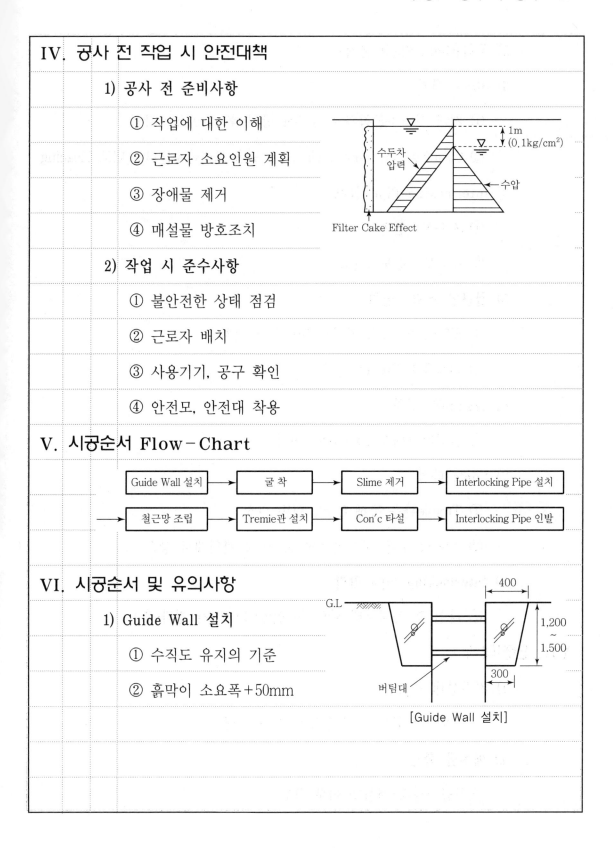

2) 굴착(Clam Shell 굴착)

3) Slime 제거

① 제거 시기 : 굴착완료 후 3hr 방치 후 Cleaning 작업

② Cleaning : Descending Unit으로 보내 모래함유율 3% 내로 Cleaning

4) Interlocking Pipe 설치

① 지수성 · 연속성 확보

② 수직도 · 강도 Check

5) 철근망 조립 · 설치

① Sleeve 및 Slab 연결용 전단철물 설치

② 피복유지 Spacer 설치

6) Tremie관 설치

① 굴착바닥에서 20~30cm 이격

7) Con'c 타설

① Tremie관을 통해 Con'c 연속 타설

② Tremie 관은 콘크리트에 2m 이상 관입해서 상승

8) Interlocking Pipe 인발

① 타설 후 응결상태 확인 후 인발(3~4시간 경과 후)

VII. 안전대책

1) 지질상태 조사

-지질상태 검토 및 안전조치 계획 수립

2) 매설물 확인

-착공지점의 매설물 여부 확인

3) **복공구조 시설**

- 토사반출 시 적재하중 조건 고려

4) **깊이 10.5m 이상 굴착 시 계측기 설치**

- 수위계, 경사계, 하중계, 침하계 등
- 계측 허용범위 초과 시 작업중단

5) **Heaving 및 Boiling 대책**

- 근입장 깊이를 불투수층까지 삽입
- 복수공법 등을 통해 적정수위 유지

6) **배수계획 수립**

- 사전 정확한 배수계획 수립
- 배수능력에 의한 배수장비 및 경로 설정

VIII. 결론

1) Slurry Wall 공법은 공사의 안전성, 뛰어난 차수성 등이 장점으로

2) 연속벽의 이음방법, Con'c 품질 등의 연구·개발로 시공품질 향상 및 경제적인 시공이 되도록 관리해야 한다.

끝

문제7) Top－Down 공법 시공 시 유의사항 및 안전대책에 대해 설명하시오.(25점)

답)

I. 개요

1) Top－Down 공법은 지하구조물의 시공순서를 지상에서 지하로 진행하며 동시에 지상구조물도 구축하는 공법임

2) 도심지 내 공사 또는 지하철역 역사 공사 등에 적합한 공법으로 향후 품질·안전시공 관련 연구·노력이 수행되어야 한다.

II. 특징

1. 장점

1) 상하층 병행작업으로 공기단축

2) 협소한 대지를 최대한 활용

3) 주변 토질 및 지하수위 영향 적음

2. 단점

1) 사전 공사계획이 치밀해야 함

2) 철저한 계측관리 요구

III. 시공순서 Flow Chart

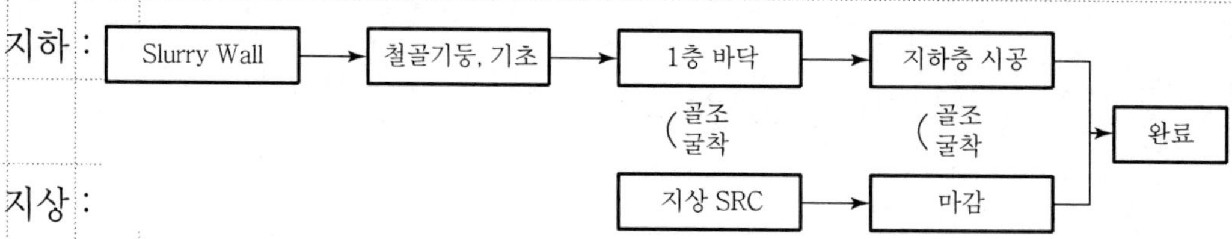

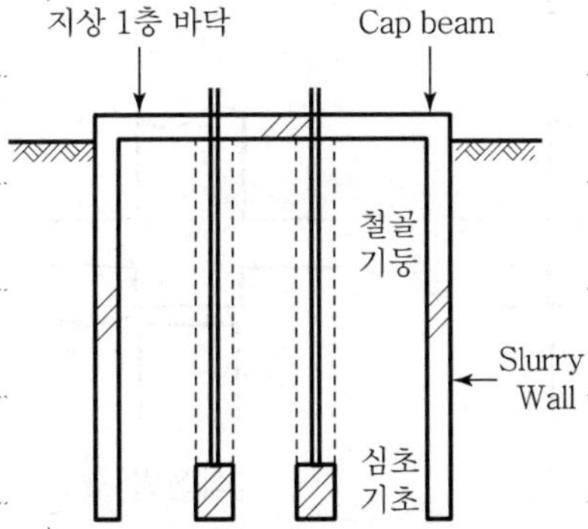

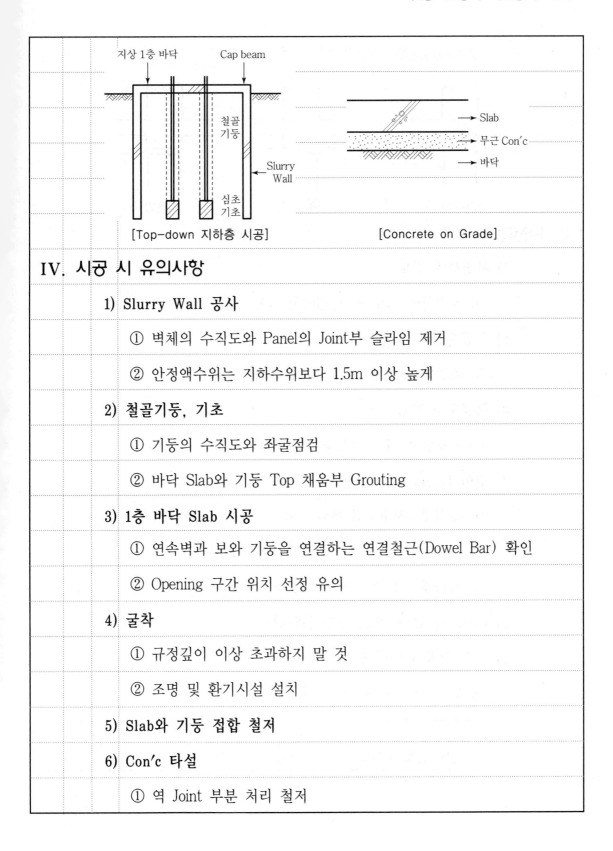

[Top-down 지하층 시공]

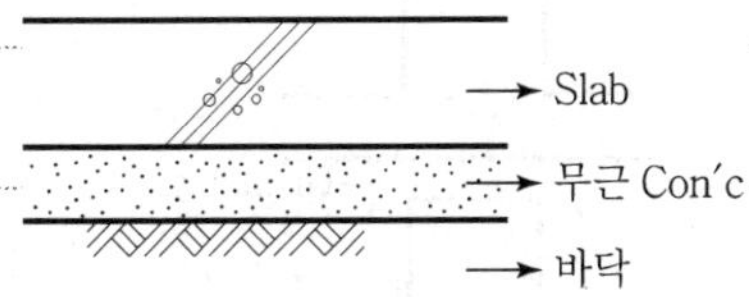

[Concrete on Grade]

IV. 시공 시 유의사항

1) Slurry Wall 공사

① 벽체의 수직도와 Panel의 Joint부 슬라임 제거

② 안정액수위는 지하수위보다 1.5m 이상 높게

2) 철골기둥, 기초

① 기둥의 수직도와 좌굴점검

② 바닥 Slab와 기둥 Top 채움부 Grouting

3) 1층 바닥 Slab 시공

① 연속벽과 보와 기둥을 연결하는 연결철근(Dowel Bar) 확인

② Opening 구간 위치 선정 유의

4) 굴착

① 규정깊이 이상 초과하지 말 것

② 조명 및 환기시설 설치

5) Slab와 기둥 접합 철저

6) Con'c 타설

① 역 Joint 부분 처리 철저

② Grouting법, 충진재주입법 등

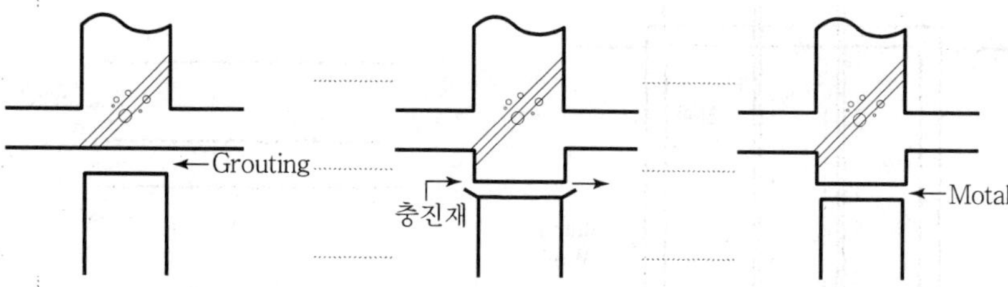

[Grouting] [주입식] [직접법]

V. 안전대책

1) 지질상태 검토

① 지질상태 검토 및 안전조치 계획 수립

2) 착공지점의 매설물 확인

① 매설물 여부 확인 후 이설, 거치, 보전 등

3) 복공구조 시설

① 토사반출 시 적재하중 조건 고려

4) 깊이 10.5m 이상 굴착 시 계측기기 설치

① 수위계 : 지하수위 변화 실측

② 경사계 : 굴착진행 시 흙막이 기울어짐 파악

③ 침하계 : 각 층별 침하량 변동상태 파악

5) Heaving 및 Boiling 사전대책 강구

6) 경질 암반에 대한 발파

① 발파 시 시험발파에 의한 발파시방준수

분류	문화재	주택, APT	상가	철근 Con'c
건물기초의 허용진동치	0.2cm/sec	0.5	1.0	1.0~4.0

7) 배수계획 수립

8) 환기

① 적정 산소농도(18%) 이상 유지

② 충분한 용량의 환기설비 설치

9) 조명

① 근로자의 안전을 위한 조명설비 확인

분류	초정밀작업	정밀작업	보통작업	기타
조도치	750lux	300lux	150lux	75lux

VI. 결론

1) Top Down 공법은 심도가 깊은 곳에서 상·하 동시작업이 이루어지는 공법으로

2) 암반 작업 시 발파공법의 화약관리, 인접구조물에 대한 소음·진동 등 환경공해 저감조치를 수립 후 시공해야 한다.

끝

문제8) Soil Nailing 공법의 특징 및 시공 시 유의사항, 안전대책에 대해 설명하시오.(25점)

답)

I. 개요

1) Soil Nailing 공법이란 흙과 보강재 사이의 마찰력을 이용해 흙막이의 안정을 도모하는 공법이다.

2) 절토사면의 안정을 위해 시공되며 설치기간이 짧고 공사비가 저렴한 장점이 있다.

II. 용도

1) 사면 안정

2) Tunnel의 지보

3) 굴착면의 흙막이

4) 기타 기존옹벽 보강 등

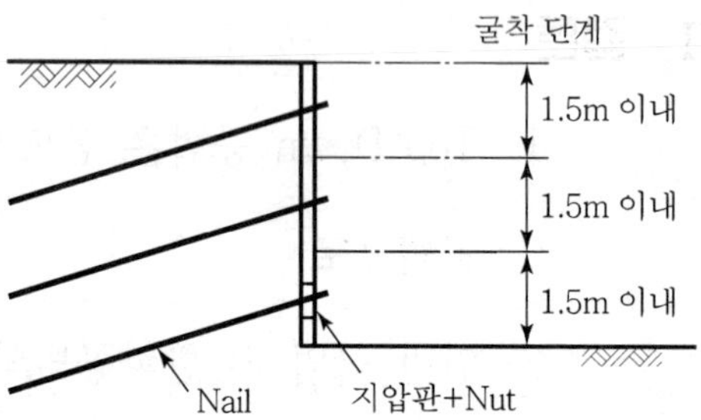

[Soil Nailing 공법]

III. 특징

1) 장점

① 공기단축

② 소형장비 사용

③ 공사비 저렴

2) 단점

① 지하수 발생 시 시공곤란

② 점착력 없는 사질토 지반 시공 곤란

IV. 공사 전 작업 시 안전대책(산안법상)

1) 공사 전 준비사항

① 작업에 대한 이해

② 근로자 소요인원 계획

③ 장애물 제거

④ 매설물 방호조치

⑤ 자재반입 계획

⑥ 토사반출 계획

2) 작업 시 준수사항

① 불안전한 상태 점검

② 근로자 적절 배치

③ 사용기기, 공구 확인

④ 안전모, 안전대 착용

⑤ 작업단계별 순서 교육

⑥ 위험장소 출입금지

V. 시공순서 Flow Chart

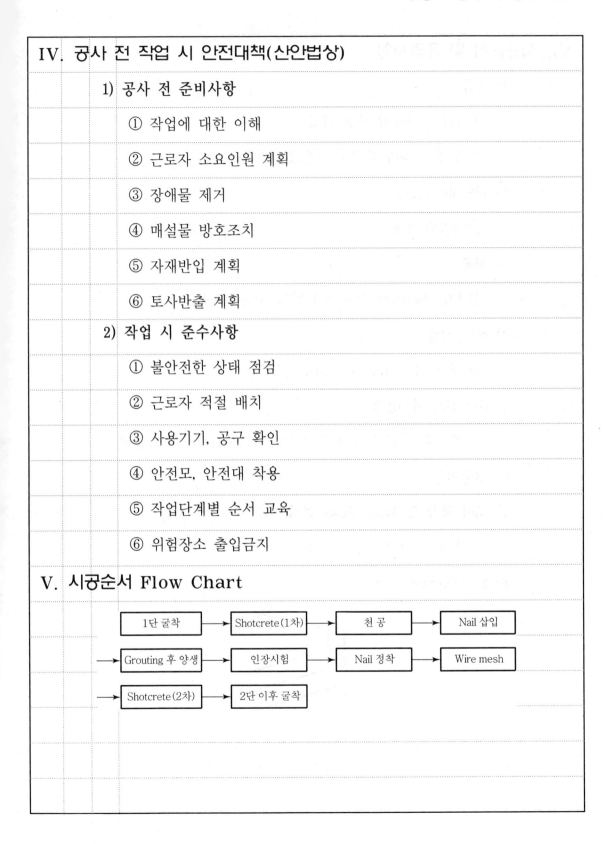

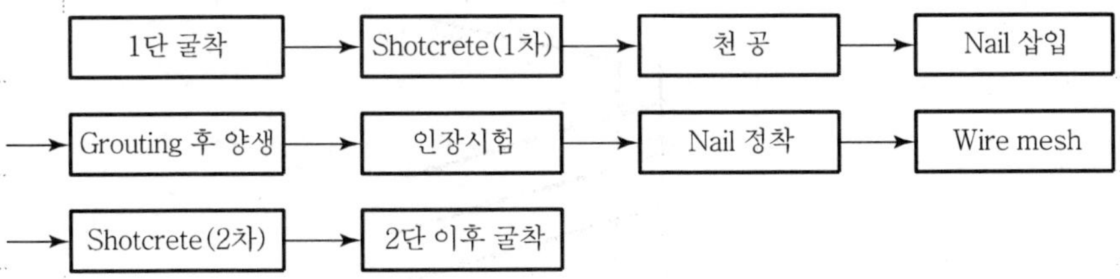

VI. 시공순서 및 유의사항

1) **굴착**

① 1단 굴착깊이 사전 결정

② 토질에 따라 다르며 보통 1.5m 내외

2) **1차 Shotcrete**

① 굴착면 보호

3) **천공**

① 1차 Shotcrete 시공 굴착면에 Auger 이용

4) **Nail 삽입**

① 영구 시 부식방지용 Nail 사용

5) **Grouting 후 양생**

① 주입된 시멘트 밀크가 충분히 강도발휘까지 보호양생

6) **인장시험**

7) **Nail 정착 및 Wire Mesh 설치**

① 응력 분산용 지압판 사용

8) **2차 Shotcrete 타설**

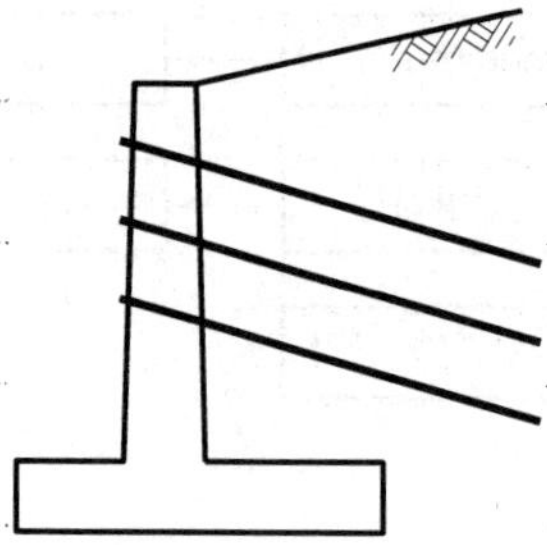

[옹벽 보강]

VII. 안전대책(시공 중)

1) **굴착작업**

- 토질조건을 고려하여 1~2m 정도 굴착

2) **Shotcrete 작업**

- 굴착벽면붕괴, 낙석방지 및 벽면 보호

3) **천공**

- 공벽붕괴방지를 위한 천공기계 사용, 천공간격 유지

4) **Grouting**

- 주입 시 공내 공기가 유입되지 않도록 유의

5) **정착력 확인**

- 네일 삽입 완료 후 네일을 정착시키고 인장력 시험실시

6) **품질관리 철저**

- 단계별 굴착·보강 실시 등 품질관리 철저

VIII. 결론

Soil Nailing을 통한 흙막이공법은 토질상태와 지하수상태를 고려해야 하며, 안전사고 방지를 위해 공사 전, 작업 시 철저한 안전대책이 필요하다.

끝

문제9) Underpinning 공법의 종류와 시공 시 유의사항, 안전대책에 대해 설명하시오.(25점)

답)

I. 개요

1) Underpinning이란 인접구조물 근접시공 시 기존 구조물의 안전성을 보강하기 위한 공법이다.

2) 따라서 기존 구조물의 사용성·기능성 저하를 유발하지 않아야 하며, 유해한 영향을 미치지 않아야 한다.

II. 사전조사

1) 기존 구조물 조사

- 기존 구조물의 기초상태와 지질 조건 등 조사

2) 충분한 대책과 안전계획 확인

- 작업방식, 공법 등 대책과 작업상 안전계획 확인

3) 굴착 시 기존 구조물 조사

- 기존 구조물의 인접굴착 시 그 크기, 높이, 하중 조사

4) 굴착 시 안전확인

- 굴착에 의한 진동, 침하, 전도 등 안전확인

III. 공법 종류

1) 2중 널말뚝공법

① 연약지반 침하방지

② 인접 건물과 거리의 여유가 있는 경우

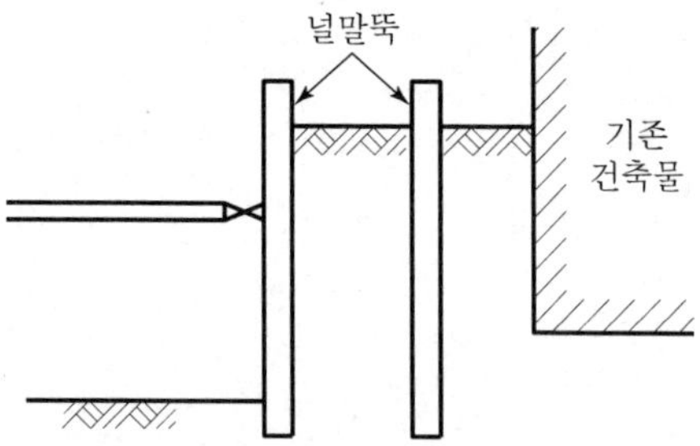

[2중 널말뚝공법]

2) 차단벽 설치공법

① 굴착면에 지하수위가 있는 경우

② 기존 건물과 이격 시 가능

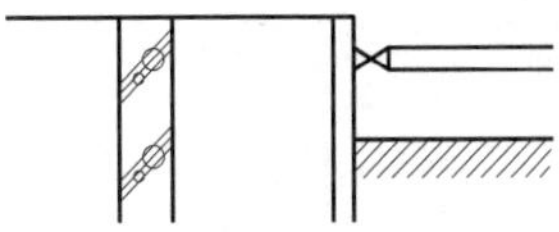

[차단벽 공법]

3) 피트 및 Well 공법

① 구조물 하부에 Pit나 Well을 설치하여 기존구조물 보강

② 기존 구조물의 자중으로 인한 영향 제거

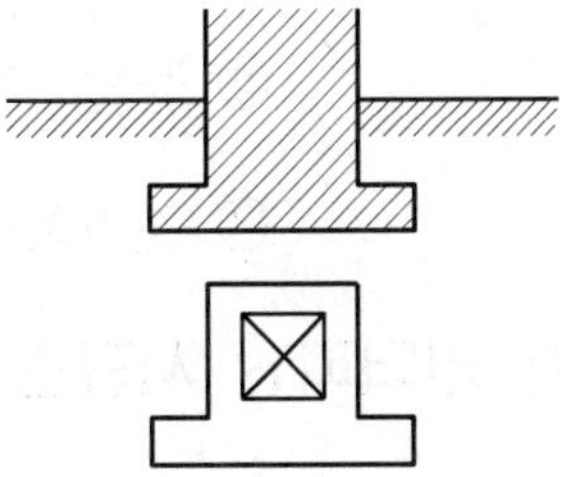

[피트, 웰 공법]

4) 현장타설 Con'c 말뚝공법

① 인접 건축물의 외벽 부근에 구덩이를 파고, 현장 Con'c 타설

5) 강재말뚝공법

① 기초를 강재말뚝 및 Jack으로 지지

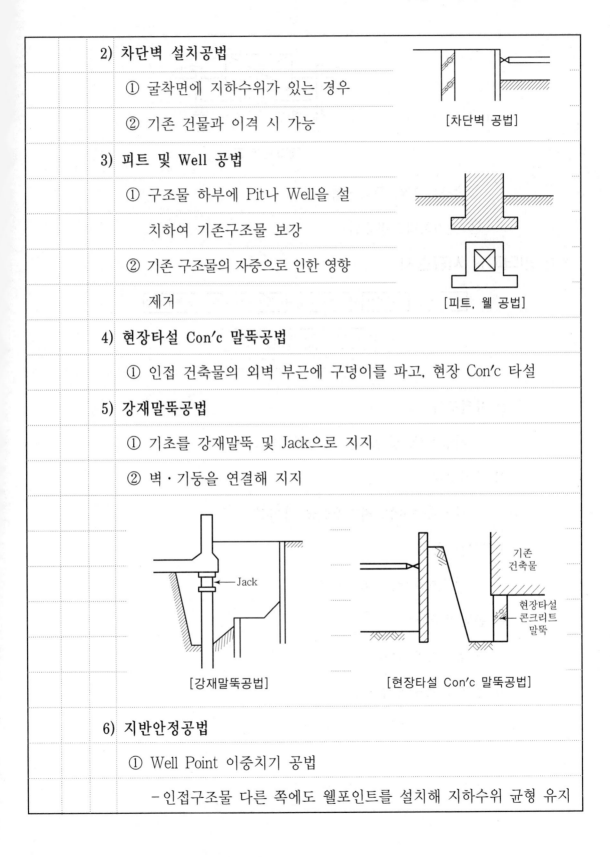

② 벽·기둥을 연결해 지지

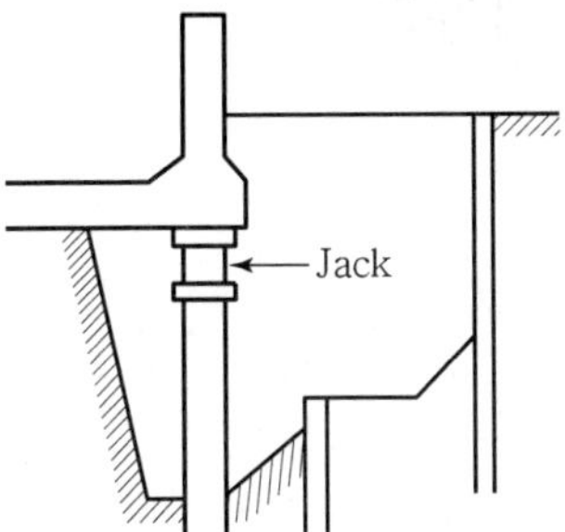

[강재말뚝공법]

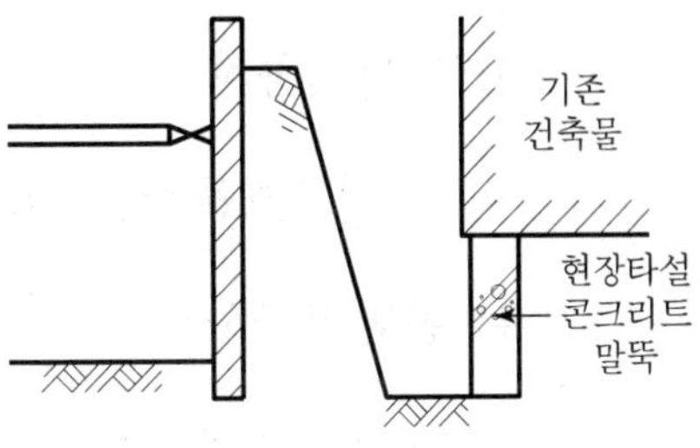

[현장타설 Con'c 말뚝공법]

6) 지반안정공법

① Well Point 이중치기 공법

- 인접구조물 다른 쪽에도 웰포인트를 설치해 지하수위 균형 유지

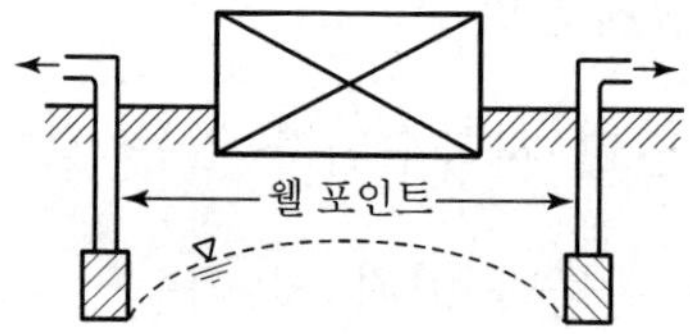

[웰포인트 공법]

② 몰탈, 약액 주입공법

③ 전기화학고결공법

IV. 언더피닝 시공순서

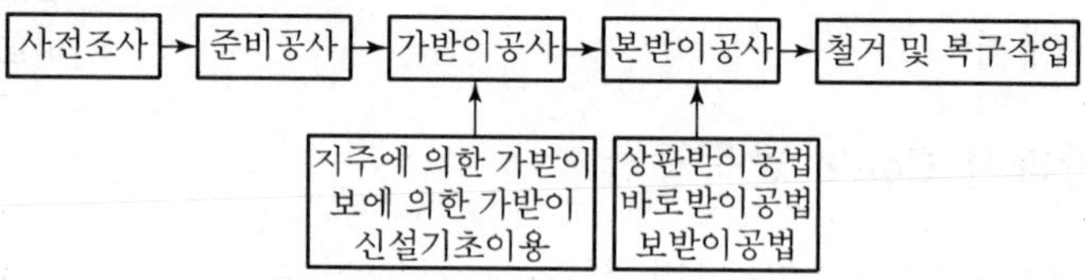

1) 사전조사

- 지반조사, 입지조건, 지하매설물 조사

2) 준비공사

- 급·배수시설, 지하매설물 가이설

3) 가받이공사

- 구조물을 일시적으로 지지

4) 본받이공사

- 신설기초 신설

5) 철거와 복구공사

- 가설받침공의 철거, 되메우기 등 정리작업

V. 시공 시 유의사항

1) 부동침하 방지→기초 형식을 기존과 동일 선정

2) 시공 시 변형이 허용치 이내 되도록 할 것

3) 지반연약 시 흙막이널 시공이 어려울 경우 약액주입공법 이용

4) 소음·진동, 지반 침하, 지하수위 저하 등 안전 및 공해발생에 유의할 것

VI. 공사 전 작업 시 안전대책

1) 공사 전 준비사항

① 작업에 대한 이해

② 근로자 소요인원 계획

③ 장애물 제거

④ 매설물 방호조치

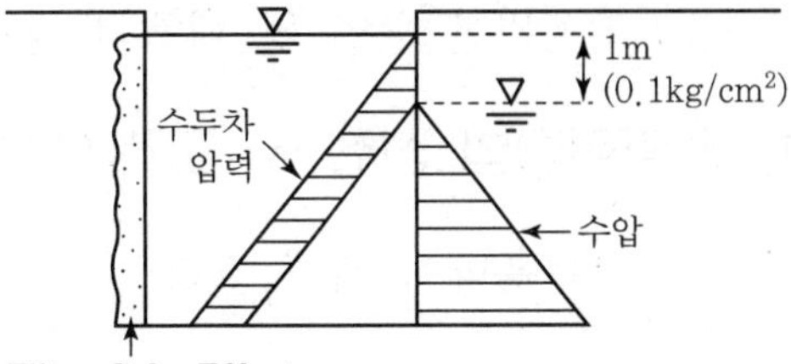

2) 작업 시 준수사항

① 불안전한 상태 점검

② 근로자 배치

③ 사용기기, 공구 확인

④ 안전모, 안전대 착용

VII. 결론

1) Underpinning 공법은 기존 구조물을 보호하기 위하여 보강하는 공법으로 충분한 사전조사가 필요하며

2) 기존 구조물의 계측관리에 의한 정보화 시공이 되어야 한다.

끝

문제10) 흙막이공사 시 주변침하 발생 원인과 방지대책에 대해 설명하시오.(25점)

답)

I. 개요

1) 흙막이공사 시에는 소음·진동, 침하, 지하수 고갈 등이 발생되지 않도록 사전 조사 및 점검이 필요하다.

2) 또한 공사 시 주변지반의 침하는 중요한 피해요인으로 피해 최소화를 위한 원인 및 대책이 강구되어야 한다.

II. 흙막이공법 선정 시 고려사항

1) 흙막이 해체 고려

2) 구축하기 쉬운 공법 선정

3) 안전하고 경제적인 공법 선정

4) 주변 대지 및 구조물 조건 고려

5) 수밀성 및 강성이 높은 공법

6) 지하수 배수 시 배수처리공법 적격 여부

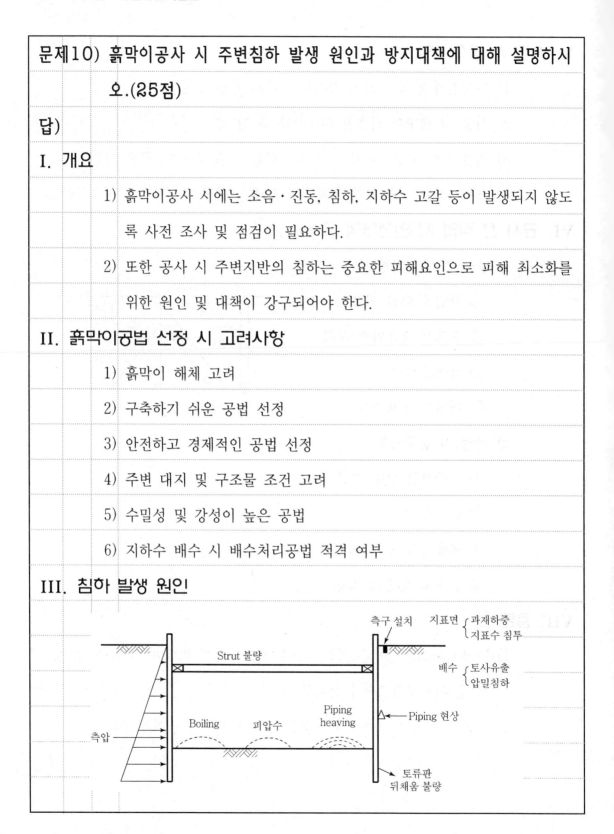

III. 침하 발생 원인

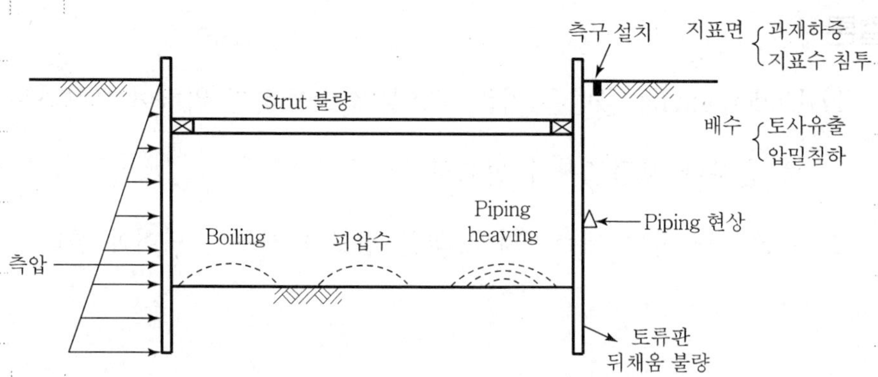

1) Heaving 현상

① 흙막이 근입장 깊이 부족

② 흙막이 내외의 토사중량 차이가 클 때

2) Boiling 현상

① 사질지반에서 발생, 근입깊이 부족 시

② 흙막이벽 배면 지하수위와 굴착저면의 수위차가 클 때

3) Piping 현상

① 흙막이벽 재료의 강성부족 및 차수성이 약할 때

4) 스트럿 시공 불량

5) 토류판 설치 시 뒤채움 불량

6) 지표면에 과하중 재하

7) 지표수 침투에 의한 흙막이 분리

8) 굴착저면에 피압수 분포

9) 흙막이 배면에 토압작용

10) 기타 지하수 처리 불량 등

IV. 침하 방지 대책

1) 공법 선정

① 구조 안전상 적절한 공법 선정

② 침하크기 : H-Pile 및 토류판>Sheet Pile>Slurry Wall

2) 차수 및 배수 계획

① 차수 계획

-Sheet Pile, Slurry Wall, 주열식 흙막이 등

② 배수 계획

-중력배수공법, 강제배수공법, 전기침투공법 등

3) Heaving 방지대책

① 흙막이 근입장을 경질지반까지 도달

② 강성이 큰 흙막이 사용

4) Boiling 방지대책

① Sheet Pile 등 수밀성 있는 흙막이공법 채택

② Well Point 공법 등으로 지하수위 저하

5) Piping 방지대책

① 흙막이벽의 밀실 시공

6) 흙막이공사 시공대책

① Strut에 Pre-loading에 대한 변형 검토

② 흙막이벽 주위에 대형차량 진입금지

③ 토류판 배면에 깬 자갈, 모래혼합물 등 뒤채움

④ 계측관리 철저

V. 결론

흙막이공사 시 발생할 수 있는 주변침하는 사전에 지하수위와 토질상태를 고려하여 적절한 공법을 선정하고 안전대책 수립을 통하여 방지할 수 있다.

끝

문제11) 굴착공사 시 지하수 대책 공법의 종류와 지하수 발생에 의한 문제점 및 대책에 대하여 설명하시오.(25점)

답)

I. 개요

1) 지하굴착공사 시 지하수 처리는 흙막이 벽체의 안전시공뿐만 아니라 주변 지반 영향이 크므로 대책수립이 필요하다.

2) 지하수에 대한 충분한 검토와 지반에 대한 상세조사로 배수 · 차수공법 대책이 마련되어야 한다.

II. 배수의 목적

1) 부력경감

2) 지반강화

3) 작업개선(Dry Work)

4) 토압저감

III. 지하수 종류

1) 자유수

－강우 등의 침투로 자유로이 수면이 승강하는 지표수

2) 피압수

－불투수층과 불투수층 사이에 높은 압력의 지하수

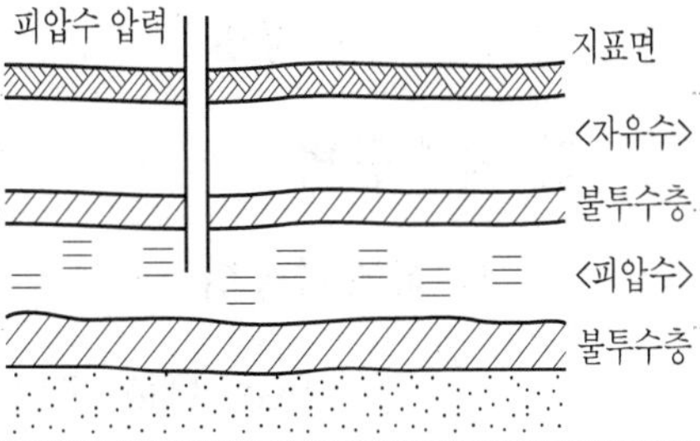

[지하수층 구조도]

IV. 지하수 대책 공법의 종류

1. 배수공법

1) 중력배수

① 집수정공법

- 굴착지면에 2~4m 정도의 우물파기를 하여 지하수의 자연유입을 유도한 후 배수하는 공법

② Deep Well 공법

- 깊은우물을 설치한 후 스트레이너를 가진 Pump를 이용해 배수하는 공법

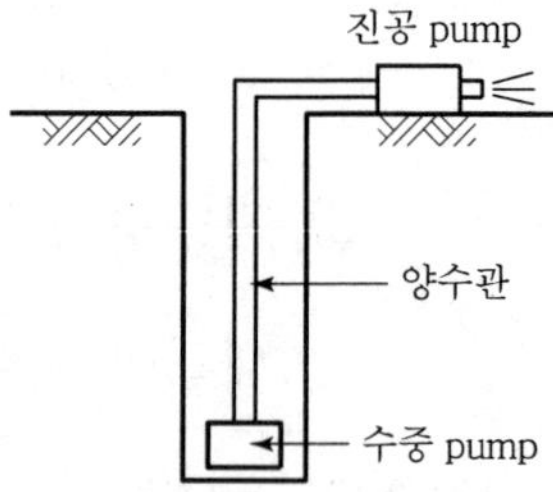

[지반 침하]

2) 강제배수

① Well Point 공법

- 지중에 Well Point를 1~2m 간격으로 둘러박고, 필터층을 통해 지하수를 유도해 강제배수하는 공법

② 진공식 지멘스웰 공법

- 배수효율 증대를 위해 기밀상태에서 진공펌프로 강제배수하는 공법

2. 차수공법

1) 흙막이공법

① Sheet Pile 공법

- 연약지반에 적합

② Slurry Wall 공법

- 차수성이 높은 공법

③ 주열식 흙막이공법

2) **주입공법**

① 시멘트 주입공법, 약액주입공법

3. **고결공법**

1) **동결공법**

－지반을 일시적으로 인공 동결시켜 지반 안정 도모

2) **소결공법**

V. 지하수 발생 및 처리 시 문제점

1) 자유수에 의한 Boiling

2) 지하 배수 시 폐수처리 문제

3) 흙막이 벽체 부실에 의한 Piping 현상

4) 피압수에 의한 부풀음

5) 인접 구조물 및 주변 지반 침하

VI. 대책

1) **Boiling 현상 대책**

－널말뚝의 밑둥깊이를 깊게, Well Point 공법에 의해 지하수위 낮춤

2) **지하배수 시 폐수처리 대책**

－정화조 처리를 통해 정화 후 방류

3) **Piping 현상 대책**

－수밀성 높은 흙막이공법 선정

4) **피압수 대책**

－Deep Well 공법 등 채택

5) **강제배수 시 대책**

- 인접건물, 도로 등의 침하방지를 위한 언더피닝 실시

6) **현장 계측관리 철저 시행**

- Water Level Gauge 등 지하수위 변동 체크

VII. 결론

1) 굴착공사 시에는 사전에 철저한 지반조사를 실시한 후 차수·배수공법이 적용되어야 하며

2) 지하수 처리가 잘못될 경우 지반 자체에 대한 안전성 확보에 큰 위험요소가 되므로 이에 대한 철저한 대비가 필요하다.

끝

문제12) 토공사 시 계측관리의 목적 및 계측기 종류별 계측 시 유의사항에 대해 설명하시오.(25점)

답)

I. 개요

1) 계측관리란 굴착이나 흙막이 공법 등의 시공 시 안전성을 확보하기 위하여 실시하는 여러 가지 현장측정을 말한다.

2) 계측관리를 함으로서 실제 거동을 측정하여 당초 설계치와 비교함으로써 안전하고 경제적인 시공이 가능하다.

II. 계측의 목적(정보화 시공)

1) 주변지반 거동의 확인

2) 각종 지보재의 지보효과 확인

3) 주변 구조물 및 인접도로의 안전 확보

4) 향후 공사에 대한 Data Base 축적

5) 공사의 경제성 도모

III. 계측관리 순서 Flow Chart

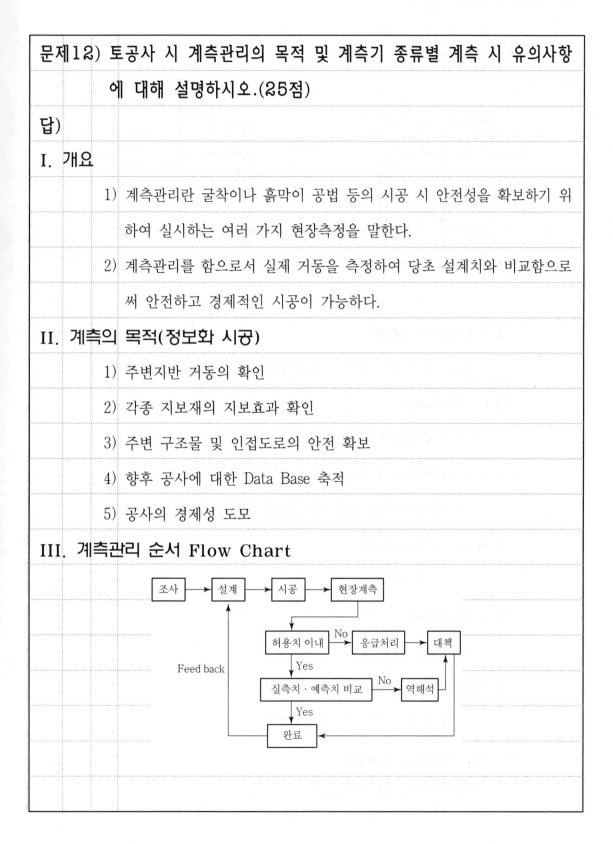

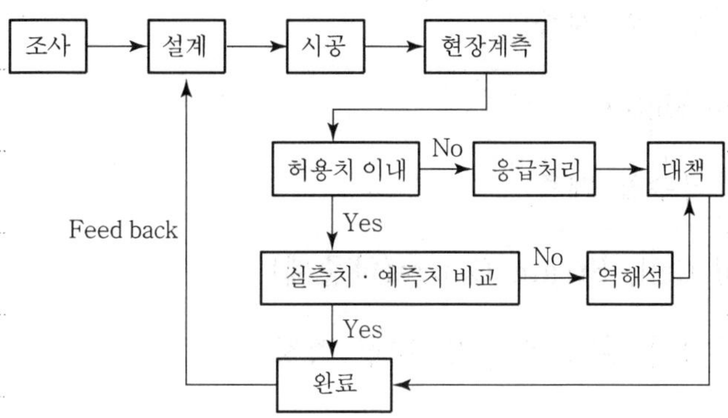

IV. 계측기의 종류

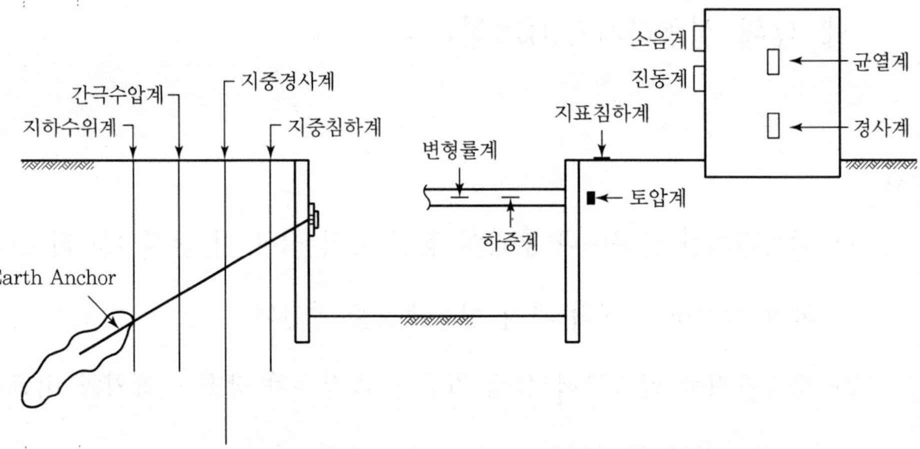

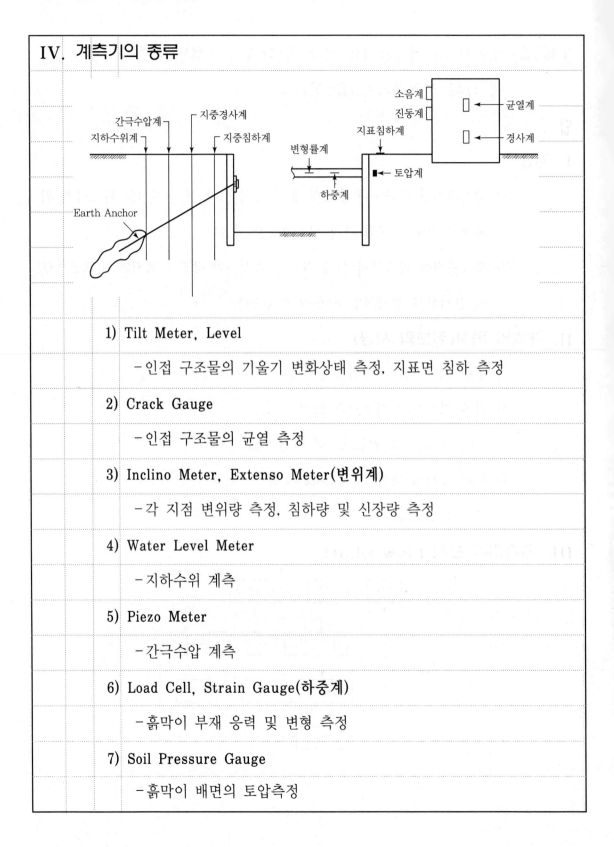

1) Tilt Meter, Level

 - 인접 구조물의 기울기 변화상태 측정, 지표면 침하 측정

2) Crack Gauge

 - 인접 구조물의 균열 측정

3) Inclino Meter, Extenso Meter(**변위계**)

 - 각 지점 변위량 측정, 침하량 및 신장량 측정

4) Water Level Meter

 - 지하수위 계측

5) Piezo Meter

 - 간극수압 계측

6) Load Cell, Strain Gauge(**하중계**)

 - 흙막이 부재 응력 및 변형 측정

7) Soil Pressure Gauge

 - 흙막이 배면의 토압측정

8) Sound Level Meter, Vibro Meter

-소음·진동 측정

V. 매달기지지구 설치 시 점검사항

1) 가스관이 노출된 시점에서 즉시 지지할 것

2) 각 매달기지지구의 장력은 균일하게 조정할 것

3) 매달기지지구와 가스관의 접합부를 보수할 수 있는 간격을 잡을 것

VI. 받침지지대 설치 시 점검사항

1) 받침지지대는 매달기지지기구를 떼어 내기 전 설치할 것

2) 받침지지대는 견고하게 기초에 고정할 것

3) 받침지지대의 지지부와 가스관의 접합부를 보수할 수 있는 간격을 잡을 것

VII. 결론

흙막이 공사 등 토공사를 과학적인 정보에 의해 합리적으로 추진하기 위해서는 각 관리 위치에 적합한 계측기를 설치해 설계 시 측정했던 값과 시공 시 비교분석을 통해 관리하는 것이 중요하다.

끝

문제13) 굴착공사 시 지장물 종류별 안전대책에 대해 설명하시오.(25점)

답)

I. 개요

1) 지하매설물에는 Gas관, 송유관, 전기배선관, 통신관, 상·하수도관 등이 있으며

2) 안전관리 미비로 인한 재해 가능성이 매우 높으므로 이에 대한 철저한 대비가 필요하다.

II. 지하매설물의 종류

1) LNG관

-한국가스공사 관련 시설물로 강관으로 구성

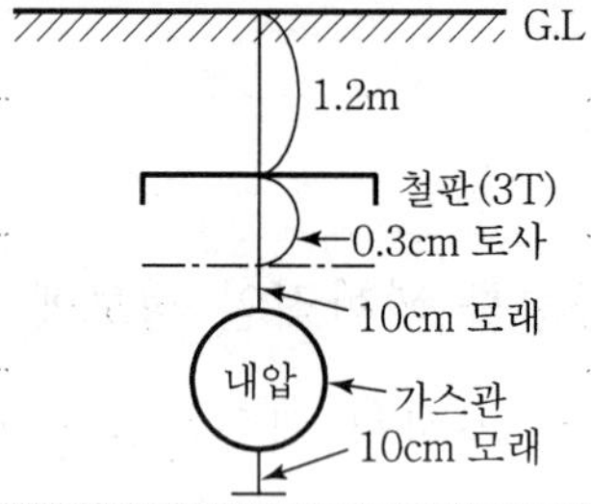

[Gas관(LNG관)]

2) 도시가스관

-27개의 도시가스(주)의 관련 시설물로 강관으로 구성

3) 송유관

-대한송유관공사, 한국송유관공사 등 강관 구성

4) 전기배선관

-한국전력공사 관련 시설물로 PVC관, 흄관 구성

5) 통신관

- 한국통신공사 관련 시설물로 PVC관 구성

6) 상수도관

- 한국수자원공사, 지방자치단체 등 주철관, 강관 구성

7) 하수도관

III. 사고유형

1) 가스폭발

2) 기름유출로 인한 환경오염 및 화재폭발

3) 감전사고

4) 통신두절

5) 상·하수도관 파열로 토사붕괴 등

IV. 사전조사

1) 설계도서 검토 - 지하 매설물의 도면위치와 실제위치 확인

2) 계약조건 분석

3) 지반조건 파악 - 지하매설물 상태, 지하수 상태, 지반조사

4) 매설깊이 확인 - 매설물의 종류·깊이·수량 확인

V. 지하매설물의 사고 원인

1) 사전조사 미흡

- 지하매설물의 종류·위치, 지하수 상태 등

2) 시공 및 관리 부실

- 설계 시부터 시공, 관리에 이르기까지 전반적으로 부실

3) **안전관리 미흡**

-지하굴착 시 지하매설물의 안전대책 미흡

4) **지하매설물의 이격거리 미준수**

-노면으로부터의 법상 이격거리 미준수

5) **방호시설 불량**

-PVC 방호관, 보호용 철판 등

6) **안점점검 소홀**

VI. 시공 시 안전대책

1. 가스관

1) **설계 · 시공**

① 내압 : 70kg/cm^2, 내용연수 : 약 30년

② 노면까지의 거리 : 1.2m 이상

2) **안전관리**

① 중앙통제소에서 전관점검 및 매일 2회 순찰

② 긴급차단장치 조작

③ 정기점검 실시(한국가스공사-6月 마다)

2. 상수도관

1) **설계 · 시공**

① 내압으로 수압 · 충격압, 외압으로 차량하중, 토압

② 매설심도 : 1.2m 이상(동결심도 이하)

2) **안전관리**

① 누수탐지기로 정기적 점검

② 누수발생 시 제수밸브 차단

3. 하수도관

1) 설계 · 시공

① 대부분 외압만 고려(흄관, PC관)

2) 안전관리

① 매설 시 보도 지하부분 매설

② 노면까지의 거리는 1m 이상

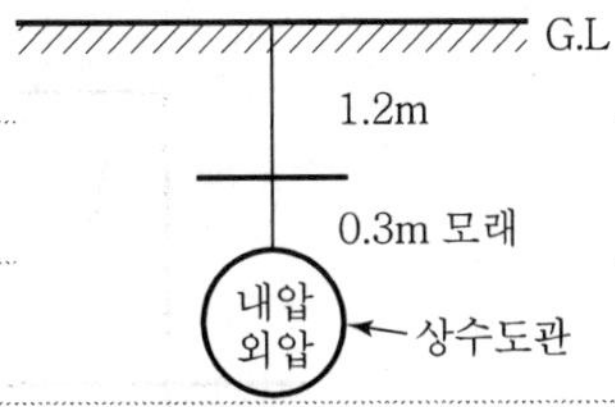

[상수도관]

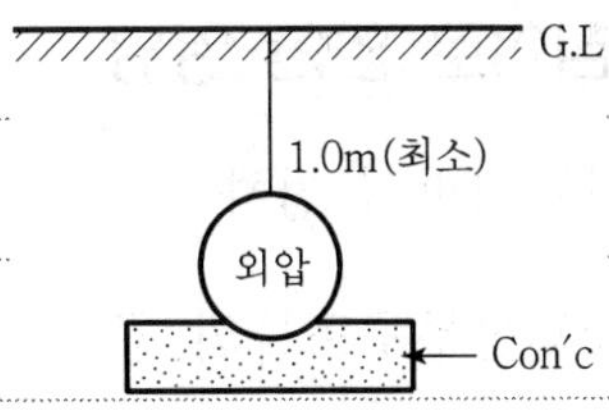

[하수도관]

4. 송유관

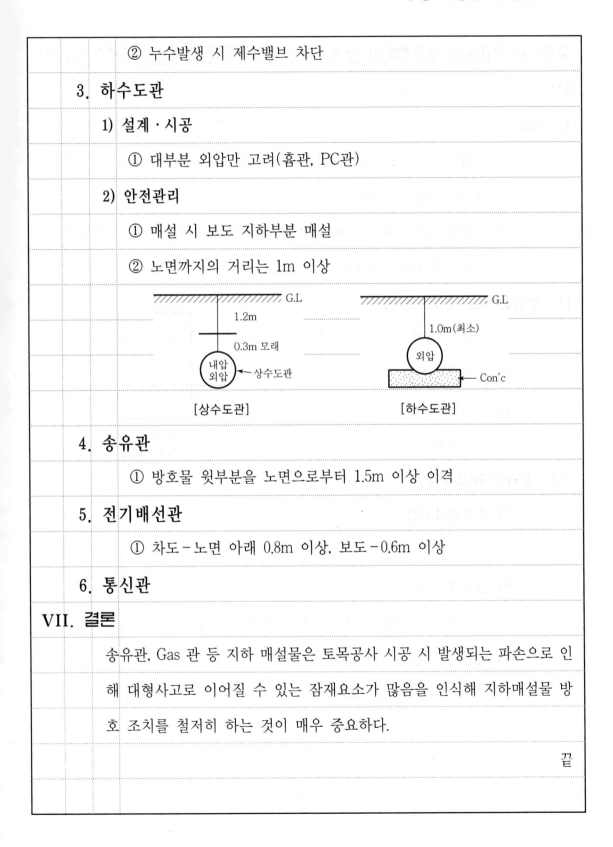

① 방호물 윗부분을 노면으로부터 1.5m 이상 이격

5. 전기배선관

① 차도-노면 아래 0.8m 이상, 보도-0.6m 이상

6. 통신관

VII. 결론

송유관, Gas 관 등 지하 매설물은 토목공사 시공 시 발생되는 파손으로 인해 대형사고로 이어질 수 있는 잠재요소가 많음을 인식해 지하매설물 방호 조치를 철저히 하는 것이 매우 중요하다.

끝

문제14) 구조물의 부등침하의 발생원인과 방지대책에 대해 설명하시오.(25점)

답)

I. 개요

1) 건설구조물의 완공 후 시간경과에 따른 균열이 발생한다면 부등침하가 그 원인 중 하나이다.

2) 부등침하는 상부 구조에 변형을 발생시키므로 기초지반 개량 등의 방지조치를 실시해야 한다.

II. 부등침하로 인한 영향

1) 지반의 침하

2) 상부구조물의 균열

3) 구조물의 누수

4) 구조물의 내구성 저하

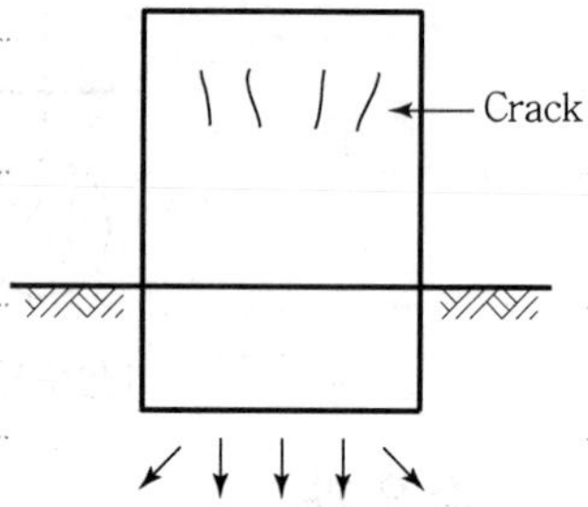

[지반 침하]

III. 부등침하의 원인

1) 하부연약지반

① 연약한 지반 위에 기초를 시공

2) 연약층 지반 두께 상이

① 연약층의 지반깊이가 다른 지반에 동일한 기초를 시공

3) 이질지반 위에 기초 설치

① 지반의 종류가 다른 지반에 걸쳐 기초를 시공

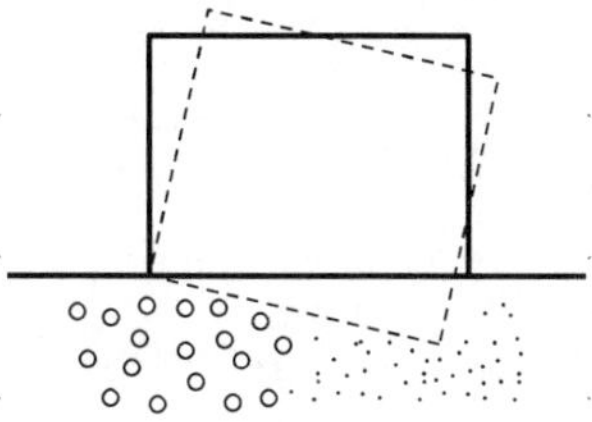

[이질지반 위 기초설치]

4) **지하매설물 또는 Hole**

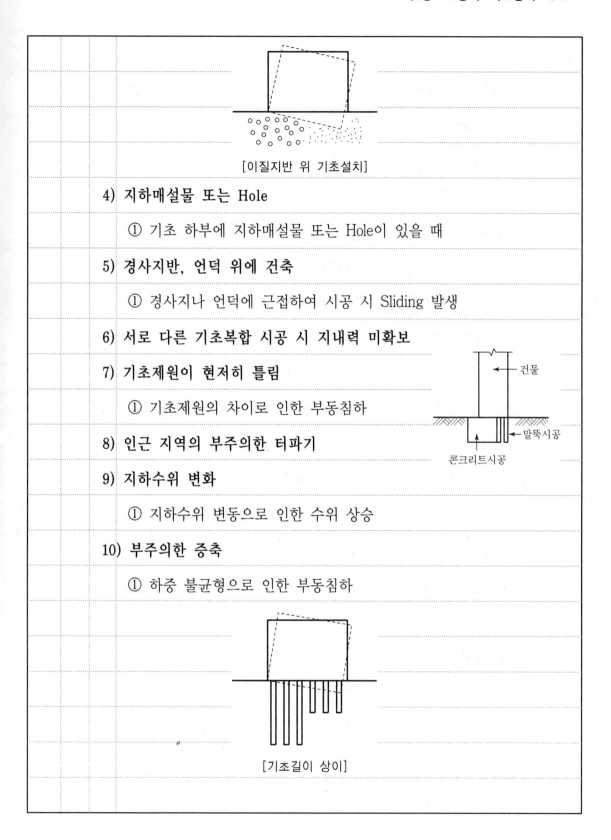

① 기초 하부에 지하매설물 또는 Hole이 있을 때

5) **경사지반, 언덕 위에 건축**

① 경사지나 언덕에 근접하여 시공 시 Sliding 발생

6) **서로 다른 기초복합 시공 시 지내력 미확보**

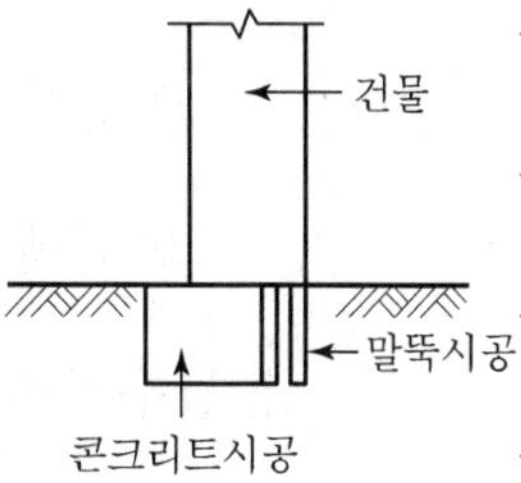

7) **기초제원이 현저히 틀림**

① 기초제원의 차이로 인한 부동침하

8) **인근 지역의 부주의한 터파기**

9) **지하수위 변화**

① 지하수위 변동으로 인한 수위 상승

10) **부주의한 증축**

① 하중 불균형으로 인한 부동침하

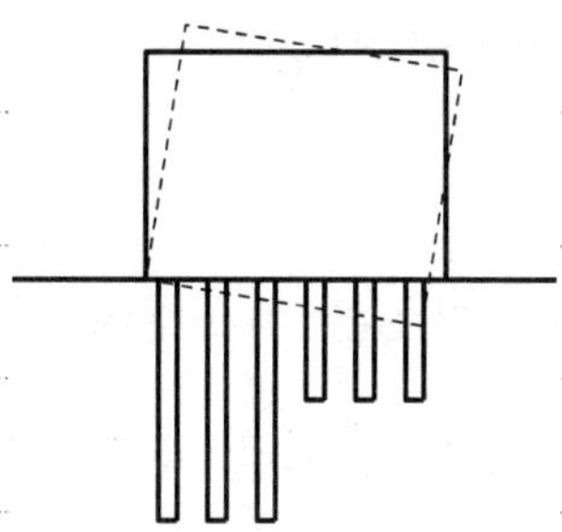

[기초길이 상이]

IV. 방지대책

1. 연약지반 개량공법

1) 고결법

① 시멘트나 약액주입으로 지반강화

② 주입공법, 고결공법 등

2) 치환공법

① 양질의 흙을 치환하여 지내력을 증가

② 굴착치환, 활동치환, 폭파치환

3) 재하공법

① 강제적으로 압밀침하하여 지내력을 증가

② 선행재하공법, 압성토공법, 사면선단재하공법

4) 탈수공법

① 연약점토층의 간극수를 탈수

② Sand Drain, Paper Drain, Pack Drain 공법 등

2. 기초구조에 대한 대책

1) 경질지반에 지지

① 지반에 맞는 지지력 확보

2) 복합기초 이용

① 이질지반에 복합기초를 이용하여 지지력 확보

3) Under Pinning 공법으로 기존 구조물의 기초를 보강

3. 상부구조에 대한 대책

1) 건물의 경량화

① PC화 등으로 구조물을 경량화시켜 건물자중 감소

2) 평면길이를 짧게

① 구조물 길이를 짧게 하여 하중 불균형 방지

② 길이가 긴 구조물에는 Expansion Joint 설치

3) 건물의 중량분배 고려

① 구조물 증축 시 하중의 불균형 고려

② 구조물 전체의 중량을 고려해 균등배분

V. 결론

1) 공사완료 후 부등침하에 의해 구조물에 균열이 발생하면 구조물의 내구성에 악영향을 미친다.

2) 기초지반공사는 충분한 사전검토와 지반에 적합한 기초공법으로 부등침하를 사전에 예방하여야 한다.

끝

문제15) 암질의 판별방식에 대해 기술하시오.(25점)

답)

I. 개요

1) 발파작업 전 암질 변화구간 및 이상암질 출현 시 암질 판별작업 실시

2) 암질변화시는 시험발파 후 암질에 따른 발파시방을 작성해야 함

II. 암질판별시기

1) 암질변화구간

2) 이상암질 출현 시

3) 투수정도 파악(투수량)

III. 연약암질 및 토사층인 경우 검토사항

1) 암질판별

2) 발파시방 변경

3) 발파 및 굴착공법 변경

4) 시험발파

5) 암반지층 지지력 보강공법

IV. 암질판별방식

1) RMR(Rock Mass Rating)

2) RQD(Rock Quality Designation)

3) 일축압축강도

4) 탄성파 속도

5) 진동치 속도

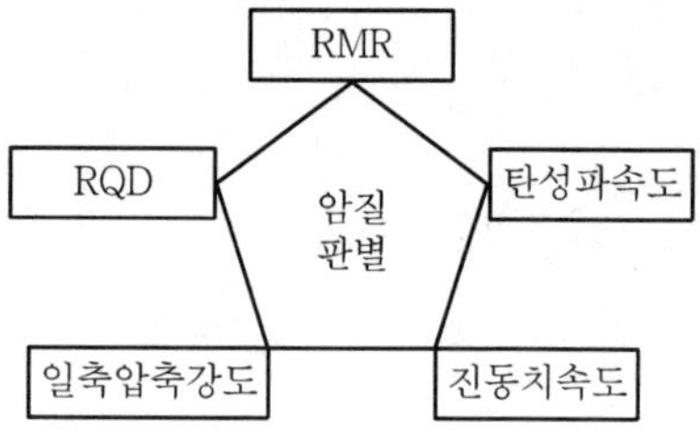

V. RMR

1) 정의

① RMR이란 터널 각 구간의 암반상태를 등급화하기 위해

② 일축압축강도, RQD, 지하수상태, 절리상태, 절리간격 등의 요소를 조사하여 터널 시공 중요도에 따라 5등급으로 분류한 것

2) 활용

① 암반에 따른 등급분류

② 필요한 지보하중 환산

③ 암반의 전단강도정수 추정에 활용

④ 암반의 변형계수 측정

⑤ 터널의 무지보 유지시간 판단

⑥ 터널의 최대 안정폭 산정

3) 장단점

① 장점 : 조사항목 간단, 오차 적음

② 단점 : 유동성, 팽창성 암반에는 부적합

4) 등급분류

점수	20 이하	21~40	41~60	61~80	81~100
등급	Ⅴ	Ⅳ	Ⅲ	Ⅱ	Ⅰ
암반상태	매우 불량	불량	보통	양호	매우 양호

VI. RQD

1) 정의

암반시추 후 10cm 이상 되는 코어 재취길이의 합을 총 시추길이로 나눈 백분율

$$RQD = \frac{10cm\ 이상\ 코어길의\ 합}{총\ 시추\ 길이} \times 100(\%)$$

2) **RQD의 활용**

① RMR 산정에 활용

② 암반의 지지력 추정

③ 암반사면 구배 결정

④ 암반의 분류(경암~풍화암)

3) **등급분류**

RQD	0~25	25~50	50~75	75~90	90~100
암반상태	매우 불량	불량	보통	양호	매우 양호

VII. 일축압축강도

1) **정의**

일축압축시험에서 불교란 공시체를 압축하여 파괴될 때의 축방향 압력(kg/cm^2)

2) **전단시험의 종류**

① 직접전단시험 : 전단시험, 베인테스트

② 간접전단시험 : 일축압축시험, 삼축압축시험

VIII. 결론

암질판별은 안전시공, 경제적 시공을 위해 필요한 작업으로 암질판별 결과에 따른 시방과 공법의 결정은 안전사고 방지에도 매우 중요한 요소이다.

끝

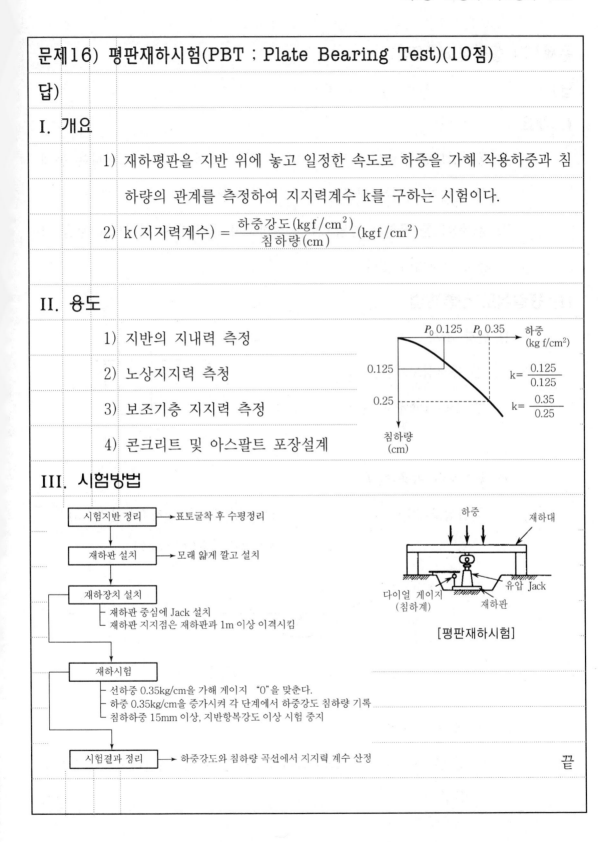

문제16) 평판재하시험(PBT ; Plate Bearing Test)(10점)

답)

I. 개요

1) 재하평판을 지반 위에 놓고 일정한 속도로 하중을 가해 작용하중과 침하량의 관계를 측정하여 지지력계수 k를 구하는 시험이다.

2) $k(\text{지지력계수}) = \dfrac{\text{하중강도}(kgf/cm^2)}{\text{침하량}(cm)}(kgf/cm^2)$

II. 용도

1) 지반의 지내력 측정

2) 노상지지력 측청

3) 보조기층 지지력 측정

4) 콘크리트 및 아스팔트 포장설계

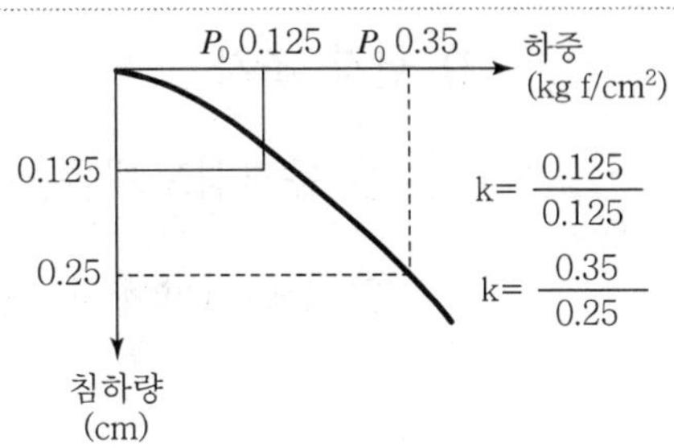

III. 시험방법

- 시험지반 정리 → 표토굴착 후 수평정리
- 재하판 설치 → 모래 얇게 깔고 설치
- 재하장치 설치
  - 재하판 중심에 Jack 설치
  - 재하판 지지점은 재하판과 1m 이상 이격시킴
- 재하시험
  - 선하중 0.35kg/cm을 가해 게이지 "0"을 맞춘다.
  - 하중 0.35kg/cm을 증가시켜 각 단계에서 하중강도 침하량 기록
  - 침하하중 15mm 이상, 지반항복강도 이상 시험 중지
- 시험결과 정리 → 하중강도와 침하량 곡선에서 지지력 계수 산정

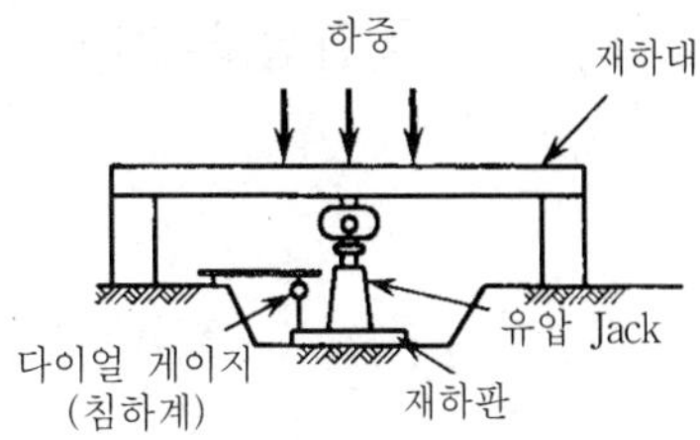

[평판재하시험]

끝

문제17) 동결심도(10점)

답)

I. 개요

1) 동결심도란 한랭기에 기온이 0℃ 이하로 내려감으로써 일어나는 동해의 피해가 미치는 지표면에서의 깊이를 말한다.

2) 동결심도를 구하는 방법으로는 현장조사, 동결지수, 열전도율 등을 이용하는 방법이 있다.

II. 동결심도 산출방법

1) 현장 조사

① 동결심도계를 이용

② Test Pit에서 관찰

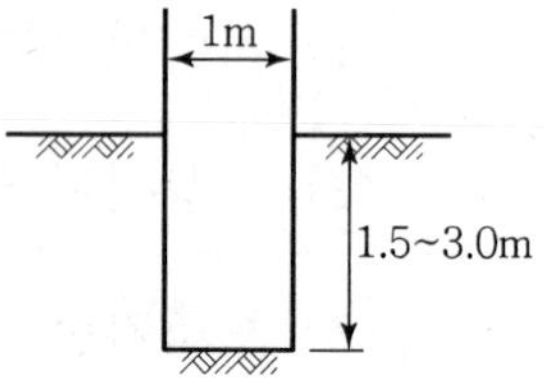

[Test Pit]

2) 동결지수 이용 $C\sqrt{F}$

동결심도(Z)= $C\sqrt{F}$

- C=정수(3~5, 양지 : 3 음지 : 5)
- F=동결지수(℃ · day)

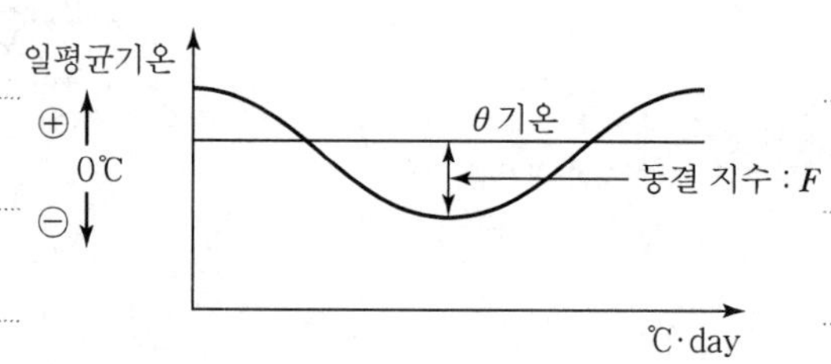

3) 열전도율을 이용

① 열전달을 통한 흙과 물의 잠재열로 동결 유무를 파악하여 동결깊이를 산정

끝

문제18) 말뚝의 부마찰력(Negative Friction)(10점)

답)

I. 개요

1) 말뚝의 부마찰력이란 연약지반에서 말뚝 시공 시 지반침하로 인해 주면마찰력이 하향으로 작용하는 것을 말한다.

2) 부마찰력은 말뚝의 침하를 증가시키고 말뚝의 지지력은 감소시킨다.

II. 부마찰력 발생 메커니즘

1) 주면마찰력이 지반침하로 하향으로 작용하며 Pile 지지력은 감소됨

2) R > P + NF

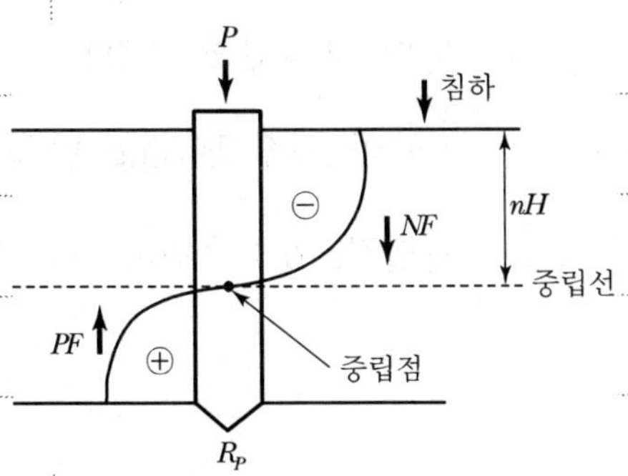

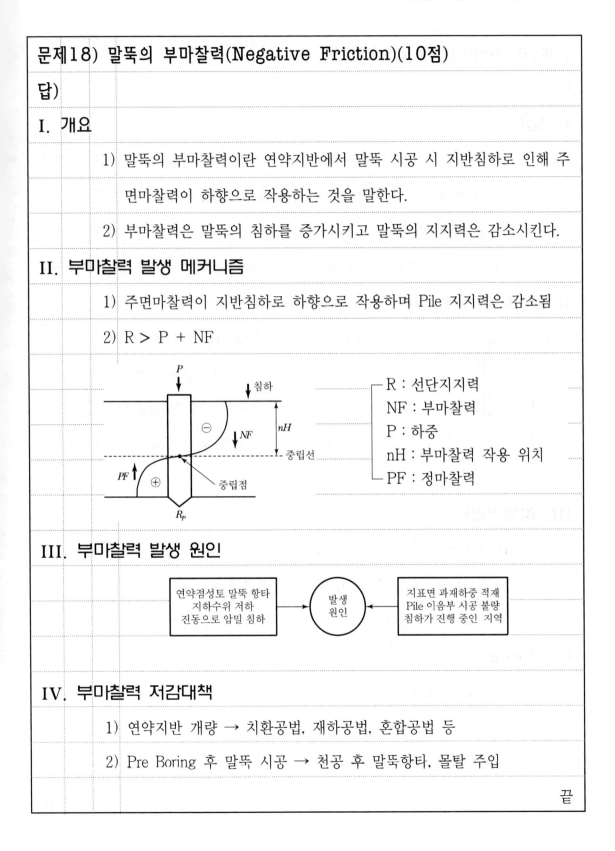

- R : 선단지지력
- NF : 부마찰력
- P : 하중
- nH : 부마찰력 작용 위치
- PF : 정마찰력

III. 부마찰력 발생 원인

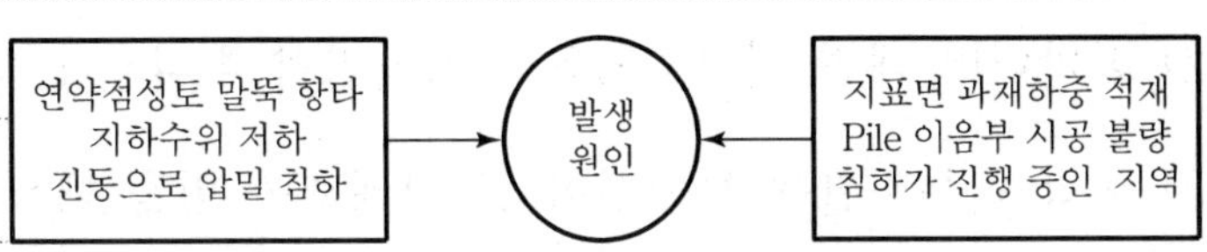

IV. 부마찰력 저감대책

1) 연약지반 개량 → 치환공법, 재하공법, 혼합공법 등

2) Pre Boring 후 말뚝 시공 → 천공 후 말뚝항타, 몰탈 주입

끝

문제19) Boiling 현상(10점)

답)

I. 개요

1) Boiling 현상이란 지하수위가 높은 사질토 지반에서 지반 굴착시 흙막이 배면과 굴착저면의 지하수위차가 클 때 굴착저면으로 흙과 물이 분출되는 현상이다.

2) 침투수압으로 흙의 유효응력을 상실하여 전단응력이 "0"이 될 때 발생한다.

II. Boiling 발생 원리

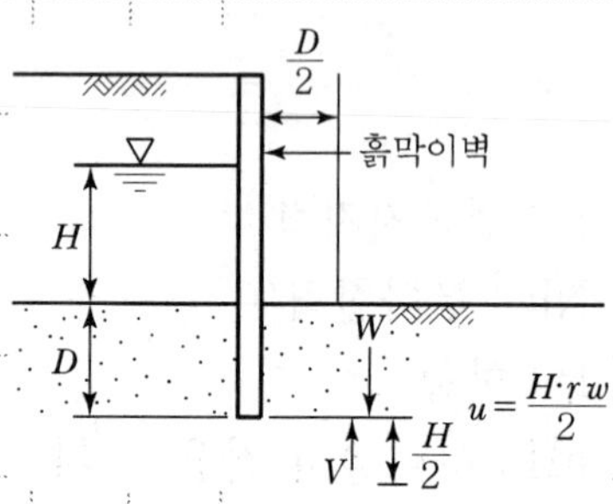

$W = \frac{D}{2} \times D \times r_s$(흙의 단위체적 중량)

$U = \frac{D}{2} \times \frac{H}{2} \times r_w$(물의 단위체적 중량)

$W < U \cdot F_s (F_s \geq 1.2)$일 경우 Boiling 발생

여기서, D : 근입장, H : 수위차, F : 안전율

III. 발생 원인

1) 흙막이 근입장이 부족할 때

2) 흙막이벽 배면 지하수위와 굴착저면의 수위차가 클 때

3) 굴착 하부지반에 투수성이 큰 모래층이 있을 때

IV. 방지대책

1) 근입 깊이 연장

2) 지하수위 저하

3) 양질재료로 치환

끝

문제20) 말뚝의 폐색효과(Plugging)(10점)

답)

I. 개요

① 기성말뚝은 선단부의 개폐 여부에 따라 개단말뚝과 폐단말뚝이 있으며 개단말뚝의 경우 말뚝을 지반에 타입하면 말뚝 내부로 토사가 밀려들어 올라와 말뚝의 선단이 막히게 된다.

② 개단말뚝의 선단이 토사로 막히게 되면 말뚝 내부에 마찰력이 발생하게 되어 폐단말뚝의 지지력에 비해 개단말뚝의 지지력이 더 큰 지지력을 발휘하게 되는데 이것을 말뚝의 폐색효과라 한다.

II. 폐색상태

1) **완전개방상태**($\gamma = 100\%$)

개단말뚝에서 말뚝의 관입깊이만큼 말뚝 내에 토사가 들어온 상태

2) **부분폐색상태**($0 < \gamma < 100$)

개단말뚝에서 말뚝의 관입깊이 대비 말뚝 내 토사가 일정 높이로 들어온 상태

3) **완전폐색상태**($\gamma = 0\%$)

폐색말뚝에서 말뚝 내 토사가 전혀 들어오지 않은 상태

$$\gamma = \frac{I}{D} \times 100\%$$

(γ : 관내 토사 길이 비, I : 관내 토사 깊이, D : 말뚝)

Ⅲ. 폐색효과

1) 개단말뚝

개단말뚝은 선단이 완전 개방상태 또는 부분폐색상태가 되어 말뚝 주변의 마찰력을 말뚝지름의 3~4배 범위에서 기대할 수 있으므로 말뚝의 지지력이 증가됨

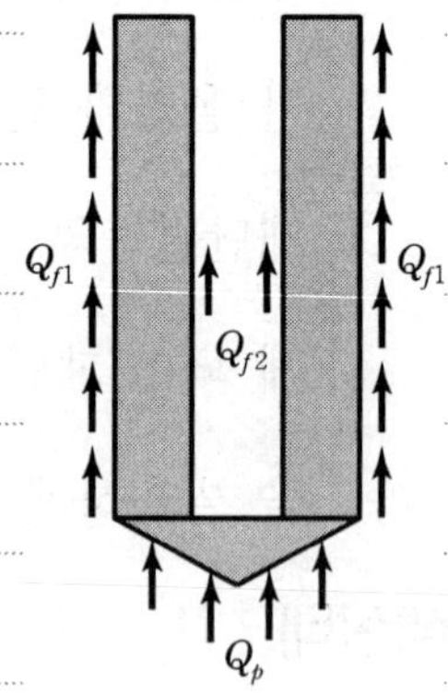

$Q = Q_p + Q_{f_1} + Q_{f_2}$

Q : 말뚝지지력

Q_p : 선단지지력

Q_{f_1} : 외주변 마찰력

Q_{f_2} : 내주변 마찰력

2) 폐단말뚝

폐단말뚝은 선단이 완전폐색상태에 있으므로 말뚝 내 주변의 마찰력을 기대할 수 없음

$Q = Q_p + Q_{f_1}$

끝

제4장

철근콘크리트

문제1) 슬럼프 시험(Slump Test)(10점)

답)

I. 개요

Slump란 슬럼프 Cone에 Con'c를 부어 넣고 탈형했을 때 무너지는 높이를 측정한 값이다.

II. Slump Test의 목적

1) Con'c의 유연성 측정
2) 운반 타설 시 작업성(Workability) 측정
3) Con'c의 점성, 골재분리 난이도 측정

III. 시험방법

1) 철판 위에 Slump Cone을 중앙에 위치
2) Cone을 3등분하여 3층으로 채움
3) 각 층을 채울 때마다 다짐봉으로 25회씩 다짐
4) Slump Cone을 수직으로 들어올려 무너진 높이 측정

IV. 슬럼프의 표준값

구분		슬럼프 값(cm)
철근 Con'c	일반적인 경우	6~18
	단면이 큰 경우	4~15
무근 Con'c	일반적인 경우	6~18
	단면이 큰 경우	4~13

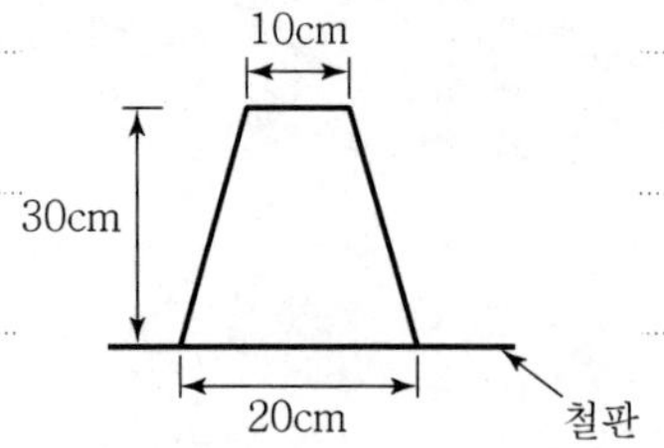

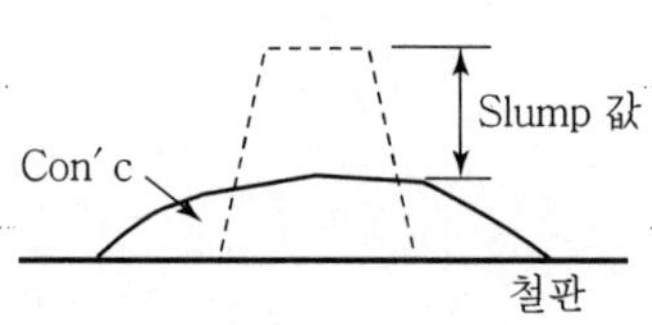

끝

문제2) 거푸집 및 동바리 설치 시 고려하중(10점)

답)

I. 개요

1) 거푸집 및 동바리는 소정의 강도와 강성을 가져야 하며

2) 구조물의 위치, 형상, 치수가 정확하게 확보되도록 설계도에 의한 시공이 이루어져야 한다.

II. 설치 시 고려하중

1) 연직하중

- 거푸집, 동바리, Con'c, 철근작업의 타설용 기계 기구 등의 중량 및 충격하중

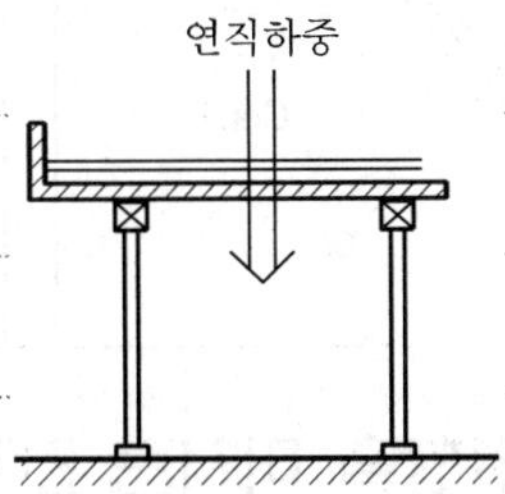

2) 횡방향하중

- 작업할 때의 진동, 충격 등에 기인되는 하중(풍압, 지진 등)

3) Con'c 측압

- 굳지 않은 Con'c의 측압

4) 특수하중

- 시공 중에 예상되는 특수하중

5) 안전율을 고려한 하중

끝

문제3) 거푸집 측압(10점)

답)

I. 개요

'측압'이란 콘크리트 타설 시 거푸집에 가해지는 콘크리트 수평압력

II. 거푸집에 작용하는 하중

1) 연직방향하중
2) 횡방향하중
3) 콘크리트 측압
4) 특수하중

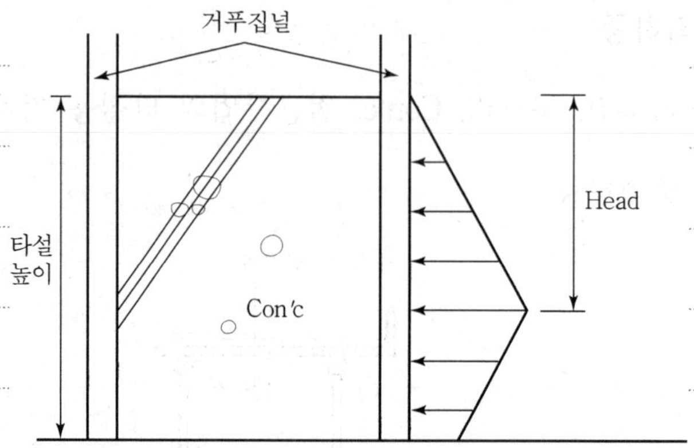

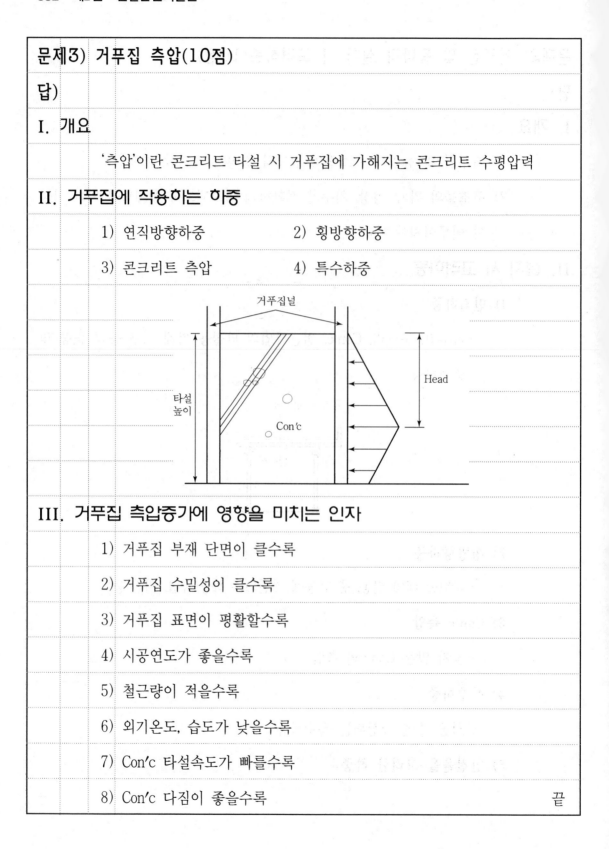

III. 거푸집 측압증가에 영향을 미치는 인자

1) 거푸집 부재 단면이 클수록
2) 거푸집 수밀성이 클수록
3) 거푸집 표면이 평활할수록
4) 시공연도가 좋을수록
5) 철근량이 적을수록
6) 외기온도, 습도가 낮을수록
7) Con'c 타설속도가 빠를수록
8) Con'c 다짐이 좋을수록

끝

문제4) 거푸집 부재 선정 시 고려사항(10점)

답)

I. 개요

1) 거푸집은 콘크리트가 자립할 시기까지 굳지 않은 콘크리트를 지지하는 가설 구조물을 말하며

2) 연직방향하중, 횡방향하중, 콘크리트 측압, 특수하중 등에 안전한 구조를 갖추어야 한다.

II. 거푸집 재료 선정 시 고려사항

1) 강도

2) 강성

3) 내구성

4) 작업성

5) Con'c의 영향력

6) 경제성

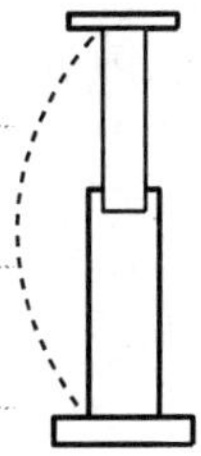

[동바리 휨 허용기준]

III. 거푸집의 구성재

1) **거푸집널** : 목재거푸집널, 합판거푸집널, 철판거푸집널 등

2) **장선, 멍에** : 거푸집널을 받치고 동바리에 하중전달

3) **동바리** : 강관동바리, 틀비계식 동바리, 수평지지보

4) **결속재** : 긴결재, 격리재

IV. 거푸집 부재 선정 시 주의사항(고려사항)

1) 목재거푸집

① 흠집, 옹이가 없는 것

② 거푸집의 띠장은 균열이 없는 것

2) **강재거푸집**

① 비틀림, 변형이 있는 것은 교정 후 사용

② 표면의 녹은 제거 후 박리제를 엷게 도포

3) **동바리재료**

① 검정된 자재 사용(손상, 변형, 부식된 것 사용금지)

② 최대 허용하중 범위 내의 것 사용

4) **연결재**

① 충분한 강도 확보

② 회수, 해체가 쉬운 것, 부품 수가 적은 것

끝

문제5) Con'c의 비파괴시험 종류별 특징을 기술하시오.(25점)

답)

I. 개요

1) 비파괴시험이란 재료 혹은 제품 등을 파괴하지 않고 강도, 결함의 유무 등을 검사하는 방법으로

2) Con'c 비파괴시험은 Con'c의 강도, 결함, 균열 등을 검사하기 위한 품질관리시험을 말한다.

II. Con'c 품질관리시험의 분류

1) **타설 전 시험**
- 시멘트시험 – 비중시험, 분말도시험 등
- 골재시험 – 체가름시험, 흡수율시험 등

2) **타설 중 시험**
- 압축강도시험
- Slump 시험
- 공기량시험

3) **타설 후 시험**
- 재하시험
- Core 채취법
- 비파괴시험 – 반발경도법, 초음파법 등

III. Con'c 현장 비파괴시험

1) **반발경도법**

① Con'c 표면을 타격하여 Hammer의 반발경도로 Con'c 강도 추정

② 벽, 기둥, 보 등에 간격 3cm로 가로 4개 · 세로 5개의 교점 20개의 측정 값을 평균하여 산출

2) **초음파법**

① 초음파 Pulse를 Con′c에 발사시킨 후 초음파속도를 측정하여 품질 검사

② 측정대상

-Con′c 강도, 내부결함, 균열 깊이 등

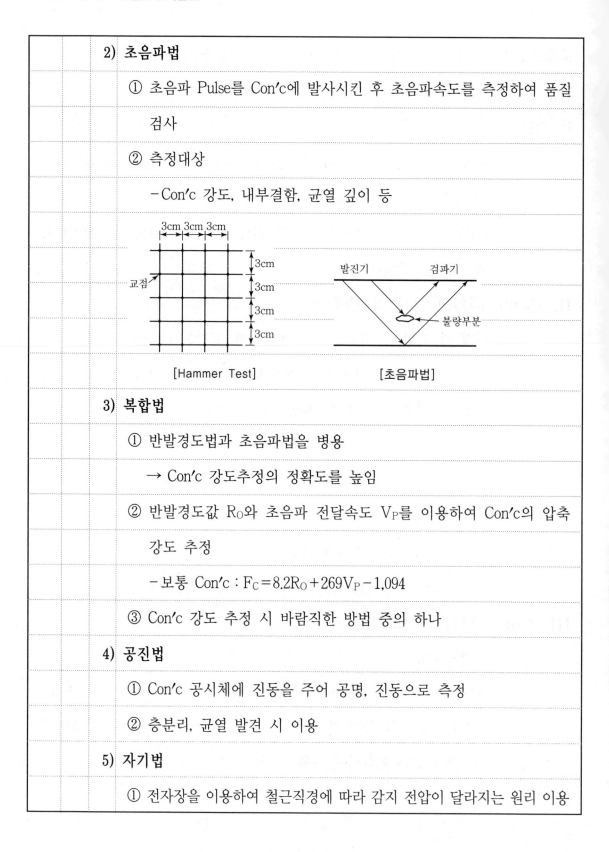

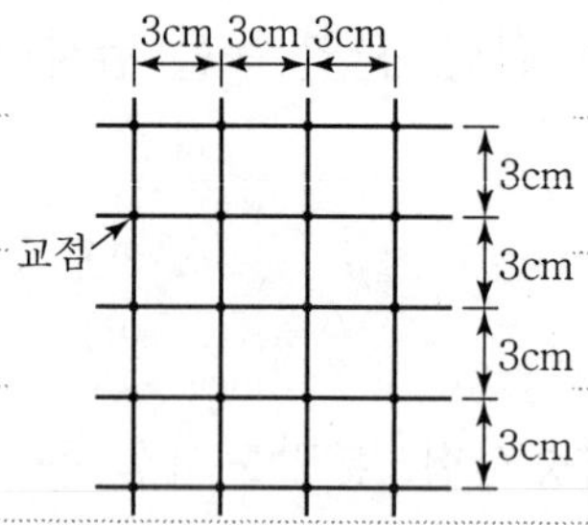

[Hammer Test]

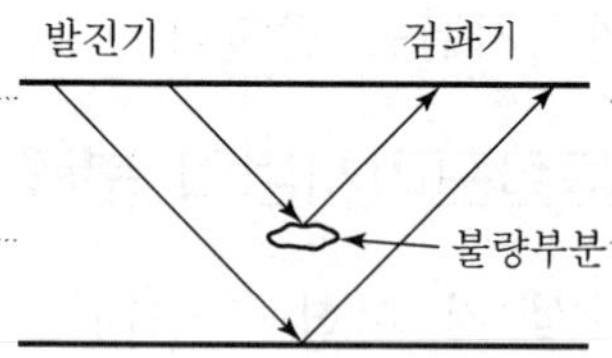

[초음파법]

3) **복합법**

① 반발경도법과 초음파법을 병용

→ Con′c 강도추정의 정확도를 높임

② 반발경도값 R_O와 초음파 전달속도 V_P를 이용하여 Con′c의 압축 강도 추정

-보통 Con′c : $F_C = 8.2R_O + 269V_P - 1,094$

③ Con′c 강도 추정 시 바람직한 방법 중의 하나

4) **공진법**

① Con′c 공시체에 진동을 주어 공명, 진동으로 측정

② 층분리, 균열 발견 시 이용

5) **자기법**

① 전자장을 이용하여 철근직경에 따라 감지 전압이 달라지는 원리 이용

② 철근 피복두께, 철근 위치 및 직경 확인

6) 전기법

① 전기적 저항 및 전위차를 이용, 철근부식 등 감지

7) 방사선법

① Con′c에 X선, γ선을 투과하고 투과방사선을 필름에 촬영하여 결함 발견

② 철근위치, 내부결함 등 조사

8) 내시경법

① 다른 방법이 불가 시 구조물 내부의 정밀검사

9) 인발법

① Con′c에 매입한 철근의 부착력을 판정

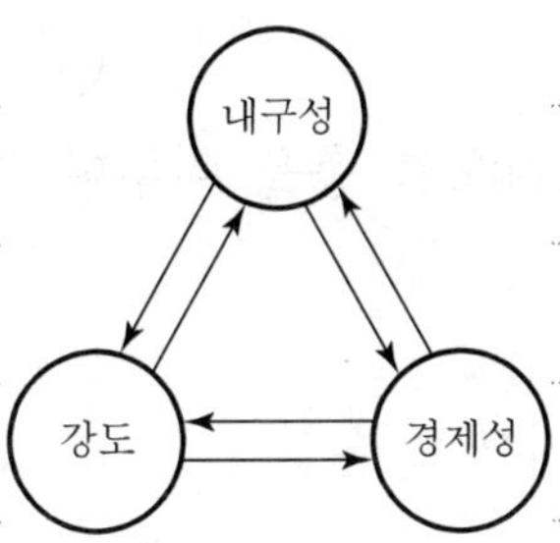

[Good Con′c의 조건]

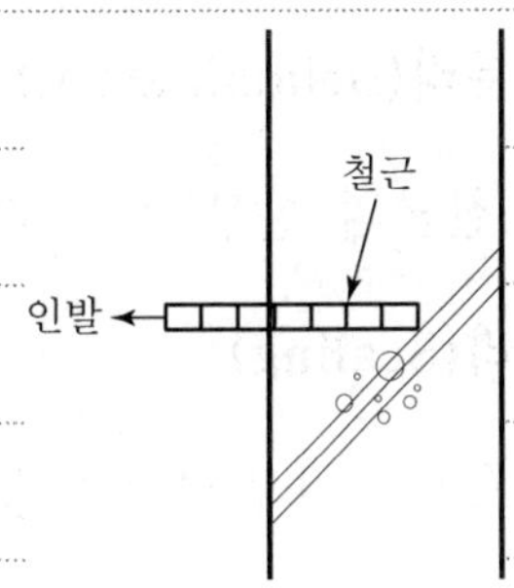

[인발법]

IV. 결론

Con′c 구조물은 하자발생 시 보수가 거의 불가능하므로 타설 전·중·후의 철저한 점검이 요구된다.

끝

문제6) Con'c 구조의 노후화 종류 및 발생원인과 방지대책에 대해 설명하시오.(25점)

답)

I. 개요

1) Con'c 구조물은 복합적인 요인으로 노후화가 진전되어 Con'c 구조물의 수명이 단축된다.

2) Con'c 구조물 노후화의 원인은 설계·재료·시공에서 물리·화학적 작용 등 여러 요인이 있다.

II. Con'c 구조물의 노후화 종류

1) **균열(Crack)**

- 수축균열, 철근부식균열, 동결융해균열 등

2) **층분리(Delamination)**

- 철근의 상부 또는 하부에서 Con'c가 층을 이루며 분리되는 현상

3) **박리(Scaling)**

- Con'c 표면의 Mortar가 점진적으로 손실

4) **박락(Spalling)**

- Con'c가 균열을 따라서 원형으로 탈락되어 층분리 현상이 심화된 현상

5) **백태(Efflorescence)**

- Con'c 내부의 수분에 의해 염분이 Con'c 표면에 고형화한 형상

6) **손상**

- 외부와 충돌로 인해 Con'c 구조물 손상 발생

7) **누수**

- 배수공과 시공이음의 결함, 균열 등으로 발생

III. 노후화의 원인

1) **설계상의 원인**

① 설계단면 부족

② 철근량 및 피복두께 부족

2) **재료상의 원인**

① 물, 시멘트, 골재, 해사사용 등 재료불량

② 혼화재료의 과다 사용

3) **시공상의 원인**

① Con'c 운반 중의 재료 분리

② Con'c 타설 시 가수, 다짐 불량

③ 타설 후 양생불량

4) **동결융해**

① Con'c가 수축 · 팽창으로 균열발생, 내구성 저하

5) **건조수축**

① Con'c 타설 후 수분증발로 인한 건조수축 발생

6) **탄산화**

① 공기 중의 CO_2 가스의 작용을 받아 알칼리성을 상실하는 현상

7) **알칼리 골재 반응**

8) **염해**

9) **진동 · 충격**

10) 마모 · 파손 등

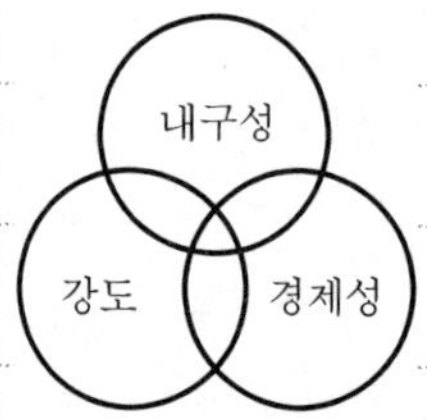

[좋은 Con'c의 조건]

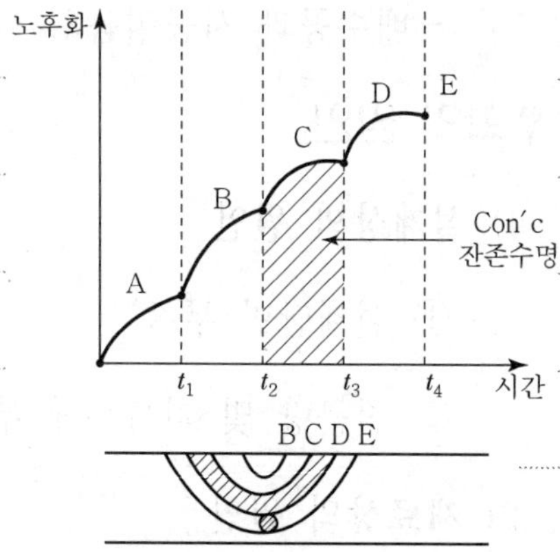

[Con'c 탄산화에 의한 잔존수명]

IV. 대책

1) 설계상의 대책

① 설계하중의 충분한 산정, 소요단면 확보

② Expansion Joint 설계 반영

2) 재료상의 대책

① 풍화된 시멘트의 사용금지

② 시공 특성에 맞는 적절 혼화재료 사용

3) 시공상의 대책

① Con'c 타설 속도 준수, 이음부 밀실 시공

② 가수금지, 초기양생 철저

4) 동결융해 방지

① 경화속도를 빠르게 하여 동해 방지

5) 건조수축 방지

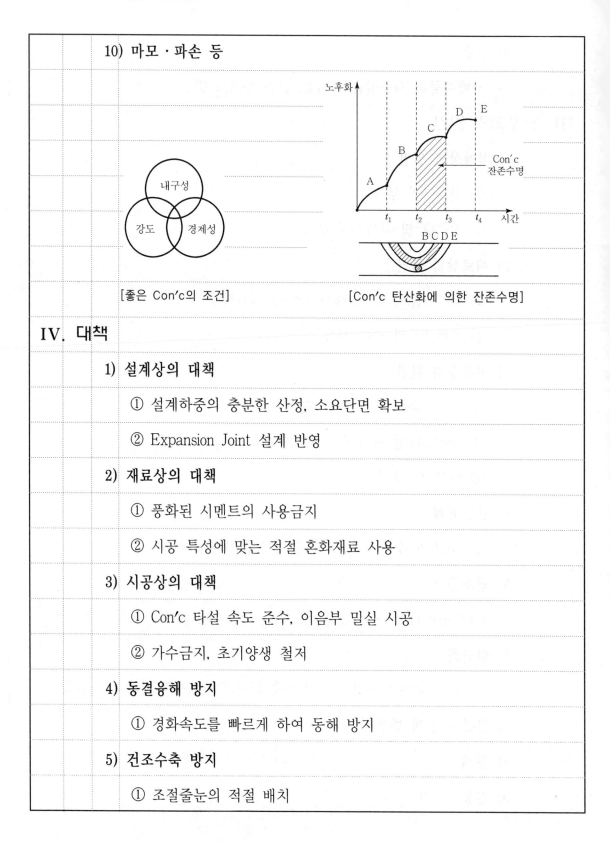

① 조절줄눈의 적절 배치

6) 탄산화 저감대책

① W/C비를 적게 하고 밀실 Con′c 타설

7) 알칼리 골재 반응 대책

① 반응성 골재 사용금지

8) 염해 대책

① 염분 규제치 준수(0.04% 이내)

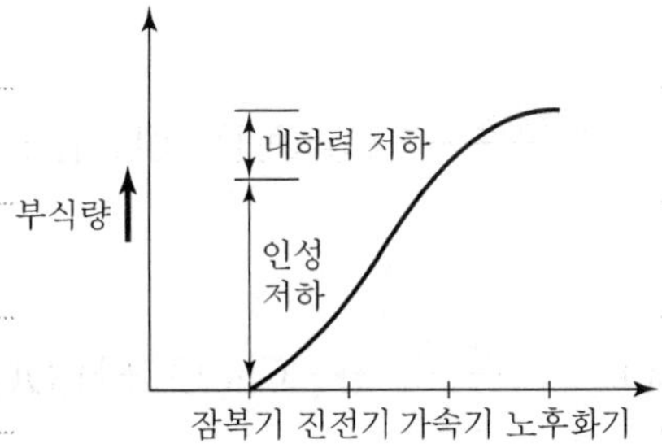

[염해에 의한 노후화 과정]

9) 진동 · 충격 방지

10) 마모 · 파손 대책 강구

V. 결론

1) Con′c 구조물의 내구성 저하는 노후화를 촉진시켜 구조상 중요한 문제가 된다.

2) 노후화 방지를 위해 내구성 저하 방지 대책 및 준공 후 정기점검, 유지보수 등 종합적인 관리체제가 유지되어야 한다.

끝

문제7) 콘크리트의 탄산화(10점)

답)

I. 개요

콘크리트의 탄산화란 공기 중 탄산가스의 작용으로 콘크리트가 강알칼리성을 상실하게 됨에 따라 철근의 부식을 촉진하게 되는 현상을 말한다.

II. 탄산화의 화학반응식

1) 수화반응

$$CaO + H_2O \xrightarrow{\text{수화작용}} Ca(OH)_2 \text{(pH 12.5~13.5)}$$

2) 탄산화

$$Ca(OH)_2 + CO_2 \xrightarrow{\text{탄산화}} CaCO_3 + H_2O \text{(pH 8.5~9.5)}$$

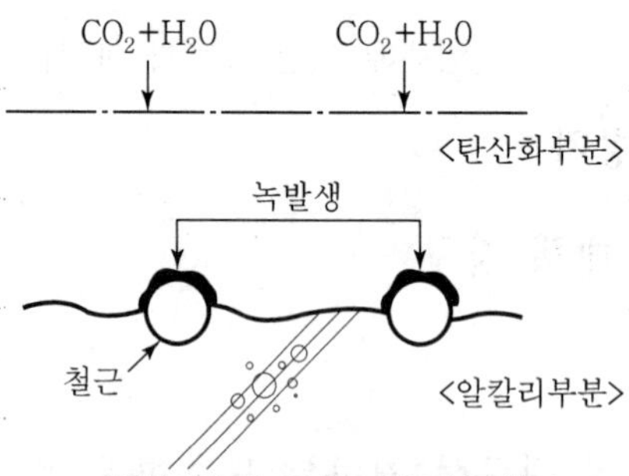

[탄산화에 의한 철근부식]

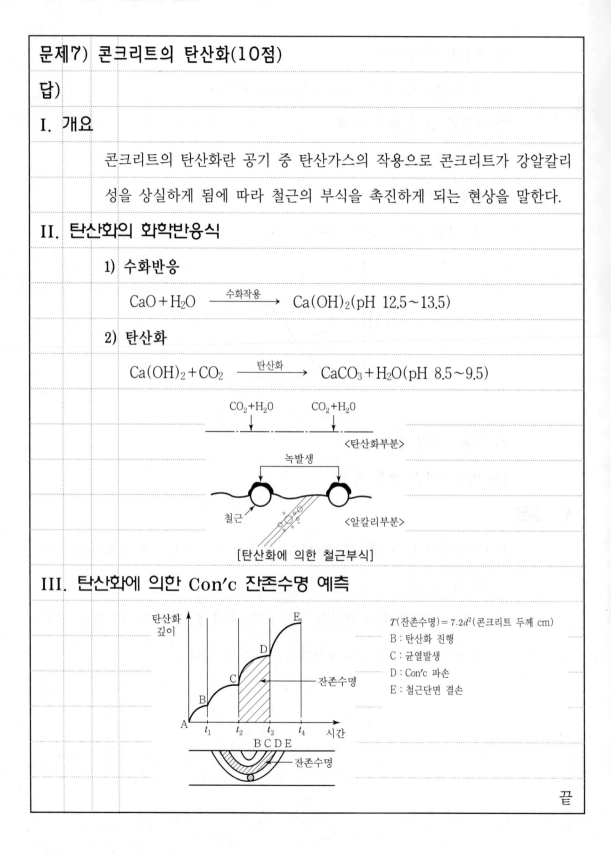

III. 탄산화에 의한 Con'c 잔존수명 예측

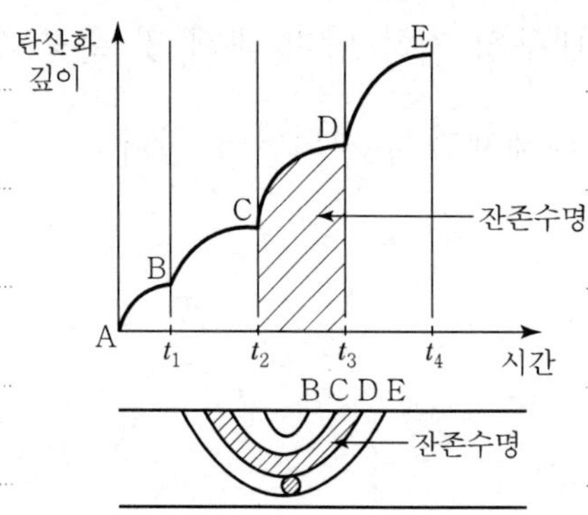

T(잔존수명) $= 7.2d^2$(콘크리트 두께 cm)

B : 탄산화 진행

C : 균열발생

D : Con'c 파손

E : 철근단면 결손

끝

문제8) 철근콘크리트 시공 시 해사 사용에 따른 문제점 및 대책에 대해 설명하시오.(25점)

답)

I. 개요

1) 구조물의 대형화 및 수요증대로 인해 하천의 모래 부족으로 바다모래, 즉 해사의 사용이 늘어나는 추세이다.

2) 따라서 해사사용으로 철근부식, Con'c 내구성 등 품질저하가 예상되므로 이에 대한 대책이 필요하다.

II. 염분 함유 규제치

1) 해사

- 모래 건조 중량의 0.04% 이하

2) Con'c

- Con'c 체적의 0.3kg/m^3 이하

3) 측정법

- 질산은적정법, 이온전극법, 시험지법 등

III. 해사 사용 시 문제점

1. 철근 Con'c 공사

1) 철근 부식

2) Con'c 체적 팽창에 의한 균열

3) 장기 강도 저하

4) Slump치 저하

5) 건조수축 증가

6) 응결시간 단축

7) 내구성 저하

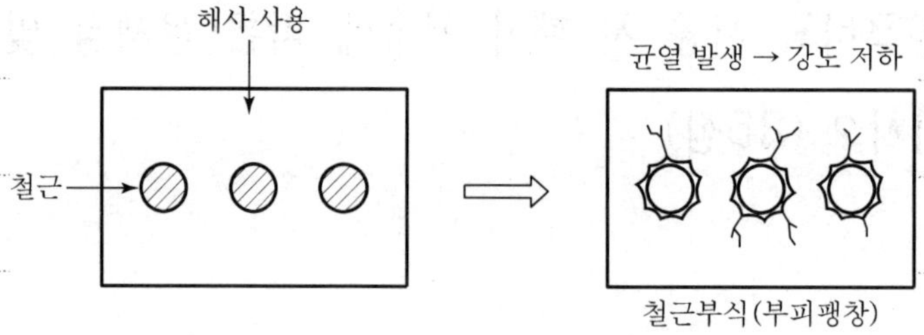

2. 마감공사

1) 조적공사

- 강도 저하, 내구성 저하

2) 미장공사

- 부착강도 저하, 균열, 박락

3) 타일공사

- 탈락 및 접착성 저하

IV. 염해 방지 대책

1) 시공관리 대책

① 염분 사용량 규제 - 0.04% 이하

② W/C비는 작게

③ 밀실 Con'c 시공

2) 염분제거 방법

① 자연강우에 의한 제거

- 야적하여 2~3회 충분히 자연강우

② Sprinkler 살수

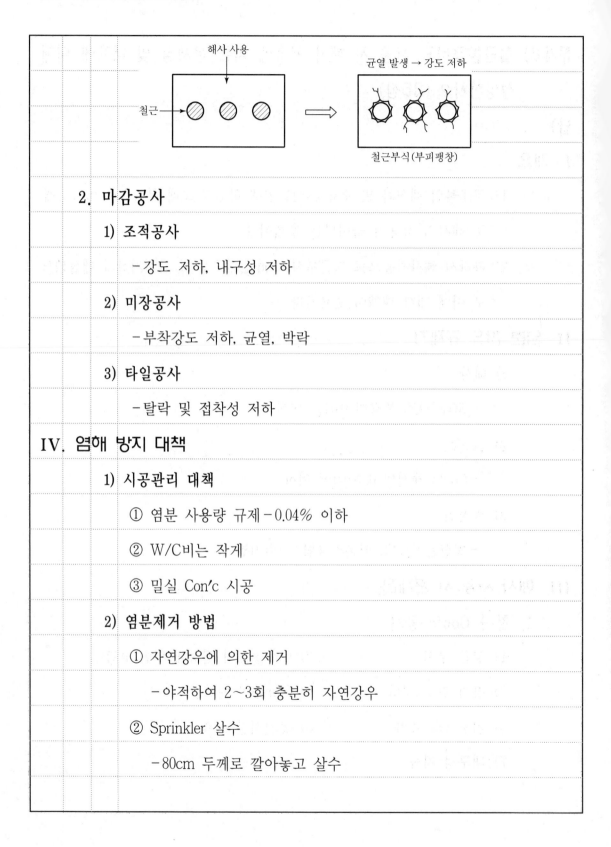

- 80cm 두께로 깔아놓고 살수

③ 제염 Plant에서 기계로 세척

－모래체적 $\frac{1}{2}$ 담수 사용

④ 준설선 위에서 세척

⑤ 제염제 혼합

⑥ 하천모래와 혼합

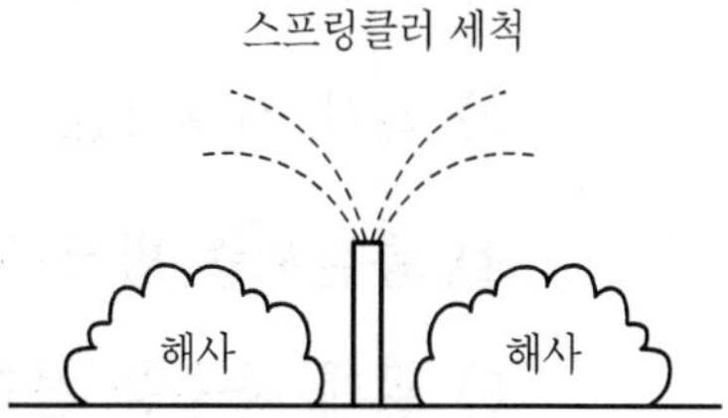

3) **철근부식 방지 및 콘크리트 피해방지 대책**

① 철근표면에 아연도금

② Epoxy Coating

③ 방청제를 Con'c에 혼합하여 철근표면에 피막 형성

④ 철근 피복두께 증가

⑤ Con'c 표면에 피막제 도포

4) **기타**

① 해사 사용 Con'c는 고온증기양생을 피한다.

② PS Con'c에서는 사용을 금한다.

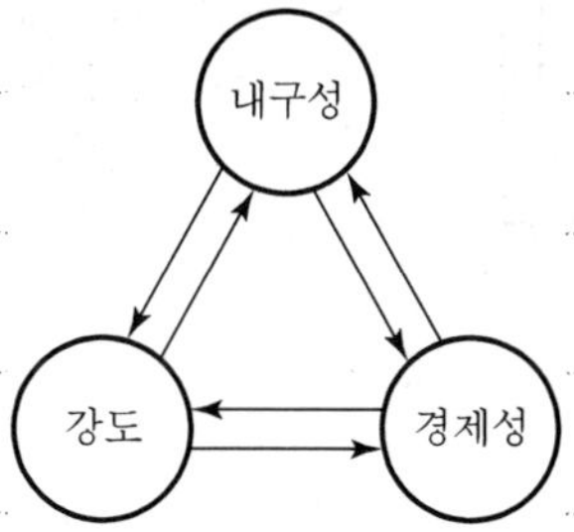

[Good Con'c의 조건]

V. 향후 개선방향

1) **사용목적별 품질기준 설정**

－사용목적에 따른 구조용, 마감용 등 기준설정

2) 자원의 소요량 파악

3) 해사 사용 Plant 설치

4) 품질보증 법적근거 마련

5) 골재 사용량 절감공법 개발

-재료건식화 및 고품질 Con'c 개발

VI. 염해방지 품질관리

1) 염분함량측정

① 질산은 측정법

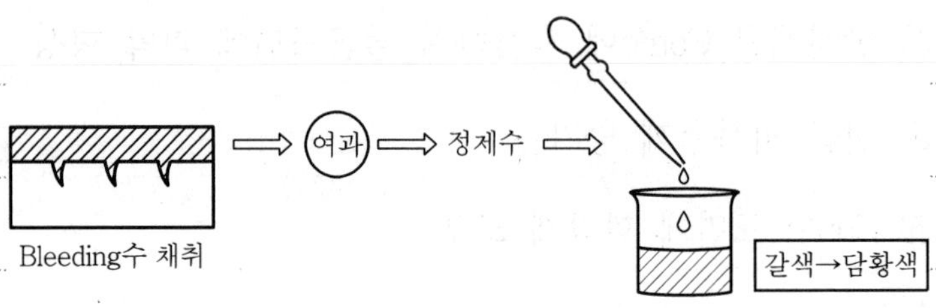

② 이온 전극법

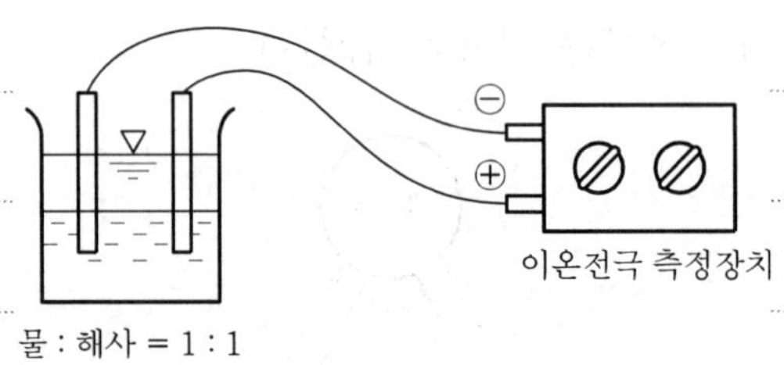

③ 시험지법

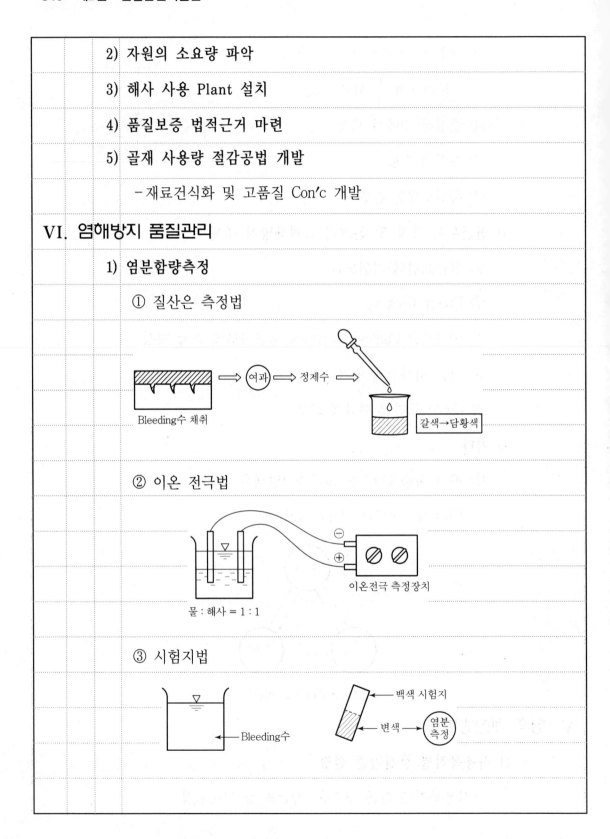

VII. 결론

1) 골재 부족에 따른 해사 사용은 Con'c의 철근부식, 강도저하, 균열, 내구성 저하 등 많은 문제점이 발생하게 된다.

2) 철저한 품질관리를 통해 해사 사용에 따른 피해를 최소화하여야 한다.

끝

문제9) Con'c의 균열 발생원인 및 대책, 보수보강공법에 대해 설명하시오.(25점)

답)

I. 개요

1) Con'c 구조물의 균열발생은 강도·내구성·수밀성 저하뿐만 아니라 기능상·구조상 결함을 초래할 우려가 있다.

2) 따라서 일정한 폭 이상의 균열은 표면처리공법 등 보수·보강공법을 통해 대책을 마련해야 한다.

II. Con'c 균열발생 원인 분류

1) 기본적 원인

① 설계상의 원인

② 재료상의 원인

③ 시공상의 원인

2) 기상작용

① 동결융해

② 온도변화

③ 건조수축

3) 물리·화학적 작용

① 탄산화

② 알칼리 골재 반응

③ 염해

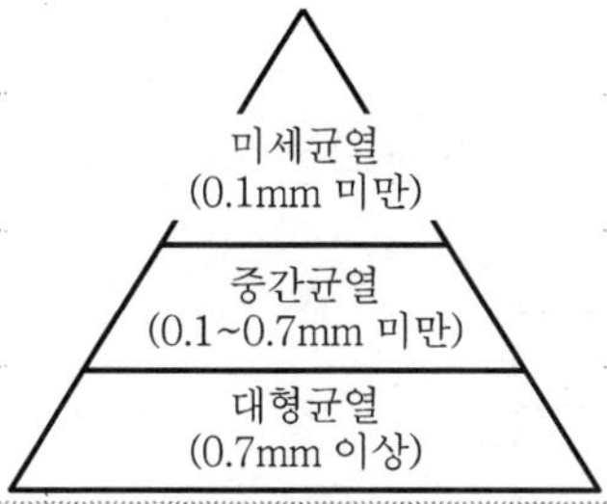

[균열 크기별 분류]

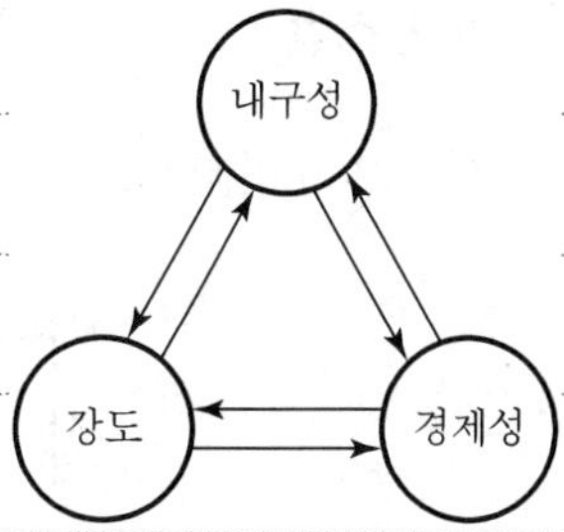

[Good Con'c의 조건]

III. 균열발생 원인

1. 기본적 원인

1) 설계상의 원인

① 설계단면 부족

② 철근량 부족 및 피복두께 부족

2) 재료상의 원인

① 물, 시멘트, 골재 등 재료불량으로 인한 내구성 저하

② 혼화재료 과다사용

3) 시공상의 원인

① Con'c 운반 중 재료분리

② Con'c 타설 시 가수, 다짐불량

③ Con'c 타설 후 양생불량

2. 기상작용

1) 동결융해

① Con'c가 팽창 · 수축으로 균열발생, 내구성 저하

2) 온도변화

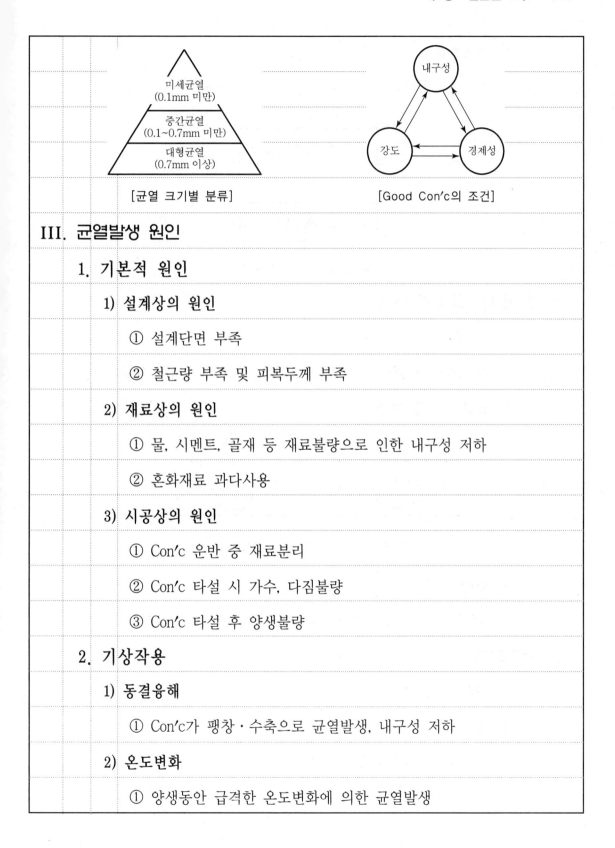

① 양생동안 급격한 온도변화에 의한 균열발생

3) 건조수축

① 콘크리트에 물(수분)이 증발되면서 발생되는 균열

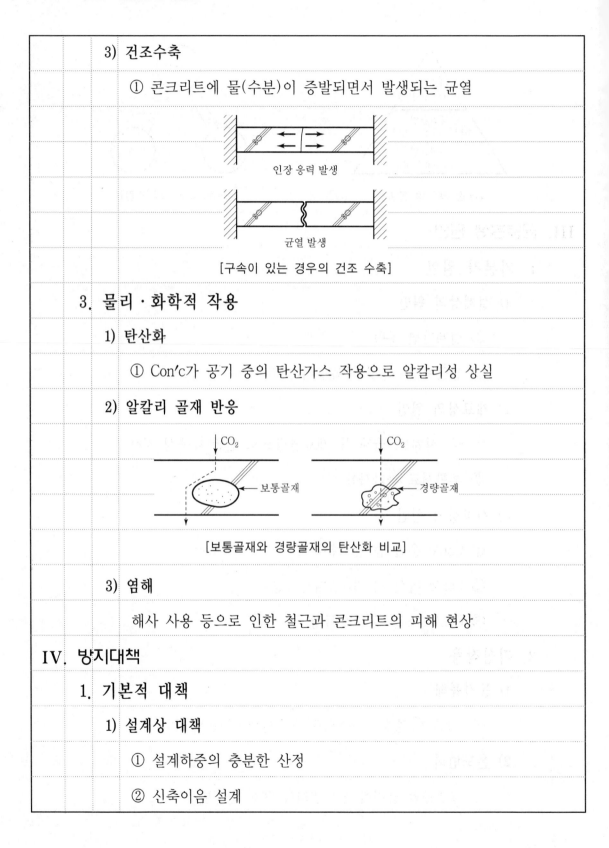

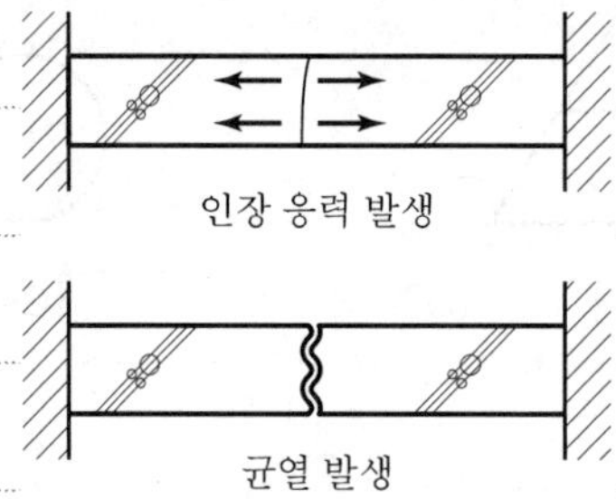

[구속이 있는 경우의 건조 수축]

3. 물리 · 화학적 작용

1) 탄산화

① Con'c가 공기 중의 탄산가스 작용으로 알칼리성 상실

2) 알칼리 골재 반응

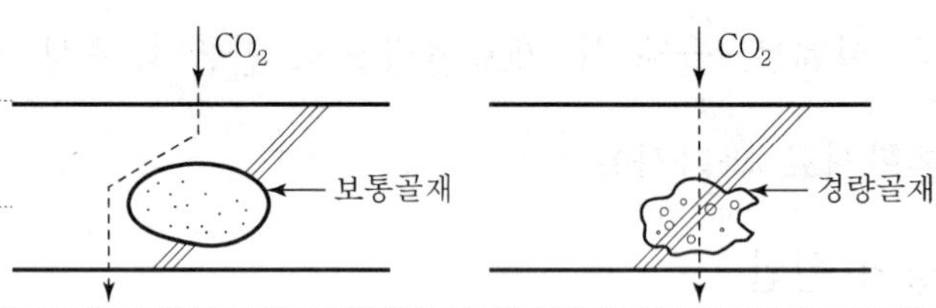

[보통골재와 경량골재의 탄산화 비교]

3) 염해

해사 사용 등으로 인한 철근과 콘크리트의 피해 현상

IV. 방지대책

1. 기본적 대책

1) 설계상 대책

① 설계하중의 충분한 산정

② 신축이음 설계

2) **재료상 대책**

① 풍화된 시멘트의 사용금지

② 시공특성에 맞는 적절한 혼화재료 사용

3) **시공상 대책**

① Con'c 타설속도 준수, 이음부 밀실시공

② 초기양생 철저

2. 기상작용 방지

1) **동결융해**

① 경화속도를 빠르게 하여 동해 피해 방지(콘크리트 타설 시 응결지연제 사용 등)

2) **온도변화**

① 여름철 응결지연제 사용

② 동절기 응결촉진제 사용 등

3) **건조수축**

① 골재크기를 크게 하고 입도가 양호한 골재사용

② 콘크리트의 수분 증발을 방지토록 보양실시(천막 설치 등)

3. 물리·화학적 작용 방지

1) **탄산화**

① 탄산화 방지를 위한 수밀 콘크리트 타설 등 피해가 발생되지 않도록 양질의 골재 사용

2) **알칼리 골재 반응, 염해 피해가 발생하지 않도록 양질의 골재 사용**

V. 보수 · 보강공법

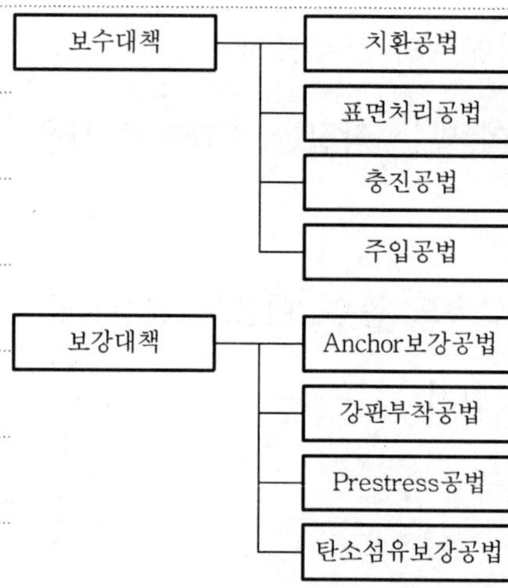

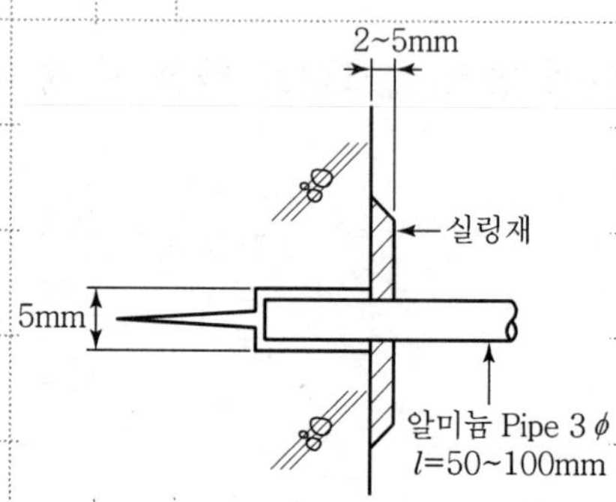

[주입공법]

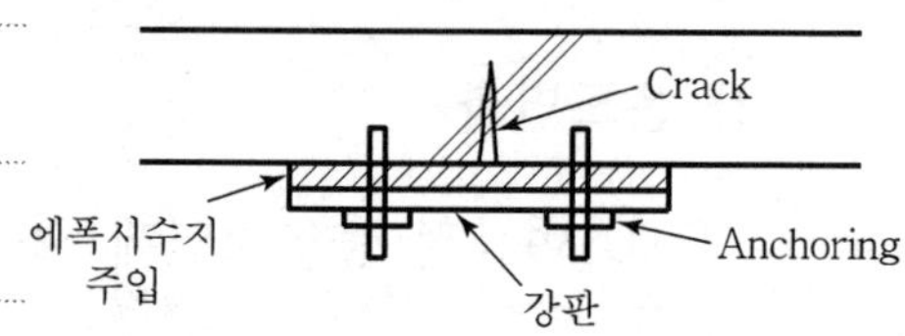

[강판부착공법]

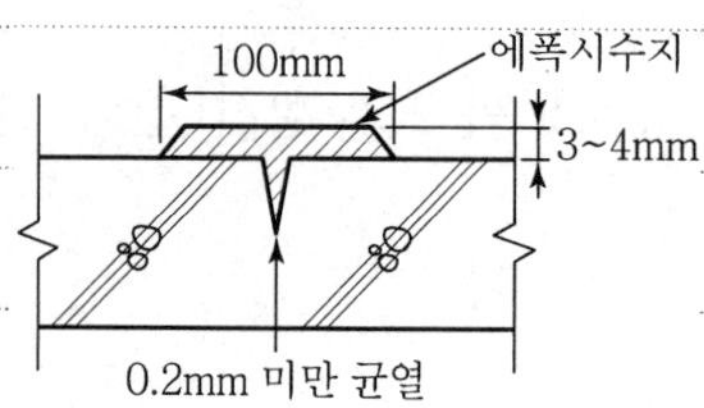

[표면처리]

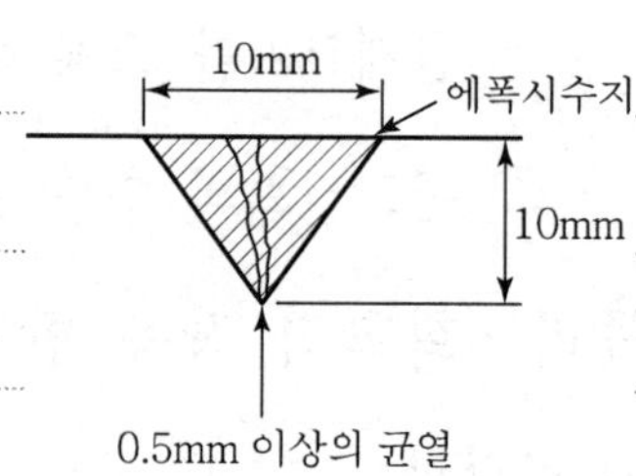

[충진]

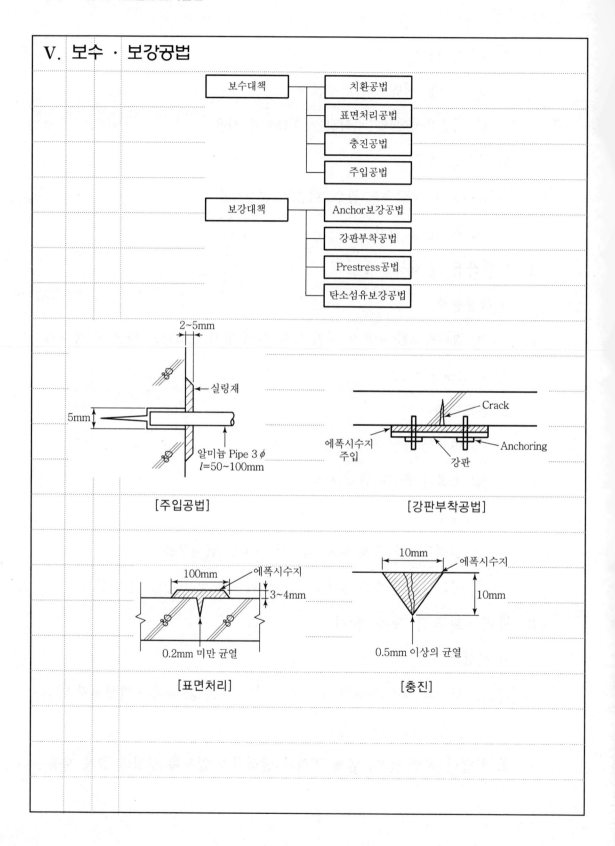

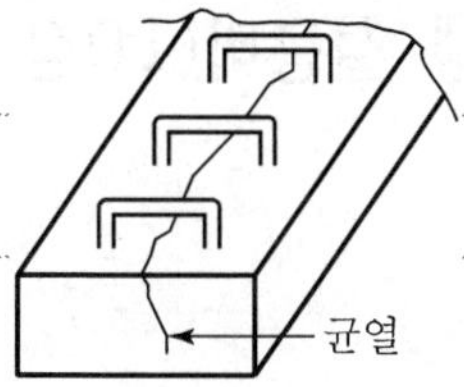

[앵커공법]

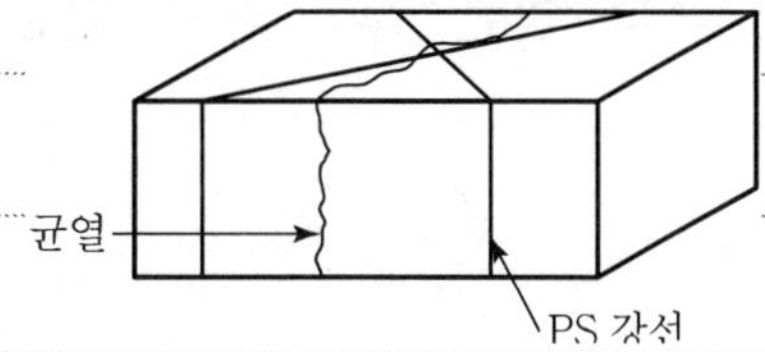

[Prestress]

VI. 결론

1) Con'c 구조물의 균열방지를 위해서는 설계, 재료, 시공의 전과정에서 철저한 품질관리가 요구된다.

2) 균열발견 시에는 조기에 보수 · 보강공법으로 철근부식을 차단하여 구조물의 안전성을 확보하여야 한다.

끝

문제10) 과소 철근 보, 과다 철근 보, 평행 철근비(10점)

답)

Ⅰ. 개요

정해진 단면에 비해 철근이 적게 들어간 과소 철근 보와 철근이 많이 들어간 과다 철근 보에 의해 여러 가지 문제점이 발생된다.

Ⅱ. 과소 철근 보, 과다 철근 보, 평행 철근비의 차이점

구분	과소 철근 보	과다 철근 보	평행 철근비
철근배근	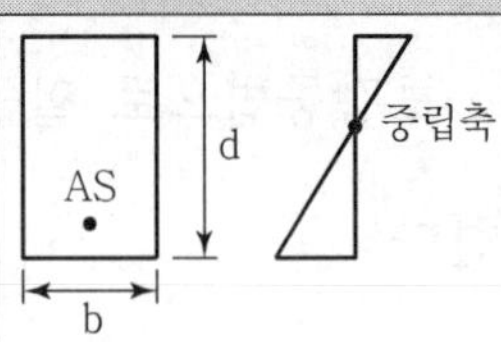	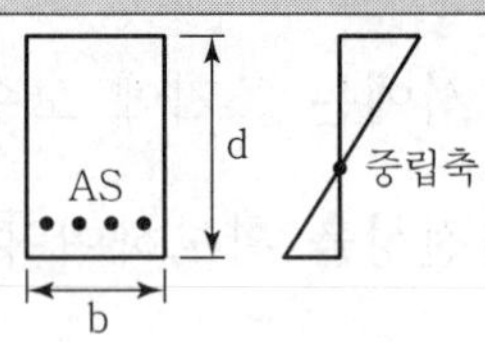	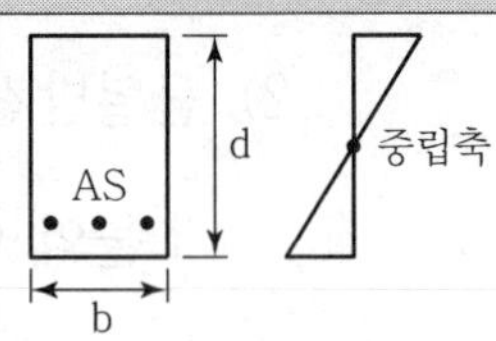
철근량	부족	과다	적당
중립축	위로 이동	아래로 이동	중앙부
파괴	연성파괴	취성파괴	파괴 없음
시공성	부착력 저하	과밀배근	무난함

Ⅲ. 과소 철근 보의 문제점 및 대책

1) 문제점

① 급속한 처짐 발생　② 부착력 저하 등

2) 대책

① 최소 철근 이상 확보　② 안전율 확인 등

Ⅳ. 과다 철근 보의 문제점 및 대책

1) 문제점

① 반복 하중에 취약　② 과밀 철근배근

2) 대책

① 연직 파괴 검토　② 평행 철근비 검토

끝

문제11) 유효깊이 및 피복두께 허용오차(10점)

답)

I. 개요

1) 철근의 유효깊이란 부재의 압축연단에서 인장철근지름의 중심까지의 거리를 말함

2) 철근의 피복두께란 콘크리트 표면에서 철근 상단부까지의 거리를 의미한다.

II. 유효깊이 및 피복두께 허용오차

구분	유효깊이(d) 허용오차	피복두께 허용오차
d≤200mm	±10mm	-10mm
d≥200mm	±13mm	-13mm

1) 하단 거푸집까지의 순거리 허용오차는 -7mm

2) 피복두께 허용오차는 최소 피복두께의 -1/3

III. 유효깊이 및 피복두께의 의미

1) 철근의 유효깊이는 철근의 정착 및 피복두께와 함께 구조체안전에 중요한 요소로서 응력변화와 직결됨

2) 따라서 철근량 산정시 유효깊이와 피복두께를 고려하여 산정해야 함

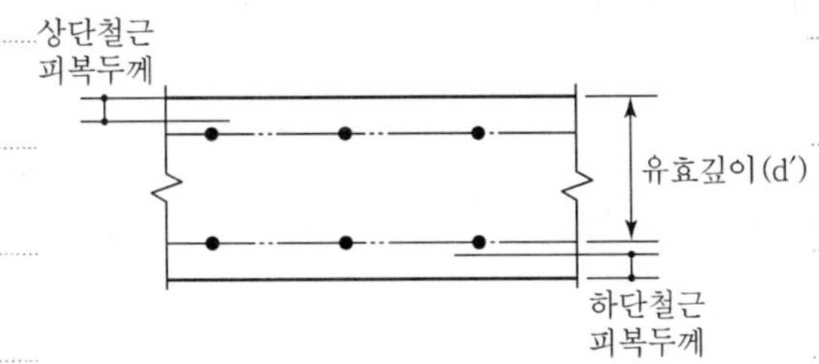

[슬래브 유효깊이와 피복 두께]

끝

문제12) Con'c 공사 시 안전대책에 대해 설명하시오.(25점)

답)

I. 개요

1) Con'c 공사 시 재해유형으로는 추락, 낙하, 붕괴, 감전, 전도 등 여러 가지가 있으며

2) 사고의 대부분이 중대재해와 직결하므로 시공에 앞서 안전관리를 통한 안전사고를 예방하여야 한다.

II. 재해 유형

1) 추락

- 바닥 철근 배근 중 몸의 중심을 잃고 추락
- 외벽 거푸집 해체 시 추락사고 등

2) 낙하, 비래

- 해체작업 시 거푸집 낙하 및 비래로 인한 인명 피해 현상

3) 붕괴

- Con'c 타설 중 거푸집 지보공의 붕괴

4) 감전

- 콘크리트 타설 장비의 가공선로 접촉

5) 전도

- 거푸집 조립 해체 등 시공 시 전도사고 등

6) 기타

- 콘크리트 타설 등 콘크리트의 비산으로 하층부 근로자 및 이동자의

재해 발생

III. 거푸집 작업 시 안전대책

1) 안전담당자 배치

－거푸집 지보공 조립 · 해체 시 안전담당자 배치

2) 통로 · 비계 확보

3) 달줄 · 달포대 사용

－재료, 기계 · 기구를 올리거나 내릴 때에 사용

4) 악천후 시 작업중지

－강풍 · 강우 · 폭설 시 작업중지

구분	일반작업	철골작업
강풍	10분간 평균풍속 10m/sec	10분간 평균풍속 10m/sec
폭우	50m/m/회	1mm/hr
폭설	25cm/회	1cm/hr
지진	진도 4 이상	–

5) 작업인원의 집중금지

6) 안전 보호장구 착용

7) 거푸집 제작장 별도 마련

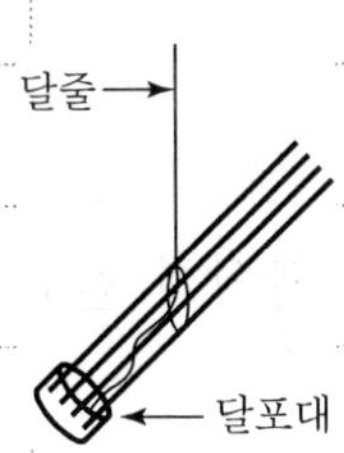

[달줄·달포대 사용]

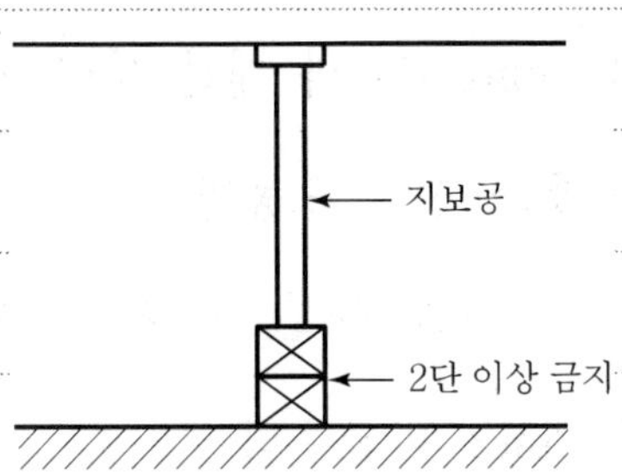

[받침목 설치기준]

IV. 철근작업 시 안전대책

1) 안전담당자 배치

- 철근 가공 작업장 주위는 안전담당자 배치

2) 안전보호장구 착용

- 가공작업자는 안전모 등 보호구 착용

3) Gas 절단 시 준수

- 해당자격 소지자에 의한 작업실시
- 호스, 전선의 손상유무 확인

4) 철근의 가공

- 가공작업 시 탄성 스프링 작업으로 발생되는 재해 방지

5) 철근 운반 시 감전사고 등 예방

V. 콘크리트 타설 시 안전대책

1) 차량 안내자 배치

- 레미콘 트럭과 Pump Car를 적절히 유도 배치

2) Pump 배관용 비계 사전점검

- Pump 배관용 비계를 사전점검하고 이상 시에는 보강 후 작업

3) Pump Car의 배관 상태 확인

4) 호스 선단 요동방지

- Con'c 타설 시 호스 선단이 요동치 않도록 확실히 붙잡고 타설

5) Con'c 비산주의

- 공기압송방법의 Pump Car 사용 시 콘크리트의 비산에 주의할 것

6) 붐대 조정 시 주변지장물 확인

7) Pump Car의 침하로 인한 전도방지

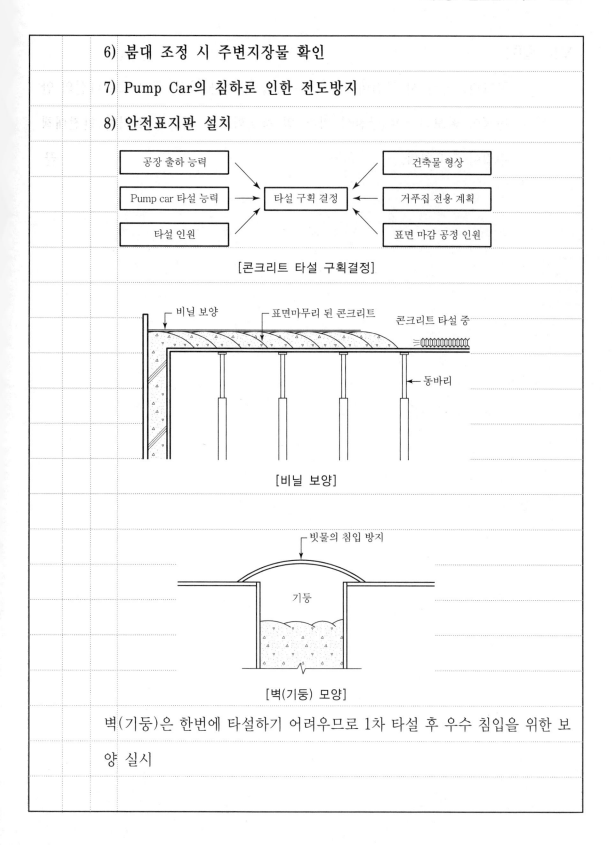

8) 안전표지판 설치

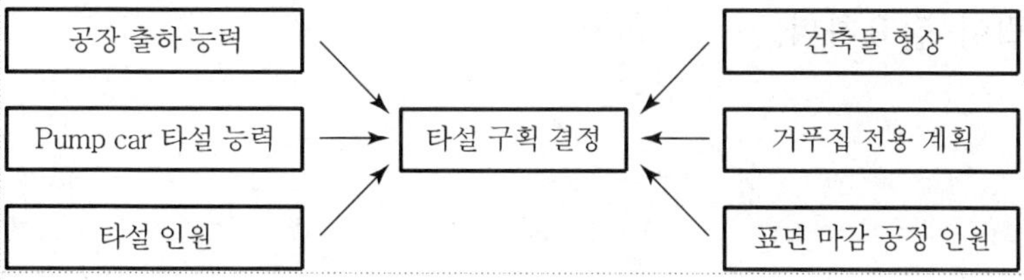

[콘크리트 타설 구획결정]

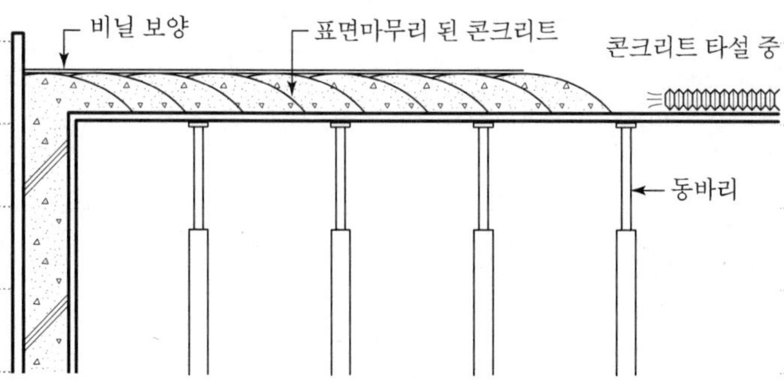

[비닐 보양]

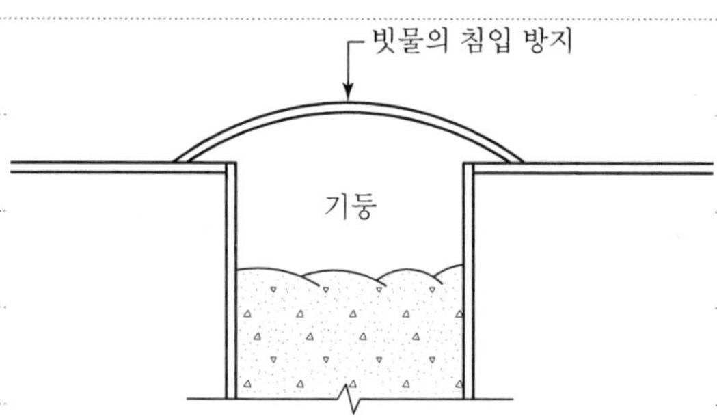

[벽(기둥) 모양]

벽(기둥)은 한번에 타설하기 어려우므로 1차 타설 후 우수 침입을 위한 보양 실시

VI. 결론

콘크리트공사 시 안전대책은 거푸집 작업, 철근 작업, 콘크리트 타설의 안전성이 확보되어야 안전성 확보 및 품질확보가 되므로 철저한 안전대책 수립이 필요하다. 끝

문제13) Mass Con'c 시공 시 유의사항 및 안전대책에 대해 설명하시오.(25점)

답)

I. 개요

1) Mass Con'c란 Dam, 거대한 교각 등 단면이 큰 부재에 사용되는 Con'c로서

2) 토목구조물에서는 단면 치수 1.0m 이상, 건축구조물에서는 0.8m 이상, 내외부 온도차가 25℃ 이상인 Con'c이다.

II. 용도

1) Dam

2) Con'c 교각, 교대

3) 대단면의 Box 라멘

4) 공장의 대형 기계 기초

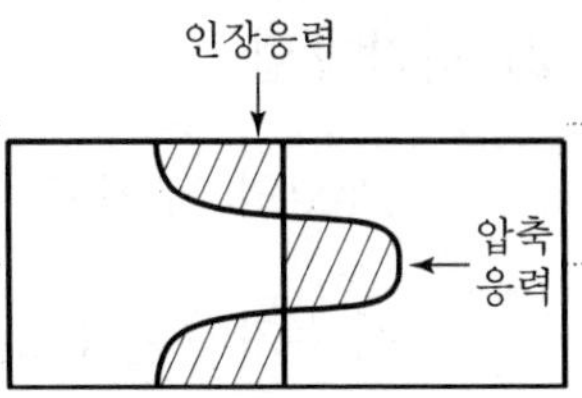

[콘크리트 내부 열응력]

III. Con'c의 온도 상승 요인

1) 부재의 단면치수 및 형상

2) Cement의 종류

3) 혼화재료

4) 단위 Cement량

5) 타설 시 Con'c의 온도

IV. 냉각방법

1. Pre-Cooling

1) 정의

- Con'c 재료의 일부를 미리 냉각하여 저온화한 후 콘크리트를 타설하는 방법

2) **냉각방법**

- 굵은 골재 : 냉풍 또는 냉각수를 순화시켜 냉각
- 물 : 냉각수와 얼음을 사용

2. Pipe - Cooling

1) **정의**

- Con'c 타설 전 Cooling용 Pipe를 배치, 그 속에 냉각수를 공급시켜 온도저하

2) **냉각방법**

- Pipe의 배치와 관경은 현장 여건을 고려 결정
- 통수기간은 Con'c 타설 직후 시작, 적정 온도까지 유지

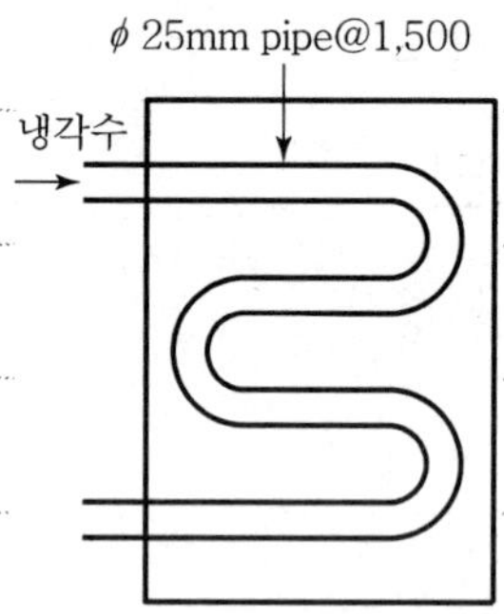

[Pipe Cooling]

V. Mass Con'c의 문제점

1) 과도한 수화열 발생
2) 내외부 온도차에 의한 수축팽창 및 균열 발생
3) 형상이나 배근상태 불균형 · 복잡하면 균열 발생
4) 단면치수, 구속조건 등이 불균일하면 균열 발생

VI. 대책

1) 설계상 대책

- 최소단면 유지, 균열방지용 보강근 계획

2) 재료상 대책

- 물 : 저온수, 얼음 병용
- 시멘트 : 수화열 적은 중용열 시멘트종류 사용

3) 배합상 대책

- 단위시멘트량을 적게 하여 수화열 감소

4) 시공사 대책

- Pre-Cooling, Pipe-Cooling 채택
- Con'c 표면온도와 내부 온도차는 작게
- 1회 타입구획의 최소단면을 적게 타입

5) 양생 대책

- 습윤상태 유지, 양생 중 진동 · 충격 방지

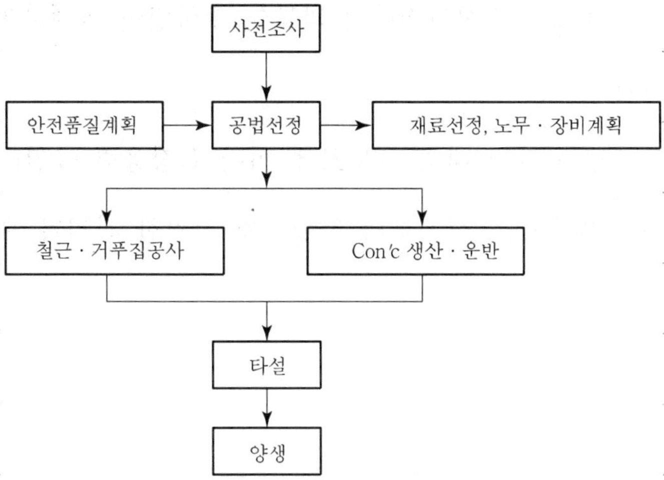

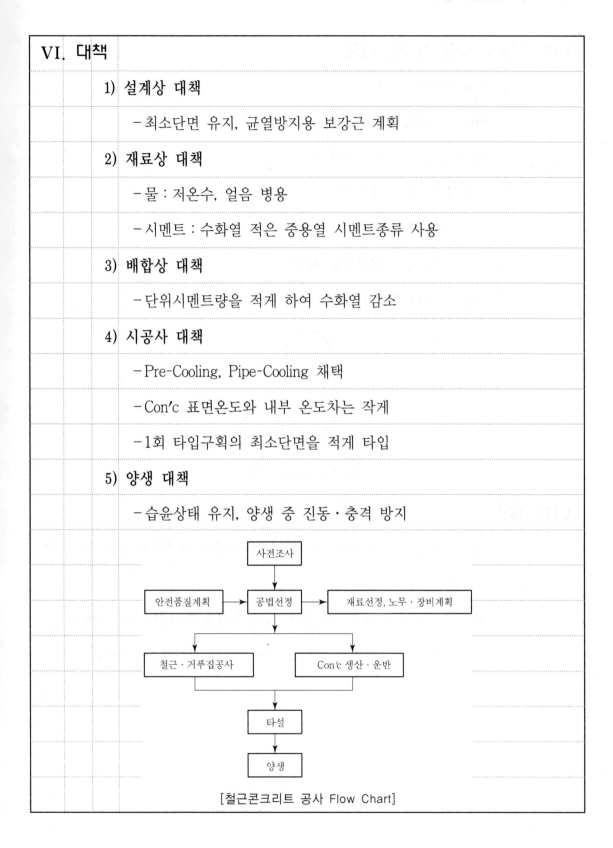

[철근콘크리트 공사 Flow Chart]

VII. Con′c 타설 시 안전대책

1) 차량 안내자 배치
2) Pump 배관용 비계 사전점검
3) Pump Car의 배관상태 확인
4) 호스 선단 요동 방지
5) Con′c 비산주의
6) 붐대 조정 시 주변지장물 확인
7) Pump Car의 침하로 인한 전도 방지

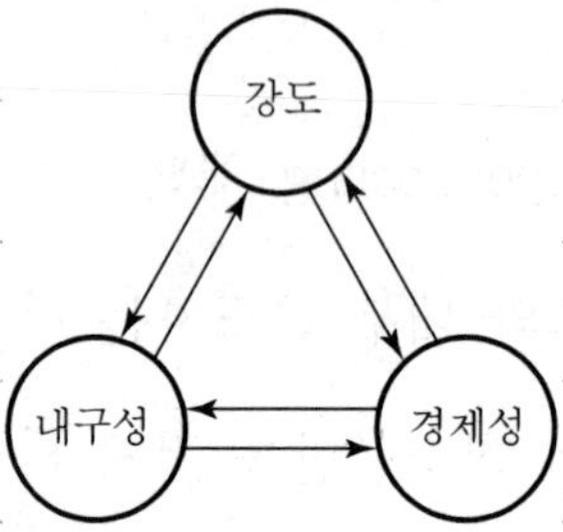

[Good Con′c의 조건]

VIII. 결론

1) Mass Con′c는 경화과정에서 과도한 수화열이 발생하여 온도상승을 일으키며
2) 온도상승은 단면 내의 온도차에 의한 인장응력 균열(온도 균열)의 발생을 가져오므로 설계부터 양생까지 철저한 관리가 요구된다.

끝

문제14) 다음 조건의 거푸집 동바리 안전성 검토사항에 대해 설명하시오.(25점)

〈설계조건〉

- 허용 휨응력도(Fb) = $105kg/cm^2$
- 허용 전단응력도(Fs) = $7.5kg/cm^2$
- 허용 처짐 값 = 0.3cm

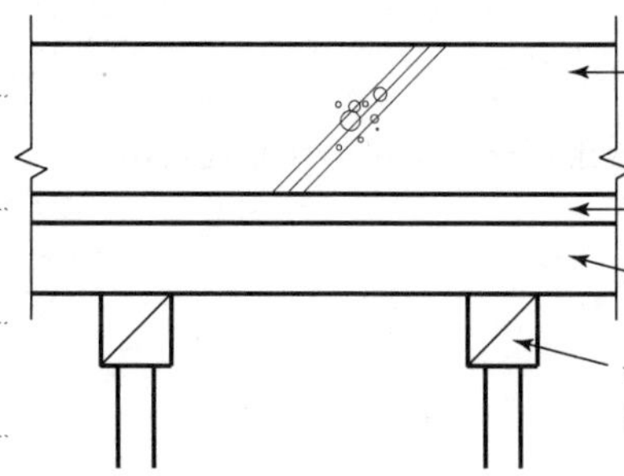

답)

I. 연직하중 검토

1) 슬래브 등 연직방향으로 하중이 작용하는 거푸집 동바리에 대하여 각 부재의 경제성, 안전성을 확보할 수 있도록 구조검토를 하여야 한다.

2) 거푸집 동바리에 연직방향으로 작용하는 하중은 고정하중, 충격하중 및 작업하중의 합으로 산정한다.

① 콘크리트자중 $24kN/m^2$와 거푸집중량 $0.4kN/m^2$의 합

② 충격하중과 작업하중 $2.5kN/m^2$ 이상

③ 연직방향 하중에 대한 계산식

W= 고정하중 + 충격하중 + 작업하중

II. 휨응력도 검토

① $M_{max} = \frac{1}{8}\omega\ell^2$

$= \frac{1}{8} \times 3.915\text{kg/cm} \times (90\text{cm})^2 = 3,963.94\text{kg} \cdot \text{cm}$

② $Z = \frac{bh^2}{6}$

$= \frac{9\text{cm} \times 9\text{cm}^2}{6} = 121.5\text{cm}^3$

③ $\delta_b = \frac{M_{max}}{Z}$

$= \frac{3,963.94}{121.5} = 32.63\text{kg/cm}^2 < F_b = 105\text{kg/cm}^2$

∴ O.K

III. 전단응력도 검토

① $V_{max} = \frac{1}{2}\omega\ell$

$= \frac{1}{2} \times 3.915\text{kg/cm} \times 90\text{cm} = 176.18\text{kg}$

② $\tau = \frac{3}{2} \times \frac{V_{max}}{A}$

$= \frac{1.5 \times 176.18}{9\text{cm} \times 9\text{cm}} = \frac{264.27}{81}$

$= 3.26\text{kg/cm}^2 < F_s = 7.5\text{kg/cm}^2$

∴ O.K

IV. 처짐 검토

① $\delta_{max} = \frac{5\omega\ell^4}{384EI}$

$E = 7 \times 10^4$

$I = \frac{bh^3}{12}$

$= \frac{9\text{cm} \times 9\text{cm}^3}{12} = 546.75\text{cm}^4 ≒ 547\text{cm}^4$

② $\delta_{max} = \frac{5 \times 3.915 \times 90^4}{384 \times 7 \times 10^4 \times 547} = 0.087\text{cm}$ < 허용처짐값=0.3cm

∴ O.K

V. 판정

휨응력도, 전단응력도, 처짐값이 허용치에 모두 만족 → 안전

VI. 결론

거푸집 동바리의 안전성 확보는 작용하중계산을 통한 휨응력도 · 전단응력도 · 처짐점토의 안전성 검토가 되어야 붕괴 · 도괴 등의 안전사고를 방지할 수 있다.

끝

문제15) 가혹 환경하의 Con'c 시공 시 문제점 및 대책에 대해 설명하시오.(25점)

답)

I. 개요

1) 가혹 환경조건이란 기상, 시공대상, 특수구조물, 특수공법, 작업상 특수조건, 장거리 운반 등의 악조건에서의 콘크리트 시공이다.

2) Con'c의 가장 중요한 점은 품질관리라 할 수 있으며, 특히 가혹한 환경조건에 알맞은 대책수립이 필요하다.

II. Con'c 품질상 요구조건

1) 강도

2) 수밀성

3) 내구성

4) 시공성

5) 경제성

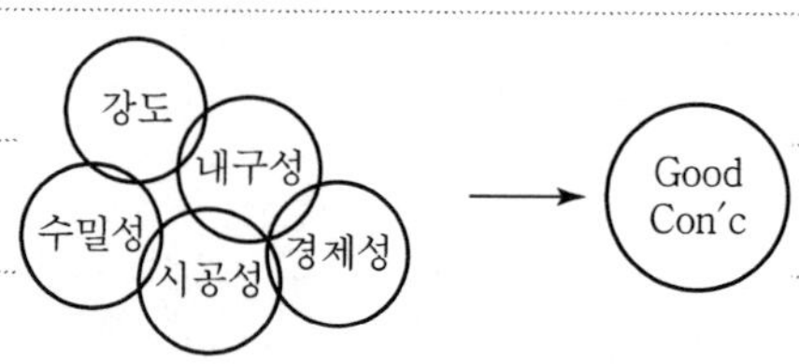

III. 시공상의 문제점

1. 기상조건

1) 서중 Con'c

-급격한 수분증발→균열발생 촉진

-응결촉진으로 Cold Joint 유발

2) 한중 Con'c

-응결, 경화 지연→강도발현 늦음

-초기 동해로 장기강도, 내구성, 수밀성 저하

3) **강우 · 강설**

- Laitance층 형성 등으로 인한 강도 저하

2. 시공대상 조건

1) **수중 Con'c**

- 재료분리 및 유수에 의한 타설 콘크리트 유실

2) **Con'c 타설 시 진동 및 충격**

- 강도저하, 철근 부착력 감소

3) **침식성 반응**

- 지중 콘크리트에 염분 침투 등으로 인한 콘크리트의 품질 저하

3. 특수 구조물

1) **Mass Con'c**

- 수화열 과다 발생 → 온도균열 발생

2) **경사면 구조**

- 재료분리, Bleeding

3) **방사선 차폐시설**

- 방사선 유출

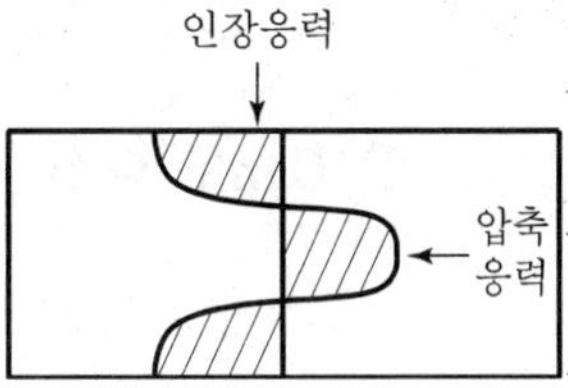

[콘크리트 내부 열응력]

4. 작업장 조건

1) **초고층 Con'c 양중**

- 압송배관의 압송력 및 지지대의 설치 등

2) **높은 곳에서 타설**

- 가설비계 설치 및 타설 시 Con'c 비산에 의한 안전사고

3) 장거리 운반

① 운반거리 및 현장 내 수평거리가 길 때

- Cold Joint 발생 및 재료분리 등 콘크리트의 품질 저하

IV. 시공 시 대책

1. 기상조건

1) 서중 Con'c

- 재료온도 저하, 습윤 양생, 응결지연제 등 사용

2) 한중 Con'c

- 타설온도 10~20℃ 유지, AE제 사용, 보양보온재 사용 등

3) 강우·강설 등 악천후 시 작업 중지

2. 시공대상 조건

1) 수중 Con'c

- 수중 불분리 혼화제 사용, Prepacked Con'c 시공

2) Con'c 타설 시 진동발생 시

- 구조체와 진동원 분석

3) 침식작용 우려 시

- Polymer Con'c 시공, 내산 Cement 사용

3. 특수구조물

1) Mass Con'c

- 중용열 시멘트 사용, 분할 타설

2) 경사면 구조

- 시공속도 준수, 분리 타설

4. 작업장 조건

1) 초고층 Con'c 양중

-유동화제 첨가 등

2) 높은 곳에서 타설

-Con'c 비산 방지 등에 유의할 것

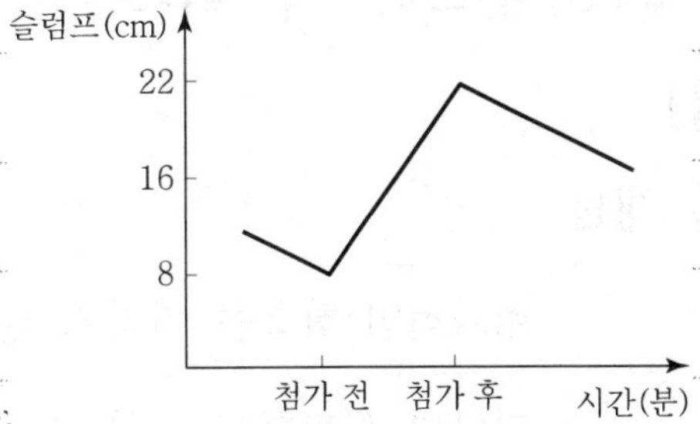

[유동화제 첨가 시 Slump 변화]

3) 장거리 운반

① 운반거리 및 현장 내 수평길이가 길 때

-응결지연제 및 유동화제 사용

-재료분리 방지 및 Cold Joint 방지에 유의할 것

V. 결론

1) 가혹 환경하의 Con'c 시공은 재료분리, Con'c 경화속도, 화학적 침식 등에 의해

2) Con'c 요구 성능인 강도, 수밀성, 내구성, 시공성, 경제성 등을 발휘할 수 없으므로 사전 철저한 계획이 품질관리와 안전대책 수립이 필요하다.

끝

문제16) 콘크리트의 크리프 현상에 대한 대책(10점)

답)

I. 개요

추가적인 하중을 가하지 않은 콘크리트에서 하중변화가 없는데도 시간이 지나면서 변형이 점차 증가하는 현상

II. 크리프가 콘크리트에 미치는 영향

1) 변형, 처짐, 균열 → 파괴

2) PS Con'c에서 Pre-stress 힘의 감소

III. 크리프 파괴곡선

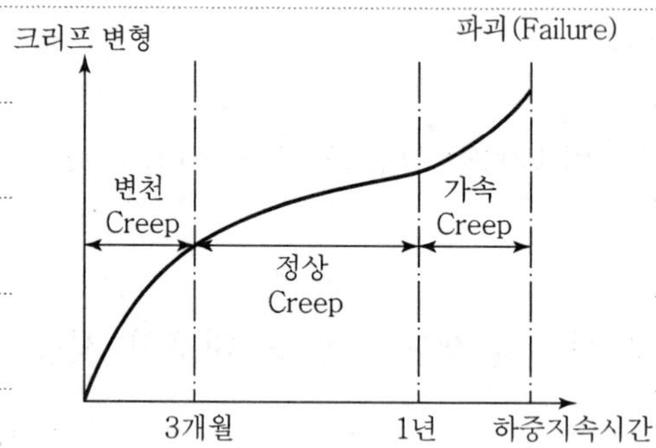

IV. 크리프 증가요인과 대책

1) **물/결합재 비** : 가급적 적게

2) **재령** : 충분히(재령 28일 강도)

3) **강도** : 가급적 높여야 함(저강도일수록 크리프 발생)

4) **온도가 높을수록, 습도가 낮을수록 발생 가능성 높음**

5) **설계 시 부재치수는 가급적 크게**

6) **다짐철저** : 다짐이 나쁘면 발생가능성 높음

7) **특히 지속하중이 큰 구조물에서는 설계단계에서 고려** 끝

문제17) 콜드 조인트(Cold Joint)(10점)

답)

I. 개요

콘크리트 연속 타설 시 먼저 타설한 콘크리트와 나중에 타설한 콘크리트 사이에 일체화되지 않는 시공불량 이음부

II. 콘크리트에 미치는 영향

1) 내구성 저하
2) 우수침입
3) 철근부식
4) 균열발생
5) 수밀성 저하

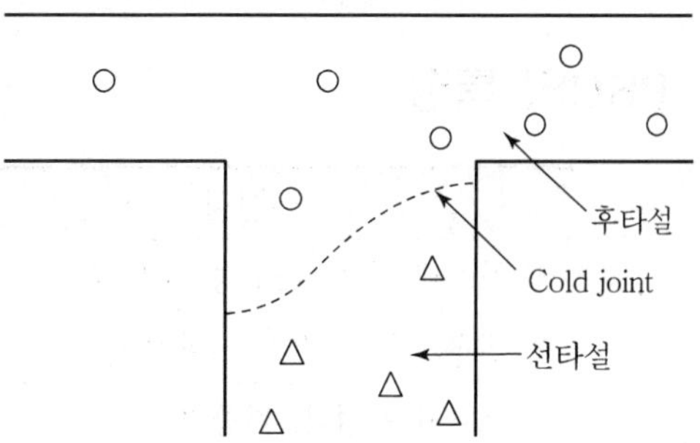

[기둥에서의 Cold Joint]

III. Cold Joint 원인

1) 레미콘 소요시간 지연
2) 재료분리된 Con'c 사용
3) 경량골재 Con'c 사용
4) 서중 Con'c, 한중 Con'c 타설계획 미비

IV. 방지대책

1) Con'c 타설에 대한 면밀한 계획
2) 이음부 시공 시 진동다짐
3) 응결지연제 사용
4) 타설 시 블리딩수나 빗물 신속 제거
5) 콘크리트 리막싱
6) 레미콘 타설 시 소요시간 철저

끝

문제18) 프리스트레스트 콘크리트(10점)

답)

I. 개요

프리스트레스트 콘크리트는 콘크리트 속 철근 대신 PS 강재에 의해 Con'c에 발생되는 압축력에 대항하여 인장강도를 증가시켜 안전성을 도모하는 콘크리트이다.

II. PSC의 특징

장점	단점
① 장스팬 가능, 내구성, 수밀성	① 내화성능 낮음
② 변형, 처짐, 균열, 저항성 높음	② 공사비 고가
③ 소요자재 절약, 자중경감	③ 진동이 쉬움
④ 탄성력 있음, 복원성 강함	④ 경험, 세심한 시공관리가 요구됨

III. PS강재 인장방법

1) 프리텐션 방법

① PS강재를 미리 인장 후, Con'c 타설 경과 후 PS 강재와 Con'c 부착력에 의해 Con'c에 프리스트레스를 주는 방식

② Con'c 공장제품에 많이 사용

2) 포스트텐션 방법

① PS강재 위치에 시스를 묻어, PS강재를 삽입하여 잭으로 긴장시켜 Con'c 부재 끝에 정착

② 대규모 구조물, 교량, 큰보, PSC 널말뚝에 많이 사용

IV. 시공시 유의사항

1) 시공순서 준수

2) 녹방지 PS강재 보관 유의

3) 시스 내면 녹막이 처리

4) 긴장재 녹방지

끝

문제19) 거푸집 및 동바리의 안전성 검토사항(10점)

답)

I. 개요

거푸집 및 동바리는 콘크리트 중량, 작업하중 등을 지지하는 가설구조물로서 시공이 불량하게 되면 붕괴·도괴의 사고를 유발한다.

II. 하중

1) 슬래브 등 연직방향으로 하중이 작용하는 거푸집 동바리에 대하여 각 부재의 경제성, 안전성을 확보할 수 있도록 구조검토를 하여야 한다.

2) 거푸집 동바리에 연직방향으로 작용하는 하중은 고정하중, 충격하중 및 작업하중의 합으로 산정한다.

① 콘크리트자중 $24kN/m^2$와 거푸집중량 $0.4kN/m^2$의 합

② 충격하중과 작업하중 $2.5kN/m^2$ 이상

③ 연직방향 하중에 대한 계산식

W=고정하중 + 충격하중 + 작업하중

III. 거푸집

1) 거푸집의 수밀성 확보

2) 수직·수평 평활도 유지

3) 거푸집 존치기간 준수

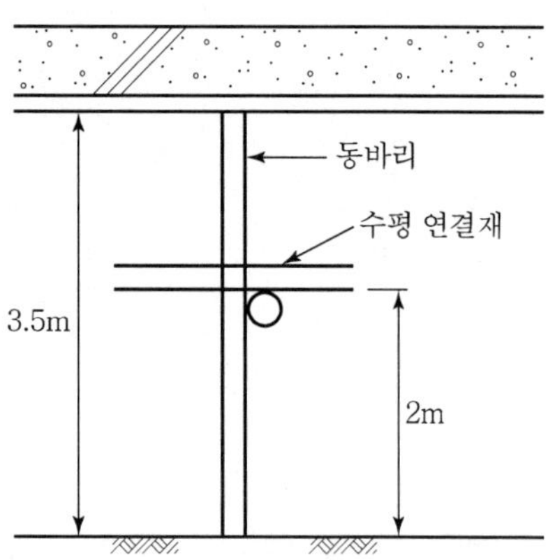

IV. 동바리

1) 동바리 거꾸로 세우기 금지

2) 동바리 전용 Pin 체결

3) 동바리 수직도 유지

4) 높이 3.5m 이상 시 2m마다 수평연결재 설치

끝

문제20) Relaxation(응력이완)(10점)

답)

I. 개요

'Relaxation'은 PS강재 긴장 후 시간경과에 의해 PS강재의 인장응력이 점차 감소하는 현상

II. Relaxation의 분류

1) 순 Relaxation

① 일정 변형하 발생 Relaxation

② 인장응력 감소량이 겉보기 Relaxation보다 큼

2) 겉보기 Relaxation

① Con'c Creep, 건조수축 변형률 감소 Relaxation

② 실제 PSC 부재가 발생하는 Relaxation

III. PS강재

1) 요구조건

① Relaxation이 적을 것 ② 인장강도가 클 것

③ 부식저항이 클 것 ④ Con'c 부착성이 좋을 것

2) 종류

PS 강연선, PS강선, PS강봉

PS강연성 > PS강선 > PS강봉

[PS강재 인장강도크기]

IV. Relaxation 값

1) PS강선, PS강연선 : 3% 이하

2) PS강봉 : 15% 이하

끝

문제21) 철근의 부동태막(10점)

답)

I. 개요

1) 금속이 활성을 잃고 부식하기 어려운 상태로 되는 것을 부동태라 한다.

2) 염해 등에 의해 부동태막이 파괴되면 급속히 부식이 진행된다.

II. 철근의 부식 Mechanism

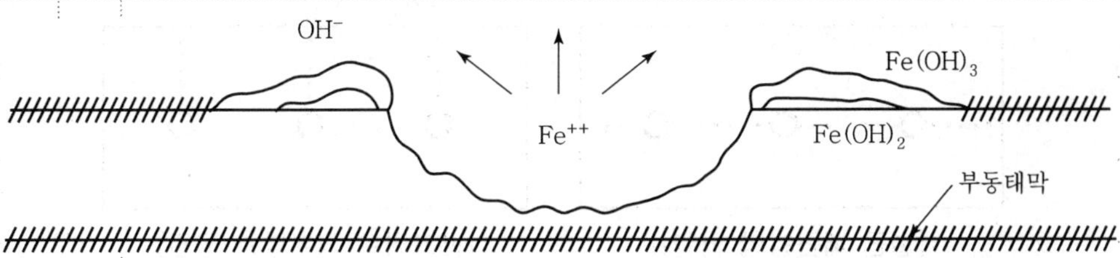

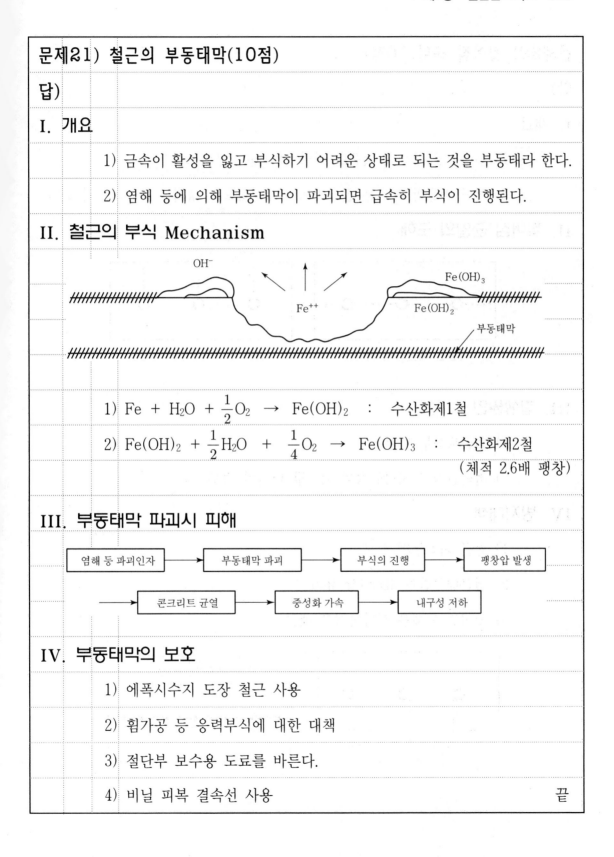

1) $Fe + H_2O + \frac{1}{2}O_2 \rightarrow Fe(OH)_2$: 수산화제1철

2) $Fe(OH)_2 + \frac{1}{2}H_2O + \frac{1}{4}O_2 \rightarrow Fe(OH)_3$: 수산화제2철
(체적 2.6배 팽창)

III. 부동태막 파괴시 피해

염해 등 파괴인자 → 부동태막 파괴 → 부식의 진행 → 팽창압 발생
→ 콘크리트 균열 → 중성화 가속 → 내구성 저하

IV. 부동태막의 보호

1) 에폭시수지 도장 철근 사용

2) 휨가공 등 응력부식에 대한 대책

3) 절단부 보수용 도료를 바른다.

4) 비닐 피복 결속선 사용

끝

문제22) 찢어짐 균열(10점)

답)

I. 개요

1) 인장철근 주위에 철근을 따라 발생되는 균열로

2) 철근 배근방향 또는 콘크리트 외부방향으로 생기는 콘크리트의 균열

II. 찢어짐 균열의 도해

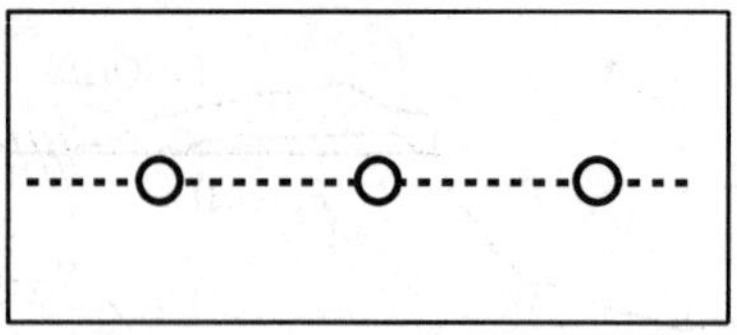
[철근 배근방향 균열]

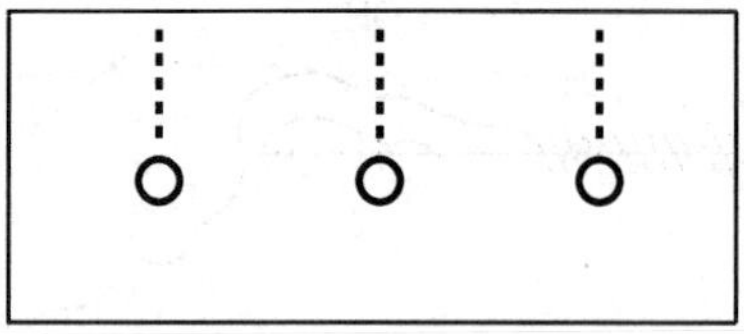
[콘크리트 외부방향 균열]

III. 발생원인

1) 철근피복두께 부족

2) 철근간격이 시방규정의 최소값 미만일 경우

IV. 방지대책

1) 철근 피복두께 확보

2) 철근배근간격 3D 이상 유지

3) 찢어짐 억제용 횡방향철근 배근

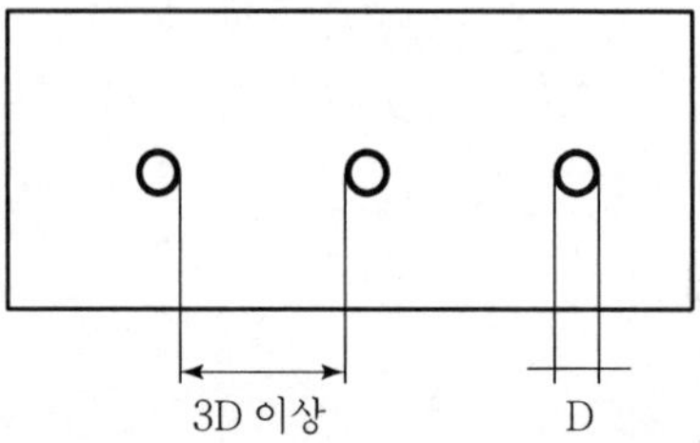

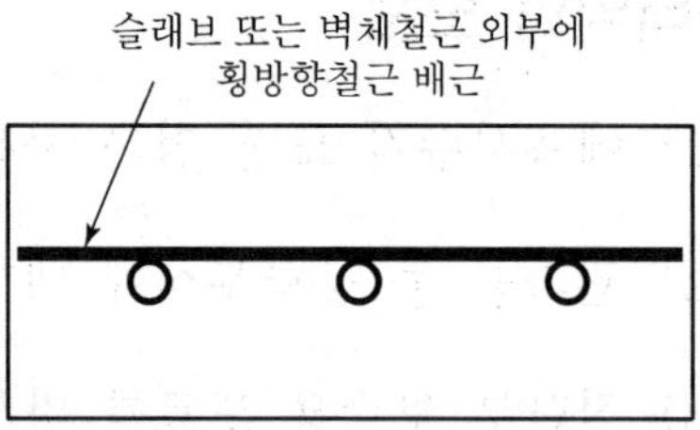

끝

문제23) 피로파괴와 피로강도(10점)

답)

I. 피로파괴

1) 정의

구조물에 하중이 반복적으로 작용하여 구조물에 피로가 적재되어 적정하중보다 작은 하중에도 구조물이 파괴될 때를 피로파괴라 한다.

2) 특징

① 적정하중 이하의 반복하중은 Con′c의 강도를 저하시킨다.

② 구조물의 피로파괴는 Con′c의 재령 및 강도와 관계없이 발생한다.

③ 순간적으로 파괴가 일어나므로 위험하다.

④ 횡방향의 압력이 적을수록 피로파괴에 유리하다.

II. 피로강도

1) 정의

구조물이 무한 반복하중에 대해 파괴되지 않는 강도의 최대치를 피로강도라 한다.

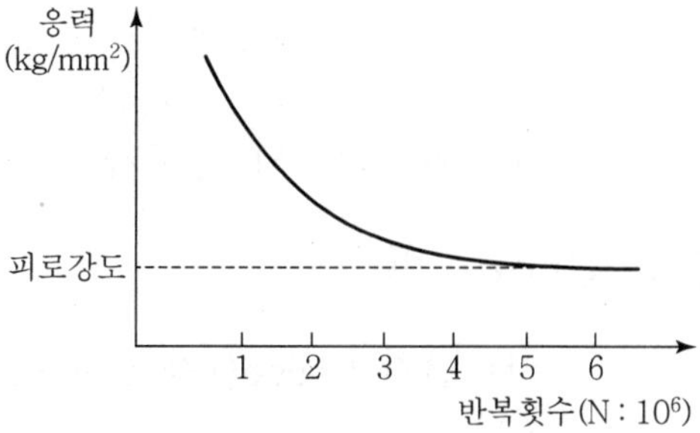

[응력과 반복횟수와의 관계]

2) 특징

① 피로강도는 하중의 반복횟수, 응력 변동 범위에 의해 결정된다.

② 콘크리트는 건조상태가 양호할수록 피로강도가 크다.

③ 반복하중의 응력 진폭이 일정한 경우와 변화하는 경우에 따라 피로강도는 변한다.

끝

문제24) 콘크리트 Creep 현상(10점)

답)

I. 개요

1) 일정한 지속하중 하에 있는 Con′c가 하중은 변함이 없음에도 불구하고 시간이 지나면서 변형이 점차 증가하는 현상을 말한다.

2) Creep 변형은 탄성변형보다 크며, 지속응력의 크기가 적정 강도의 80% 이상이 되면 파괴현상이 발생하는데 이것을 Creep 파괴라 한다.

II. Creep에 영향을 주는 요인

1) 재령이 짧을수록
2) 응력이 클수록
3) 부재의 치수가 작을수록
4) 다짐이 나쁠수록
5) 물·시멘트비가 클수록
6) 콘크리트의 강도가 안 좋을수록

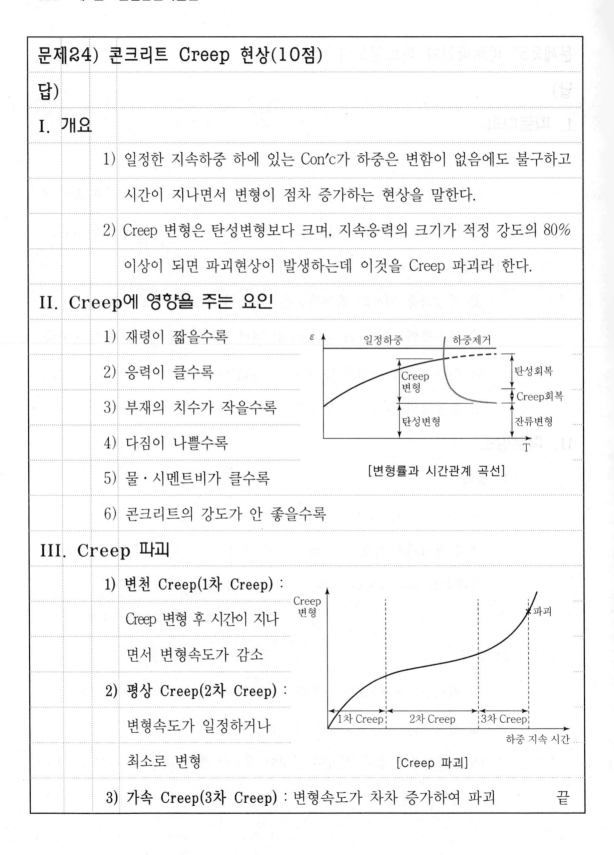

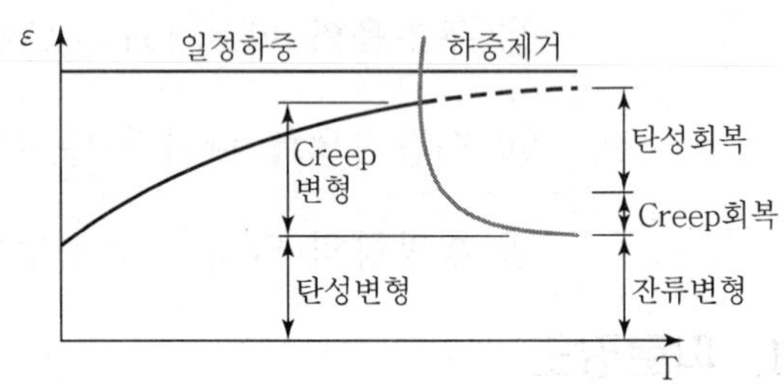

[변형률과 시간관계 곡선]

III. Creep 파괴

1) **변천 Creep(1차 Creep) :** Creep 변형 후 시간이 지나면서 변형속도가 감소

2) **평상 Creep(2차 Creep) :** 변형속도가 일정하거나 최소로 변형

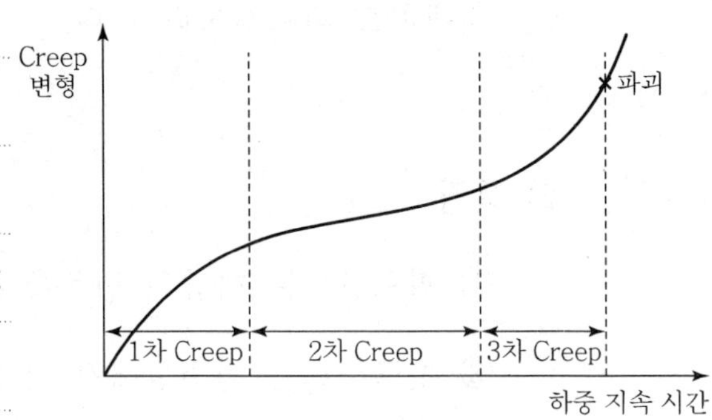

[Creep 파괴]

3) **가속 Creep(3차 Creep) :** 변형속도가 차차 증가하여 파괴

끝

문제25) 유동화제(10점)

답)

I. 개요

1) 유동화제란 물시멘트비를 변화시키지 않고 Con'c 시공연도를 개선할 목적으로 사용하는 혼화제이다.

2) 유동화 Con'c 제조는 일반적으로 Con'c Plant에서 Base Con'c를 제조하여 운반차량인 애지테이터(Agitator)를 이용하여 현장까지 이동한 다음 현장에서 투입 교반하여 타설하는 경우가 일반적이다.

II. 특징

1) Slump가 8~12cm까지 직선적으로 증가

2) 분산효과가 커서 Con'c 타설이 용이 → Workability 향상

3) 건조수축 균열 감소

4) Con'c 내구성, 수밀성 증대

III. 유동화제 사용법

1) 유동화제 첨가 후 30분 이내 타설 시작

2) 1시간 이상 경과하면 효력 상실 → Slump치 저하

3) 품질관리 철저

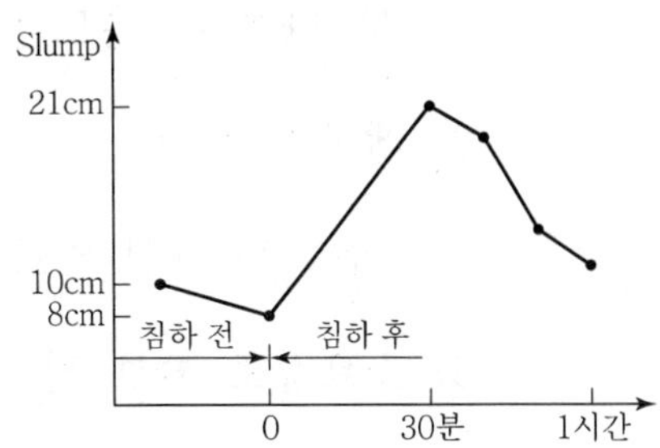

[유동화제를 사용한 Con'c Slump 변화]

IV. 시공시 주의사항

1) 첨가량이 0.75%를 넘으면 재료분리가 생기므로 유의

2) 사용 용도, 용량, 기간 등을 유의하여 첨가

끝

문제26) 한중콘크리트의 품질관리(10점)

답)

I. 개요

한중콘크리트는 하루의 평균기온이 4℃ 이하일 때 타설하는 콘크리트에 적용하며, 응결 및 경화가 지연되어 콘크리트에 동결현상이 발생하면 강도, 내구성이 저하되므로 품질관리를 철저히 해야 한다.

Ⅱ. 한중콘크리트의 범위

1) 1일 평균기온이 4℃ 이하로 예상될 때

2) 응결, 경화의 지연 및 동결 피해가 예상될 때

Ⅲ. 한중콘크리트의 품질관리

1) 레미콘 제조

① AE제 첨가(동결융해 방지)

② 물결합재비(W/B) 60% 이하

③ 타설 시 온도는 5~20℃가 되도록 제조

2) 레미콘 운반

비빔 후 타설 완료까지 소요시간 최소화(90분 이내)

3) 소요강도 확보 및 초기양생 철저

① 동해 방지 강도 5MPa 이상 확보

② -3℃ 이상(경미한 동결시기) ⇒ 피복양생

4) 거푸집 해체시기 및 양생 기간 검토

끝

문제27) 온도균열지수(10점)

답)

I. 개요

1) 두꺼운 부재에 콘크리트를 타설할 때, 내외부 온도차에 의한 온도구배 발생으로 콘크리트 표면에 인장응력이 발생하는데, 이때 콘크리트가 견딜 수 있는 인장강도를 온도에 의한 응력의 최대값으로 나눈 값을 온도균열지수라고 한다.

2) 온도균열지수는 다음의 식으로 나타낸다.

$$\text{온도균열지수}(I_{cr}) = \frac{\text{인장강도}}{\text{온도응력 최대값}}$$

II. 온도균열지수(I_{cr})의 적용

1) **균열을 방지할 경우** : $I_{cr} \geqq 1.5$

2) **균열발생을 제한할 경우** : $1.2 \leqq I_{cr} < 1.5$

3) **유해한 균열발생을 제한할 경우** : $0.7 \leqq I_{cr} < 1.2$

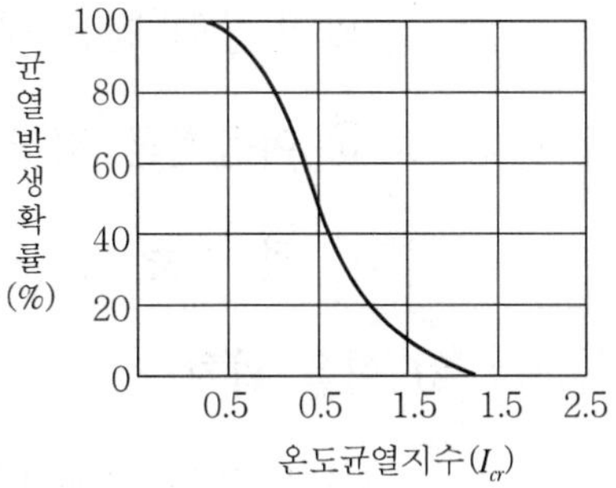

III. 특징

1) 온도균열지수가 커질수록 균열방지에 대한 안정성이 높아진다.

2) 운도균열지수가 작아질수록 안정성은 낮아지도록 되어 있다.

3) 콘크리트 구조물에 요구되는 수밀성이나 기밀성 등 구조물의 기능을 감안하여 콘크리트 두께를 최소화한다.

4) 온도균열은 균열이 구조물에 영향을 주지 않는 범위 내에서 허용한다.

끝

문제28) 철근의 이음과 정착(10점)

답)

I. 개요

1) 철근콘크리트에서 철근의 기능을 제대로 발휘하기 위해서는 철근의 정착위치, 길이가 중요하며

2) 철근의 이음은 한곳에 집중되지 않도록 하고 적정위치 및 이음 길이로 시공하여야 한다.

II. 철근 이음

1) 이음 길이

① 압축력 및 인장력을 받는 곳 25d

② 인장력 받는 곳 40d

③ 이음철근 직경이 다를 때는 가는 것 기준

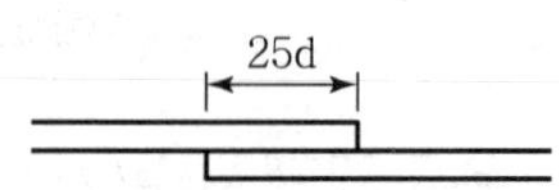

[압축력 받는 곳]

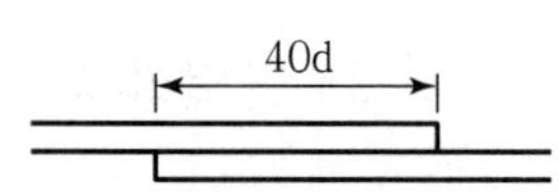

[인장력 받는 곳]

2) 이음 위치

① 응력을 적게 받는 곳

② 기둥은 기초 상단에서 50cm 이상

③ 이음은 한 곳에 집중금지

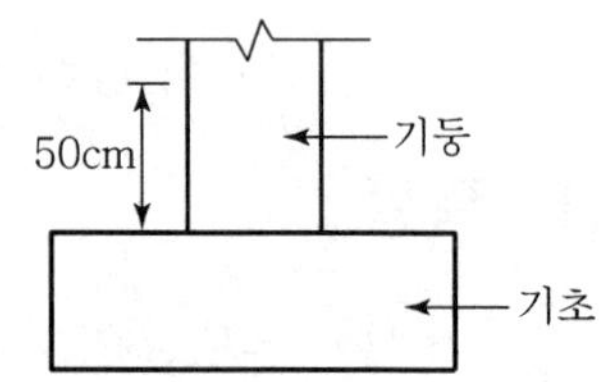

III. 철근 정착

1) 정착 위치

① 기둥주근 : 기초 또는 바닥판

② 보 주근 : 기둥, 벽체, 바닥판

③ 벽체주근 : 기둥, 보, 바닥판

끝

문제29) 콘크리트 화재피해에 따른 콘크리트 재료의 특성과 피해 구조물의 건전성 평가방법에 대하여 설명하시오.(25점)

답)

I. 개요

1) 화재의 피해를 입은 철근콘크리트 구조물은 기둥, Slab 보의 피해상태 등을 기초로 하여 4등급으로 구분한다.

2) 콘크리트 부재의 화재는 폭열현상을 유발하므로 화재예방과 보호를 해야 한다.

II. 콘크리트 발생 폭열발생 Mechanism(내부 수증기압 > 콘크리트 강도)

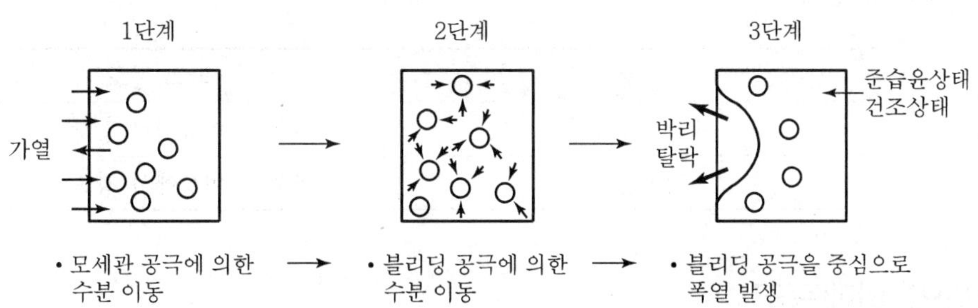

III. 화재로 인한 피해

1) 콘크리트 구조물의 수명 단축

2) 강재의 강도 상실

3) 콘크리트 표면의 박리·박락

4) 철근 노출 및 응력 약화

5) 마감재의 파손

6) 인명·재산상의 손실

IV. 콘크리트 재료의 특성

1) 온도에 따른 수분의 증발

온도(℃)	수분의 증발
100	자유공극수 방출
100~200	물리적 흡착수 방출
400	화학적 결합수 방출

2) 콘크리트의 파손

화재의 지속 시간	온도(℃)	콘크리트 파손 깊이
80분 후	800	0~5mm
90분 후	900	15~25mm
180분 후	1,100	30~50mm

3) 강재의 파손

구분	파괴 온도
냉간가공강재	500℃ 이상에서 강도 상실
일반강재	800℃ 이상에서 강도 상실

V. 화재의 피해등급

등급	피해 정도	색상
1급	마감재 일부 박리	그을음
2급	철근 일부 노출, 콘크리트 박리	검은색
3급	철근 노출, 콘크리트 박락	핑크색
4급	구조체 좌굴 및 변형현상 수반	옅은 회색

VI. 건전성 평가방법

1) 육안검사

- 구조체 외형의 파손 정도 파악

2) 균열조사

구분	균열 상태	조치
미세	0.1mm 이하	유지 관리
중간	0.1~0.7mm	보수 필요
대형	0.7mm 이상	보강 필요

3) 콘크리트 강도 조사

- 반발경도법, 초음파법, 방사선법, 복합법 등

4) 철근상태 확인

- 철근배근, 노출상태 및 피해상황 등

5) 콘크리트 변색 조사

- 콘크리트 색상으로 피해상황 점검

6) 탄산화 시험

색상	pH도	판정
적색	pH 10 이상	알칼리성
무색	pH 9 이하	탄산화

7) 수직·수평 변위 조사

8) 구조체 내력 조사

9) 화재로 인한 설비, 배관 등 피해 현상

10) 기타 화재로 인한 구조물, 마감재 등의 평가

VII. 구조물 잔존 수명

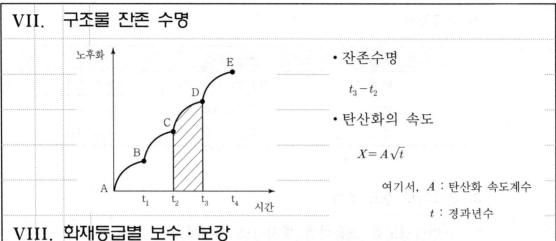

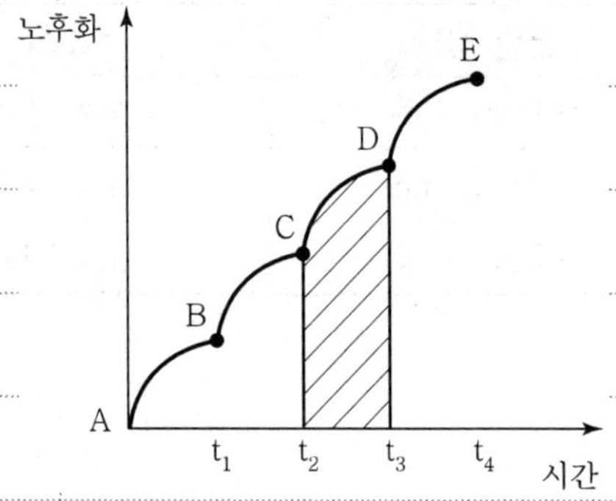

• 잔존수명

$t_3 - t_2$

• 탄산화의 속도

$X = A\sqrt{t}$

여기서, A : 탄산화 속도계수

t : 경과년수

VIII. 화재등급별 보수 · 보강

등급	보수·보강 공법
1급	마감재 부분 보수
2급	마감재 일부 보수, 모르타르 충전 보수
3급	마감재 전면 보수, Shotcrete 보수
4급	신설 철근 보강, 신설 콘크리트 타설

IX. 결론

1) 화재에 대한 구조물의 피해는 내구성 저하, 붕괴 사고가 유발되므로 예방이 중요하다.

2) 화재로 피해 입은 구조물은 신속한 안전진단 실시 후 적합한 보수 · 보강 공법으로 복구한다.

끝

문제30) 서중콘크리트 시공 시 문제점과 안전대책에 대해 설명하시오.(25점)

답)

I. 개요

서중콘크리트는 일평균 기온이 25℃ 초과 시 온도균열 증가, 소성수축균열 등의 문제가 발생하는 콘크리트로 시공관리방안을 수립해야 한다.

II. 서중콘크리트 운반시간에 따른 Slump와 공기량 저하 관계

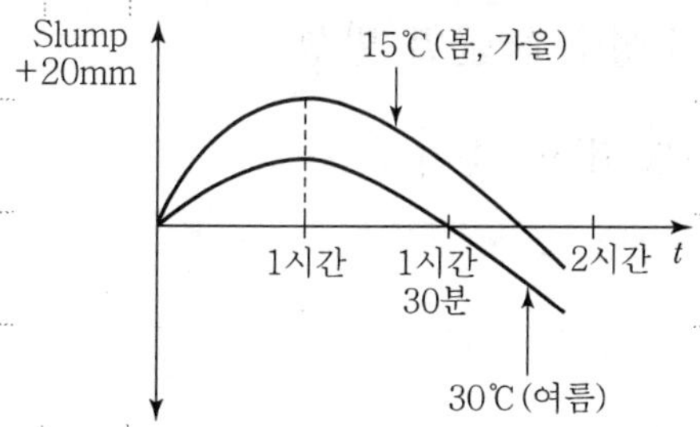

[Slump]

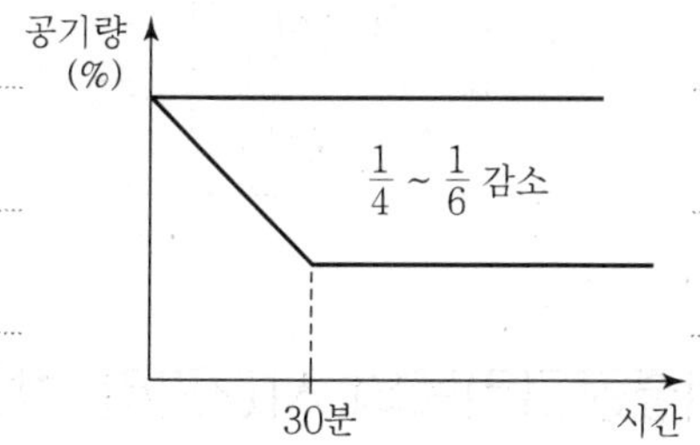

[공기량]

III. 서중콘크리트 시공 시 온도균열 발생 Mechanism

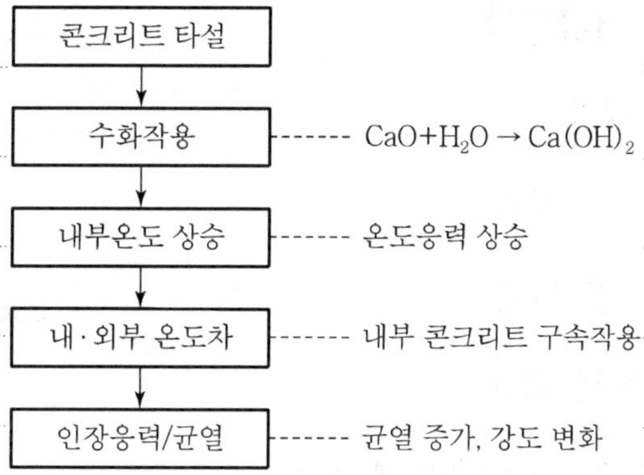

IV. 서중콘크리트 시공 시 문제점

1) 고온노출

고온노출 ⇒

급격한 수화 반응

① Slump 저하 발생

② 온도응력 증가

③ Cold Joint 발생 우려 등

2) 급격한 수분 증발

급격한 수분 증발 ⇒

① 소성수축 균열 발생

② Bleeding 증가

V. 서중콘크리트의 시공관리 방안

1) 콘크리트 온도 상승 방지 → 작업장 천막 덮기 등

2) Pre-Cooling 실시 → 골재 냉각

3) 저열 Cement 사용

4) 온도균열 저감방안

① 재료 냉각

② 시멘트량 적게

③ 운반시간 단축

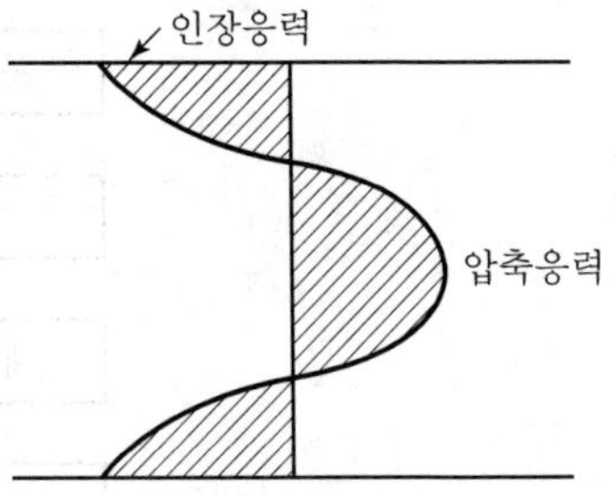

[온도응력]

5) 예비타설장비 확보

6) 거푸집 살수 → 습윤상태 유지

7) 타설 시간 준수 → 1.5시간 이내 타설 완료

8) 습윤 양생 실시 등 → 스프링클러 이용

9) 운반시간 - 서중 60분 이내

- 한중 90분 이내 타설

VI. 서중콘크리트 시공 사례

1) Pipe - Cooling 실시

→ 골재냉각 실시

2) Con'c 타설 전 강관 Pipe 설치

→ D=25mm 강관 Pipe 설치

3) 온도변화 확인 철저

4) 냉각수 온도 3℃ 이하

→ 4일 이상 냉각 실시

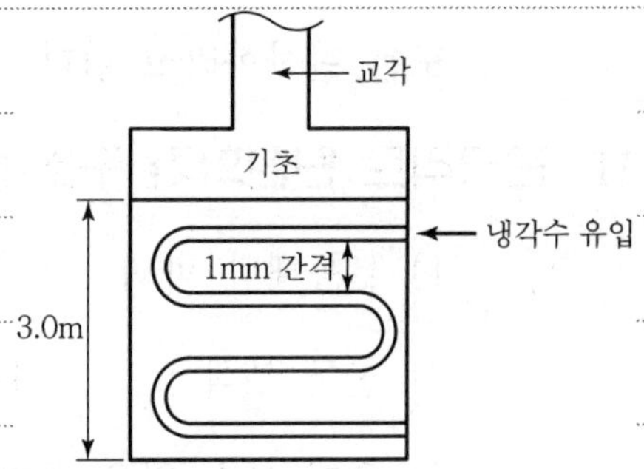

VII. 서중콘크리트 시공 시 안전대책

1) 차량 안내자 배치

2) Con'c Pump 전도 방지

3) 작업원 개인 보호구 착용 철저

4) Con'c Pump 장비의 배관 상태 확인

5) 현장 시험 장소 마련

VIII. 결론

서중콘크리트는 경화과정에서 과다한 수화열이 발생하므로 온도 상승에 따른 문제점이 발생된다. 현장조사, 공장 점검 등을 통해 골재 냉각 운반 시간 등을 확인하고, 습윤양생, Pipe - Cooling 등을 통해 온도균열을 저감시켜야 한다. 끝

문제31) 콘크리트의 탄산화(10점)

답)

I. 개요

시멘트가 물과 반응하여 수산화칼슘이 생성되는데 공기 중에 이산화탄소와 접촉되어 수산화칼슘이 탄산칼슘으로 변하는 과정을 콘크리트 중성화 또는 탄산화라고 한다.

II. 콘크리트 탄산화가 구조물에 끼치는 영향

1) 부동태막 파괴 2) 철근 분해

3) 철근 부식 4) 내구성 저하

5) 유지 보수 비용 증가

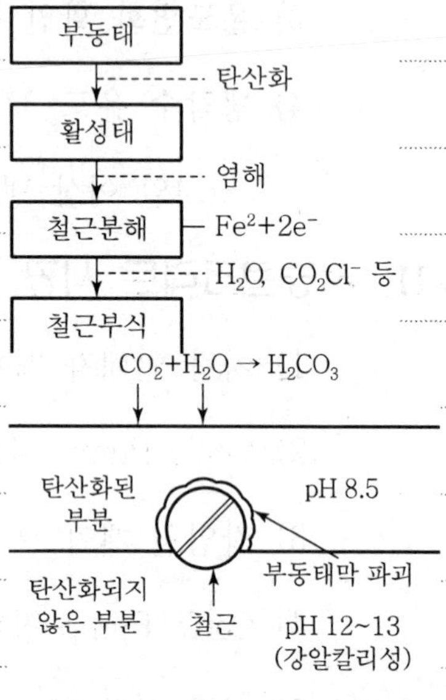

III. 콘크리트 탄산화 발생 원인

1) 공극이 큰 경량골재 사용

2) 물결합재비가 클 때

3) 피복두께 부족

4) 다짐 및 양생 부족

IV. 콘크리트 탄산화 방지대책

1) 물 결합재비를 낮게 하여 수화열 감소

2) 철근 피복두께 확보

3) AE제 등 혼화제 사용

4) 밀실하게 다짐실시 및 수밀성 증대

5) Con'c 표면 도장을 통한 탄산화 지연

끝

문제32) 철근의 부식으로 발생되는 철근 콘크리트 구조물의 문제점과 방지대책을 기술하시오.(25점)

답)

I. 개요

1) 철의 부식은 산화반응에 의해 발생되며

2) 부식이 발생되면 체적팽창이 발생되어 피복콘크리트의 균열을 유발하여 지내력과 내구성이 저하된다.

II. 부식의 3대 요소

1) $Fe \rightarrow Fe^{++} + 2e^{-} \rightarrow Fe^{++} + H_2O + \frac{1}{2}O_2$

$\rightarrow Fe(OH)_2$ 산화철

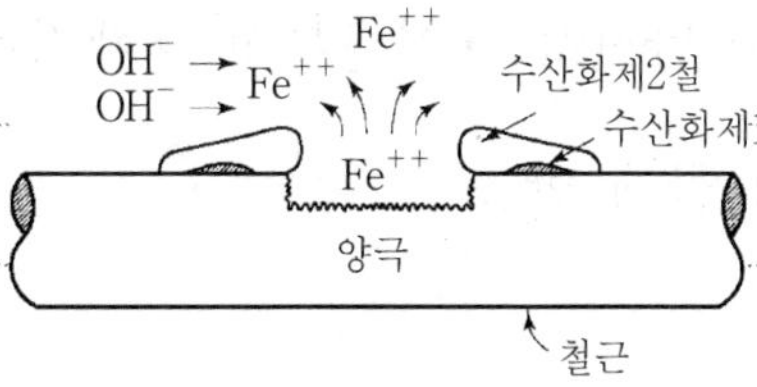

[용접부 녹발생]

III. 부식에 의한 피해 유형

1) 철근 Con'c 구조물의 철근 부식

2) 교량의 부식 피해

3) 지하철의 누설전류에 의한 매설배관의 전식 피해

4) 지하유류 탱크의 부식

5) 구조물의 내구성 저하

6) 철근 부식에 의한 콘크리트 균열 발생 및 누수 피해 발생 등 2차적인 구조물의 피해 발생

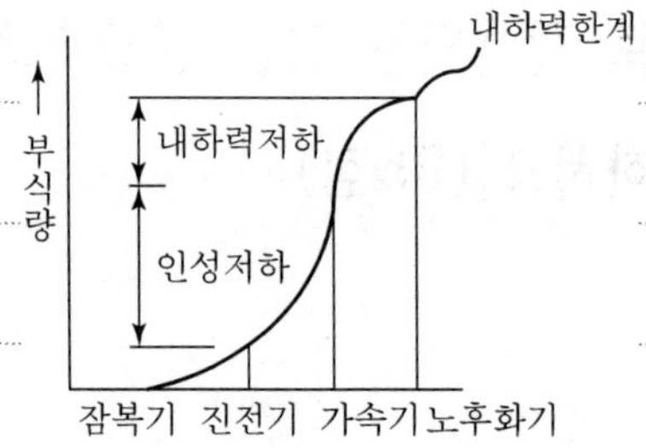

[부식에 의한 노후화과정]

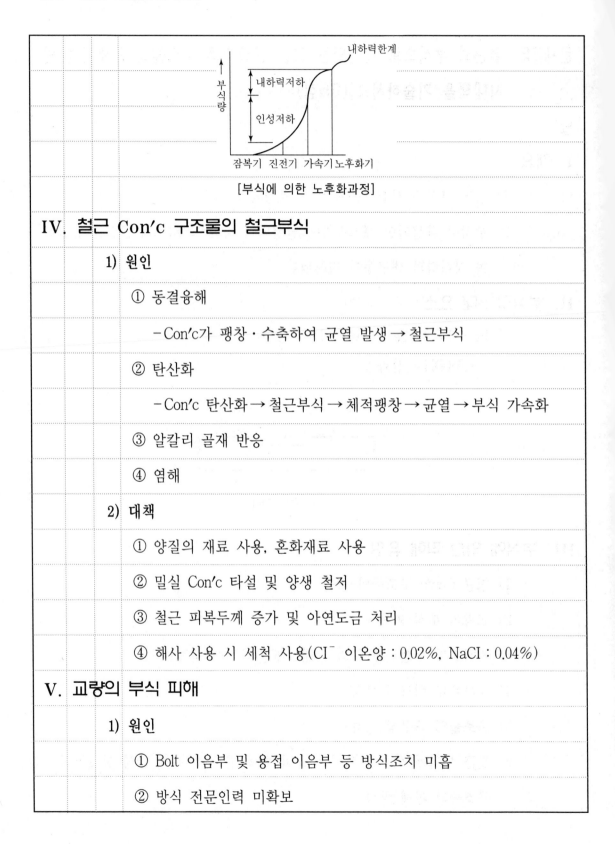

IV. 철근 Con'c 구조물의 철근부식

1) 원인

① 동결융해

- Con'c가 팽창·수축하여 균열 발생 → 철근부식

② 탄산화

- Con'c 탄산화 → 철근부식 → 체적팽창 → 균열 → 부식 가속화

③ 알칼리 골재 반응

④ 염해

2) 대책

① 양질의 재료 사용, 혼화재료 사용

② 밀실 Con'c 타설 및 양생 철저

③ 철근 피복두께 증가 및 아연도금 처리

④ 해사 사용 시 세척 사용(Cl^- 이온양 : 0.02%, NaCl : 0.04%)

V. 교량의 부식 피해

1) 원인

① Bolt 이음부 및 용접 이음부 등 방식조치 미흡

② 방식 전문인력 미확보

③ 설계 및 유지관리 대책 미흡

2) **대책**

① 주요부재에 대한 철저 방식조치

② Bolt 이음부

-방식처리된 재료 사용

-방식도장 처리

③ 용접 이음부

-용접부의 수분·녹 등의 불순물 제거

-용접 시 불순물을 제거하여 산화방지

④ 설계단계부터 유지보수까지 철거한 산화방지대책

VI. 지하철 누설전류에 의한 매설배관의 전식피해

1) **원인**

① 누설전류로 매설배관(Gas관, 상수도관 등)의 전식피해

② 인근 매설배관과 레일 사이에 배류기 미설치

③ 전류에 의한 부식방지 대책 미고려

2) **대책**

① 설계단계부터 누설전류에 대한 전식피해 방지

② 주요 매설관 주위에 배류기 설치

③ 매설배관에 대한 전기방식기준 정립

④ 방식 부족구간에 전기방식시설 보강

VII. 지하 유류탱크의 부식

1) **원인**

① 국내 설치법은 탱크도장 후 절연테이프 등으로 외부를 감싸는 2중 구조

② 2중 구조는 파손이 쉬워 부식 위험

2) **대책**

① 2중 구조 대신 전기방식법을 적용

② 탱크설치법을 도장+전기방식법으로 개정

VIII. 향후 대응방안

1) 방식에 대한 전문교육 실시

2) 방식 전문가 육성

3) 방식기준 정립 및 기술편람 배부

4) 설계 및 유지관리 단계에서 철저한 방식대책을 고려할 것

IX. 결론

1) 부식은 산화에 의한 녹 발생과 전식으로 구분할 수 있으며 구조물 내구성 저하의 원인이 되고 있으므로 부식 방지대책을 수립해 적용해야 한다.

2) 설계단계부터 방식 피해 조치를 적용하고 전문기술인력 양성 및 체계적인 방식기술개발을 통해서 부식을 방지해야 한다.

끝

제5장

철골공사

문제1) 철골공작도에 포함시켜야 할 사항(10점)

답)

I. 개요

1) 철골공사는 부재가 중량이고 고소작업이 많으므로 재해예방을 위한 안전관리가 필요하다.

2) 따라서 외부 가설계획 등 사전 안전관리 계획에 의한 시공이 중요하다.

II. 설계도 및 공작도 확인사항

1) 부재의 형태, 치수, 접합 위치 등 검토

2) 현장 용접 유무, 이음부의 시공 난이도 고려

3) 사전계획에 의해 공작도에 포함되는 안전설비

4) 풍압 등 외압에 대한 내력이 설계에 고려되었는지 확인

5) 건립기계의 선정 및 대수 결정

III. 철골공작도에 포함사항

1) 외부 비계받이 및 화물 승강설비용 브라켓

2) 기둥 승강용 트랩

3) 구명줄 설치용 고리

4) 건립에 필요한 와이어걸이용 고리

5) 기둥 및 보 중앙의 안전대 설치용 고리

6) 난간설치용 부재

7) 방망설치용 부재

8) 비계연결용 부재

9) 방호선반 설치용 부재

끝

문제2) 앵커볼트 매립 시 준수사항(10점)

답)

I. 개요

1) 철골 앵커볼트 매립 시 정밀시공이 요구되며, 일단 매립되면 수정하지 않도록 견고하게 고정시킨 후

2) 변형이 없도록 주의하여 Con'c 타설을 해야 한다.

II. 앵커 Bolt 매입공법

1) 고정매입공법

－기초철근 배근 시 동시에 앵커볼트를 설치하고 Con'c를 타설하는 공법

2) 가동매입공법

－앵커볼트의 상부조절이 일부 가능하도록 사전 조치하는 공법

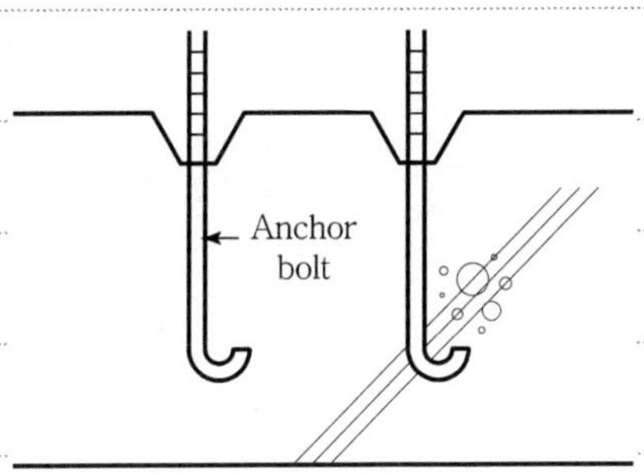

[가동매입공법]

3) 나중매입공법

－앵커볼트 매입을 나중에 하는 공법

III. 앵커볼트 매립 시 준수사항

1) 기둥 중심은 기준선에서 5m/m 이상 벗어나지 않을 것

2) 인접 기둥 간 중심거리의 오차는 3m/m 이하로 할 것

3) 앵커볼트는 기둥중심에서 2m/m 이상 벗어나지 않을 것

4) Base Plate의 하단은 기준높이 및 인접기둥의 높이에서 3m/m 이상 벗어나지 않을 것

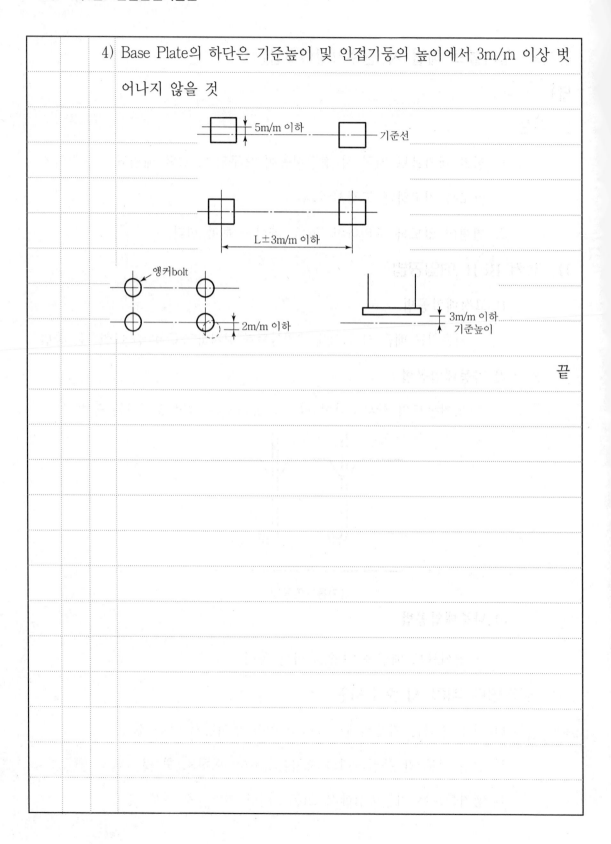

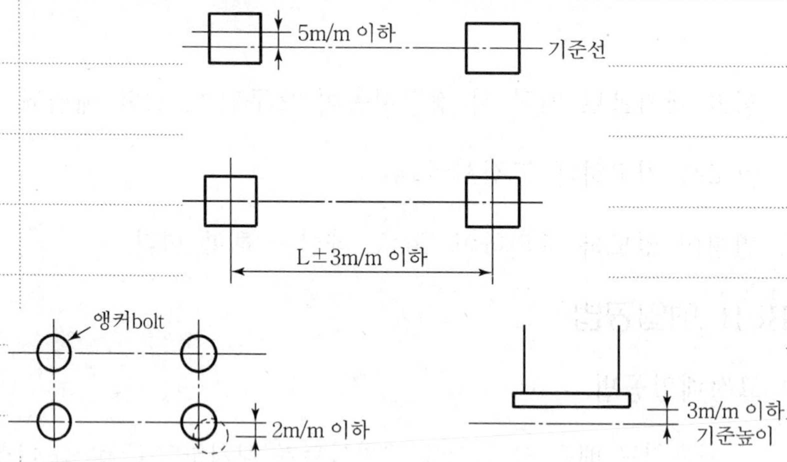

끝

문제3) 철골공사 시 안전대책 및 재해 방지설비에 대해 설명하시오.(25점)

답)

I. 개요

1) 철골작업 시 발생하는 재해로는 추락·낙하·비래 등의 유형이 있으며
2) 재해 발생 시 대부분이 중대재해로 연결되기 때문에 재해 방지설비를 설치하여야 한다.

II. 철골공사 시 재해 유형

1) 추락
2) 낙하·비래
3) 용접작업 시 화재·감전
4) 철골건립 시 도괴 등

III. 재해 방지를 위한 안전대책

1) 재해 방지설비

기능		사용장소	설비
추락방지	안전작업용 작업대	높이 2m 이상 추락위험 작업	비계, 달비계 안전난간대
	추락자 보호	작업대 설치가 어렵거나 난간 설치 곤란	추락방지망
	추락 우려 장소에서 작업자 행동 제한	개구부 및 작업대 끝	추락방지 안전난간 설치
	작업자 신체 유지	작업대 설치곤란	안전대, 구명줄
비래·낙하·비산방지	낙하방지	철골 Bolt 체결	낙하물 방지망
	제3자의 위해방지	Bolt 등 낙하 우려 작업	방호 Sheet, 방호 선반, 안전 Net
	불꽃비산방지	용접작업	불연재료

2) **고소작업에 따른 추락 방지설비 설치**

① 추락방지망 설치

② 안전대 사용

③ 안전대 사용을 위한 안전대 부착설비를 설치

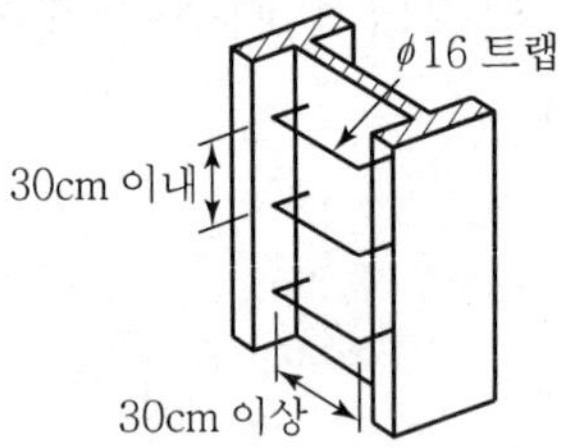

[철골기둥 승강용 트랩]

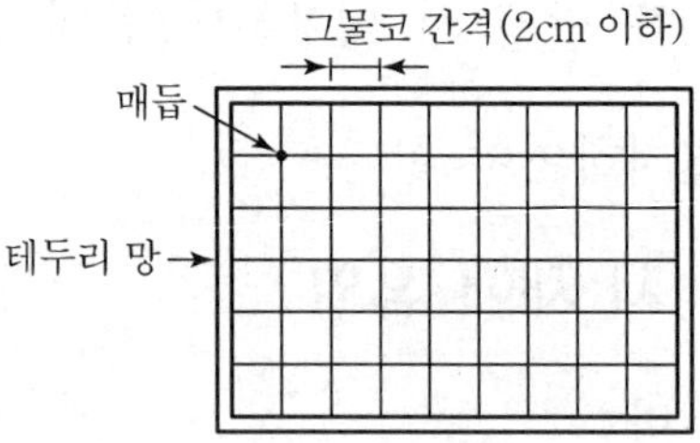

[추락방호망]

3) **구명줄의 설치**

① 여러 명 동시 사용금지

② 구명줄은 마닐라로프 직경 16mm 기준 이상

③ 수직 및 수평구명줄 설치

4) **낙하 · 비래 및 비산 방지시설**

① 설치시기

- 지상층의 철골건립과 동시에 설치

② 설치설비

- 낙하물방지망, 방호선반

③ 설치방법

- 지상에서 8m 이내 설치, 첫단 높이에서 10m 이내
- 외부비계 방호 Sheet에서 수평거리 2m 이상 돌출, 설치각도 20~30° 유지

5) **외부비계를 필요치 않는 공법 채택 시 조치사항**

① 철골보 등을 이용하여 낙하 · 비래 및 비산방지 설비 설치 등 안전 설비 설치

6) **화기 사용 시 조치**

① 불연재로 울타리 설치

② 불연재로 주위를 덮는 등의 조치

7) **철골 건물 내부에 낙하 · 비래 방지시설물 설치**

① 추락방호망 설치(10m 간격으로 수평 설치)

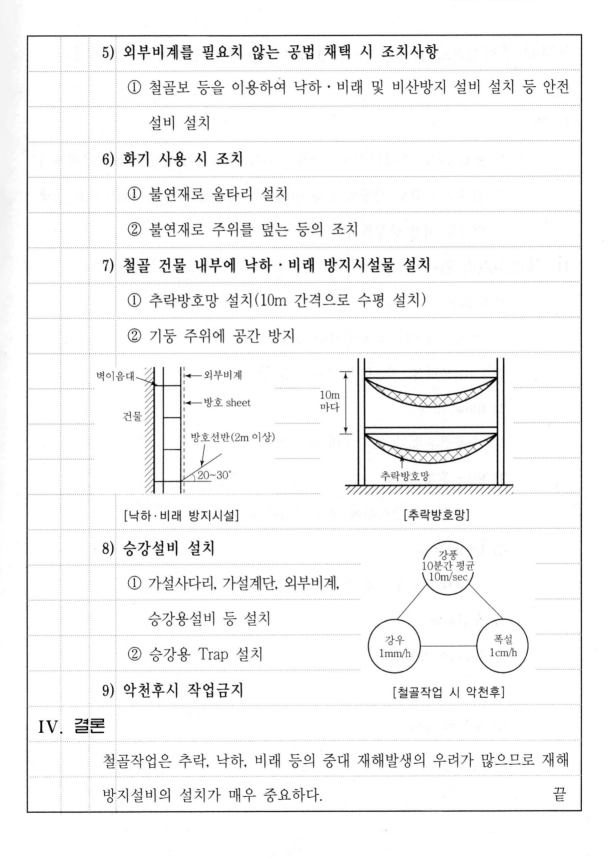

② 기둥 주위에 공간 방지

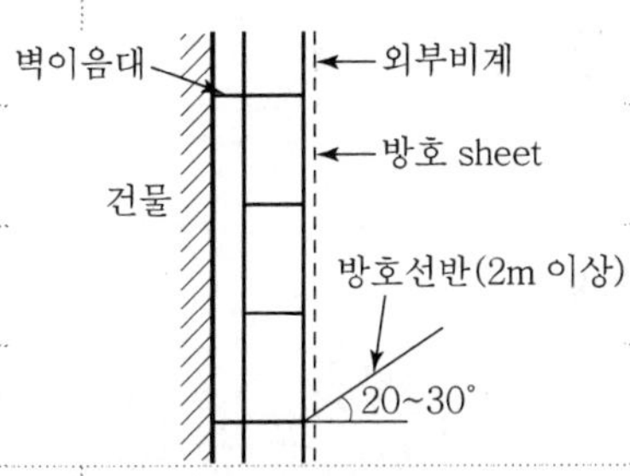

[낙하·비래 방지시설]

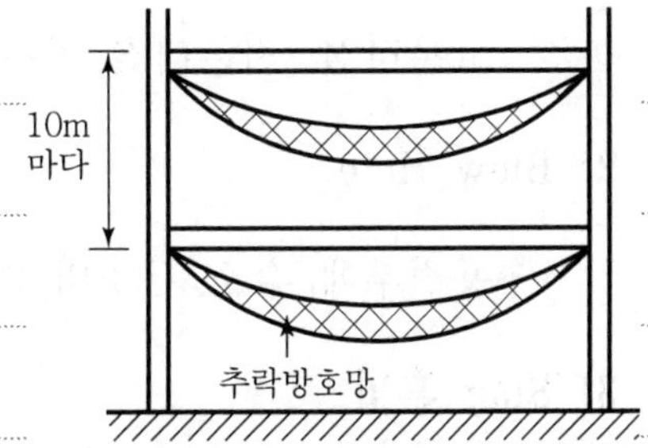

[추락방호망]

8) **승강설비 설치**

① 가설사다리, 가설계단, 외부비계, 승강용설비 등 설치

② 승강용 Trap 설치

9) **악천후시 작업금지**

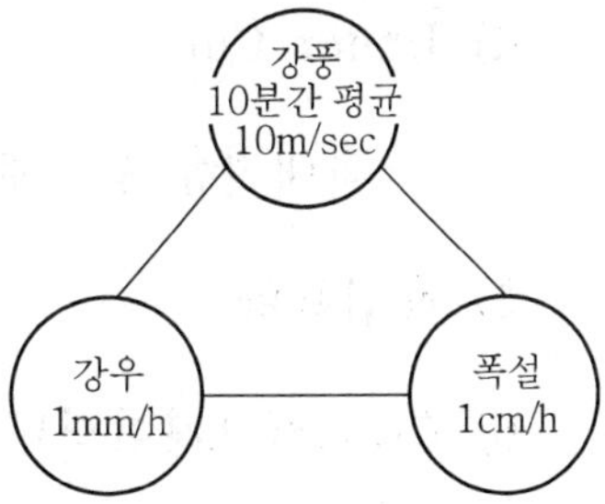

[철골작업 시 악천후]

IV. 결론

철골작업은 추락, 낙하, 비래 등의 중대 재해발생의 우려가 많으므로 재해방지설비의 설치가 매우 중요하다. 끝

문제4) 용접결함의 발생원인 및 방지대책에 대해 설명하시오.(25점)

답)

I. 개요

1) 용접결함은 재질의 변화·변형·수축·잔류응력 등의 발생을 초래하며
2) 접합부의 강도 상실로 인해 구조물의 내구성 저하로 나타나므로 발생 방지를 위한 품질관리가 요구된다.

II. 용접결함의 종류

1) Crack
   - 용착금속과 모재에 생긴 균열
   - 고온터짐, 저온터짐, 수축터짐 등
2) Blow Hole
   - 용접부에 수소, CO_2의 기공 발생
3) Slag 혼입
   - 모재와의 융합부에 Slag 부스러기 잔존
4) Under Cut
   - 과대전류 등으로 모재가 파임
5) 용입불량
6) Crater(크레이터)
7) Over Lap
8) 목두께 불량
9) 융합불량

10) 융합불량

11) 크랙(균열) 등

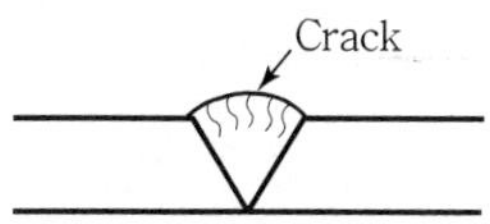

[Crack]

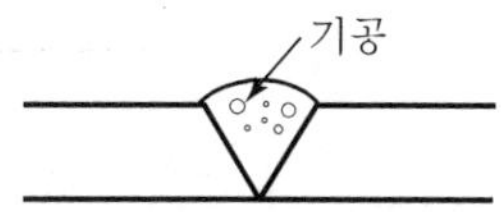

[Blow Hole]

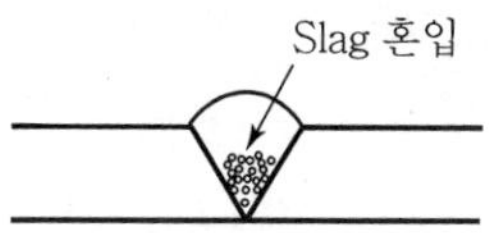

[Slag 혼입]

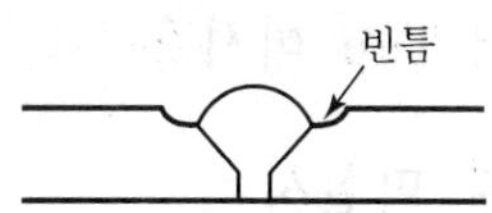

[Under Cut]

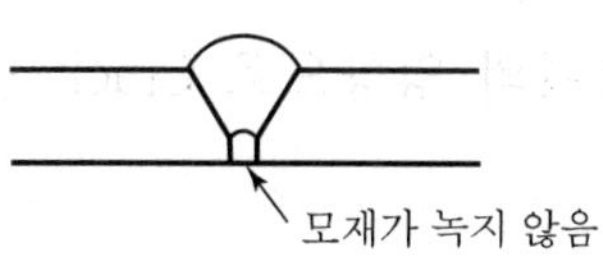

[용입불량]

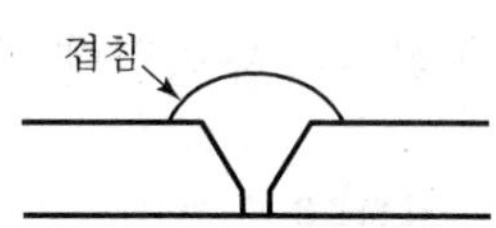

[Over Lap]

III. 용접결함의 원인

1) 적정전류 미사용

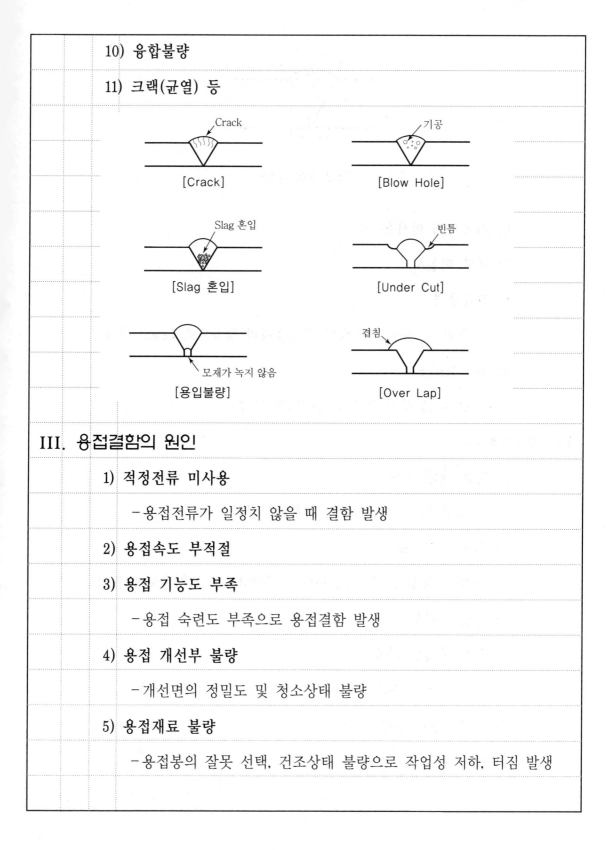

-용접전류가 일정치 않을 때 결함 발생

2) 용접속도 부적절

3) 용접 기능도 부족

-용접 숙련도 부족으로 용접결함 발생

4) 용접 개선부 불량

-개선면의 정밀도 및 청소상태 불량

5) 용접재료 불량

-용접봉의 잘못 선택, 건조상태 불량으로 작업성 저하, 터짐 발생

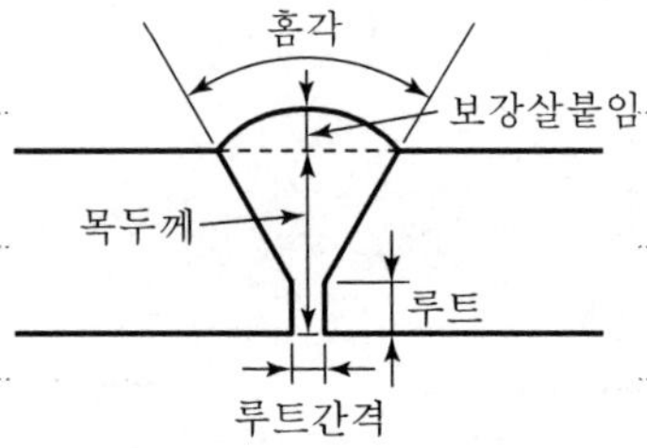

[맞댄 이음 용접]

6) End Tap 미사용

7) 예열 미실시

8) 잔류응력

- 용접 후 용접열에 의한 잔류응력의 영향으로 Crack 발생

9) Arc Strike

- 용접기능공의 잘못된 습관으로 발생

IV. 방지대책

1) 적정 전류 사용

- 적정 전류 전압기계로 과대전류 관리

2) 적정 용접속도

- 빠른 용접속도는 용입불량을 발생하므로 적정속도로 용접

3) 용접 숙련도 확인

4) 적정 용접봉 사용

- 저수소계 용접봉 사용 및 건조한 곳에 용접봉 보관

5) 용접개선부 정밀도 확보

6) 예열 실시

-미리 용접부위에 예열을 하여 결함 및 변형 방지

7) 잔류응력 최소화

-전체가열법, 돌림용접 등 용접방법을 개선

8) Arc Strike 금지

9) End Tab 사용

-용접의 시작과 끝지점에 End Tab을 연결시켜 용접

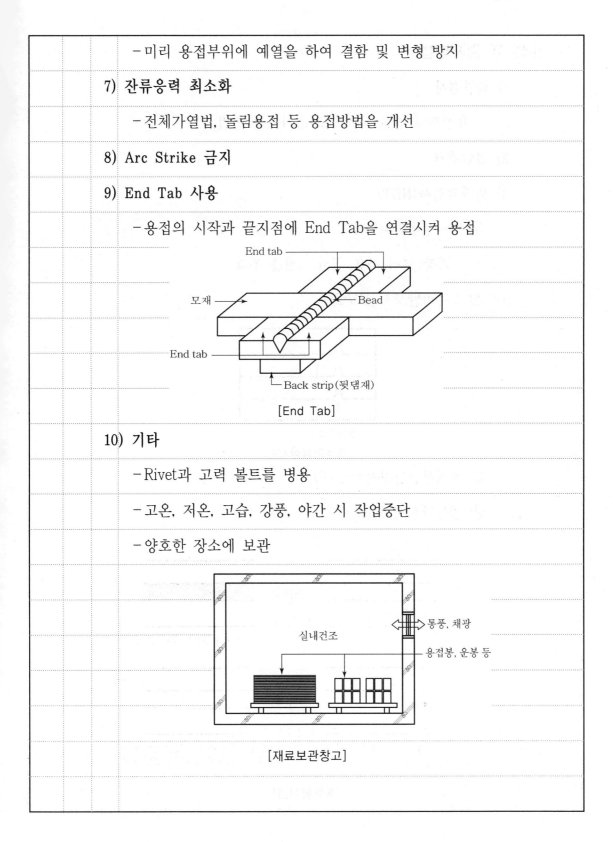

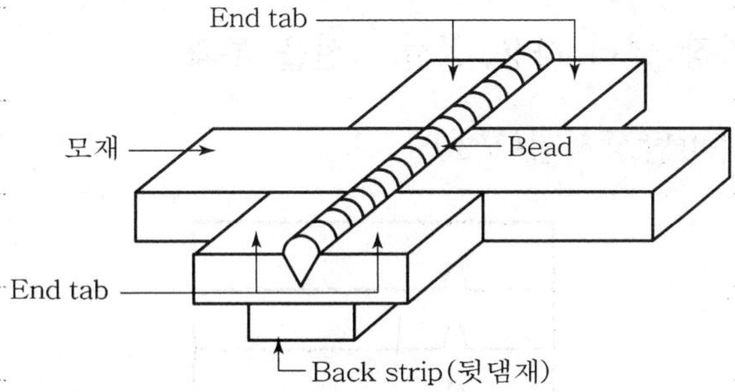

[End Tab]

10) 기타

-Rivet과 고력 볼트를 병용

-고온, 저온, 고습, 강풍, 야간 시 작업중단

-양호한 장소에 보관

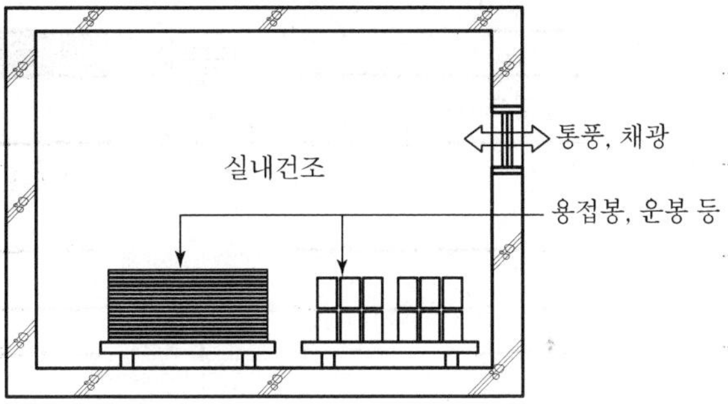

[재료보관창고]

V. 용접 후 검사방법

1) 외관검사

-용접부 표면을 육안으로 검사하는 방법

2) 절단검사

3) 비파괴검사(NDT)

① 방사선투과시험(RT)

-가장 널리 사용, X선, γ선을 투과

② 초음파탐상시험(VT)

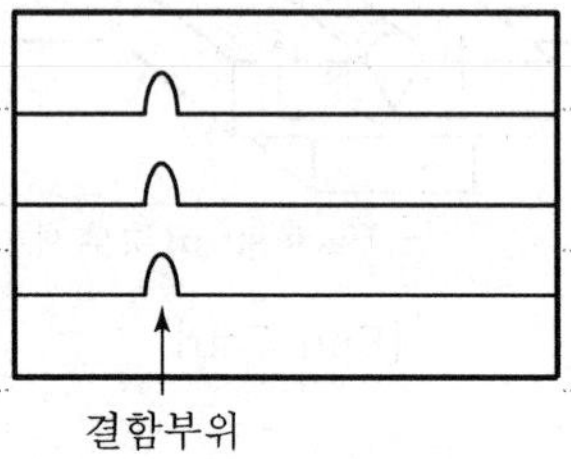

[초음파탐상시험]

③ 자기분말탐상시험(MT)

④ 침투탐상시험(PT)

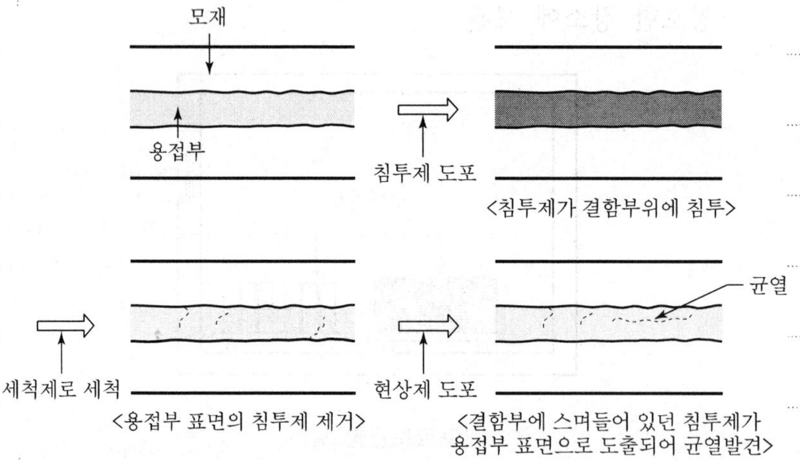

[침투탐상법]

⑤ 와류탐상시험

VI. 결론

1) 용접부의 결함은 구조물의 강도, 내구성의 저하를 초래하여 구조물의 수명단축에 영향을 미치므로

2) 용접 전·중·후의 전과정에 걸친 용접부의 검사로 결함을 파악하여 면밀한 원인분석 및 대책을 수립하여야 한다.

끝

문제5) 초고층 건물의 안전성 향상 방안(10점)

답)

I. 개요

1) 건물이 초고층화되어감에 따라 일반 저층 건물에 비해 바람 · 지진 · 안전 등에 더욱 많은 영향을 받는다.

2) 안전한 초고층 건물의 시공 및 유지를 위하여, 계획 · 설계 단계에서부터 사전조사를 통한 풍력 · 지진력 등의 외력과 건물 자체의 하중에 대한 구조적 검토가 필요하다.

II. 초고층 건물에 작용하는 풍압

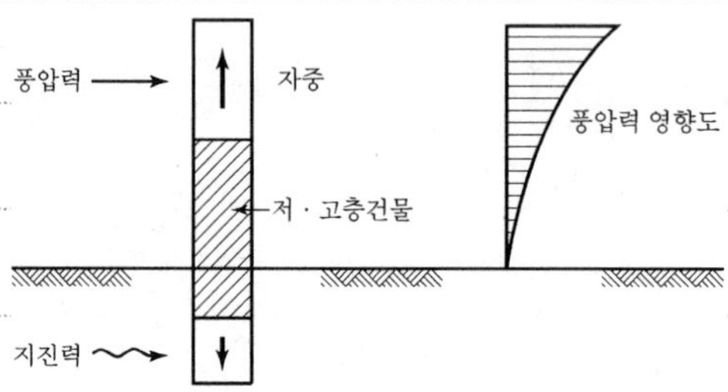

III. 안전성 향상 방안

항목		내용
풍압력	풍동 시험	• 건물 주변의 기류를 파악하여 풍해의 예측 및 대책 수립
	실물대 시험	• 풍압력에 의한 Curtain Wall의 구조적 안전성 확보
내진 대책		• 구조의 단순화 및 내력벽의 균등한 배치 • 동일한 구조와 재료형식 • TMD(Turned Mass Damper) : 건물이 지진의 영향을 받을 경우 반대방향에 진동을 주어 건물의 진동을 소멸시키는 장치
고강도화 및 자중경감	건물의 저층부	• 콘크리트의 고강도화 • 고강도 철근 사용
	건물의 고층부	• 경량화 및 조립화 • 공장제품 사용 및 PC화 • 자중경감
기타		• 철골(강)구조화 및 인성이 강한 골조사용

끝

문제6) End Tab(10점)

답)

I. 개요

Blow Hole, Crater 등의 용접결함이 생기기 쉬운 용접 Bead의 시작과 끝 지점 용접접합 모재의 양단에 부착하는 보조강판

II. 시공상세도

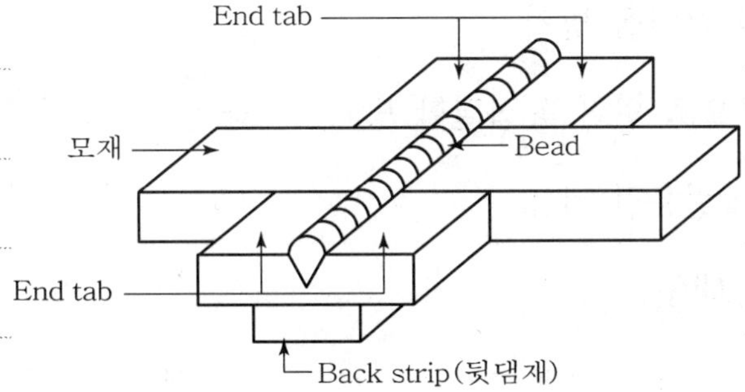

III. End Tab 기준 및 유의사항

1) 재질은 모재와 동일 종류 철판 사용
2) 재질은 모재와 동일 두께 철판 사용
3) 길이 : 35mm(아크용접), 40mm(반자동용접), 70mm(자동용접)

IV. 특징

1) 엔드탭 사용 시 용접유효길이로 인정
2) 용접이음부 강도시험 시 절단하여 시험편으로 사용가능
3) 용접완료 시 엔드탭 제거
4) 용접 양단부 용접결함 방지 가능

끝

문제7) Scallop(10점)

답)

I. 개요

강재부 용접 시 용접선이 교차되어 열영향으로 취약해지는 것을 방지하기 위한 부채꼴 모양의 모따기

II. Scallop의 역할

1) 용접선 끊어짐 방지

2) 열영향으로 인한 용접결함 방지 → 균열 등

3) 완전 돌림용접 가능

III. Scallop 상세도

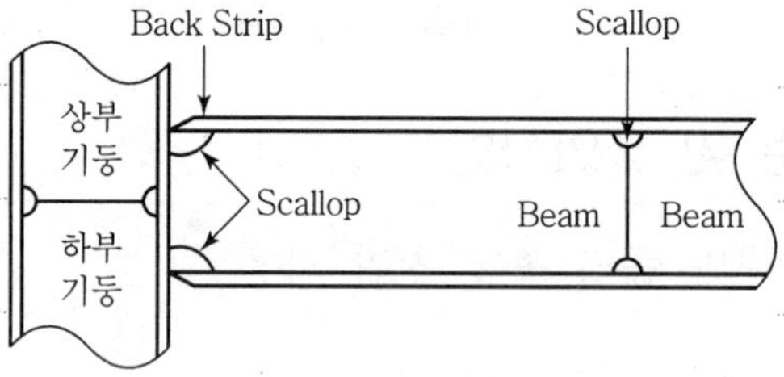

IV. Scallop 설치기준

1) Scallop의 반지름 : 30mm

2) 조립 H형강의 반지름 : 35mm

V. Scallop

1) Scallop 부분 완전돌림용접 실시

2) 개선부 정밀도 확인

3) Tack 후 용접변형 상태 확인하여 본용접

4) Arc Strike 발생 금지

끝

문제8) 도장공사의 재해유형과 방지대책(10점)

답)

I. 개요

도장공사는 건설업 전체 사망재해의 3%를 차지하는 사망재해 다발 작업 공종으로 달비계 사용기준 미준수, 수직구명줄 미설치가 주요 원인이 되고 있으므로 이에 대한 안전조치가 필요하다.

II. 재해유형

1) 외벽 도장작업 중 추락

2) 외벽 도장작업 도구의 낙하

3) 내벽 도장작업 중 전도

III. 도장공사 시공순서

시공 계획 → 공정표 → 색견본 작성 → 재료 보관 → 바탕 처리 → 방청도장 → 도장 및 뿜칠 → 양생

IV. 시공 단계별 재해예방을 위한 관리사항

1) 시공 계획 : 타공사와의 일정을 감안해 안전보건조정자와 협의

2) 색견본 : 가능한 한 Mock Up Room을 만들어 도장상태 및 재해발생 가능성 검토

3) 재료 보관 : 인화성 물질이므로 화재발생에 특히 유의

4) 바탕 처리 : 현장용접부 및 가공부의 방청대책 사전 검토

5) 도장 및 뿜칠 : 재해발생 예방을 위한 작업기준의 준수 여부 수시 확인 및 점검 재해예방대책 적용

V. 재해예방대책

1) 달비계 지지로프가 풀리거나 끊어질 위험에 대비해 상부에 2개소 이상 로프가 풀리지 않도록 견고하게 묶을 것
2) 지지로프는 22mm 이상 로프 사용
3) 달비계 작업 시 수직구명줄을 별도로 설치하여 작업자가 수직구명줄에 추락방지대를 걸고 작업함으로써 추락재해에 대비해야 함
4) 주변에서 화기사용 금지 및 소화기 비치, 페이트통 별도 보관
5) 방독마스크 착용

끝

제6장

해체공사 · 발파공사

문제1) 해체공사의 종류별 특징 및 안전대책에 대해 설명하시오.(25점)

답)

I. 개요

1) 해체공사는 도심지 공사가 많아 추락 및 낙하비래, 비산, 붕괴, 전도 등의 안전사고와 공해발생 가능성이 높은 공사이다.

2) 따라서 충분한 사전조사를 실시하여 적합한 공법을 선정하고 안전하고 저공해성이 고려된 민원과 환경 안전 등이 우선시되는 안전한 공사가 되어야 한다.

II. 구조물의 해체요인

1) 경제적인 수명한계

2) 구조 및 기능의 수명한계

3) 주거환경개선

4) 도시정비 차원

5) 기타 재건축 재개발사업증가

III. 사전조사

1) 해체대상 구조물 조사

① 구조의 특성 및 치수, 층수, 높이 등

② 평면 구성상태, 벽 등의 배치

③ 부재별 치수, 배근상태

④ 해체 시 마감재 및 설비 · 전기 배선 영향 여부

⑤ 진동 · 소음 · 분진의 예상치 측정

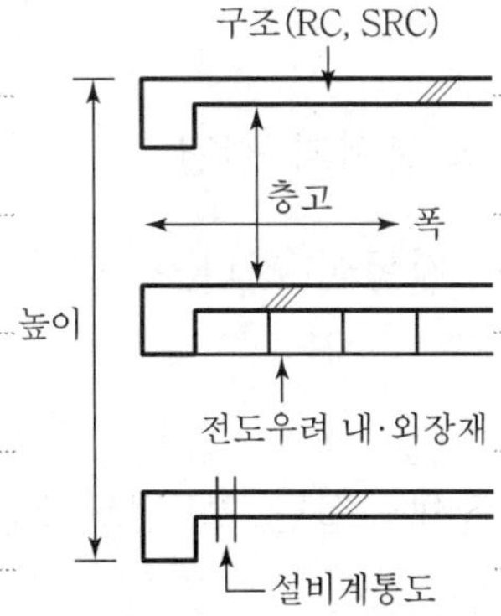

[해체대상 구조물 조사]

2) 부지상황 조사

① 해체용 기계설비 설치위치

② 인접건물상태 및 지하매설물 보호

③ 도로상황 및 접속도로의 폭

IV. 해체공법의 종류별 특징

1) 철해머공법

① 강구(Steel Ball)를 이용, 충격력으로 파괴

② 소규모 건물에 적합, 소음·진동이 큼

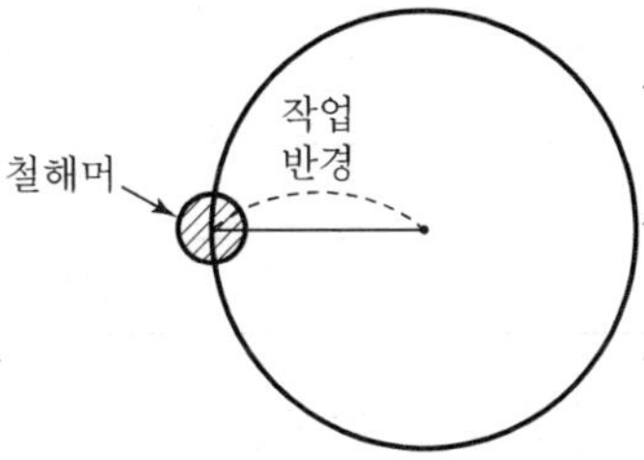

[철해머공법]

2) 대형 브레이커 공법

① Breaker Hammer를 건설장비에 탑재하여 사용

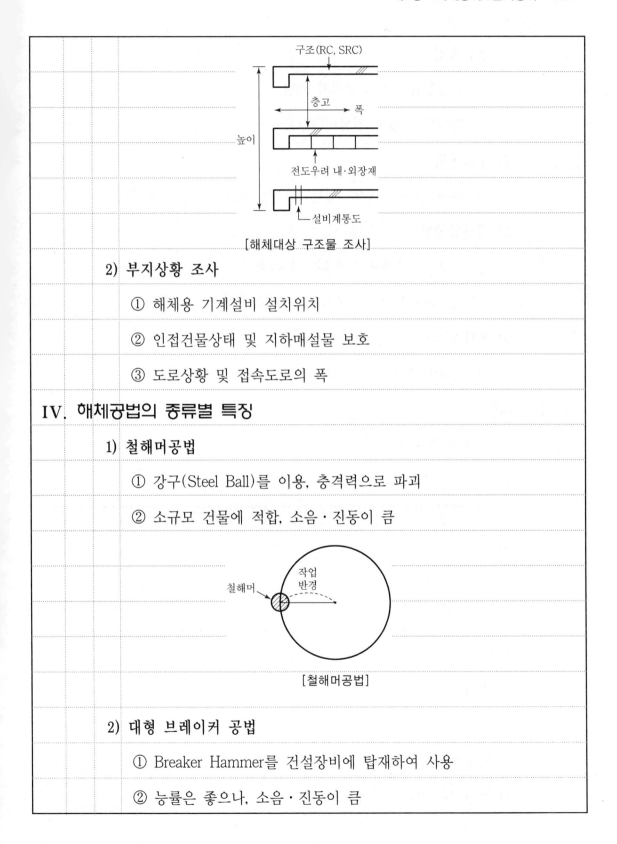

② 능률은 좋으나, 소음·진동이 큼

3) **절단공법**

① 절단톱을 고속회전시켜 절단

② 정밀도가 높고 진동이 적다.

4) **전도공법**

① 부재 일부를 파쇄 · 절단 후 전도 Moment를 이용 전도

5) **팽창압공법**

① 천공 후 팽창제를 충진하여 파쇄

② 도심지에서 적합, 무소음 · 무진동공법

6) **발파공법**

① 발파에 의한 충격파나 Gas압에 의해 파쇄

V. 안전대책

1) 관계자 외 출입금지

2) 악천후 시 작업금지

구분	내용
강풍	10분간 평균 풍속 10m/sec
강우	50m/m/회
강설	25cm/회
지진	진도 4 이상

3) 사용기계 · 기구 인양 시 그물망 · 그물포대 사용

4) 작업반경 설정

5) 전도작업 시 대피 확인

6) 방호비계 설치

7) 분진억제 살수시설 설치

8) 신호 규정 준수　　　9) 대피소 설치

VI. 공해방지대책

1) 소음 · 진동방지

① 소음 · 진동은 기준 관계법에 따라 처리

건물 분류	문화재	주택/APT	상가	철근 Con'c
건물기초에서의 허용 진동치(cm/sec)	0.2	0.5	1.0	1.0~4.0

② 방음 · 방진시설 설치

2) 분진발생 억제

① 살수, 방진시트, 분진방지막

② 방진벽 설치 : 높이 1.8m 이상, 50m 이내 주거인접 시 3m 이상 높이의 방진벽을 설치할 것

3) 지반침하 대비

4) 폐기물 처리

① 관계법에 의하여 폐기물 처리(폐기물관리법, 건설폐기물 재활용 촉진에 관한 법률)

② 폐기물의 종류별 분리배출

VII. 결론

1) 해체공법은 현장여건을 고려하여 적합하고 안전한 공법선정이 이루어져야 하며

2) 또한 환경 및 공해측면에서 검토되지 않으면 안 되므로 적절한 공법선택과 안전관리가 중요하다.

끝

문제2) 절단톱 사용 시 안전대책(10점)

답)

I. 개요

1) 절단톱 해체공법은 와이어에 Diamond 절삭 날을 부착, 고속회전시켜 절단, 해체하는 것을 말한다.

2) 따라서 해체 시 재해방지 및 공해대책을 강구해야 한다.

II. 사전조사

1) **해체대상 구조물 조사**

① 구조의 특성 및 치수, 높이

② 부재별 치수, 배근상태

③ 진동 · 소음 · 분진의 예상

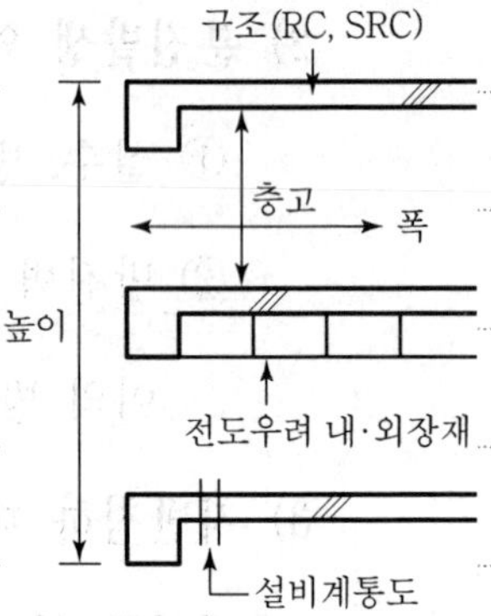

[해체대상 구조물 조사]

2) **부지상황 조사**

① 해체용 기계설비 설치 위치

② 인접건물 상태 및 지하 매설물 보호

III. 안전대책

1) 절단 작업 시 주변환경을 깨끗이 청소한 후 절단할 것

2) 전기시설, 급수 · 배수설비 수시로 정비 · 점검

3) 회전날에는 접촉방지 Cover 부착

4) 회전날의 조임상태는 작업 전 점검

5) 절단 중 회전날의 냉각수 점검 및 과열 시 일시중단 후 작업 재개

6) 절단방향은 직선 기준으로 하며 최소단면 절단 원칙

7) 매일 점검 · 정비 및 수시로 윤활유 주유

끝

문제3) 발파식 해체공법의 특징과 안전대책에 대해 설명하시오.(25점)

답)

I. 개요

1) 발파식 해체공법이란 구조물의 주요 지지점마다 폭약설치 후, 순간적인 폭발로 해체하는 공법이다.

2) 재래식 공법과 달리 소음·진동·분진이 순간적이며, 주변 시설물에 대한 피해도 적은 공법이다.

II. 필요성

1) **난공사 시(공사의 어려움)**

- 초고층 빌딩, 고층 APT 등 기존 재래공법 불가 시

2) **해체 구조물이 불안전하거나 균열이 심한 경우**

3) **주변에 취약 구조물이 밀집 시**

4) **특수 해체가 필요한 경우**

- 특수교량, 공장, Tower 등 특수구조물 해체 시

III. 사전조사

1) **해체대상 구조물 조사**

① 구조물의 특성 및 치수, 높이

② 평면구성상태, 벽 등의 배치

③ 진동·소음·분진의 예상치 측정

2) **부지상황 조사**

① 해체용 기계설비 설치 위치

② 인접건물 상태 및 지하 매설물 보호

③ 도로 상황 및 접속도로의 폭

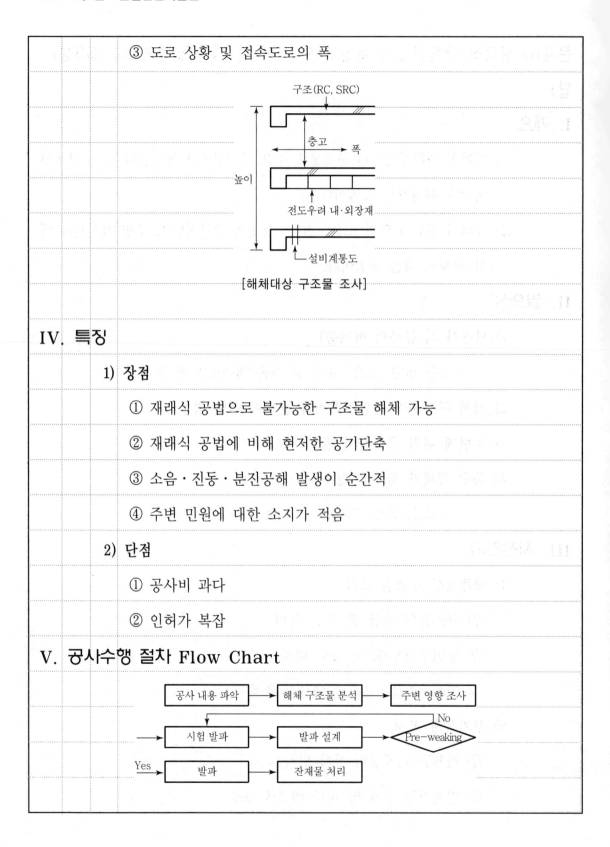

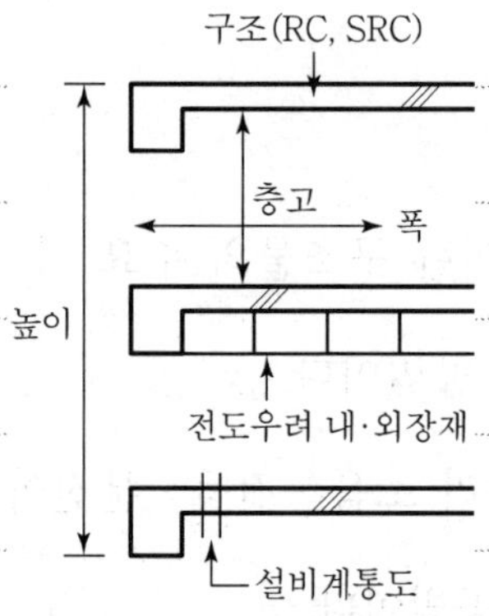

[해체대상 구조물 조사]

IV. 특징

1) 장점

① 재래식 공법으로 불가능한 구조물 해체 가능

② 재래식 공법에 비해 현저한 공기단축

③ 소음 · 진동 · 분진공해 발생이 순간적

④ 주변 민원에 대한 소지가 적음

2) 단점

① 공사비 과다

② 인허가 복잡

V. 공사수행 절차 Flow Chart

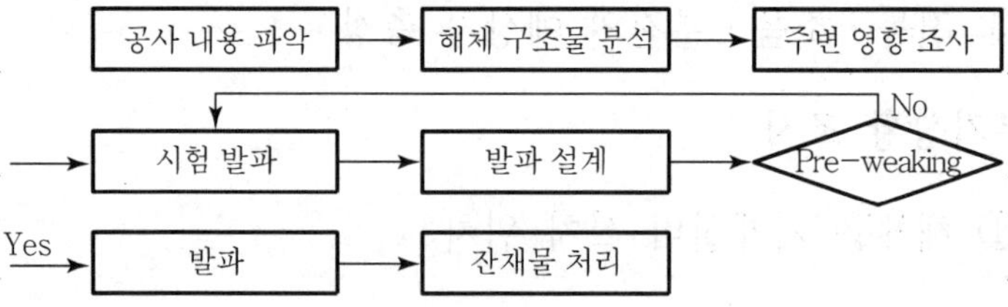

VI. 공법비교

구분	재래식 공법	발파식 해체공법
원리	충격, 진동	시간차 폭발
장비	중장비	경장비
특성	비계설치, 작업공간 필요	안전작업 가능
공기	길다.	짧다.
주변영향	소음 · 진동 · 분진 장기간	단시간 내
경제성	저층이 경제적	고층일수록 경제적

VII. 안전대책

1) 관계자 외 출입금지

2) 강풍, 폭우, 폭설 등 악천후 시 작업중지

구분	내용
강풍	10분간 평균 풍속 10m/sec
강우	1mm/hr/회
강설	1cm/hr/회
지진	진도 4 이상

3) 해체 건물 외곽에 방호용 울타리 설치

4) 방진벽, 차단벽, 살수시설 설치

5) 작업자 상호 간 신호규정 준수

6) 대피소 설치

7) 화약발파의 안전

- 화약류에 충격을 주거나 떨어뜨리지 않도록 함
- 전기뇌관 결선 시 방수 및 누전방지

8) **각종 보호구 착용**

- 분진 발생 시 방진 마스크, 보안경 등 착용
- Breaker 작업 시 귀마개, 귀덮개 등 방음 보호구 착용

VIII. 공해방지 대책

1) **소음 · 진동 규제기준 준수**

〈건설 소음 규제기준(단위 : dB)〉

대상지역	조석	주간	심야
주거지역	60 이하	65 이하	50 이하
상업지역	65 이하	70 이하	50 이하

2) **분진발생 억제**

- 살수설비, 방진시트 및 분진차단막 설치

3) **폐기물 처리**

- 관계법에 의해 발생 폐기물 처리

IX. 결론

지금까지 국내 발파식 해체공사는 대부분 외국과의 기술제휴로 이루어졌으며, 국내 기술 자립화를 통해 보다 안전한 무공해성의 공법개발을 통한 발파해체공법의 채택이 중요하다.

끝

제7장

교량 · 터널 · 댐

문제1) 교량의 안전성 평가방법에 대해 설명하시오.(25점)

답)

I. 개요

1) 국가산업의 발달로 교량에 대한 요구조건이 빠른 속도로 변화하고 있다.

2) 교량의 내하력 평가란 기존 교량의 여러 기능을 평가하여 교량의 실용성·안전성을 판단하는 것이다.

II. 교량의 안전성 평가 목적

1) 기존 교량의 구조적 결함 분석

2) 설계자료가 없는 노후교량의 안전성·실용성 평가

3) 기존 교량의 수명연장으로 경제적 이용 극대화

4) 기존 교량의 유지관리에 필요한 자료 제공

III. 안전성 평가 순서 Flow Chart

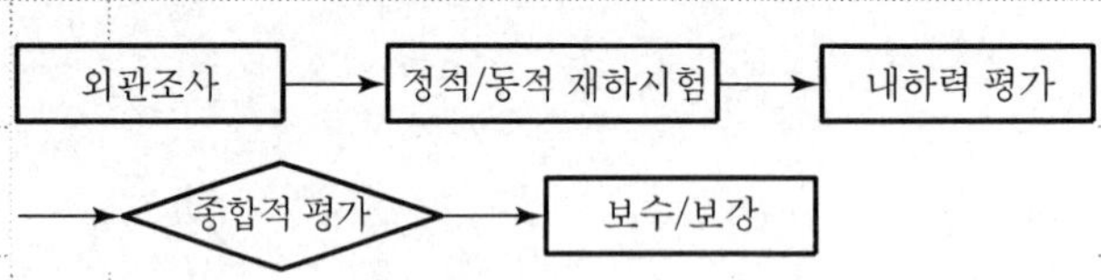

IV. 안전성 평가방법

1. 외관조사

1) 상부구조

① 도로표면 균열, 패임

② 난간대 및 경계석 결함

2) 교좌장치

① 신축 이음부 작동 여부

3) **하부구조**

① 기초 유실, 침하

② 교대 및 교각의 균열 여부

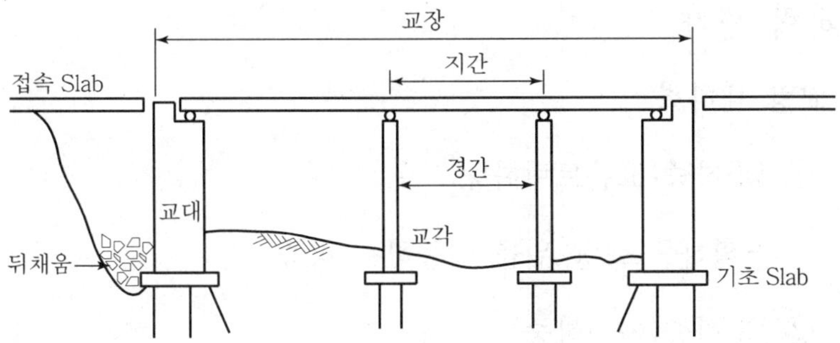

2. 정적재하시험

1) **시험방법**

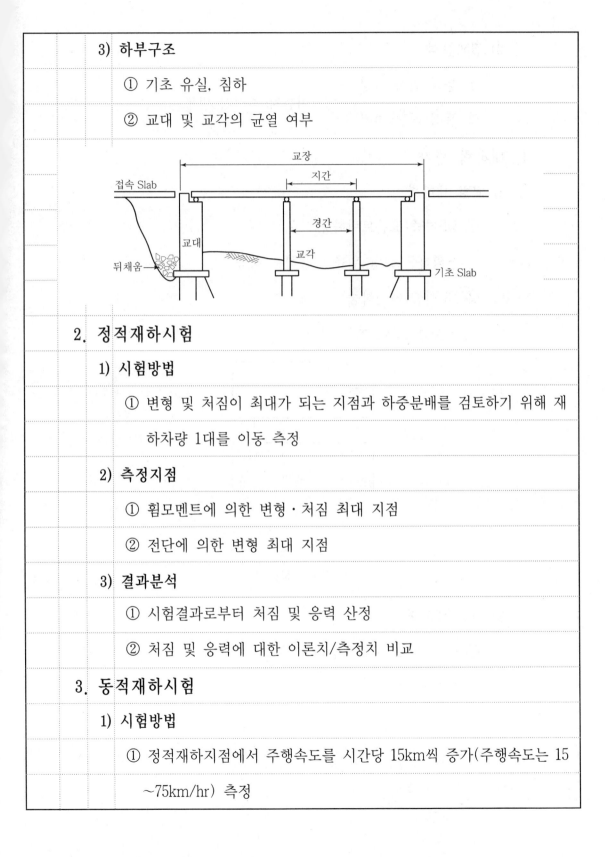

① 변형 및 처짐이 최대가 되는 지점과 하중분배를 검토하기 위해 재하차량 1대를 이동 측정

2) **측정지점**

① 휨모멘트에 의한 변형·처짐 최대 지점

② 전단에 의한 변형 최대 지점

3) **결과분석**

① 시험결과로부터 처짐 및 응력 산정

② 처짐 및 응력에 대한 이론치/측정치 비교

3. 동적재하시험

1) **시험방법**

① 정적재하지점에서 주행속도를 시간당 15km씩 증가(주행속도는 15~75km/hr) 측정

2) 결과분석

① 동적 변형 결정
② 동적 처짐 결정
→ 이론치/측정치 비교

4. 내하력 평가

1) 교량 내하력

① DB하중(표준트럭하중)

-활하중(교량 위를 이동하는 하중)

② DL하중(차선하중)

-차선에 작용하는 하중

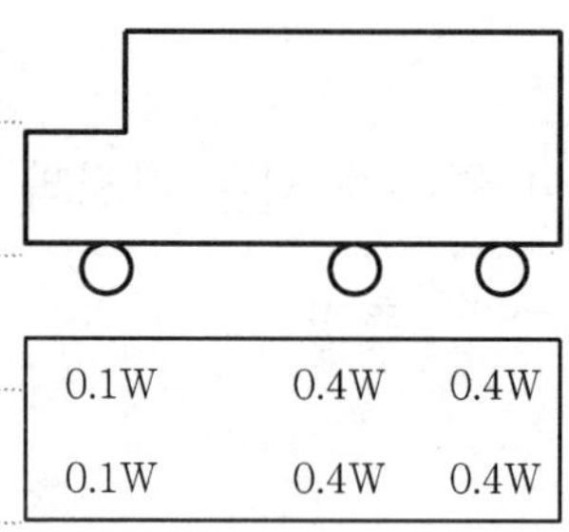

P : 기본내하력
σ_a : 재료허용응력
σ_d : 사하중응력
σ_{24} : DB-24 하중응력

합계 : 1.8W
DB-24 : 1.8×24
DB-18 : 1.8×18

[DB 하중]

2) 기본 내하력

① DB-24(1등교) 하중의 경우

$$P = 24 \times \frac{\sigma_a - \sigma_d}{\sigma_{24}}$$

P : 기본내하력, σ_a : 재료허용응력
σ_d : 사하중응력, σ_{24} : DB-24 하중응력

② 공용 내하력

-기본 내하력에 보정계수를 가상하여 실제 적용

$$P' = P \times K_s \times K_r \times K_i \times K_o$$

P' : 공용 내하력
P : 기본 내하력
K_s : 응력보정계수
K_r, K_i, K_o : 노면상태, 교통상태, 기타 보정계수

5. 종합적 평가

6. 보수 · 보강

V. 계측기 설치

1) **지진계** : 주탑 기초부, 교대부
2) **가속도계** : 주탑상부, 상판, 케이블
3) **변위계** : 경간에 대한 $\frac{1}{4}$, $\frac{1}{2}$, $\frac{3}{4}$ 지점

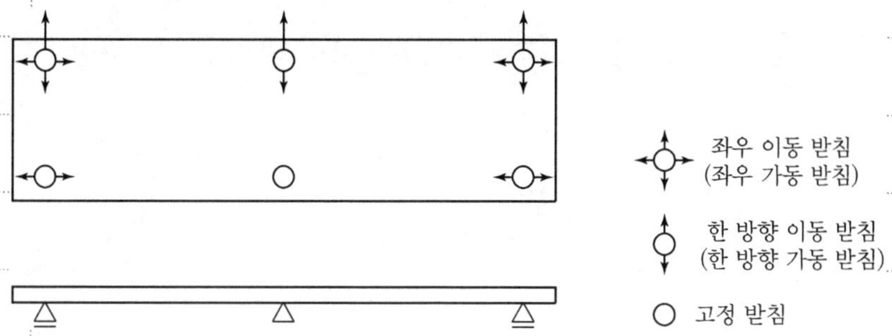

[교좌배치]

VI. 문제점

1) 설계시점과 사용지점의 교통량 급격 변화
2) 제한차량의 빈번한 통과

3) 지속적인 유지관리 미흡

VII. 대책

1) 설계 시 일정시점의 교통량 충분히 반영

2) 지속적인 유지관리 및 기준 확립

3) 교량진단기법의 표준화

VIII. 결론

1) 교량은 정기적인 내하력 평가로 교통의 기능을 유지함으로써 안전성과 확실성을 확보해야 하며

2) 설계 시부터 일정 시점의 교통량 반영 및 향후 유지관리를 고려하도록 하여야 한다.

끝

문제2) 콘크리트 교량의 가설공법 종류와 각각의 특징에 대해 설명하시오.(25점)

답)

I. 개요

1) 교량은 상부구조·교좌장치·하부구조로 구성되며, 가설공법은 현장 타설공법과 Precast 공법이 있다.

2) 교량의 가설공법 선정 시 안전성, 경제성, 시공성을 고려하여야 한다.

II. 공법선정 시 고려사항

1) 안전성

2) 시공성

3) 경제성

4) 상부 구조 형식

5) 하부 공간 이용

6) 지형·지질

7) 건설공해 등

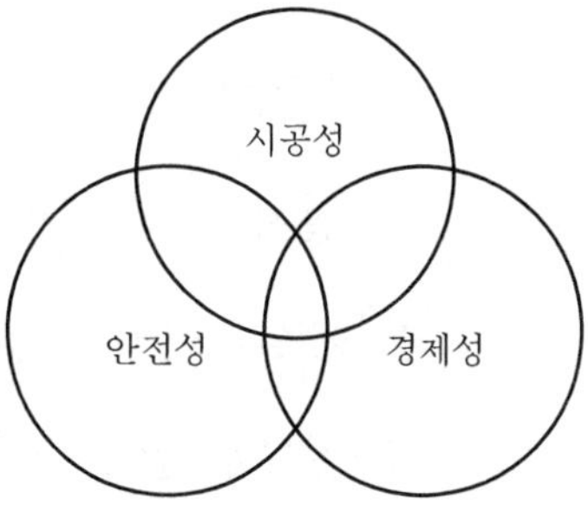

[공법선정 시 고려사항]

III. 교량의 구조도

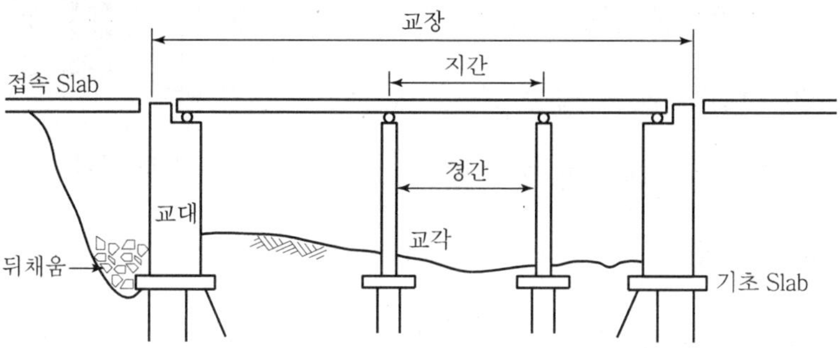

IV. 가설공법의 종류

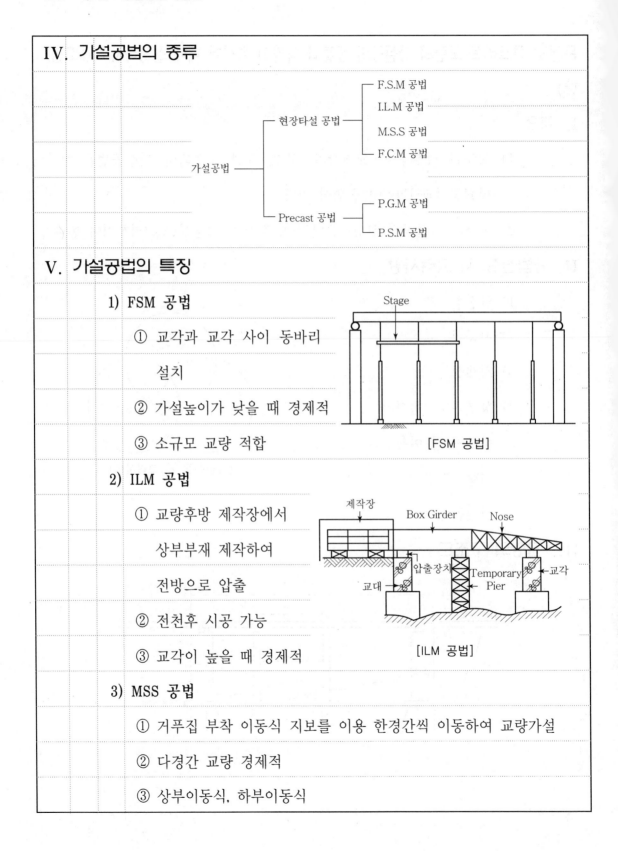

- 가설공법
  - 현장타설 공법
    - F.S.M 공법
    - I.L.M 공법
    - M.S.S 공법
    - F.C.M 공법
  - Precast 공법
    - P.G.M 공법
    - P.S.M 공법

V. 가설공법의 특징

1) FSM 공법

① 교각과 교각 사이 동바리 설치

② 가설높이가 낮을 때 경제적

③ 소규모 교량 적합

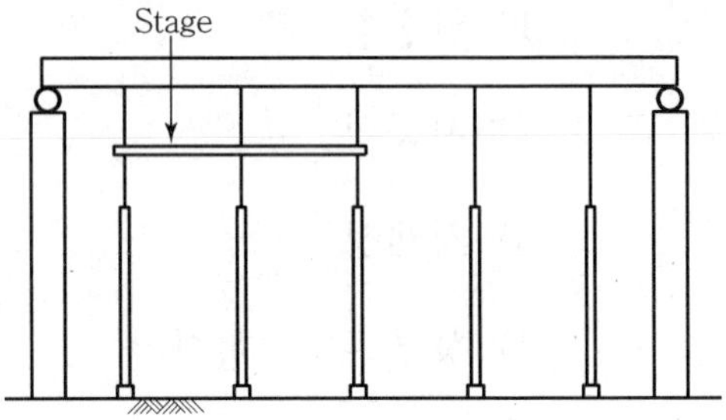

[FSM 공법]

2) ILM 공법

① 교량후방 제작장에서 상부부재 제작하여 전방으로 압출

② 전천후 시공 가능

③ 교각이 높을 때 경제적

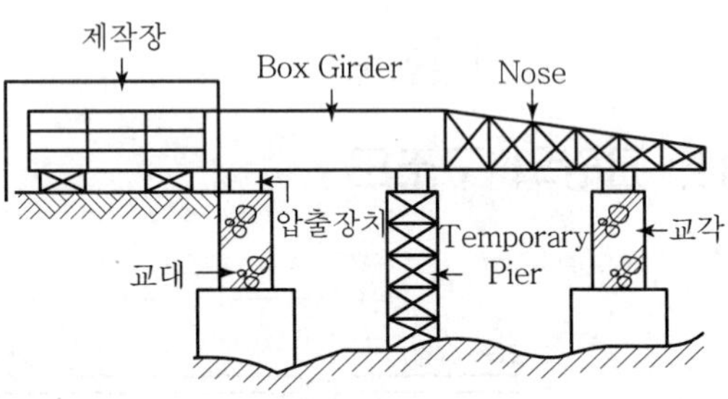

[ILM 공법]

3) MSS 공법

① 거푸집 부착 이동식 지보를 이용 한경간씩 이동하여 교량가설

② 다경간 교량 경제적

③ 상부이동식, 하부이동식

4) FCM 공법

① 교각 중심 좌우대칭을 유지하며 상부 전진 가설

② 경간이 길수록 경제적

③ 공사비 고가

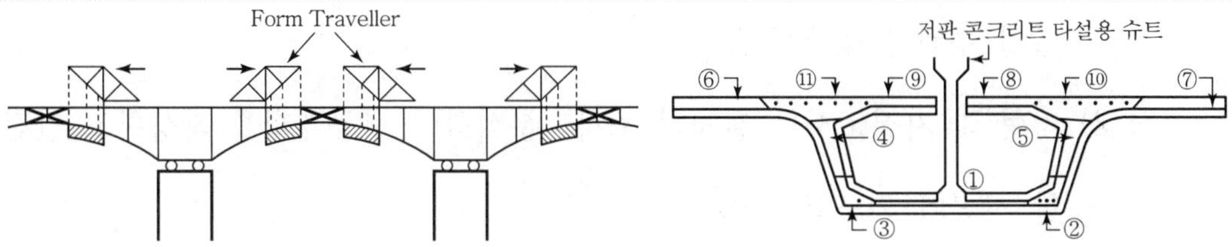

[FCM 공법]

VI. 교량가설 시 안전대책

1) 안전담당자 지정

2) 개인보호구 착용

3) 재료 · 기구 불량품 제거

4) 작업내용 작업자 사전주지

5) 작업근로자 외 출입금지

6) 악천후 시 작업금지

〈악천후 조건〉

구분	내용
강풍	10분간 평균풍속 10m/s 이상
강우	50mm/회 이상
강설	25cm/회 이상
지진	진도 4 이상

7) 고소작업 방호조치

8) 달줄 · 달포대 사용

VII. 결론

교량 가설 시에는 안전성을 고려한 공법을 선정하고 작업 시 안전대책을 수립하여 사고가 발생하지 않도록 관리하여야 한다.

끝

문제3) Tunnel 시공 시 재해유형과 안전대책에 대해 설명하시오.(25점)

답)

I. 개요

1) Tunnel 공사의 안전사고는 추락, 낙석, 낙반, 폭발 등에 의한 중대재해 발생 우려가 높으므로

2) 지형 및 지질조사를 철저히 조사·분석하여 시공계획을 작성하고 안전한 시공이 되도록 해야 한다.

II. 터널공법의 분류

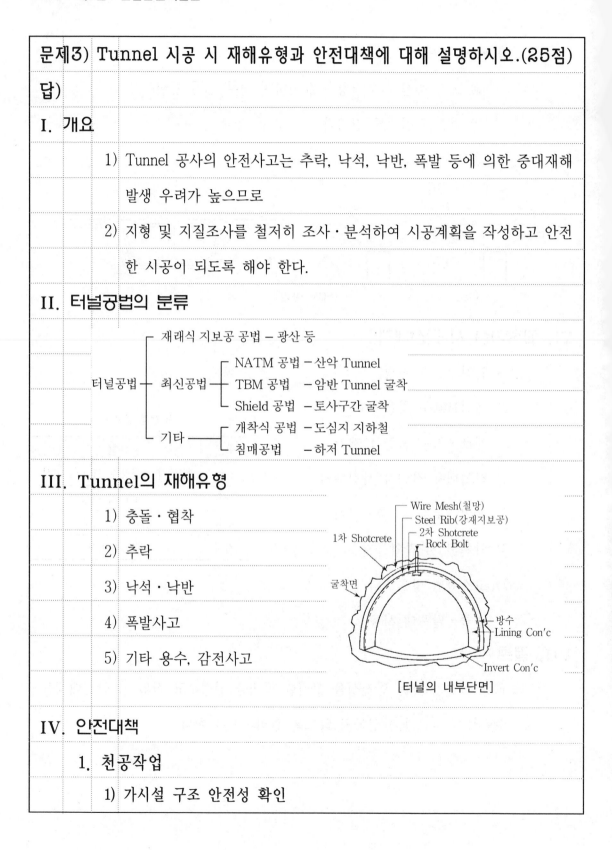

- 터널공법
  - 재래식 지보공 공법 – 광산 등
  - 최신공법
    - NATM 공법 – 산악 Tunnel
    - TBM 공법 – 암반 Tunnel 굴착
    - Shield 공법 – 토사구간 굴착
  - 기타
    - 개착식 공법 – 도심지 지하철
    - 침매공법 – 하저 Tunnel

III. Tunnel의 재해유형

1) 충돌·협착

2) 추락

3) 낙석·낙반

4) 폭발사고

5) 기타 용수, 감전사고

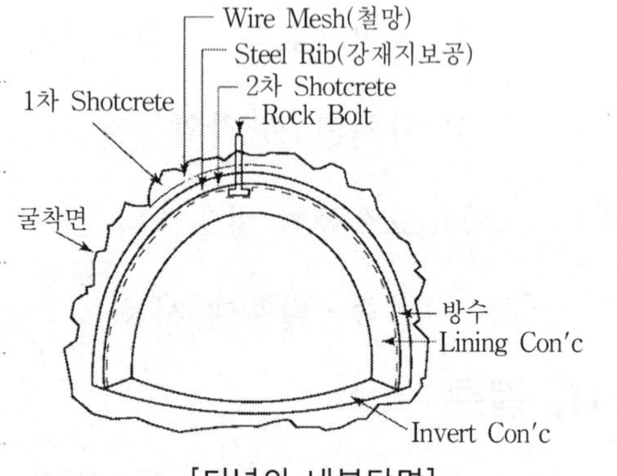

[터널의 내부단면]

IV. 안전대책

1. 천공작업

1) 가시설 구조 안전성 확인

2) 개인 보호구 착용

3) 용출수 방수대책

- 천공작업 중 용출수 다량 발생 시 긴급 방수대책 실시

4) 불발화약류의 유무 확인

2. 발파작업

1) 발파 지휘자에 따라 시행

2) 근로자의 대피

3) 임시 대피장소 설치

4) 발파용 점화회선의 분리

- 발파용 점화회선은 타 동력선 및 조명회선으로부터 분리

5) 발파 후 조치

- 유독가스의 유무를 확인하고, 30분 이내 환기완료

- 부석제거 및 용출수 유무 동시 확인

3. 막장관리

1) 막장면 부석 제거

2) Sealing Shotcrete 타설

3) 막장 내 지하수 처리(방수처리 및 배수처리)

4) 용수대책 실시

- 용수가 많아 유출 시 배수공법, 자수공법 사용

5) 계측관리 철저

6) 막장 내 조명유지

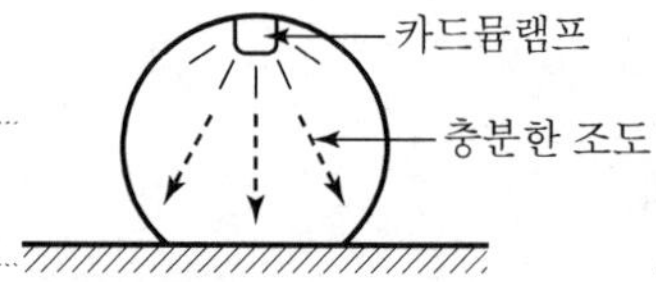

[조명시설]

7) 유선시설 등 통신장비 설치

4. 버럭 처리

1) 안전담당자 배치 및 안전표지판 설치

2) 무리한 적재금지

5. 고소작업

1) 추락방지용 작업발판 사용

2) 작업 안전수칙 준수, 안전대 등 보호구 착용

6. 조명 및 환기

1) 조명시설 설치

- 막장의 균열 및 지질상태, 부석의 유무 등 확인

2) 환기설비 설치

- 터널 전 지역에 충분한 용량의 환기설비 설치
- 적정 산소농도(18% 이상) 유지

7. 분진

1) 분진발생방지를 위한 습식공법 채택

2) 방진마스크, 보안경 등 개인보호구 지급

8. 소음 및 진동

1) 저소음·저진동공법 채택

2) 발파허용 진동치(cm/sec) 기준 준수

건물 분류	문화재	주택/APT	상가	철근 Con'c 빌딩
건물기초에서의 허용 진동치	0.2	0.5	1.0	1.0~4.0

V. 계측관리

1) **내공변위측정** – 변위량, 속도, 수렴상태 파악

2) **천단침하측정** – 천정부 지반 및 지보재 안정성 판단

3) **지표침하측정** – 침하방지 대책 및 효과 파악

4) Shotcrete **응력측정** – 배면토압, 축방향응력 측정

5) Rock Bolt **응력측정** – 지보효과 유효설계길이 판단

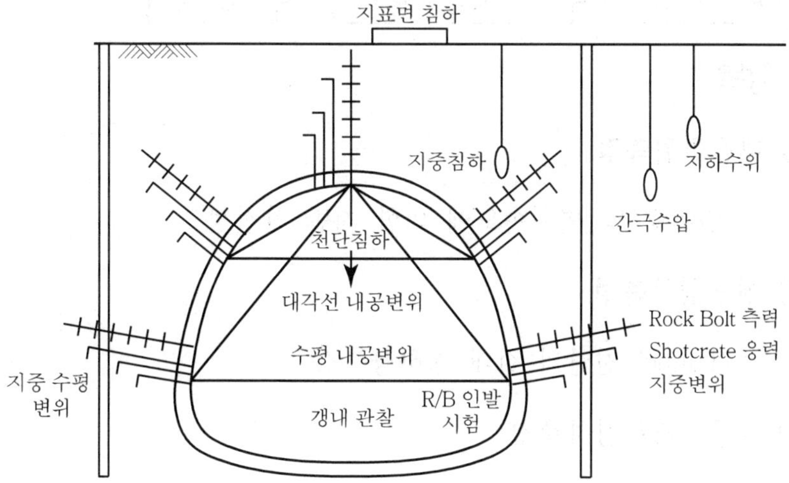

[터널 계측 관리]

VI. 결론

1) 발파작업 시 발파로 인하여 주변 구조물의 진동 및 파손의 우려가 있을 때에는

2) 주변상태와 발파위력을 충분히 고려한 계획, 시험파에 의한 안전성 검토 등 규정에 따라 통제하여야 한다. 끝

문제4) 터널의 계측 관리(10점)

답)

I. 개요

1) Tunnel 계측은 굴착지반의 거동, 지보공 부재의 변위, 응력의 변화 등의 변화를 확인해

2) 시공 안전성을 확보하는 것이 중요하다.

II. NATM터널의 시공순서

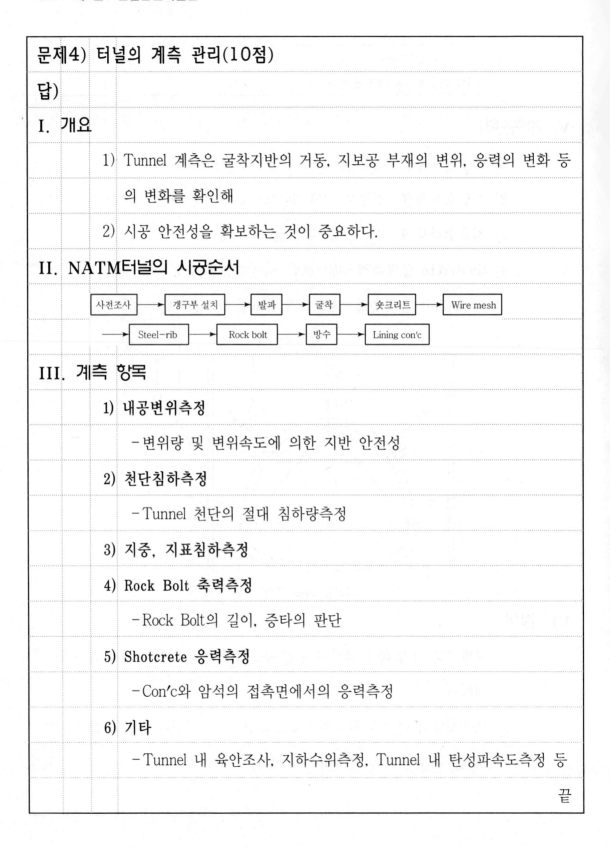

사전조사 → 갱구부 설치 → 발파 → 굴착 → 숏크리트 → Wire mesh

→ Steel-rib → Rock bolt → 방수 → Lining con'c

III. 계측 항목

1) 내공변위측정

-변위량 및 변위속도에 의한 지반 안전성

2) 천단침하측정

-Tunnel 천단의 절대 침하량측정

3) 지중, 지표침하측정

4) Rock Bolt 축력측정

-Rock Bolt의 길이, 증타의 판단

5) Shotcrete 응력측정

-Con'c와 암석의 접촉면에서의 응력측정

6) 기타

-Tunnel 내 육안조사, 지하수위측정, Tunnel 내 탄성파속도측정 등

끝

문제5) 터널 갱구부의 형태와 시공 시 예상되는 문제점을 열거하고, 안전 시공 방법에 대하여 설명하시오.(25점)

답)

I. 개요

1) 터널설계에서 갱구부의 형태를 선정하고 안전시공 방법을 세우는 것은 터널 계획에 있어 매우 중요하다.

2) 터널 갱구부는 터널이 시작되는 부분으로 터널 자체의 안정성 및 갱구 사면의 안정성을 고려해야 한다.

II. NATM터널의 시공순서

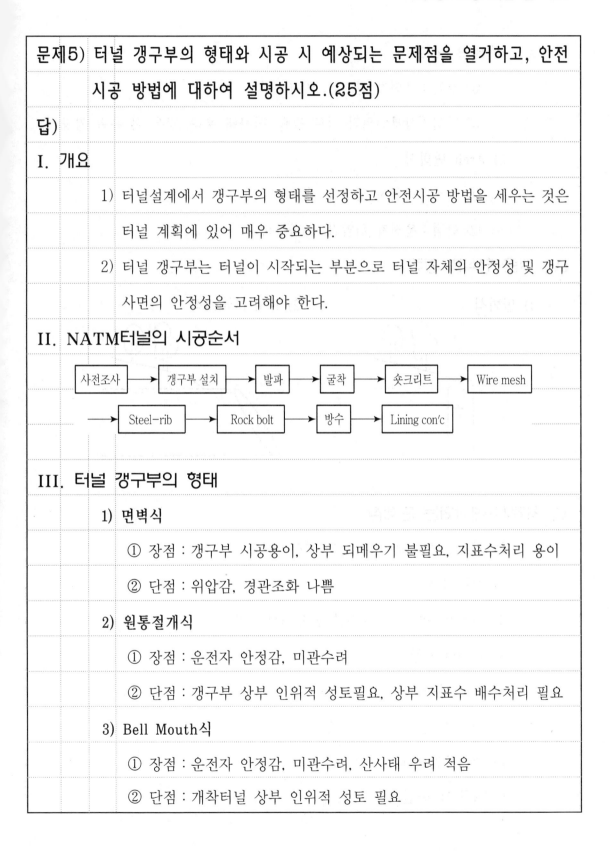

사전조사 → 갱구부 설치 → 발파 → 굴착 → 숏크리트 → Wire mesh → Steel-rib → Rock bolt → 방수 → Lining con'c

III. 터널 갱구부의 형태

1) **면벽식**

① 장점 : 갱구부 시공용이, 상부 되메우기 불필요, 지표수처리 용이

② 단점 : 위압감, 경관조화 나쁨

2) **원통절개식**

① 장점 : 운전자 안정감, 미관수려

② 단점 : 갱구부 상부 인위적 성토필요, 상부 지표수 배수처리 필요

3) **Bell Mouth식**

① 장점 : 운전자 안정감, 미관수려, 산사태 우려 적음

② 단점 : 개착터널 상부 인위적 성토 필요

4) Bird Beak 식

① 장점 : 운전자 안정감, 미관수려

② 단점 : 상부인위적 성토 필요, 산사태 우려, 강우 시 유속 영향 큼

5) Arch 면벽식

① 장점 : 인위적 성토량 적응

② 단점 : 운전자 위압감, 조화부족

IV. 갱문 형식별 종류

1) 면벽식

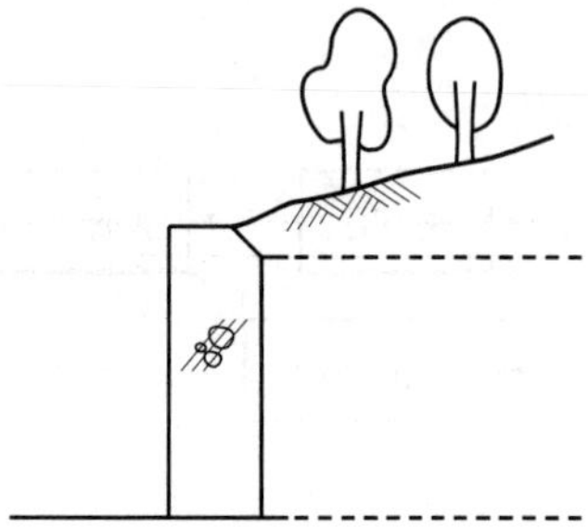

2) Bell Mouth식

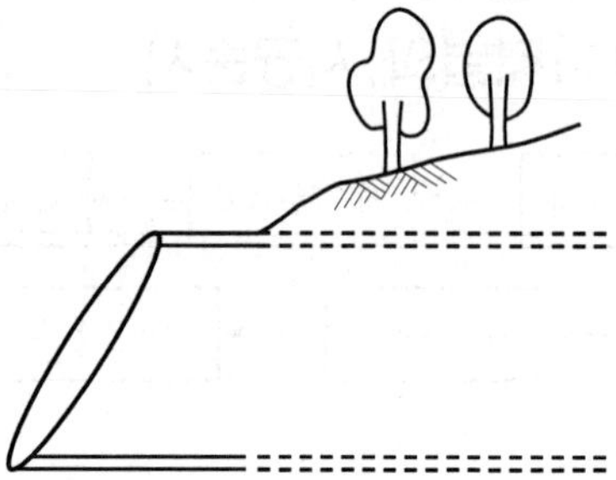

V. 시공시 예상되는 문제점

1) 지표수 유입에 의한 갱문 침하・전도

2) 갱문 침하

3) 편토압작용에 의한 갱문 변형, 균열, 이탈

4) 갱구의 활동

5) 갱문 부등침하

6) 갱문의 전도

7) 갱구사면 붕괴

8) 갱구 내 균열

9) 갱구 기초지반 지지력 부족

VI. 안전시공 방법

1) 시공 전 사전조사 실시

2) 필요시 갱구부 보강

3) 갱구부 사면절취 최소화

4) 갱문주위 배수기능 고려

5) 낙석방지, 산사태방지 고려

6) 훼손구간이 최소화되도록 갱구위치 선정

7) 연약지반은 보조공법적용 안전성 확보

8) 대깎기 비탈면이 생기지 않도록 시공

VII. 갱문 시공시 유의사항

1) 인버트 설치

2) 양호한 재질 사용

3) 갱구 지반 지지력 확보

4) 오목한 형태의 갱구 피할 것

VIII. 결론

터널공사에서 갱구부 시공은 비탈면 붕괴, 상부구조물 변형, 주택침하 등의 피해가 예상되는 공정으로 공사개시 전 미리 보강공법을 선정하여 관리하는 것이 필요하다.

끝

문제6) Shotcrete의 Rebound(10점)

답)

I. 개요

Shotcrete 타설 시 Rebound는 재료의 손실과 품질저하 및 작업능률이 저하되므로 분산각도, 타설거리 등을 최적으로 하여 반발률을 최소화 하여야 한다.

II. 숏크리트의 반발률

$$반발률 = \frac{반발재의\ 중량}{재료의\ 전중량} \times 100$$

III. Rebound의 원인

1) 물시멘트비(W/C) 과다

2) 굵은골재의 최대치수 부적정

3) 뿜어 붙임면의 용수로 부착 불량

4) 분사각도 부적정

5) 타설거리 부적정

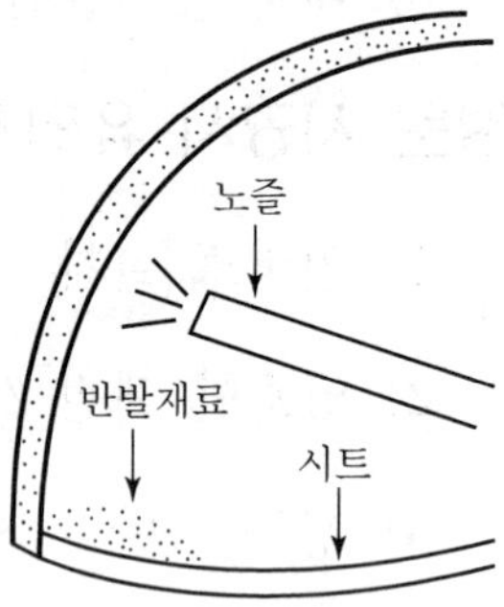

[반발률 측정]

IV. Rebound 저감대책

1) **물시멘트(W/C)를 적게 하여 흘러내림 방지**

2) **굵은골재의 적정 최대치수 확보**

3) **용수대책 공법으로 용수억제**

① 배수공법(Deep Well, Well Point 공법 등)

② 지수공법(주입, 고결공법 등)

4) **분사각도는 90° 유지**

5) 타설면과 1m 간격 유지

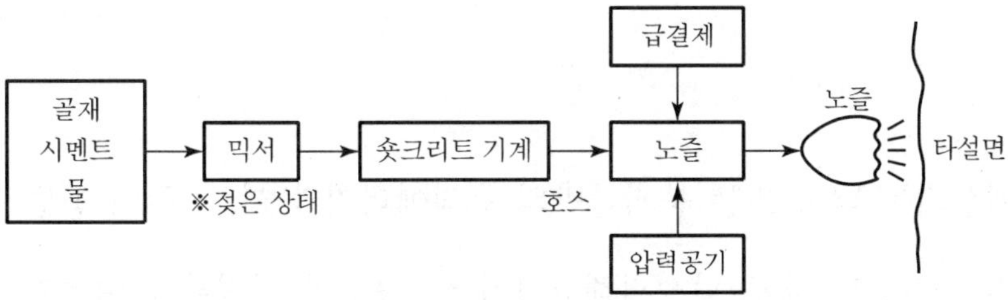

[습식 숏크리트 공법]

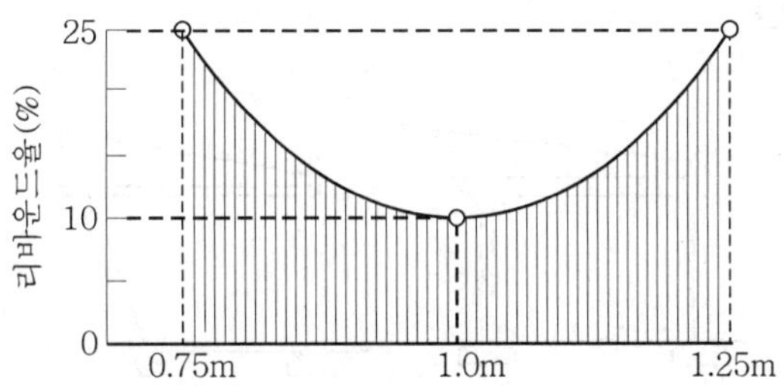

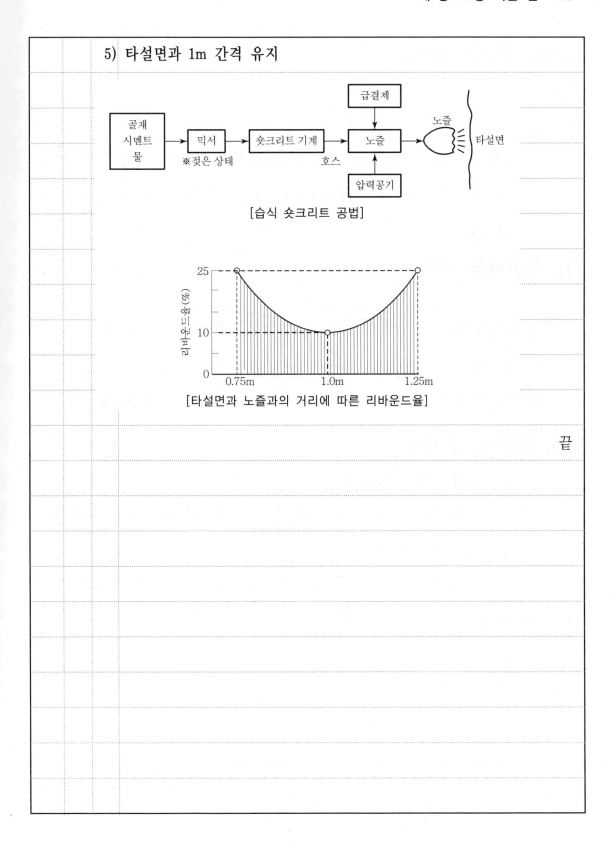

[타설면과 노즐과의 거리에 따른 리바운드율]

끝

문제7) 피암터널(10점)

답)

I. 개요

예상되는 낙석 또는 붕괴암반의 충격에너지가 커, 기존의 공법으로는 대처가 불가능할 때로 낙석피해규모가 클 경우와 이격부에 여유가 없을 때 적용한다.

II. 피암터널의 형식

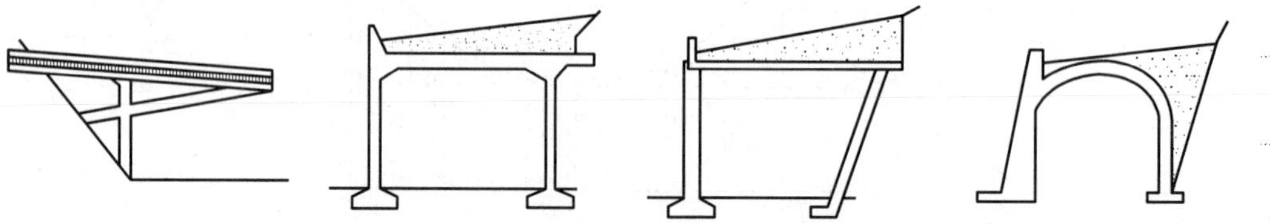

[캔틸레버형 피암터널] [문형 피암터널] [역L형 피암터널] [아치형 피암터널]

III. 피암터널 설치장소

1) 이격부 여유가 없는 곳

비탈면이 급경사로 도로, 택지, 철도 등과의 이격부에 여유가 없는 곳

2) 낙석부 규모가 큰 곳

낙석규모가 커, 낙석방지 울타리나 옹벽으로 안전기대가 어려운 곳

IV. 피암터널 설치 시 유의사항

1) 지반의 안전성 검토

2) 지지력 침하 및 수평토압 검토

3) 낙석규모와 높이를 고려할 것

4) 배수계획, 교통계획, 자연생태계 등을 고려할 것

끝

문제8) 지불선(10점)

답)

I. 개요

터널단면 굴착시 설계 Lining 두께 확보를 위해 설계두께선 이상으로 굴착함. 이 경우 도급계약의 필요에 따라 굴착 및 라이닝 수량을 확정하기 위해 정해지는 수량계산선(Pay Line)임

II. 지불선(굴착예정선) 예시도

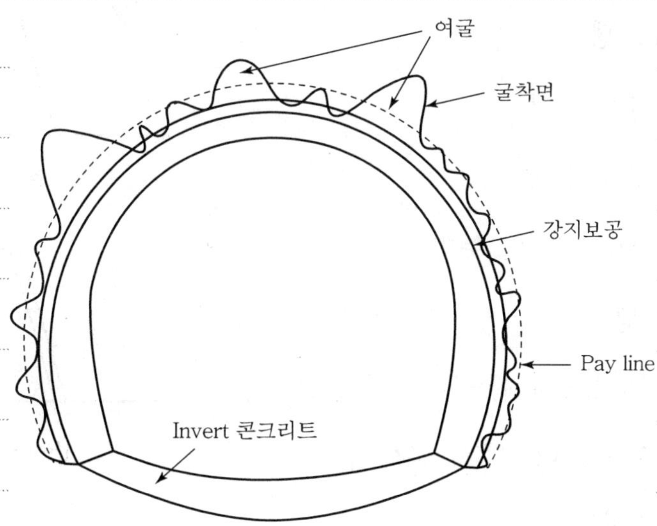

III. 지불선의 필요성

1) 시공 중 불필요한 굴착 방지
2) 라이닝 물량확정
3) 도급자와 시공자 간의 지불한계 결정
4) 클레임 발생방지
5) 물량산출근거
6) 여굴발생방지

끝

문제9) Dam의 파괴원인 및 방지대책에 대해 설명하시오.(25점)

답)

I. 개요

1) 댐의 파괴는 대규모 재해를 유발하게 되며

2) 자연생태계 파괴를 동반하므로 Dam 본체의 재료선택, 기초처리, 다짐 등 시공 및 안전관리를 철저히 해야 한다.

II. 댐의 분류

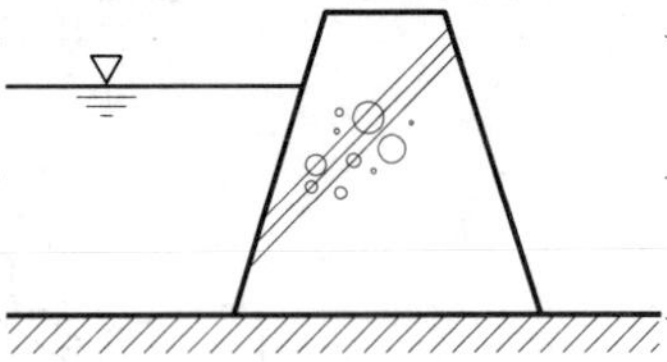

[중력식 댐]

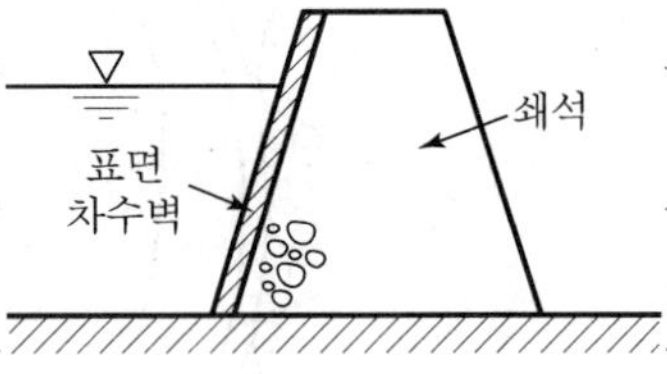

[Rock Fill 댐]

1) Con'c 댐

① 중력식 댐

② 중공식 댐

③ Arch 댐 및 부벽식 댐

2) Fill 댐

① Rock Fill 댐 - 50% 이상 돌

② Earth 댐 - 50% 이상 흙

III. 댐사고의 유형

1) 기초암반 결함

-균열, 노화, 시공불량 등

2) 누수, Piping

3) 균열 및 침하현상

4) 여수로 용량 초과 수량 유입

5) 댐 안전 감시체제 미흡

(a) 중력식 (b) 중공식

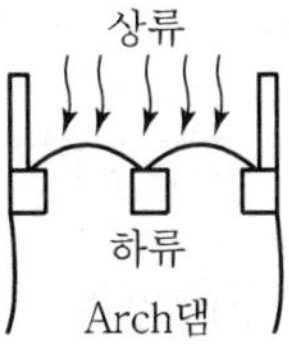

[콘크리트댐의 종류]

IV. 댐의 파괴원인

1) 기초처리 불량

① Dam본체와 기초 경계부의 시공 불량

② 투수성 기초지반의 처리 불량

2) Piping 현상

① 침하, 지진 등에 의한 균열 누수로 인한 Piping 현상 발생

② Dam체의 단면 부족(제방폭 부족)

3) Dam체의 시공불량

① Dam체 재료의 부적합

② 다짐불량으로 인한 침투수 침입

4) Core Zone의 시공불량

① 부적합한 재료선정 및 다짐불량

② 부등침하 등으로 Core Zone의 균열

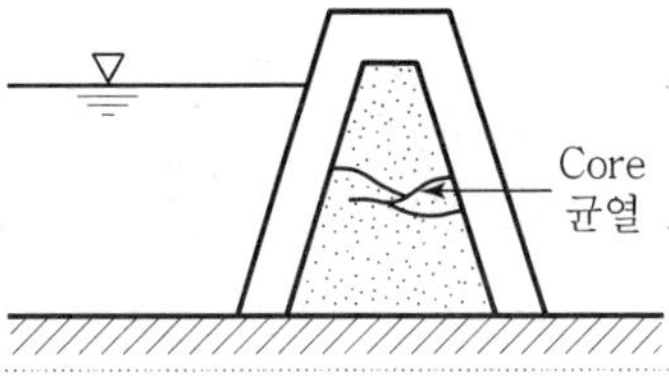

[Core 균열현상]

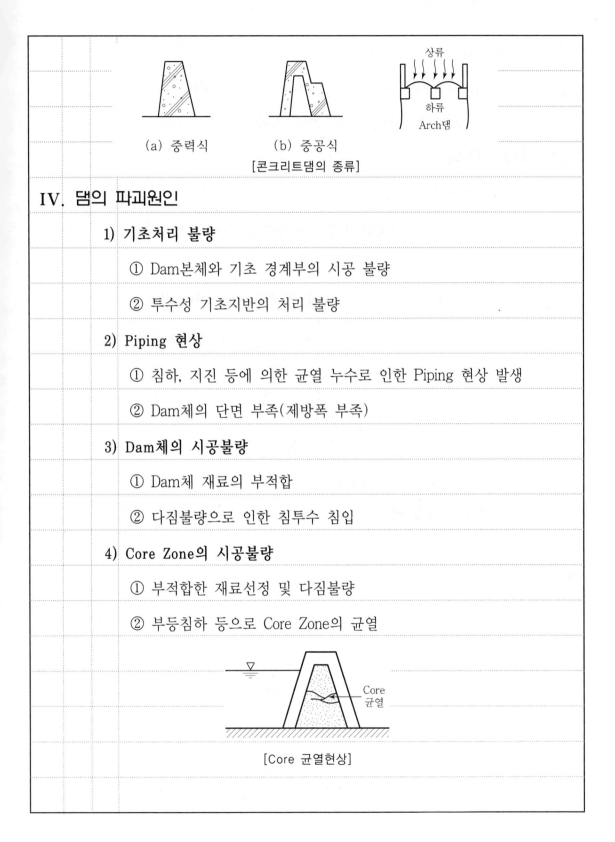

5) 기타

① 나무뿌리, 두더지 등에 의해 Dam체에 구멍

② Filter층 시공불량으로 인한 누수

V. 붕괴방지대책

1) 기초처리

① 기초부위 지반조사 철저를 통한 기초처리 철저

② Dam체와 기초경계부의 경계 정밀시공

③ Blanket, Sheet Pile 등을 설치, 투수성 암반 처리

④ 커튼 그라우팅 및 압밀 그라우팅 실시로 기초의 수밀성, 지지력 향상

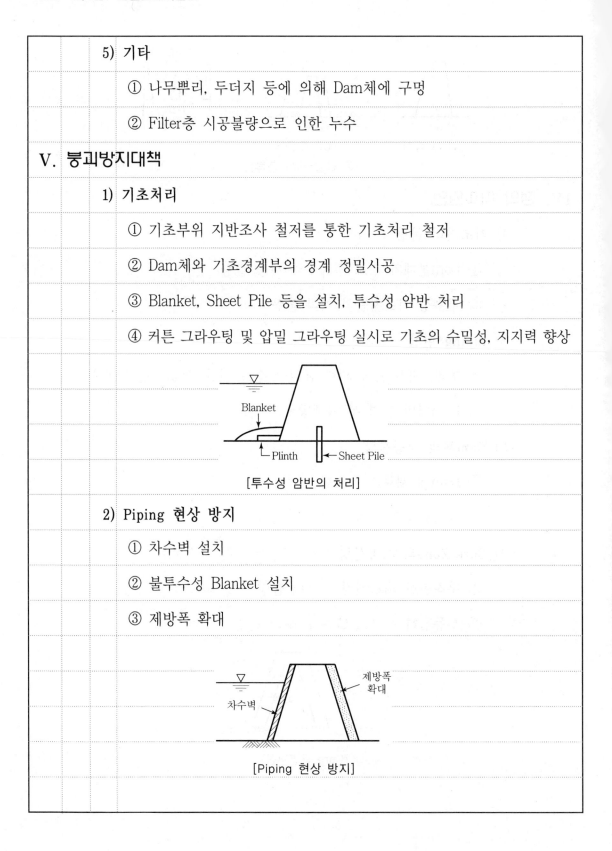

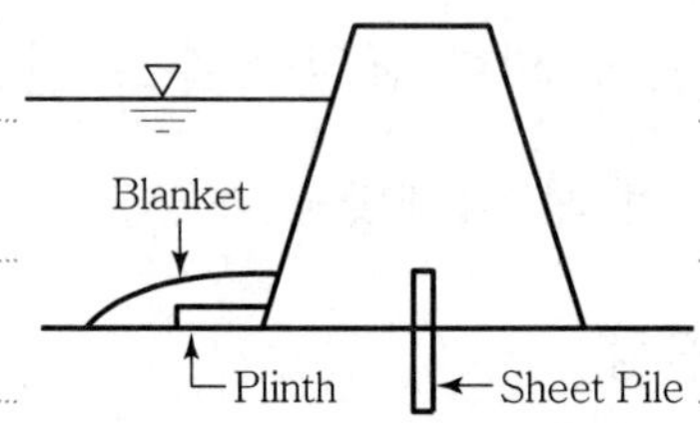

[투수성 암반의 처리]

2) Piping 현상 방지

① 차수벽 설치

② 불투수성 Blanket 설치

③ 제방폭 확대

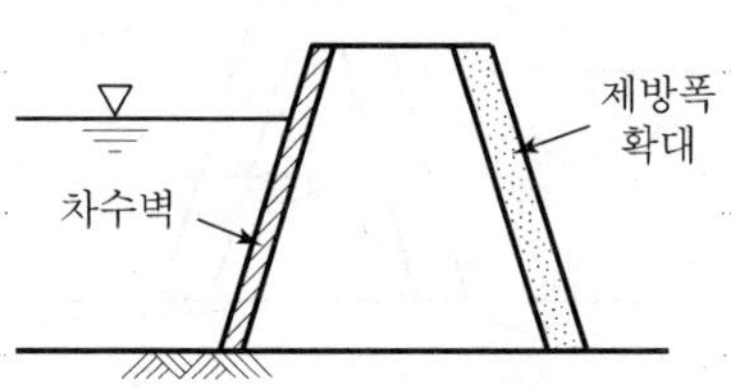

[Piping 현상 방지]

3) Dam체 시공

① 적합한 재료 선정

② 재료조건에 맞는 다짐 철저

③ 돌붙임, 떼붙임 등 비탈면 피복공으로 Dam체의 침식, 재료유실 방지

④ Con'c 이음부 시공 시 Key, 지수판 설치

⑤ Mass Con'c의 발열억제로 균열방지

- Pre-cooling, Pipe-cooling 등

4) Core Zone의 시공

① Core재의 역할에 적합한 재료 선정

② 다짐 철저

5) 지형 및 지반을 고려하여 Dam 공법 선정

① Con'c Dam → 견고지반, 협곡

② Fill Dam → 기초지반 약한 곳, 넓은 계곡

6) Dam의 저장수량 결정

① 정확한 최대 가능 강수량 계산

② 설계 시 최대 가능 홍수량 추정

VI. 결론

1) Dam의 파괴는 대형재해를 동반하므로 재료·배합·설계·시공·다짐 등 전과정에 걸쳐서 시공관리를 하여야 하며

2) 설계 시 용량산정을 정확히 하고 시공 시 적정재료의 선정, 다짐 철저 등으로 안전대책이 확보되어야 한다.

끝

문제10) 산소결핍의 발생원인 및 방지대책에 대해 설명하시오.(25점)

답)

I. 개요

1) 공기 중에는 약 21%의 산소가 포함되며, 산소결핍이라 함은 공기 중의 산소농도가 18% 미만인 상태이다.

2) 산소결핍증이란 산소가 결핍된 공기를 흡입함으로써 생기는 증상으로, 철저한 환기대책이 요구된다.

II. 산소농도가 인체에 미치는 영향

산소농도(%)	증상
14~17	업무능력 감소, 신체기능조절 손상
12~14	호흡수 증가, 맥박 증가
10~12	판단력 저하, 청색 입술
8~10	어지럼증, 의식 상실
6~8	8분 내 100% 치명적, 6분 내 50% 치명적
4~6	40초 내 혼수상태, 경련, 호흡정지, 사망

III. 산소결핍 작업의 종류

1) 우물, 수직갱, Tunnel, 잠함, Pit 등의 내부

2) 암거・맨홀 등의 내부

3) 장기간 밀폐된 강제 보일러・탱크 등의 내부

4) Paint 도장이 건조되기 전에 밀폐된 지하실・창고 등

5) 부패・분해되기 쉬운 물질이 들어있는 정화조・탱크・암거・맨홀 등의 내부

6) 기타 하수설비 작업 등에 의한 세균증식 위험 작업

[지하정화조]

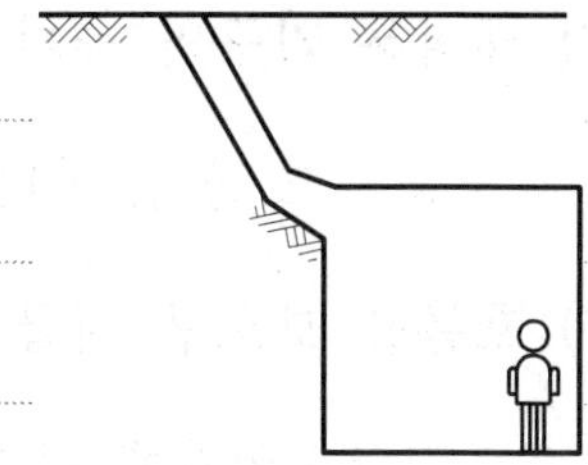

[지하 갱내 작업]

IV. 산소 결핍의 원인

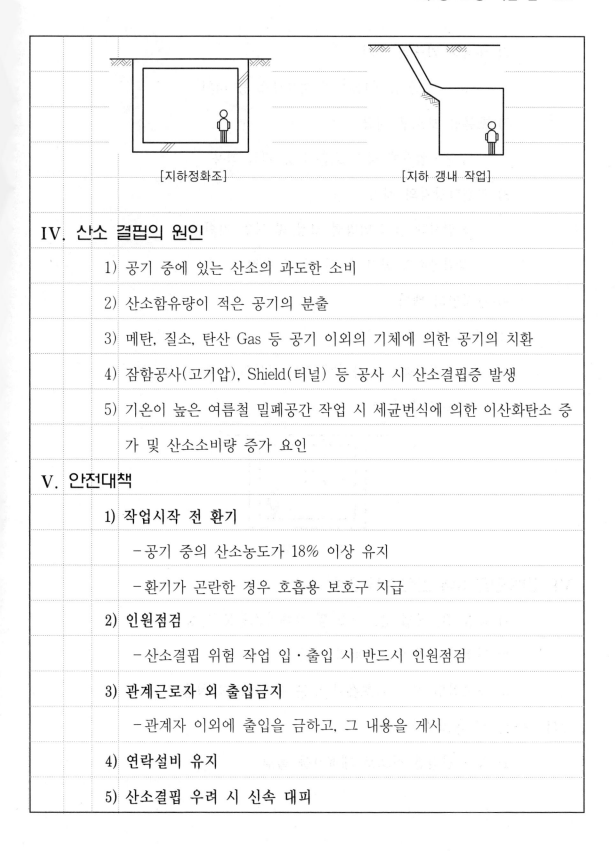

1) 공기 중에 있는 산소의 과도한 소비
2) 산소함유량이 적은 공기의 분출
3) 메탄, 질소, 탄산 Gas 등 공기 이외의 기체에 의한 공기의 치환
4) 잠함공사(고기압), Shield(터널) 등 공사 시 산소결핍증 발생
5) 기온이 높은 여름철 밀폐공간 작업 시 세균번식에 의한 이산화탄소 증가 및 산소소비량 증가 요인

V. 안전대책

1) **작업시작 전 환기**
   - 공기 중의 산소농도가 18% 이상 유지
   - 환기가 곤란한 경우 호흡용 보호구 지급
2) **인원점검**
   - 산소결핍 위험 작업 입·출입 시 반드시 인원점검
3) **관계근로자 외 출입금지**
   - 관계자 이외에 출입을 금하고, 그 내용을 게시
4) **연락설비 유지**
5) **산소결핍 우려 시 신속 대피**

6) 대피용 기구의 배치

-공기 호흡기, 사다리 및 섬유로프 등 비치

7) 호흡용 보호구 지급

-구출작업자에 공기 호흡기 등 지급 착용

8) 안전담당자의 배치

-작업시작 전 작업방법 결정 및 작업 지휘

-작업장소의 공기 중 산소농도 측정 등

9) 감시인의 배치

10) 의사의 진찰

-산소결핍증 근로자에게 즉시 의사의 진찰 및 응급조치

11) 산소농도 수시 측정

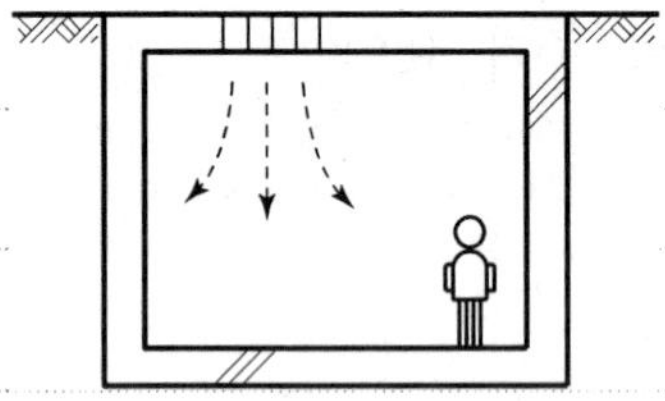

[환기설비 설치]

VI. 밀폐공간 3대 안전수칙 준수

1) 작업 전, 작업 중, 산소 및 유해가스농도 측정

2) 작업 전, 작업 중, 환기 실시

3) 구조작업 시 공기호흡기 또는 송기마스크 착용

VII. 사고 시 응급조치

1) 즉시 안전한 장소로 재해자를 옮김

2) 구조 전 환기, 전기스위치 조작금지

-구조 전 가능한 한 환기실시를 해야 하며, 폭발 가스 혼입우려 시 전기 스위치 조작금지

3) 구조자는 송기식 호흡기 착용

4) 쇼크방지 및 인공호흡 실시

VIII. 결론

1) 산소결핍에 의한 재해는 질식·중독 등 대부분 밀폐된 공간에 의한 재해로 충분한 공간확보 및 환기가 필요하다.

2) 산소결핍 위험 작업 시에는 안전담당자를 지정하여 작업시작 전 작업방법 결정 및 작업지휘로 재해를 예방해야 한다.

끝

문제11) 터널라이닝의 균열 발생 형태 및 저감방안에 대해 설명하시오.(25점)

답)

I. 개요

라이닝콘크리트는 터널의 내구성 및 장기 안전율을 확보하는 역할을 하며 라이닝 균열 시 터널의 안전성과 내구성을 저해하므로 균열제어 대책을 수립해야 한다.

II. 라이닝콘크리트의 역할

1) 구조적 역할

① 내구성 및 장기 안전율 확보

② 배수형 터널의 경우 필요시 침투수압 지지

2) 비구조적 역할

① 미관 유지 및 공기 역학적 기능 향상

② 내부 시설물 설치 위치 제공

III. 라이닝콘크리트 균열발생의 원인

1) 양생기간 부족

2) 온도변화에 따른 수축·팽창 반복

3) 라이닝 두께 부족

4) 지반 팽창에 따른 추가 하중 증가

5) 편압 발생

6) 지하 수압 작용

IV. 라이닝 균열의 종류와 형태

1) 종류

① 수직 균열

② 종방향 균열

③ 불규칙한 균열

2) 형태

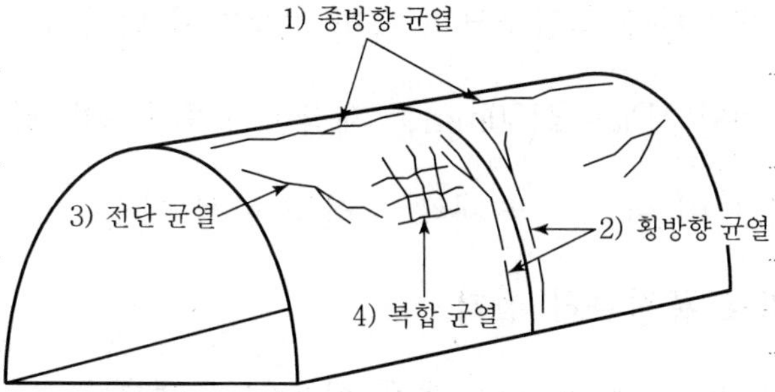

V. 라이닝 균열 저감방안

1) 콘크리트 재료 특성 검토(섬유보강재 혼합)

2) 시공 이음부 처리

3) 피복두께 확보 및 균열 방지 철근

4) 온도 영향 제어

5) 배면 공동 Grouting

6) 라이닝 콘크리트 두께 변화 확인

7) 거푸집 탈형 시기 준수·검토

8) 타설 속도 및 충분한 다짐

9) 하중 작용 요인 제거

10) 기초부 지지력 확보(과여굴 방지)

VI. 현장 개선 사례

1) 개요

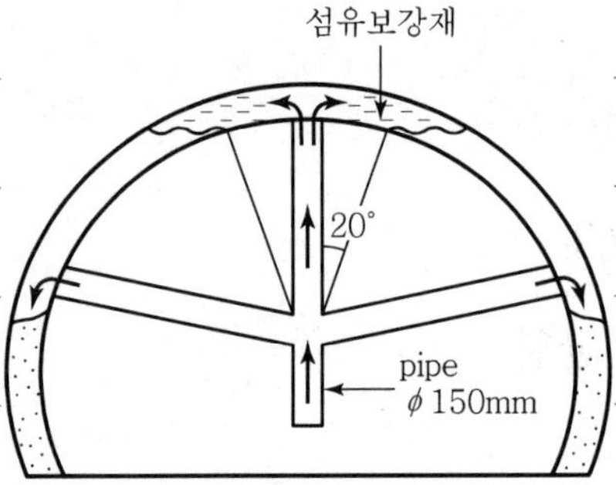

① 현행 : 천장 투입구부터 측벽 하부까지 낙차가 커서 재료 분리 발생

② 개선안 : Pipe φ150mm를 제작하여 좌우측벽 동시 타설 후 천장 투입구 이동타설 → 재료 분리 저항성 향상

2) **콘크리트 품질관리 철저**

3) **라이닝 폼 탈형 후 살수대차 이용(습윤양생)**

4) **표면 건조수축 균열 유도**

5) **신축 이음부 직선구간 30m마다 설치**

VII. 결론

라이닝 콘크리트의 균열은 터널의 안전성과 내구성을 저해하므로 콘크리트 품질 개량, 시공관리, 콘크리트 라이닝의 구속효과 저감 및 하중요인 제거 등으로 균열 저감대책을 수립해야 한다.

끝

문제12) 기존 터널에 근접하여 구조물을 시공하는 경우 기존 터널에 미치는 안전영역 평가와 안전관리대책을 설명하시오.(25점)

답)

Ⅰ. 개요

기존 터널 주변의 근접 시공 시 지형, 지질조건, 기존 터널구조, 손상 정도, 공사종류, 시공방법에 따라 기존 터널 구조물에 미치는 영향은 매우 다르며 기존 터널의 안전성 확보를 위한 신규 터널 또는 구조물 구축 시 철저한 안전대책 수립이 필요하다.

Ⅱ. 근접시공 시 고려사항

1) 지반조건

2) 굴착영향

3) 지반침하

4) 기존 터널 변상

5) 지하수위 변화

6) 시공방법

Ⅲ. 근접공사 유형별 터널 변형

1) 터널 병설

당겨짐 변형

2) 터널 교차

부등침하에 의한 균열

3) **터널 상부 성토**

4) **터널 상부 구조물**

5) **터널 상부 개착**

지반 아치 효과 파괴

6) **터널 측부 굴착**

측압 증대

7) **터널 상부 담수(댐)**

지하수위의 차이에 의한 지하수압력 및 이동발생

8) **시공 및 발파**

라이닝 균열, 박리

Ⅳ. 기존 터널에 미치는 안전영역 평가

〈터널 상부의 개착에 따른 안전영역〉

잔재 토피비(h/H)	근접도 구분
0.25 미만	제한범위(필요대책범위)
0.25~0.5	요주의 범위
0.5 이상	무조건 범위

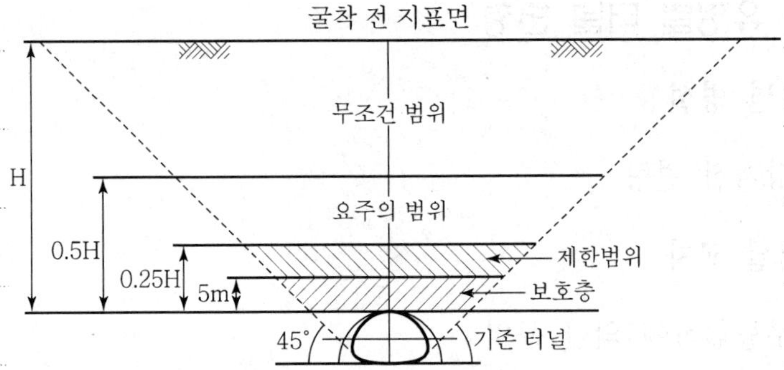

Ⅴ. 근접 시공 시 안전관리대책

1) 지반조사 철저

2) 굴착방법 변경

저진동 발파, 기계굴착

3) 굴착터널 지반의 적극적 보강

4) Underpinning 실시

5) 지반개량 공법 적용

약액주입, 동결공법 등

6) 성토 시 하중 균등 분배

7) 기존 터널 안전영역 평가

8) 기존 터널 보수·보강계획 수립

① 보수공 : 깨어내기, 표면 청소

② 보강공 : 라이닝 보강공, 락볼트 보강

Ⅵ. 기존 및 신규 터널의 계측관리

Ⅶ. 결론

기존 터널 근접 시공 시 예상되는 문제를 사전에 철저히 준비하여 신규 터널 및 구조물 시공 시 기존 터널의 철저한 안전관리대책을 수립하여 안전사고 방지를 위한 보다 적극적인 대책을 수립해야 하겠다.

끝

제8장

시사성 문제

문제1) 건설현장의 우기철 안전대책에 대해 설명하시오.(25점)

답)

I. 개요

1) 우리나라는 약 6~8월이 우기로서 집중호우, 태풍, 고온다습한 기후 등으로 인한 자연재해와 더불어

2) 건설현장에서는 지반연약화에 의한 도괴·전도, 자재부식, 감전사고 등에 의한 재해가 발생될 수 있으므로 현장안전관리 대책이 필요하다.

II. 재해유형

1) **추락**

 -작업발판, 통로에서 미끄러짐으로 인한 추락

2) **전도**

 -침수로 인해 건설기계 등의 전도

3) **도괴**

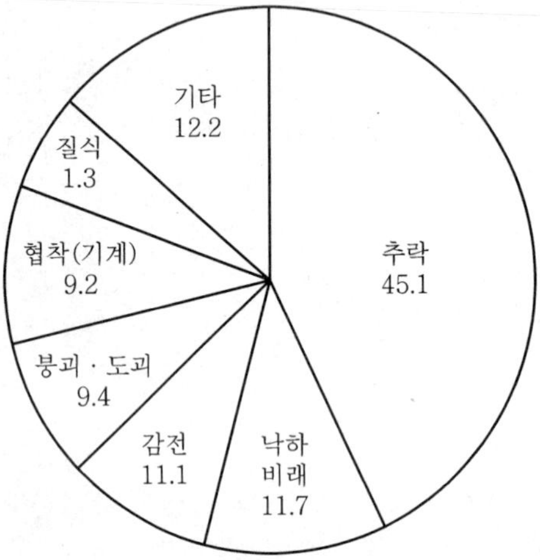

[재해유형]

4) **붕괴**

 -흙의 단위중량 증가로 토압증대에 따른 흙막이벽, 옹벽 등의 붕괴

5) **낙하·비래**

 -폭우·폭풍으로 인한 각종 가설재 등의 낙하·비래

6) **감전**

 -가설전기의 누전으로 인한 감전

7) **낙뢰**

III. 대책수립방법

1) 통수 단면의 재검토

- 암거, 배수관 등 최대강우량 통수단면 재검토

2) 암거 및 배수관의 공사 추진

3) 현장 내 법면지역 대비

4) 현장주변 사전 안전조치

- 침수, 토사유실의 우려가 있는 인근 가옥에 대한 사전 안전조치

5) 수방용 자재 및 응급복구용 장비 사전 확보

6) 재해우려 장소의 선정

- 재해우려 장소에 대해 사전 선정하여 위치, 예상피해내용, 예방대책 등 사전조치 강구

7) 바닥과의 감전, 전기기계 · 기구의 누전 위험 안전조치

8) 낙뢰로 인한 위험장소에 피뢰침 설치

IV. 분야별 안전대책

1. 강우로 인한 위험

1) 외관 유입수 및 현장 내 표면수 처리

2) 배수로 정비

- 충분한 배수시설 확보, 가배수로 설치

3) 경사면 안전

- 절토 · 성토면 기준구배 준수, 비닐덮기, 가마니쌓기 등

4) 감전주의

- 절연 조치 및 누전차단기, 접지 실시

2. 폭풍으로 인한 위험

1) 폭우대비조치

- 기상예보 경청, 가배수로, 침사지 정비

2) 강풍대비조치

- 철제 Tower, 전주 등의 전도방지 조치
- 비계지지 및 연결부 조임상태 확인

3) 폭풍대비조치

- 방호 Sheet에 통풍구멍을 내거나 일시 철거
- 가설구조물의 안전보강 조치

4) 폭풍 후 점검실시

- 가설물, 구조물에 대한 손상·변형 여부 확인
- 지반상태 점검

3. 낙뢰로 인한 위험

1) 피뢰침 설치

- 피뢰침의 보호각은 60° 이하, 접지저항 10Ω 이하

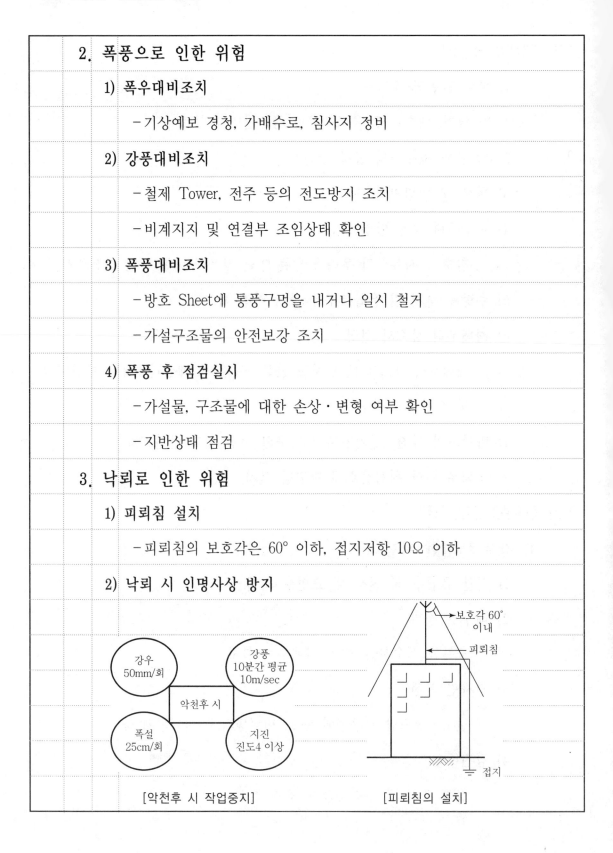

2) 낙뢰 시 인명사상 방지

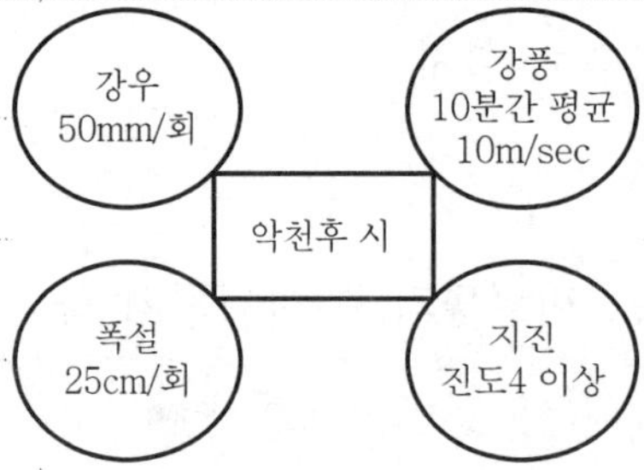

[악천후 시 작업중지]

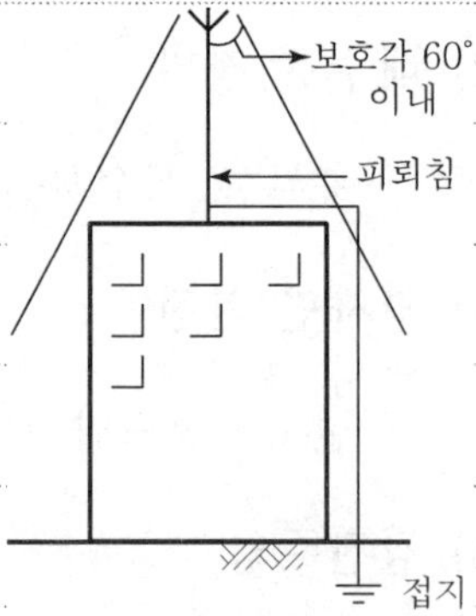

[피뢰침의 설치]

4. 고온 · 다습한 기후로 인한 위험

1) 고열 · 고온대책

-근로자 일사병 유무 확인, 샤워시설 등 설치

2) 다습한 기후대책

5. 전기로 인한 위험

1) 우천 시 옥외작업 금지

2) 배수 Pump 및 이동용 전기기계기구의 누전차단기, 접지실시

3) 임시배선은 전선이 아닌 Cable 사용, 옥내에서 접속

V. 결론

1) 강우량이 많은 여름철 및 장마철에는 지반 연약화로 인한 지보공 파괴를 비롯한 위험성이 높아지므로

2) 공사주변환경, 공사진척상황, 강우피해상황 등을 종합 분석하여 철저한 안전대책 수립이 이루어져야 한다.

끝

문제2) 도심지 온수배관 파손의 발생원인과 재해예방 대책에 대해 설명하시오.(25점)

답)

I. 개요

도심지 온수배관 파손은 온수의 분출에 의한 직접적인 재해는 물론 동절기 난방 및 온수공급 중단에 따라 사용자에 큰 사회문제가 발생하게 됨에 유의해야 하며, 최근 그 사례가 빈번히 발생하고 있어 이에 대한 대책을 수립해야 한다.

II. 문제점

1) 도심지에서 주로 발생함에 따른 교통장애

2) 동절기 발생에 따른 온수사용 불편 및 난방 불가

3) 대구경 온수배관 파손에 의한 인명 사상

4) 시민의 불안심리 유발

III. 발생메커니즘

사용량 증가 → 고압송수 → 부식의 발생 → 응력집중 → 취성파괴 → 파손

IV. 발생원인

1) 기본원인

내적 원인	외적 원인
배관의 부식	지반함몰
고압송수	지표하중의 증가
연결부 취약	물리적 손상

2) **부수적 원인**

① 수위저하로 인한 유효응력의 증가

② 누수에 의한 토사 유실

③ 배관의 누수

④ 우수의 침투

V. 응급대책

1) 함몰 배관 주변 긴급 토사 투입

2) 고압분사 및 그라우팅 실시

3) 통행제한구역 설정

4) 인근지역 관리주체와의 공조

VI. 영구대책

방청법에 의한 강관부식 방지공법 적용

1) 전기방식 : +극에 철이온보다 이온화 경향이 큰 금속을 결속 후 적정 전류 인가 및 자연방식 공법 적용

2) 강관의 방청처리 : 부식방지제 도포 및 적정재료 선정

VII. 발생지역의 조사방법

1) 시추조사

2) 물리적 탐사

3) 관련 지반시험 및 조사

4) 지하시설물 데이터베이스 구축의 자료화와 이를 통한 마이크로파 또는 라디오 전파를 이용한 신호해석기법 등의 기술개발

VIII. 결론

도심지에서 주로 발생하는 매설된 노후 열수송관로의 주요 손상에 의한 재해는 동절기 온수사용 중단 및 난방 불능에 의한 피해는 물론 온수배관에서 분출되는 온수에 의한 직접적인 재해로 심각한 인명피해가 발생되므로 내적 원인과 외적 원인에 대한 적절한 조치기준을 수립해 재해예방에 최선을 다해야 할 것이다.

끝

문제3) 황사가 건설현장에 미치는 영향 및 근로자 보건대책에 대해 설명하시오.(25점)

답)

I. 개요

1) 황사는 중국과 몽고의 사막지대, 황하중류의 황토지역에 저기압이 통과할 때 다량의 누런 먼지가 한랭전선 후면에서 부는 강한 바람이나 지형에 의해 만들어진 난류로

2) 상층으로 불려 올라가 공중에 부유하거나, 이 먼지가 장거리 이동 도중 지표에 서서히 낙하하는 먼지와 부유물을 의미한다.

II. 황사의 성질

1. 발원지

1) **중국과 몽고의 사막지대**

2) **황하중류의 황토지대**

만주에서 발원하는 경우는 매우 드무나, 한반도에 가장 근접한 발원지로 발원시 가장 빨리 영향을 줄 수 있음

2. 배출량의 배분

발원지에서 배출되는 황사량을 100%라 할 때, 보통

1) 30%가 발원지에서 재침적되고,

2) 20%는 주변 지역으로 수송되며,

3) 50%는 장거리 수송되어 한국, 일본, 태평양 등에 침적됨

3. 우리나라의 황사 발생조건

1) 발원지에서 먼지 배출량이 다량

2) 강한 편서풍

3) 적정한 기상조건

4. 크기 및 성분

1) **황사의 크기** : 1~10μm(한반도, 일본)

2) **구성성분** : 석영(규소), 장석(알루미늄), 철

5. 발생시 현상

1) 시야가 흐려지고 하늘이 황갈색으로 변함(시정악화)

2) 누런 색의 고운 먼지가 인체와 물체에 쌓임(건성침적)

III. 황사의 영향

1) 태양빛을 차단 산란시킴(시야확보곤란)

2) 지구 대기의 열수지에 영향미침(복사열 흡수로 냉각효과)

3) 구름 생성을 위한 응결핵 증가

4) 산성비의 중화, 산성 토양의 중화

5) 해양 플랑크톤에 무기염류 제공(생물학적 생산력 증대)

6) 토양 속 미생물에 의한 무기염 흡수 강화

7) 농작물, 활엽수의 기공 막아 광합성작용을 방해하여 생육에 장애 일으킴

8) 호흡기관으로 깊숙이 침투함

9) 안질환 유발, 특히 콘택트렌즈를 사용하는 사람은 매우 고통스러움

10) 빨래, 음식물 등에 침강, 부착

11) 항공기 엔진 손상 및 이착륙 시 시정악화로 인한 사고 발생 가능성 증가

12) 반도체 등 정밀기계 손상 가능성 증가

IV. 황사가 건설현장에 미치는 영향

1) 시야확보곤란

2) 호흡기질환 및 폐질환

3) 건강저해요인에 의한 집중력 저하 및 안전사고 증가

4) 정밀기계설비 손상으로 인한 오조작 발생 우려

5) 건축물, 자재 등에 침강, 부착

V. 근로자 보건대책

1) 시력 저하

① 장시간 외부에 노출되어 작업시는 보안경 착용

② 신호시 무전기 등을 사용

2) 강풍

① 고소에 낙하물 유발 방지를 위해 점검 조치

② 철골작업 등 고소작업 작업중지(10분간 평균풍속이 10m/sec 이상)

③ 가시설물 점검 조치

- 비계상의 작업발판 결속여부
- 비계 등 전도위험여부

3) 질병 유발

① 노출을 최소화

② 비누로 깨끗이 손씻기

③ 과일 등 음식물 깨끗이 씻어 먹기

4) 정밀기계설비 손상으로 인한 오조작 발생 우려

① 노출 우려시는 비닐 등으로 덮어 황사 침적 차단

② 창문을 밀폐하여 황사 차단

VI. 결론

황사는 근래 들어 계절과 관계없이 우리나라에 영향을 미치고 있으므로 건설현장에서는 기상자료를 토대로 안전한 작업이 될 수 있도록 관리기준을 수립해 준수해야 한다.

끝

문제4) 집단관리시설(교도소, 교정시설 등) 화재 및 전염성질환에 대한 안전대책에 대해 설명하시오.(25점)

답)

I. 개요

1) 최근 구치소 등 교정시설의 코로나19 확산 및 여수 출입국 관리 사무소에서 발생한 화재로 대규모 인명 피해가 발생됨에 따라 집단관리 시설의 안전 및 환경문제의 관심이 날로 증가되는 실정이다.

2) 집단관리시설이라 함은 교도소, 감화원 등 범죄자의 갱생, 보육, 보건, 교육 등의 용도로 쓰이는 시설로 화재 발생 시 대량의 인명피해가 발생될 수 있으며 전염병 역시 급속히 확산될 수 있으므로 주의를 기울여야 하는 시설물 중의 하나이다.

II. 법규상의 분류

1) **건축법 시행령 제23조－용도별 건축물의 종류**

① 교도소－구치소, 소년원, 소년분류 심사원을 포함

② 감화원 그 밖의 범죄자의 갱생, 보호, 교육, 여건 등의 용도로 사용하는 것

III. 집단관리시설의 특징

1) 사회적 통념을 어긴 범법자 또는 정신질환 등 신체적인 질환자를 수용함

2) 폐쇄공간 내의 감금 등으로 인한 이동의 자유가 없음

3) 단일공간 내 자주 인원이 밀집되어 있음

4) 24시간 체류로 단일 실내에서 대부분의 주거가 이루어짐

5) 화기의 소유 및 취급이 엄격히 제한됨

6) 화재시 자력으로 피난 불가

7) 밀폐공간 내 수용인원이 과밀하게 수용됨

8) 수용자의 전염병 발생 시 밀폐공간에 의한 전염병 확산우려

IV. 방화계획

1) **배치계획** – 피난경로 및 차량진입 확보
– 연소위험 등을 고려

2) **평면계획** – Zoning 계획 철저(계단배치, 단순, 명쾌한 피난로)
– 안전구획 및 수직통로 계획

3) **입면구조** – 기름칠 및 무창구조의 취약성

4) **내장재료** – 내장재료의 특성을 고려하여 선택
– 불연화 및 난연화

5) **연소확대 방지계획** – 방화문 및 방화댐퍼 등

6) **내화건축물 계획** – 내화설계, 내화성능, 내화피복 등

7) **설비계획** – 공조설비, 전기설비 및 급배수 설비

V. 집단관리시설 화재 및 전염병 확산의 문제점

1) 폐쇄공간 내의 감금상태로 화재시 자력에 의한 피난이 곤란함

2) 탈출의 목적으로 방화를 일으키는 경우가 있음(여수출입국 관리소 – 사례)

3) 화재를 초기에 발견하지 못할 경우 대량의 인명피해 발생

4) 건축법 및 소방법상 별도로 교정시설에 대한 대책을 마련하지 않음

5) 관리지침서 미작성 및 활용 미흡

6) 마스크 등 개인 보호구 지급부족

7) 체온검사 · 건강진단 등의 소홀

8) 예방접종 및 의료진의 배치부족에 의한 전염병 확산 우려

VI. 안전대책(화재 및 질병방지)

1) 화재발생 및 확산방지 대책

① 실내에서 화기소유 및 취급을 금지시킴

② 내장재의 불연화

③ 가능한 소공간별 방화구획 설정

2) 화재감시 대책 강화

① 각 수용실별 주소형 감지기 설치(화재위치에 대한 정보제공)

② CCTV 설치

3) 소화 및 진화를 위한 대책

① 소화기 비치－출입구 및 복도

② 스프링쿨러의 설치

③ 제연설비의 설치

4) 피난을 위한 대책

① 유료등 및 비상조명등 설치

② 중앙통제실에서 수용실, 출입문 자동개방장치의 설치

③ 피난공간의 확보

5) 유사시에 대비한 안전 및 피난교육 실시

6) 수용인원 과밀화 방지를 위한 시설 확충 및 가석방 등 대체 수용방안 검토

7) 교정시설 등 집단관리시설 특별법 제정 및 시설확충

8) 혼거실보다는 독거실 수용 증대

9) 의료진 배치 증원 및 질병예방관리 철저

VII. 화재 안전원칙

1) 2방향 피난로를 항상 확보하여 둘 것

2) 피난경로는 간단명료할 것

3) 피난설비는 고정적인 시설일 것

4) 피난대책은 Fool Proof와 Fail Safe의 원칙에 따름

5) 피난 존(Zone) 설정

VIII. 결론

집단관리시설은 안전사각지대로 화재 등 긴급상황 발생에 대비한 사전 피난시설 확보 및 소화진화대책, 피난교육 등을 철저히 하여 사고예방대책을 수립할 필요가 있으며 전염병 확산방지를 위한 개인위생관리 철저는 물론 해당관리기관 및 정부에서도 철저한 안전보건대책이 필요하다.

끝

문제5) 해상운반 및 하역작업 시 안전관리방안에 대하여 기술하시오.(25점)

답)

I. 개요

1) 운송비용의 절감 또는 작업 특성상 항만을 이용한 운송이 필요한 경우, 특별한 안전관리대책 수립이 요구된다.

2) 해상 운반 및 하역 작업 시에는 사용 기계·장비에 대한 대책과 작업인원에 대한 관리방안이 수립되어야 한다.

II. 해상운반의 특징

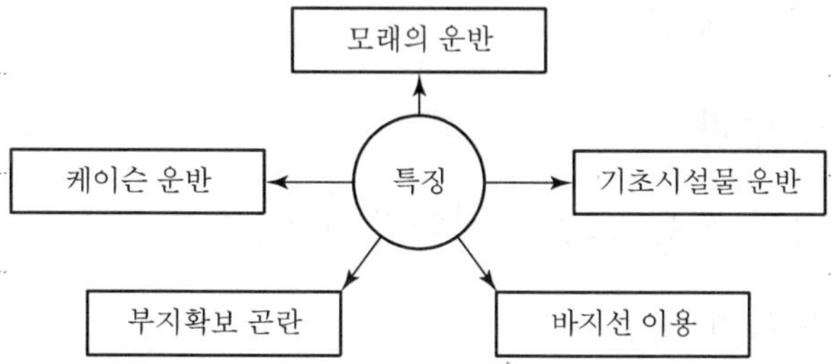

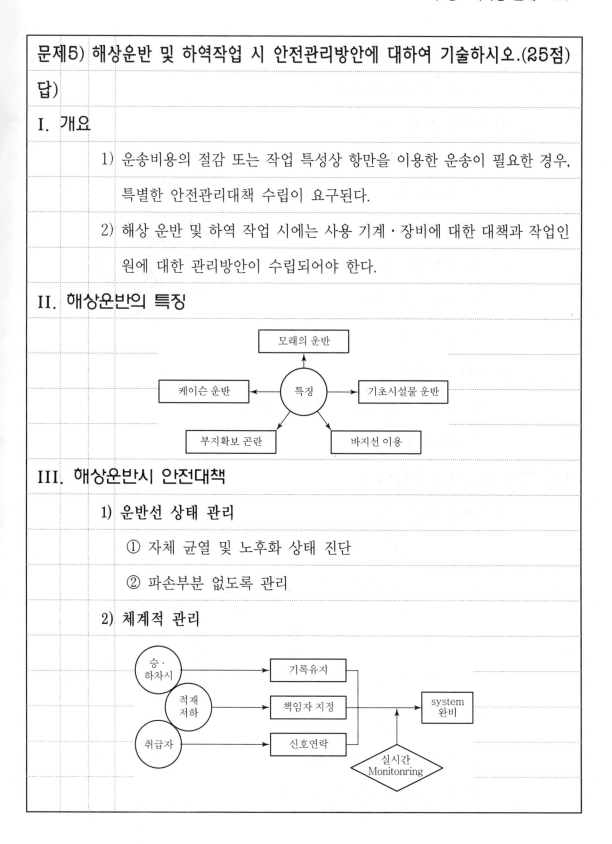

III. 해상운반시 안전대책

1) 운반선 상태 관리

① 자체 균열 및 노후화 상태 진단

② 파손부분 없도록 관리

2) 체계적 관리

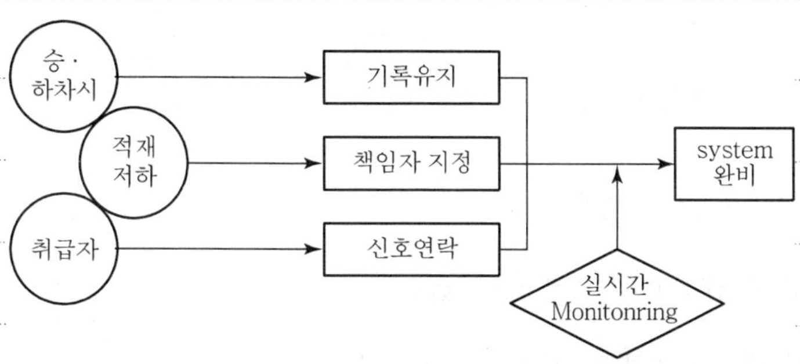

3) **비상연락망**

① 운반선 고장시 대책

4) **충분한 보호시설**

① 접안시 가속도나 충격 보호

② 정박시 파도에 의한 재해 방지

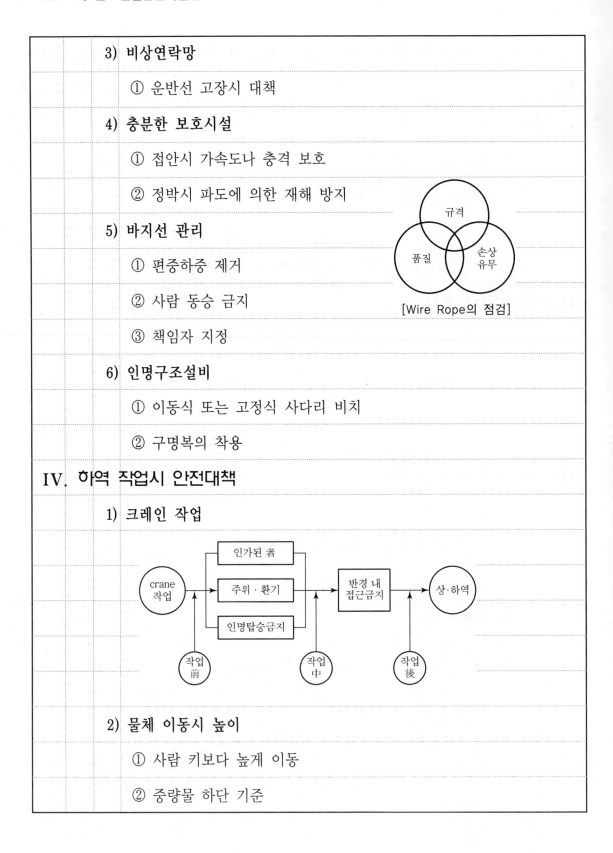

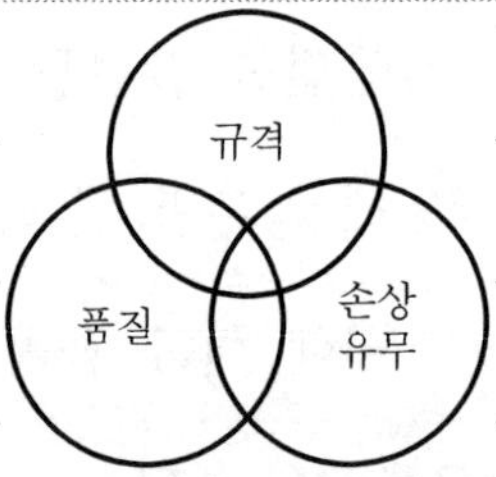

[Wire Rope의 점검]

5) **바지선 관리**

① 편중하중 제거

② 사람 동승 금지

③ 책임자 지정

6) **인명구조설비**

① 이동식 또는 고정식 사다리 비치

② 구명복의 착용

IV. 하역 작업시 안전대책

1) **크레인 작업**

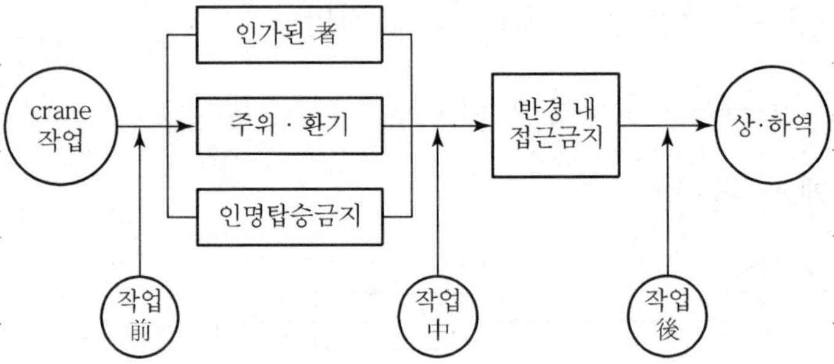

2) **물체 이동시 높이**

① 사람 키보다 높게 이동

② 중량물 하단 기준

3) Wire Rope 결함 확인

① 소선수 10% 이상 절단

② 공칭지름 7% 초과 감소

③ 현저히 꼬인 것 또는 이음매, 변형, 부식

4) 주변 정리

① 쓰러질 염려 있는 공구, 물자 고정

② 이동 가능 물자 즉각 고정

5) 연료 운반시 방화벽

① 유류, 유압유, 윤활유 등 저장시 필요

② 선상 저장 금지

6) 소화기 비치

① 통로, 간격 확보

7) 장비 이용계획수립

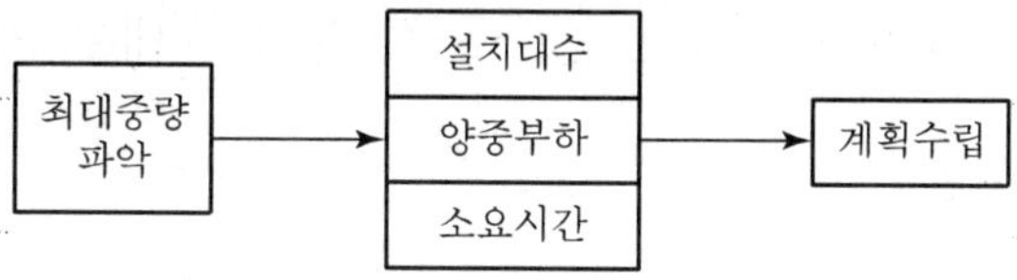

V. 결론

1) 해상에서의 운반 및 하역 작업은 중량물 작업이 많으므로 이에 대한 대비책이 강구되어야 하며,

2) 기상조건에 따른 사전조치를 위한 일기상황에 지속적 관리와 Monitoring을 통해 사고 및 재해 방지조치를 하는 것이 중요하다.

끝

문제6) 통풍 · 환기가 충분하지 않고 가연물이 있는 건축물 내부나 설비 내부에서 화재위험 작업을 할 경우 화재감시자의 배치기준과 화재 예방 준수사항에 대하여 설명하시오.(25점)

답)

I. 개요

화재위험작업을 하는 경우 화재의 위험을 감시하고 화재 발생 시 사업장 내 근로자의 대피를 유도하는 업무만을 담당하는 화재감시자를 지정하여 화재위험작업 장소에 배치하여야 한다.

II. 화재감시자 배치기준

아래의 어느 하나에 해당하는 장소에서 용접 · 용단작업을 하도록 하는 경우에는 화재감시자를 배치해야 한다. 다만, 같은 장소에서 상시 · 반복적으로 용접 · 용단작업을 할 때 경보용 설비 · 기구, 소화설비 또는 소화기가 갖추어진 경우에는 배치하지 않을 수 있다.

1) 작업반경 11미터 이내에 건물구조 자체나 내부(개구부 등으로 개방된 부분을 포함한다)에 가연성물질이 있는 장소

2) 작업반경 11미터 이내의 바닥 하부에 가연성물질이 11미터 이상 떨어져 있지만 불꽃에 의해 쉽게 발화될 우려가 있는 장소

3) 가연성물질이 금속으로 된 칸막이, 벽, 천장 또는 지붕의 반대쪽 면에 인접해 있어 열전도나 열복사에 의해 발화될 우려가 있는 장소

III. 화재감시자의 업무

1) 화재위험장소의 화재위험 감시 및 화재 발생 시 근로자의 대피유도업

무만을 해야 함

2) 소화설비를 갖추고 사용법을 숙지해 초기에 화재진화능력 구비

3) 화재 발생 시 근로자 대피 비상구 확보

4) 인근 소화설비 위치 확인

5) 비상경보설비 작동이 가능하도록 상시 유지 및 점검

6) 용접·용단작업 등 화기취급 작업 후 30분 이상 화재발생 가능 여부 확인

IV. 사업주의 의무

화재감시자에게 업무 수행에 필요한 확성기, 휴대용 조명기구 및 방연마스크 등 대피용 방연장비를 지급하여야 한다.

V. 화기작업 시 화재예방 준수사항

1) 인화성 물질 인근 용접·용단 작업 시 화재감시자 지정 배치

2) 인화물질 용기배관의 가스, 액체 누출 여부 점검 후 위험요인 제거

3) 전기케이블의 절연·피복·손상부 교체, 단자 이완부 발열방지 조임

4) 기계기구의 전원 인출 시 누전차단기 사용

5) 가스용기의 접속부 누출 여부 상시 점검

VI. 가연성 물질이 있는 장소에서 화재위험 작업 및 특별교육

1) **교육내용**

① 작업준비 및 작업절차

② 작업장 내 위험물, 가연물의 사용, 보관, 설치 현황

③ 화재위험작업에 따른 인근 인화성 액체에 대한 방호조치

④ 화재위험작업으로 인한 불꽃, 불티 등 비산방지 조치

⑤ 인화성 액체의 증기가 남아 있지 않도록 환기 조치

⑥ 화재감시자의 직무 및 피난교육 등 비상조치

⑦ 기타 안전보건관리에 필요한 사항

2) 현행 특별안전보건교육 대상 중 용접관련 사항

① 아세틸렌 용접장치 또는 가스집합용접장치 사용 시

- 용접흄, 분진, 유해광선 등의 유해성
- 가스용접기, 압력 조정기, 호스 등의 기기점검사항
- 작업방법, 순서, 응급처치 사항
- 안전기, 보호구 취급사항
- 화재예방 및 초기대응
- 기타 안전보건관리 사항

② 밀폐장소 또는 습한 장소에서의 전기용접

- 작업순서, 안전작업방법 수칙
- 환기설비
- 전격방지 및 보호구 착용
- 질식 시 응급조치
- 작업환경 점검
- 기타 안전보건관리 사항

VII. 분진발생 또는 밀폐공간의 환기장치 설치, 사용 시

1) 사용 전 점검사항

① 국소배기장치

- 덕트와 배풍기의 분진상태

-덕트 접속부가 헐거워졌는지 여부

-흡기 및 배기능력

-기타 국소배기장치의 성능 유지에 필요한 사항

② 공기정화장치

-공기정화장치 내부의 분진상태

-여과제진장치의 여과재 파손 여부

-공기정화장치의 분진 처리능력

-그 밖에 성능유지를 위해 필요한 사항

2) 사용 시 점검사항

① 국소배기장치의 설치 : 밀폐설비나 국소배기장치 설치

② 전체 환기장치의 설치 : 분진, 미세먼지 발산면적이 넓을 경우 전체 환기 장치를 설치할 수 있다.

③ 분진, 미세먼지 발생 장소에 습기유지설비를 설치한 경우 습한 상태 유지

VIII. 호흡기보호 프로그램 시행

1) 작업환경 측정결과 노출기준 초과 사업장

2) 밀폐작업으로 근로자에게 건강장해가 발생한 사업장

IX. 결론

통풍·환기가 충분하지 않고 가연물이 있는 건축물 내부나 설비 내부에서 화재위험 작업을 할 경우 화재폭발을 비롯해 근로자의 보건상 유해요인이 많으므로 화재감시자의 배치 이외에도 근로자 안전보건 증진을 위한 프로그램을 운영하는 것이 필요하다. 끝

PART 03

부록

제1장

건설안전도해 자료집

[산업안전보건법의 목적]

[건설기술진흥법의 목적]

[시설물관리법의 목적]

[재난관리법의 목적]

[산재보험법의 목적]

[주택관리촉진법의 목적]

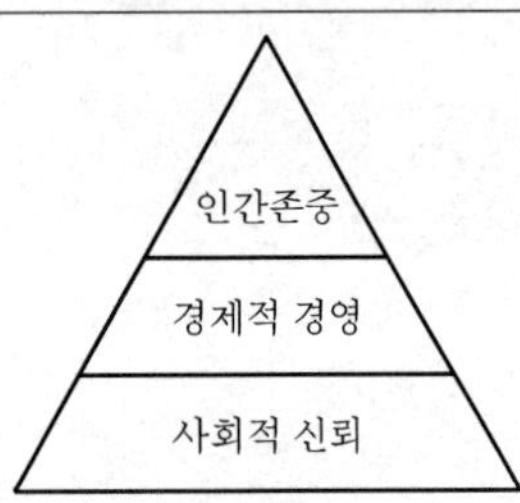

[안전관리의 목표]

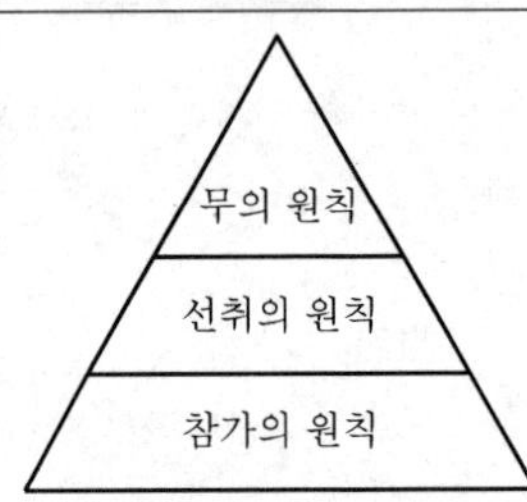

[무재해운동의 기본이념]

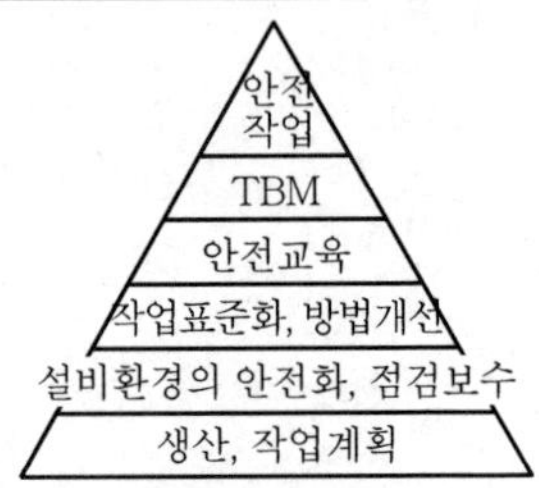

[안전 피라미드]

-연쇄성이론, 재해발생요인-

[하인리히의 도미노이론]

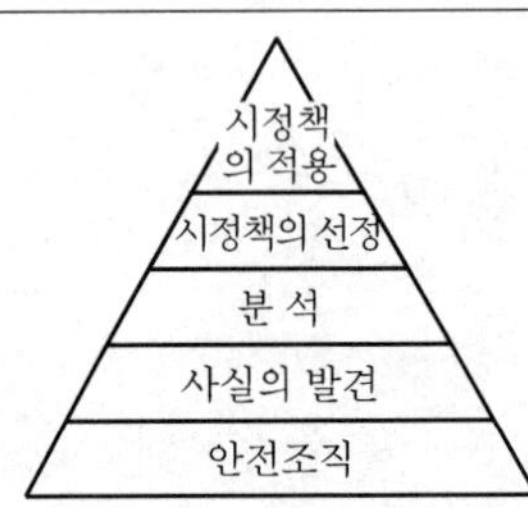

[하인리히의 재해예방 5원리]

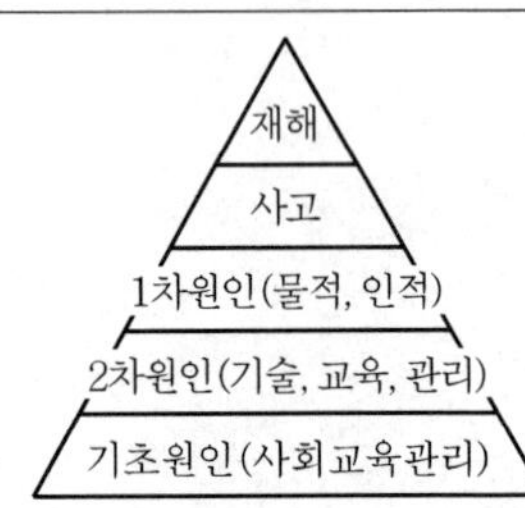

[재해원인구조]

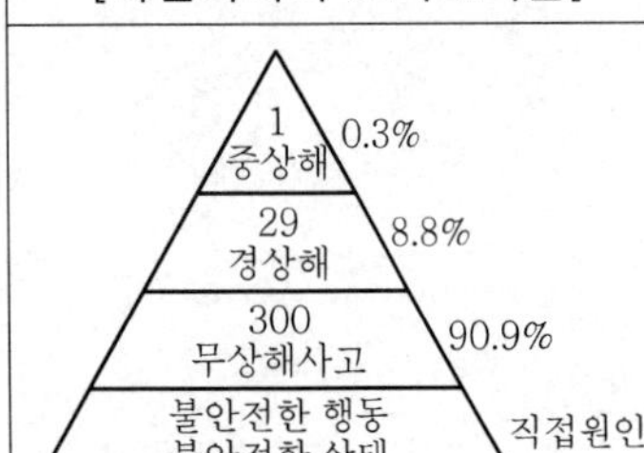

[하인리히의 재해구성비율]

[버드의 재해분포도]

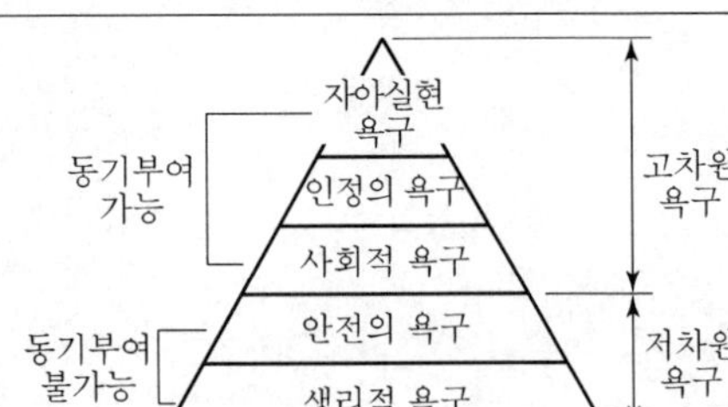

[매슬로의 욕구 5단계]

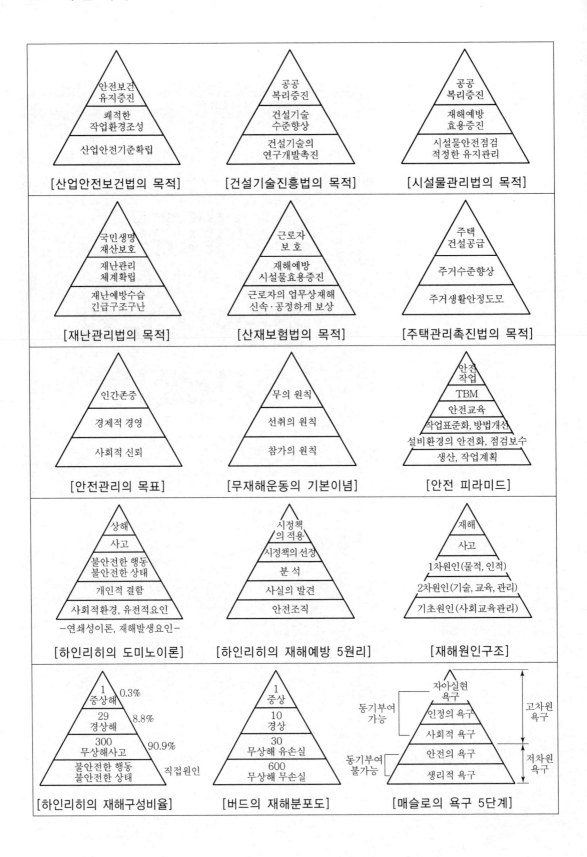

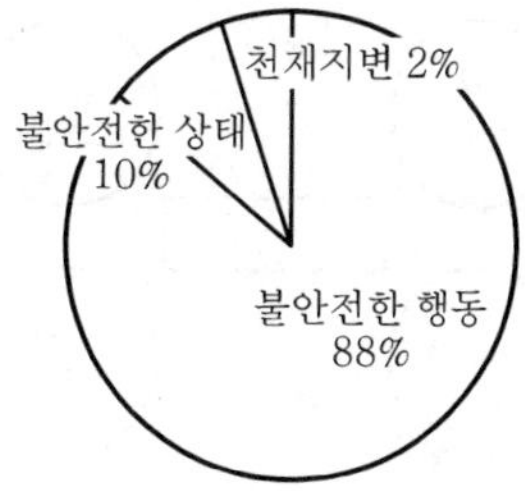

[재해발생의 직접원인]

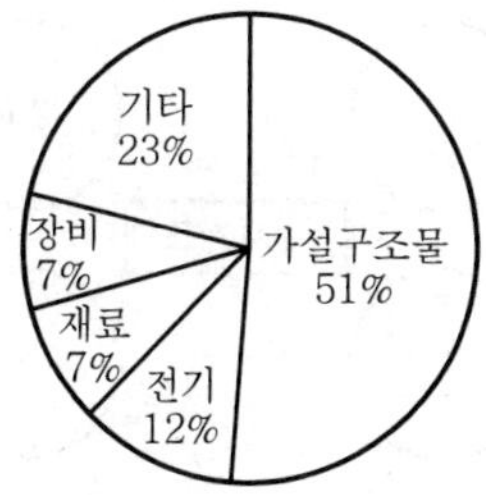

[중대재해원인]

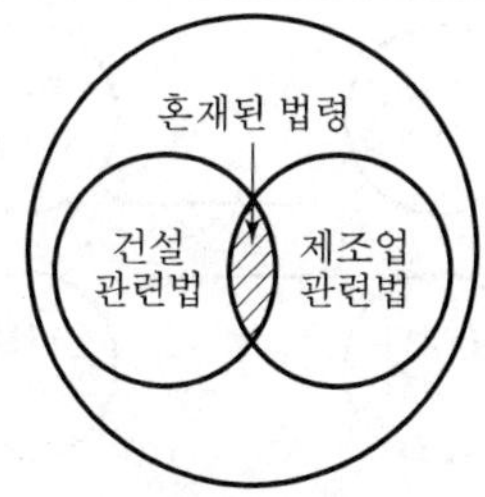

[산업안전보건법]

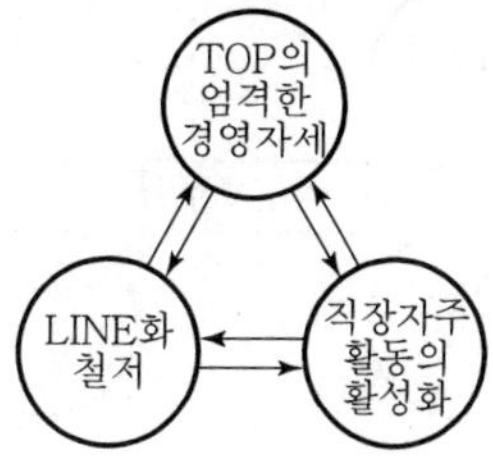

[무재해운동 3기둥]

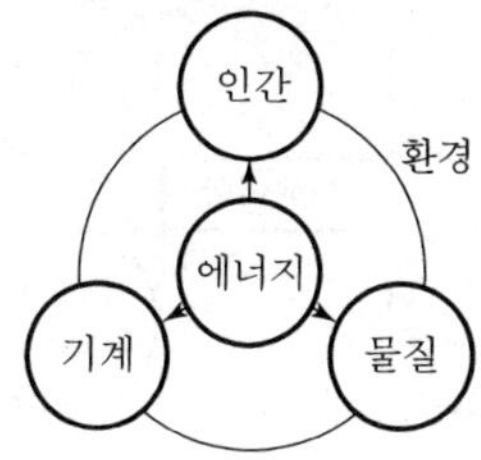

[System 안전]

[기업목표달성]

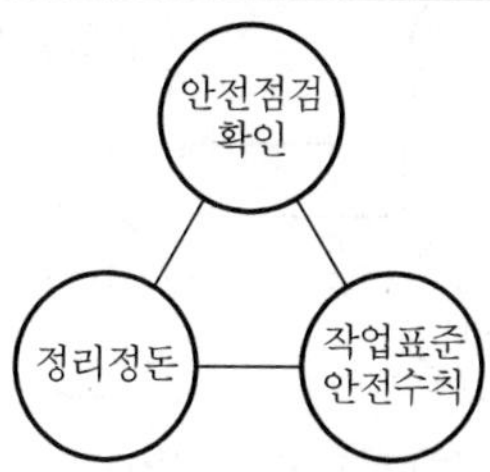

[안전작업 3요소]

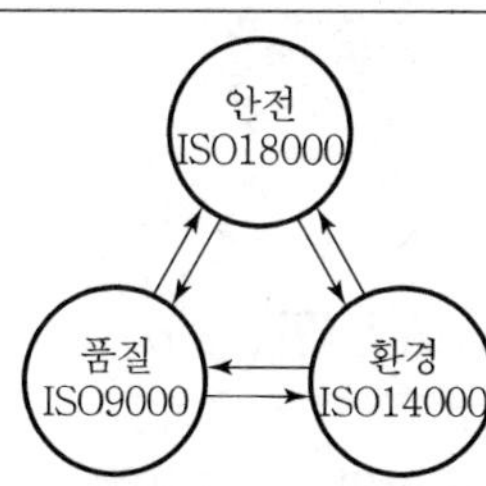

[생산성 향상]

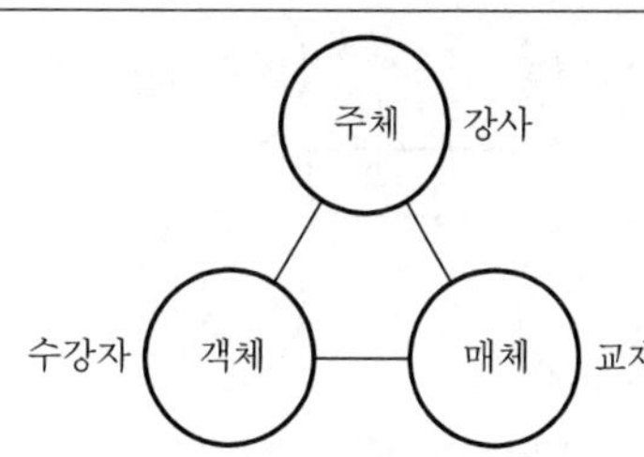

[교육의 3요소]

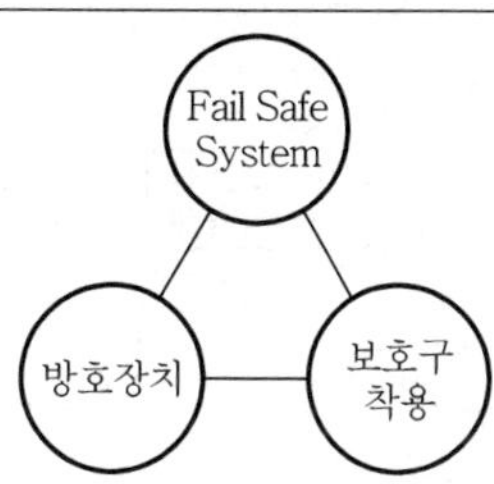

[안전관리방법]

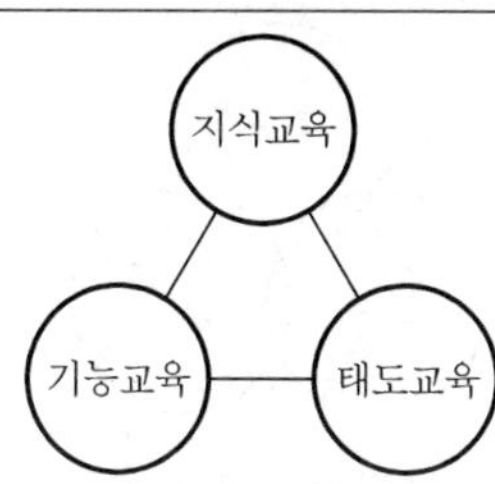

[교육체계도]

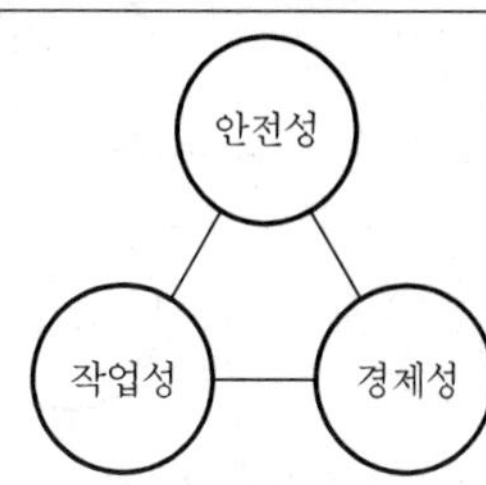

[Tower Crane의 효과]

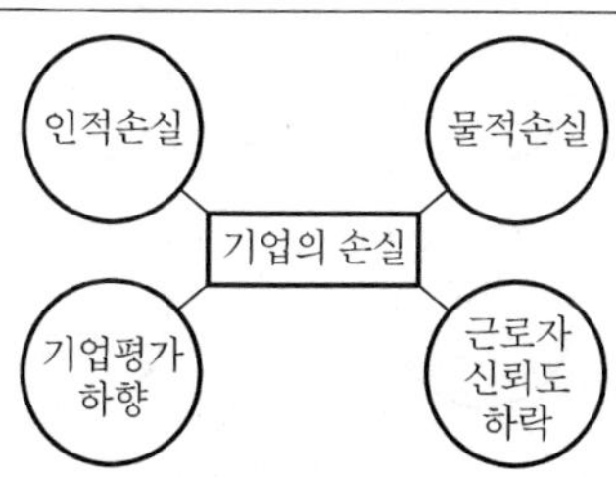

[재해가 기업에 미치는 영향]

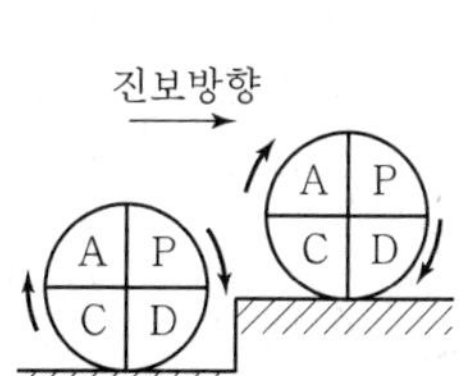

[안전관리 4 Cycle]

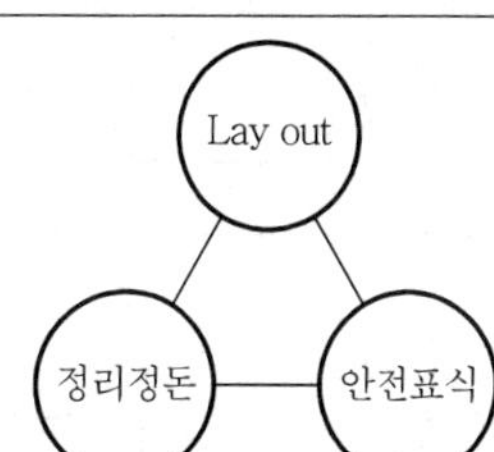

[작업환경정비 기본요건]

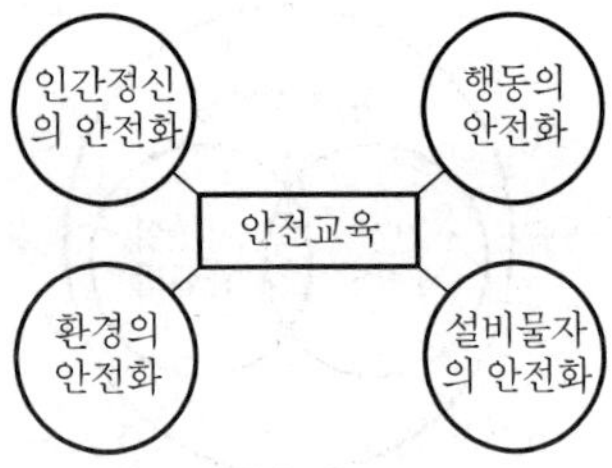

[안전교육의 목적]

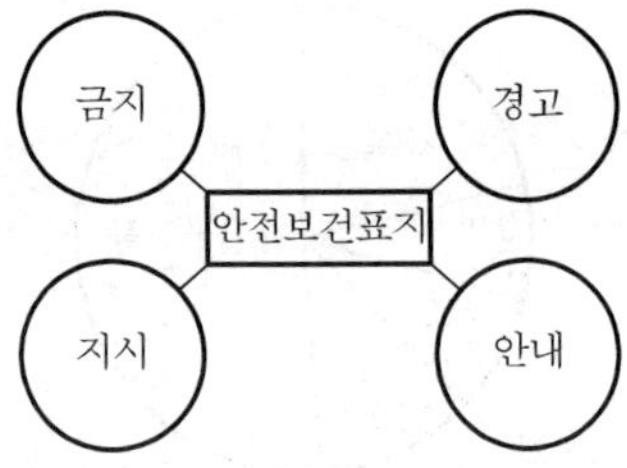

[안전보건표지용도]

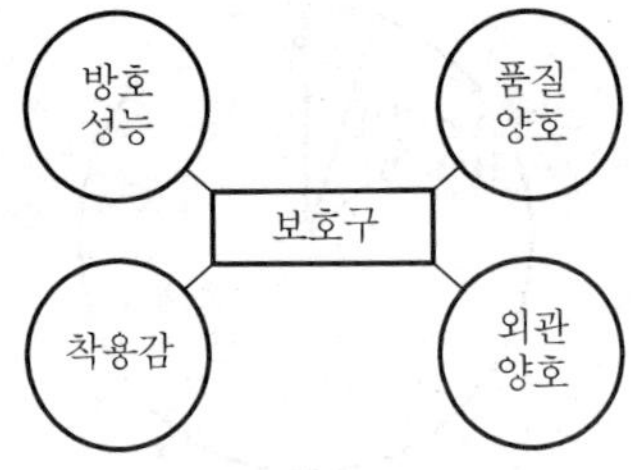

[보호구의 구비조건]

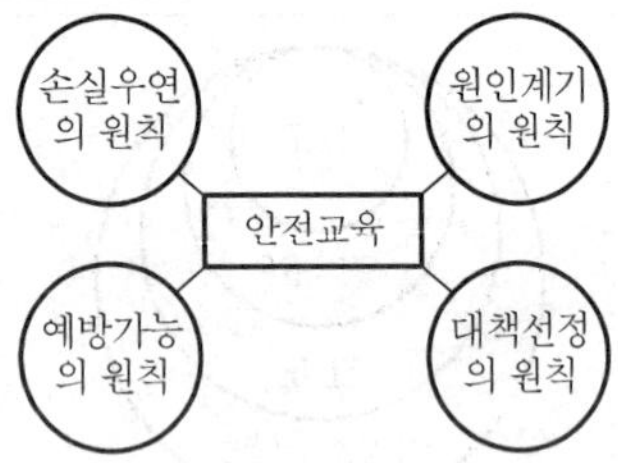

[재해예방의 4원칙]

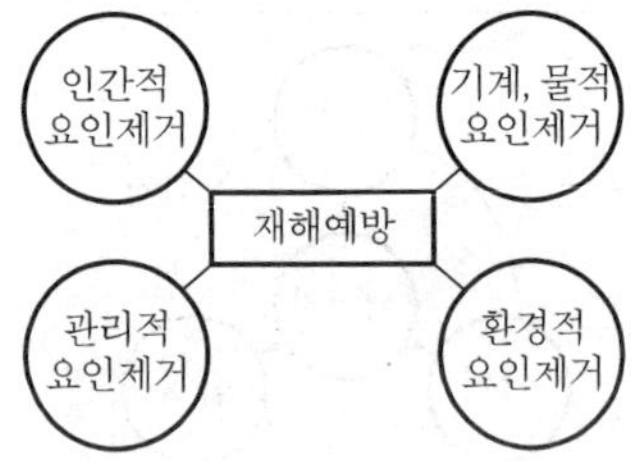

[재해예방대책]

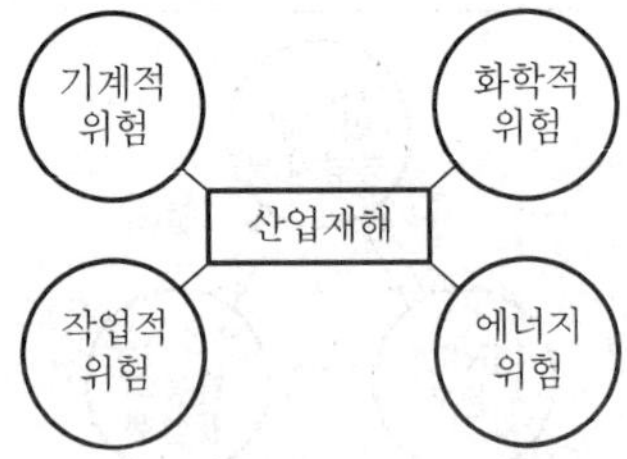

[재해위험에 의한 분류]

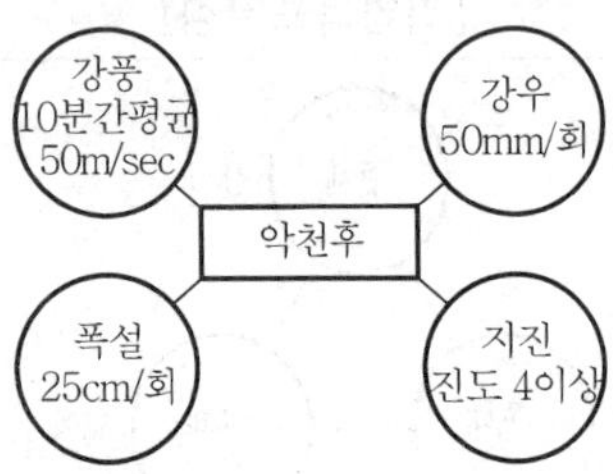

[일반작업 시 악천후]

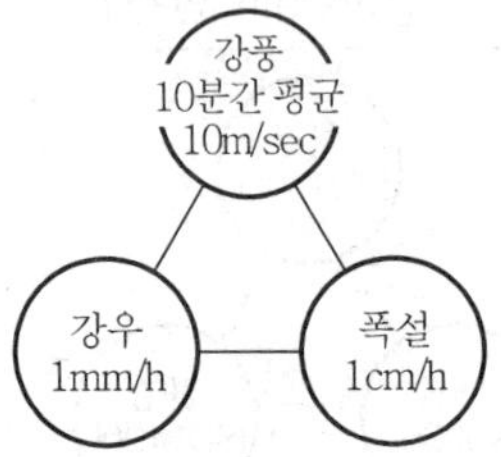

[철골작업 시 악천후]

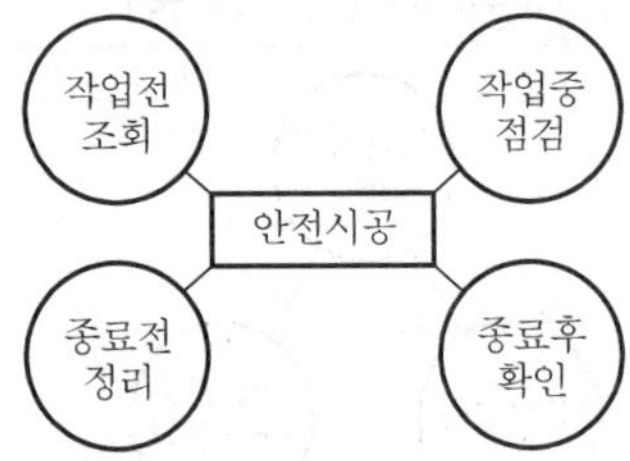

[안전시공 4체계]

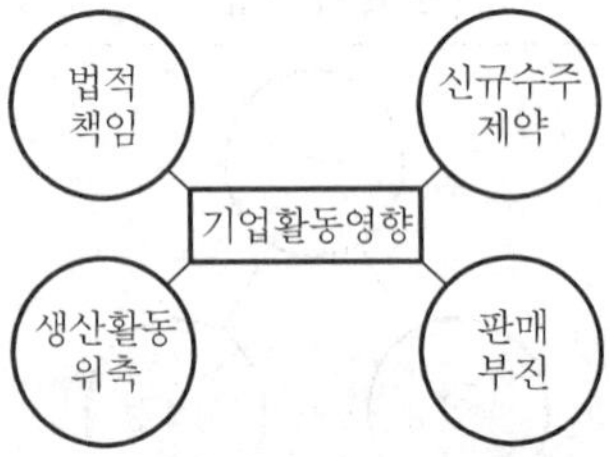

[재해가 기업활동에 미치는 영향]

[안전관리의 목표]

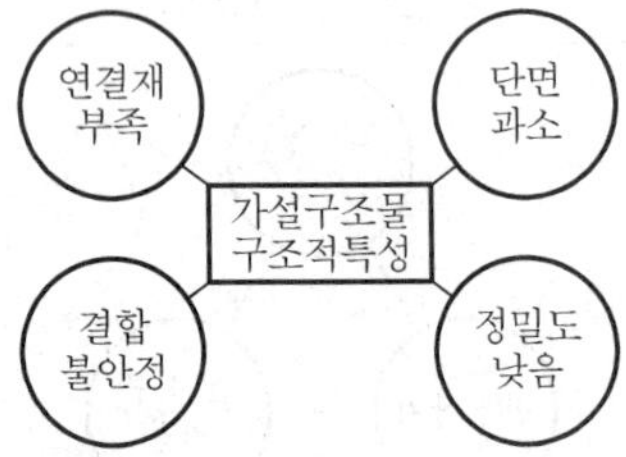

[가설구조물의 구조적 특성]

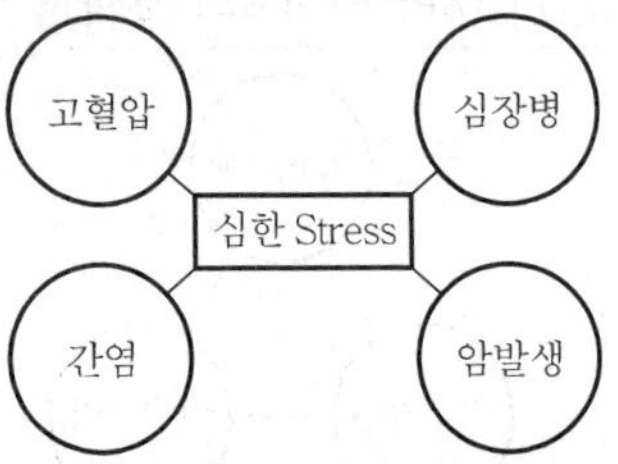

[Stress의 영향]

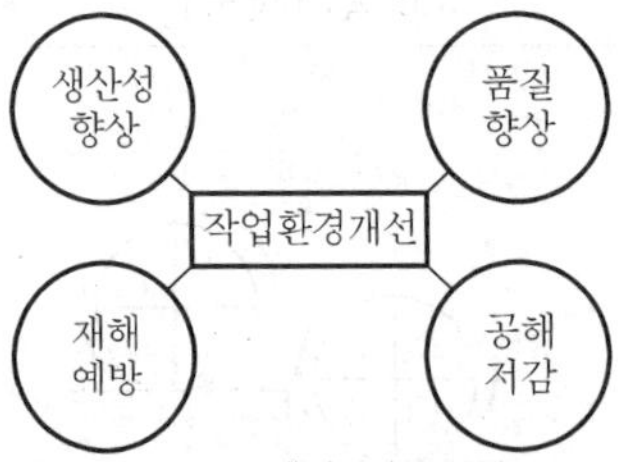

[작업환경개선]

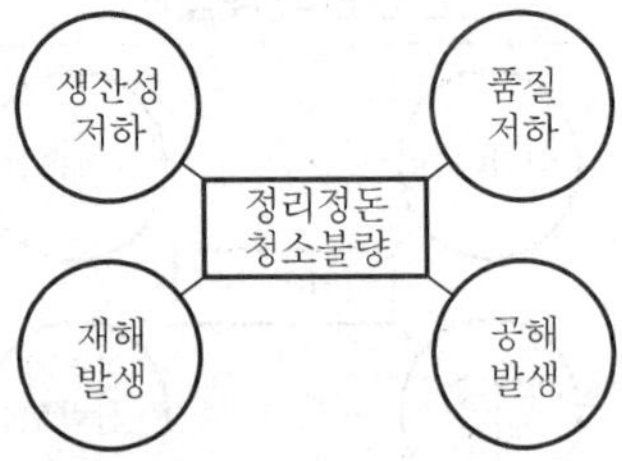

[작업환경불량]

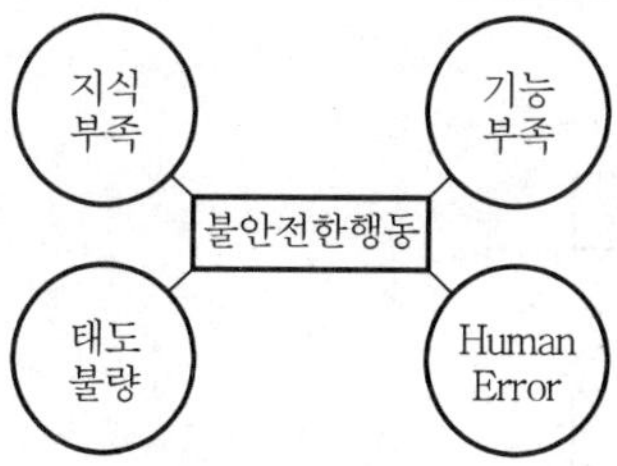

[불안전행동의 직접원인]

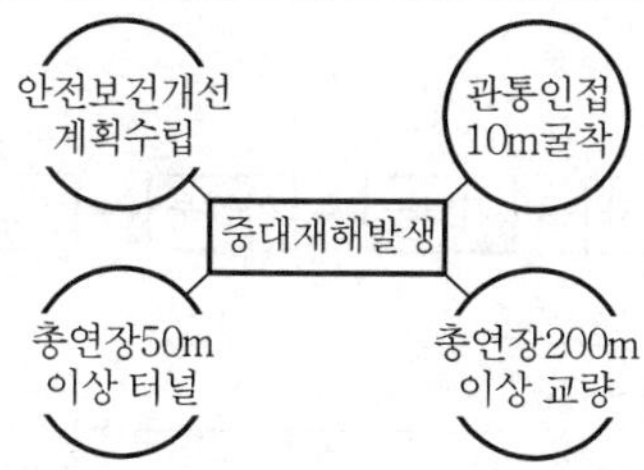

[안전보건대상사업장]

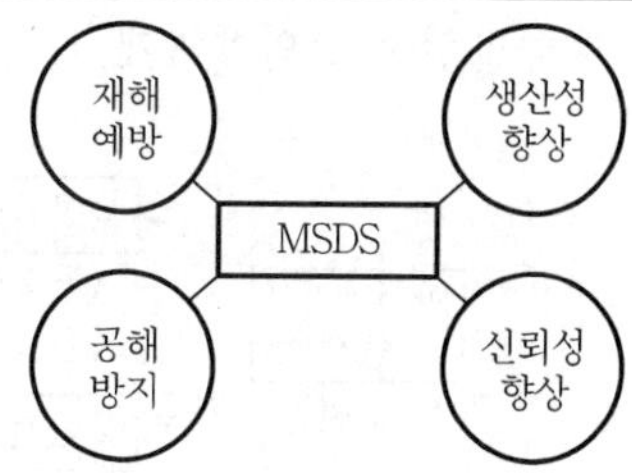

[MSDS]

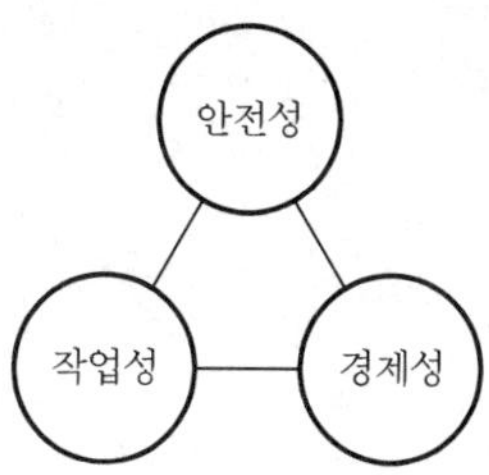

[가설구조물의 3요소]

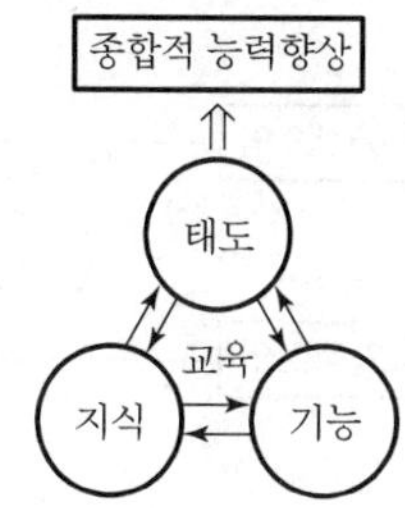

[교육훈련체계도]

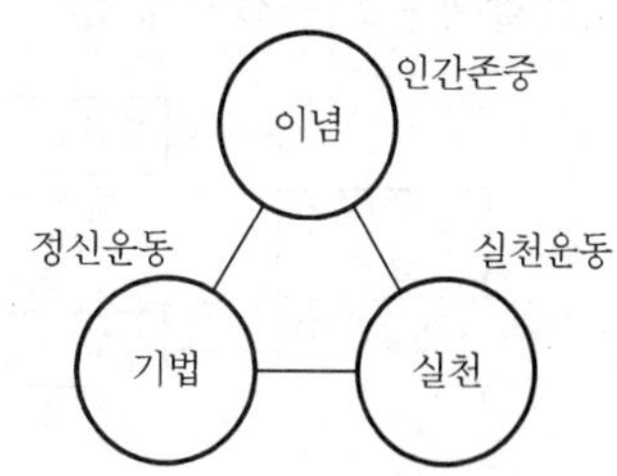

[무재해의 기본이념]

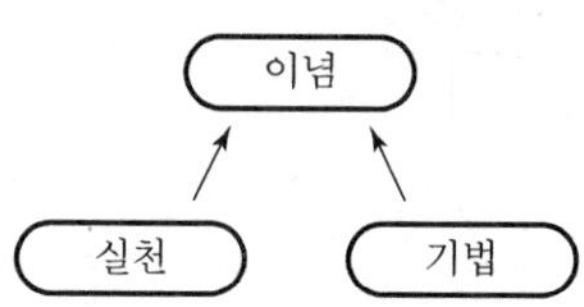

[선취해결의 원칙]

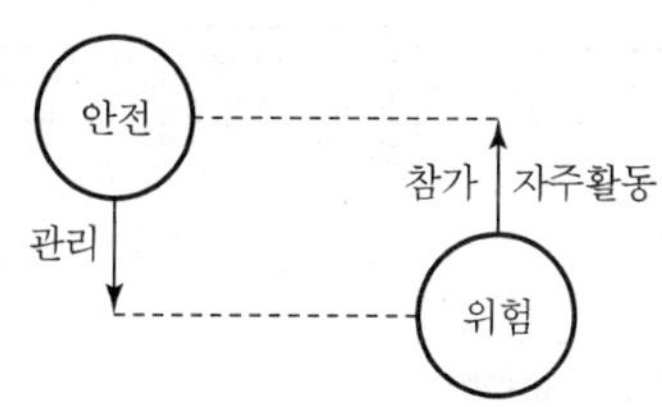

[참가의 원칙]

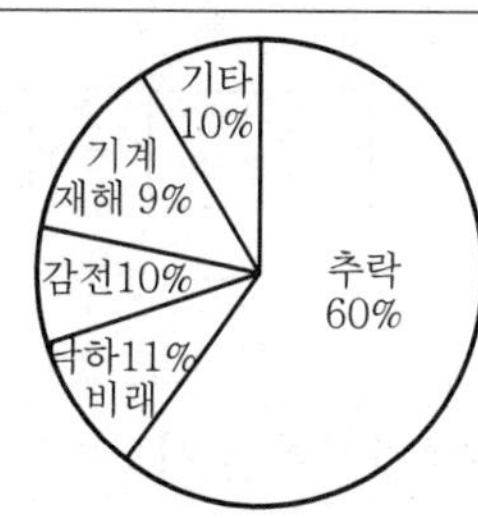

[건설재해 발생형태]

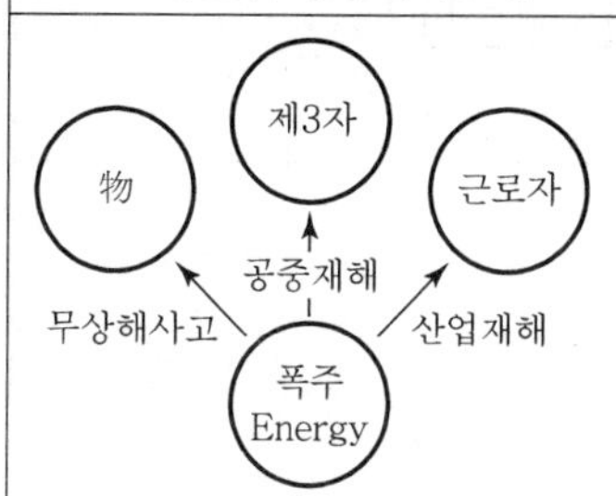

[산업재해 제 I 형]

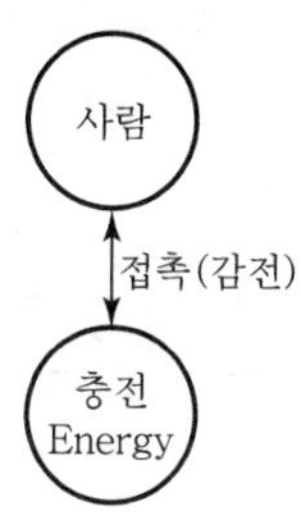

[제 II 형]

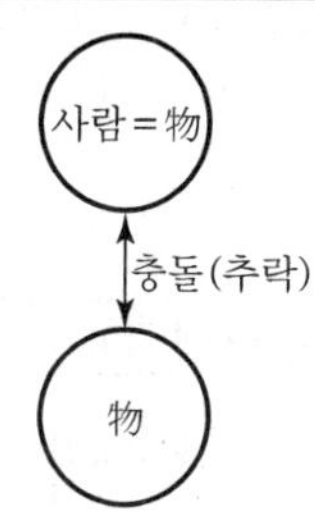

[제 III 형]

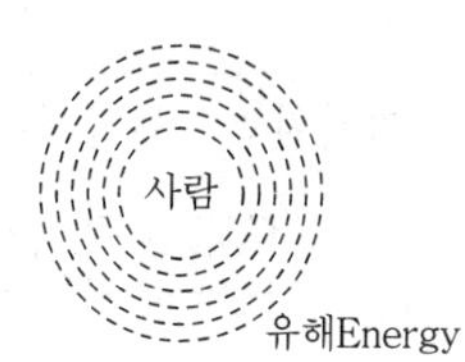

[제 IV 형]

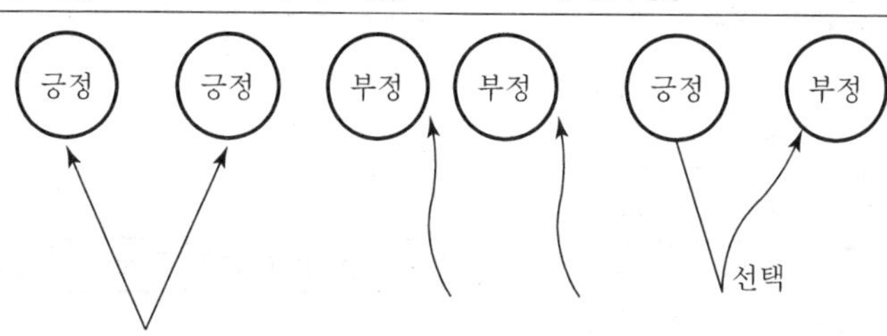

[Lewin의 3가지 갈등형]

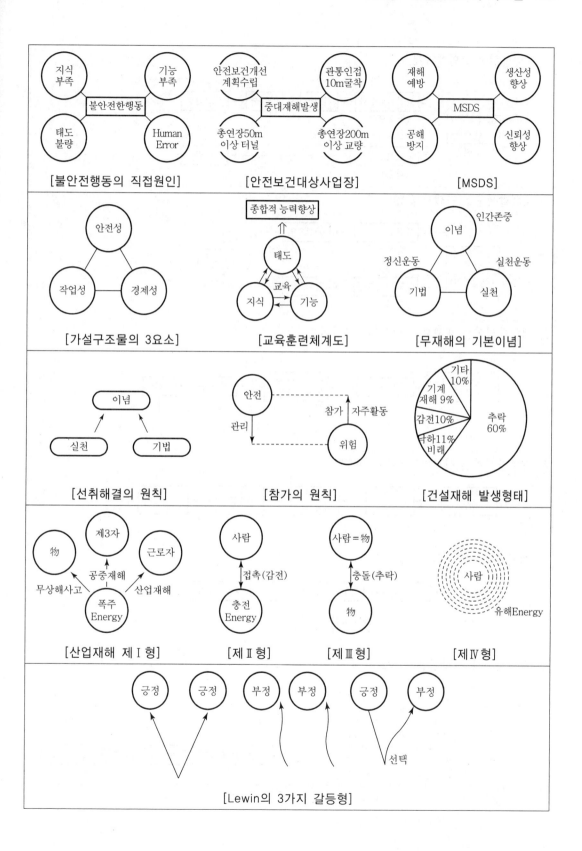

1. 재해발생구조(연쇄관계 1)

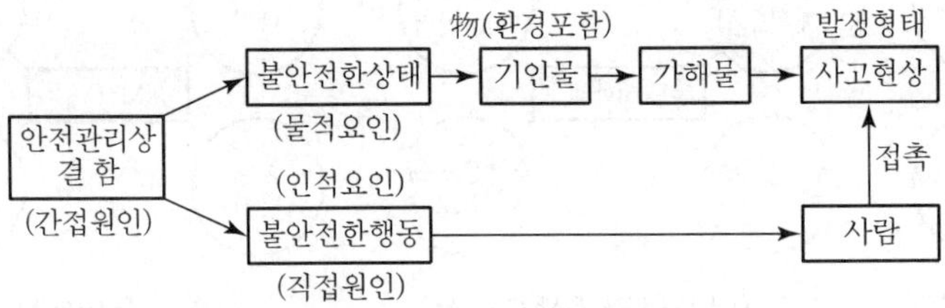

2. 재해발생구조(연쇄관계 2)

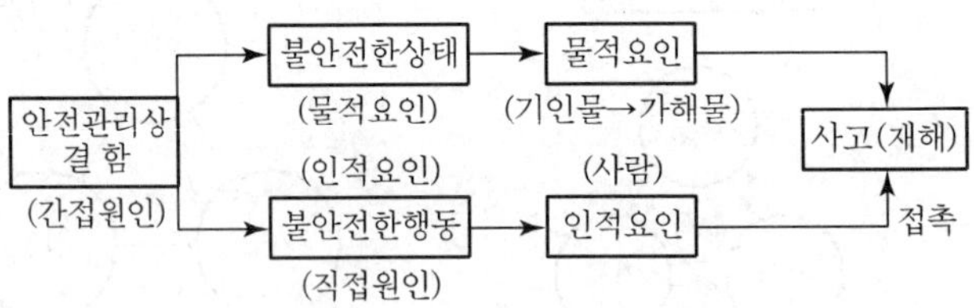

3. 재해발생이론(재해요인 5단계) – 하인리히

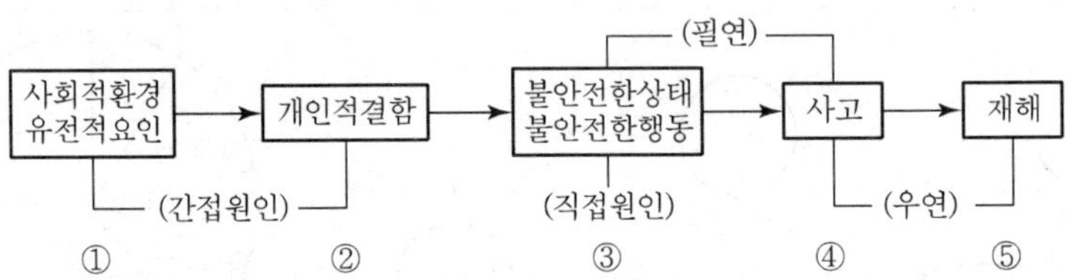

4. 재해발생이론(신도미노이론) – 버드

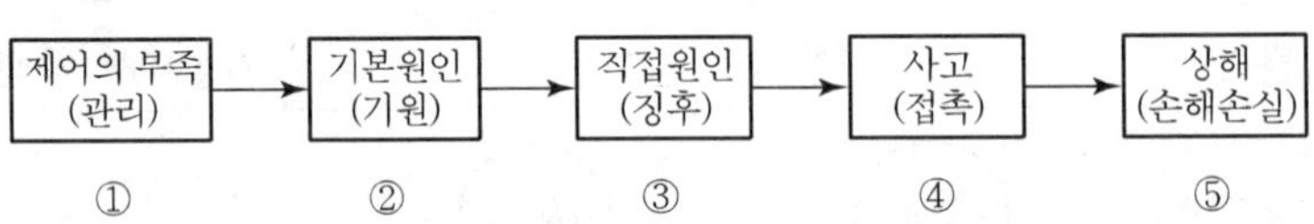

5. 재해원인연쇄관계(재해원인구조)

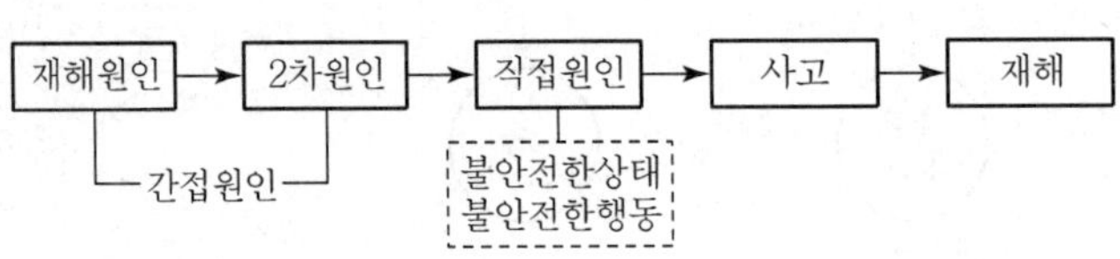

6. 직접원인과 간접원인의 상호관계

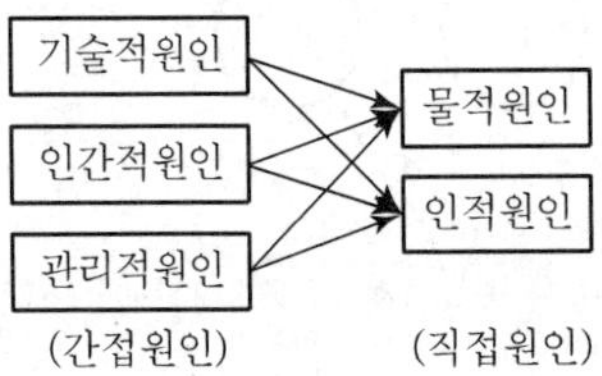

7. Lock System

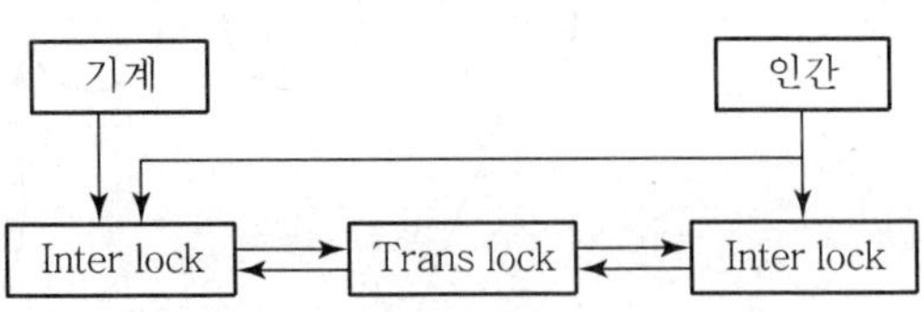

1. 재해예방Flow Chart(사고예방 5원리)

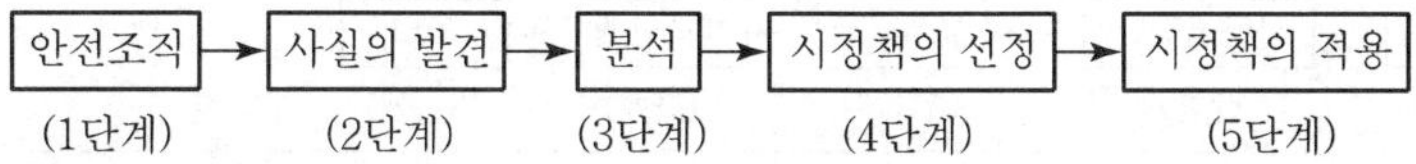

2. 재해예방대책

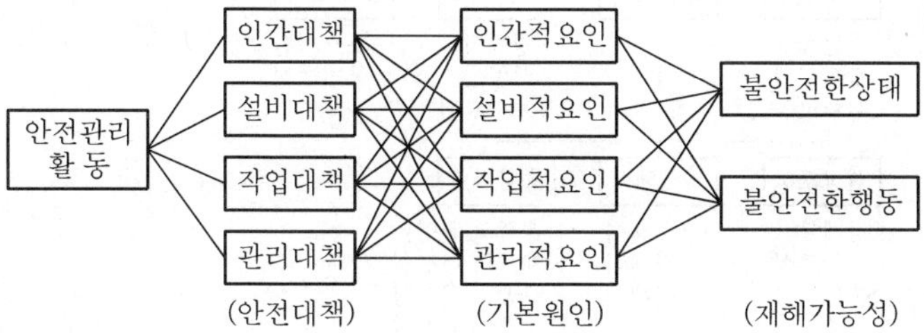

3. 재해예방계획도

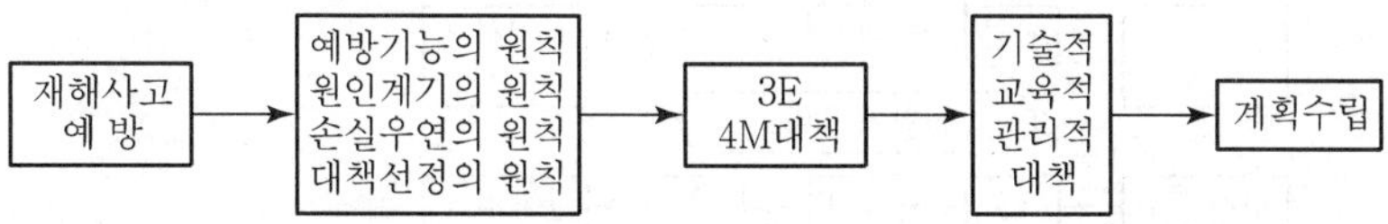

4. 재해예방활동 추진계획도

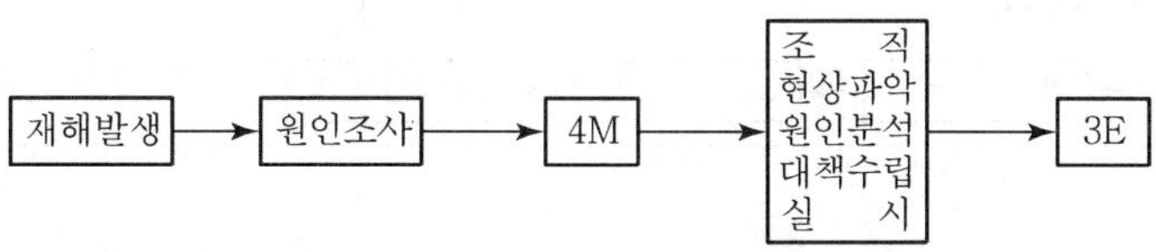

5. 안전시공 관리체계-1

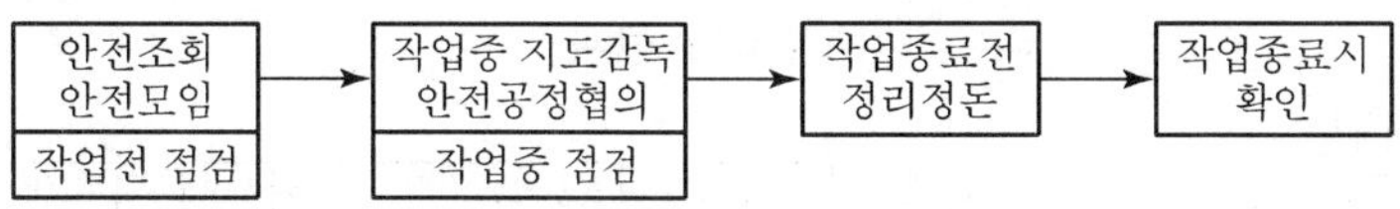

6. 안전시공 관리체계-2

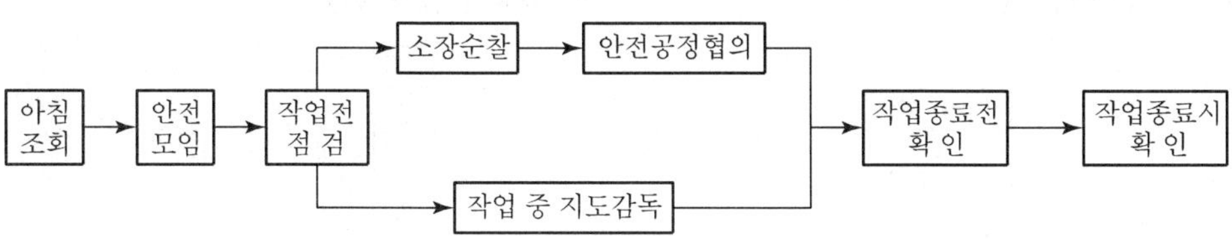

7. 물적위험방호

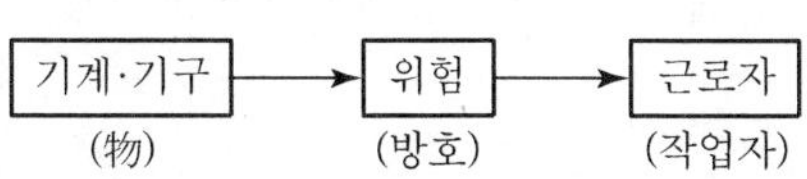

8. 직업병 발생형태

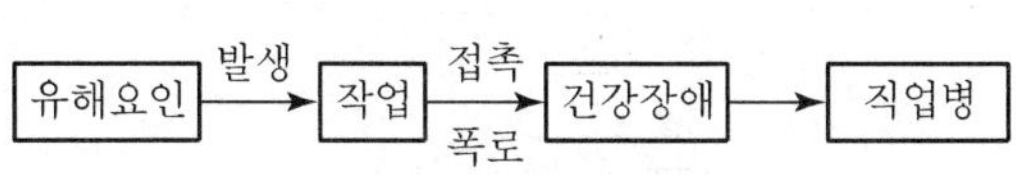

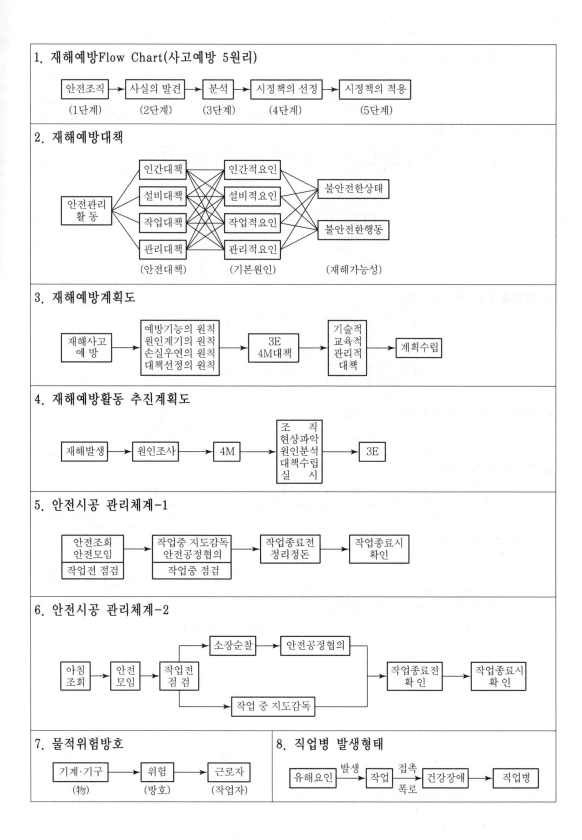

1. System안전 Program 편성 5단계

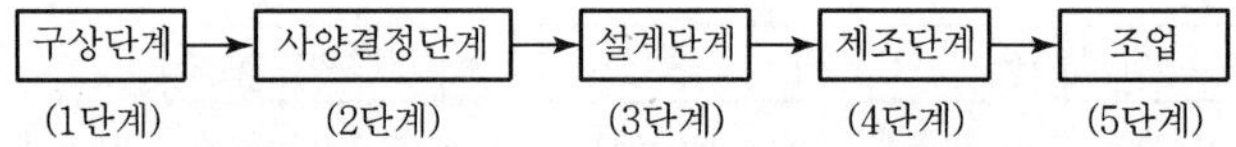

2. 안전진단 수행과정

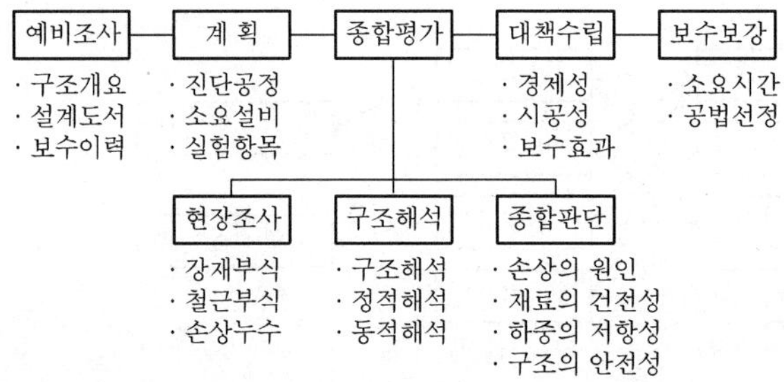

3. 위험예지훈련의 진행방법

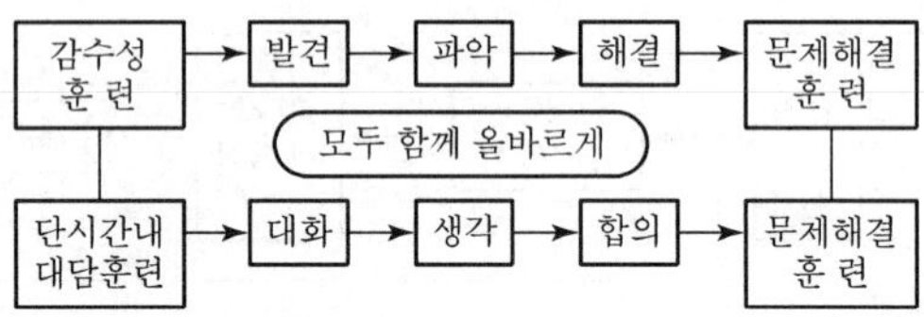

4. 기초 4라운드 진행방법(Flow chart)

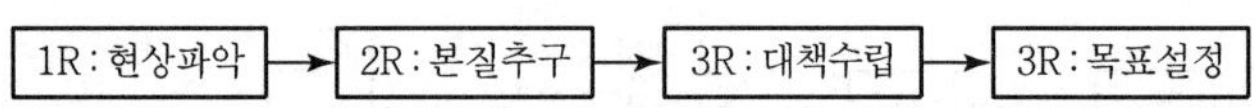

5. T.B.M 실시 5단계

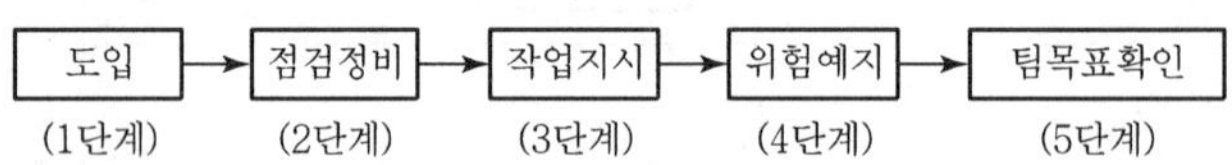

6. Man-machine System

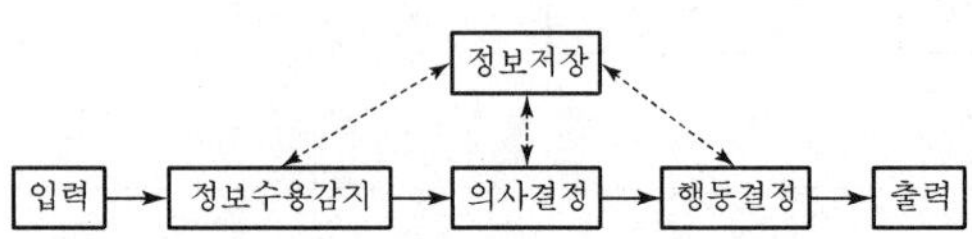

7. 착오의 결과

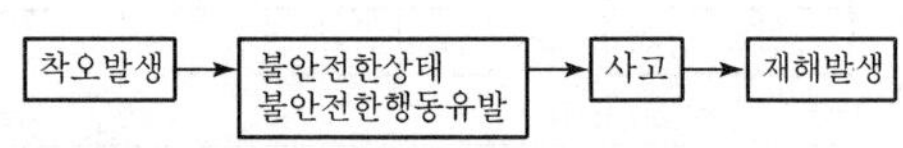

8. 최신 안전관리기법

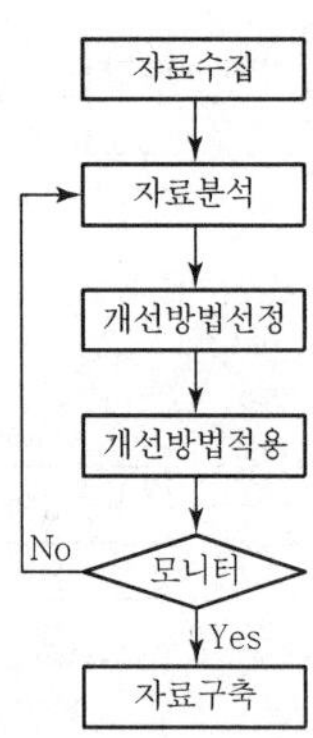

9. 교육방법의 4단계

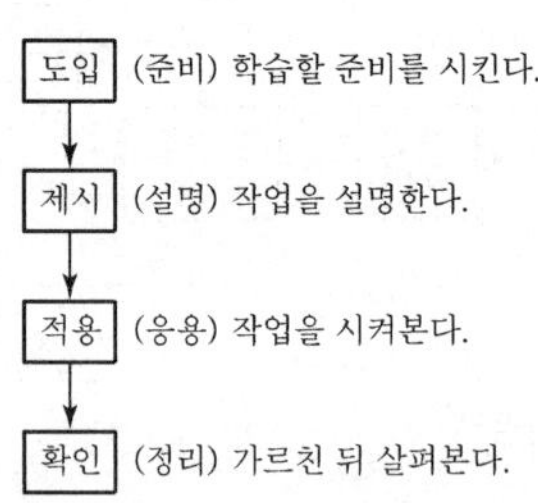

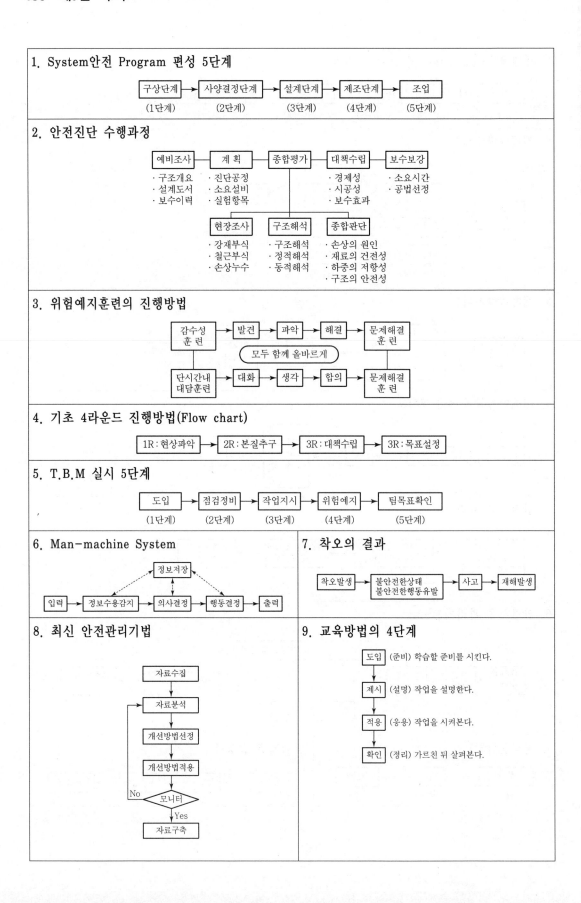

1. 안전성 평가

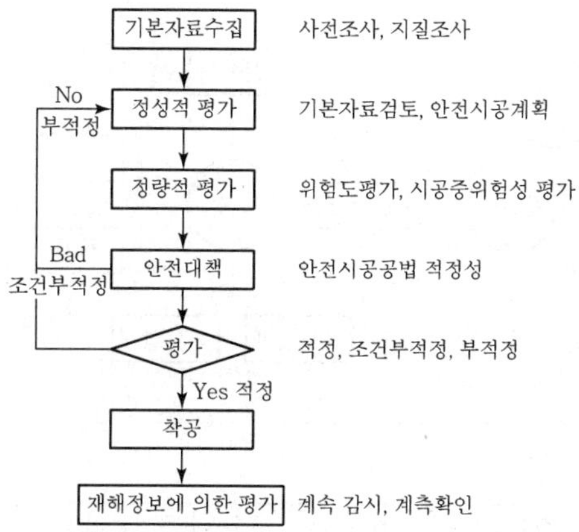

2. 재해발생 시 조치순서

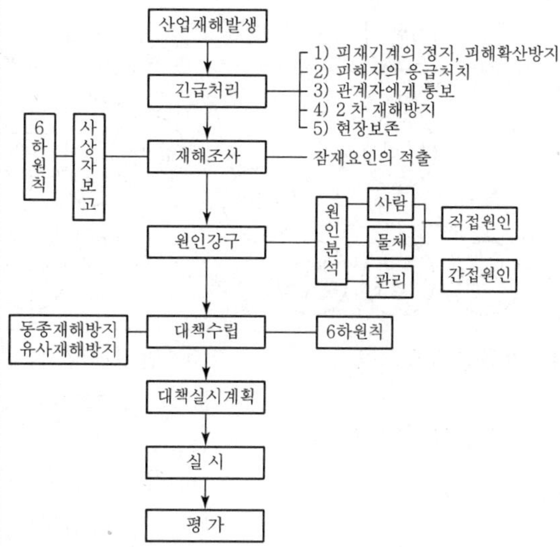

3. 안전보건교육 체계도

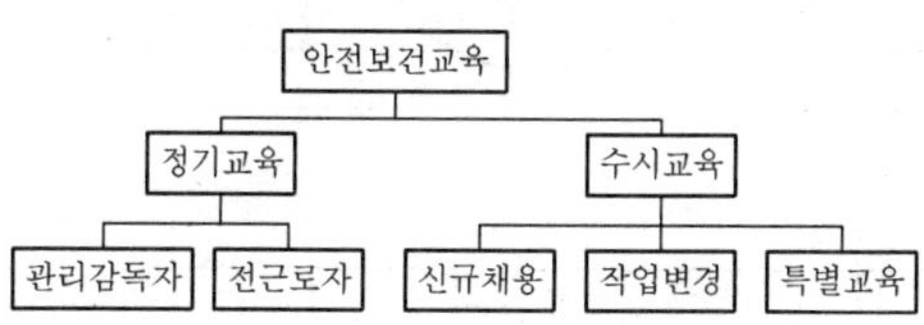

4. 정보처리 Channel

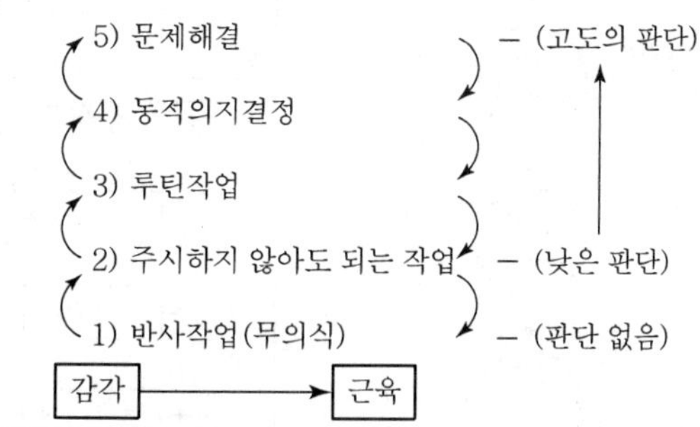

5. 교육매체에 따른 효과

구분	감지효과
시각	60%
청각	30%
미각	20%
촉각	5%
후각	3%

6. 보호구 합격표시

한국산업안전검정필
검정합격번호 및 합격등급
제조(수입) 년 월 일

7. 재해예방활동 추진계획도

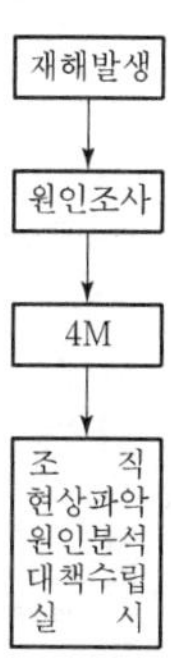

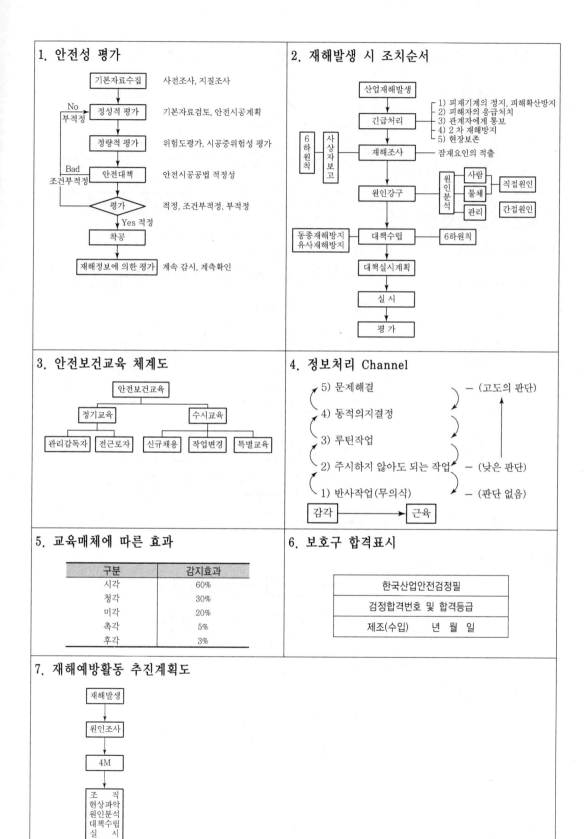

1. 비상동원 조직구성표

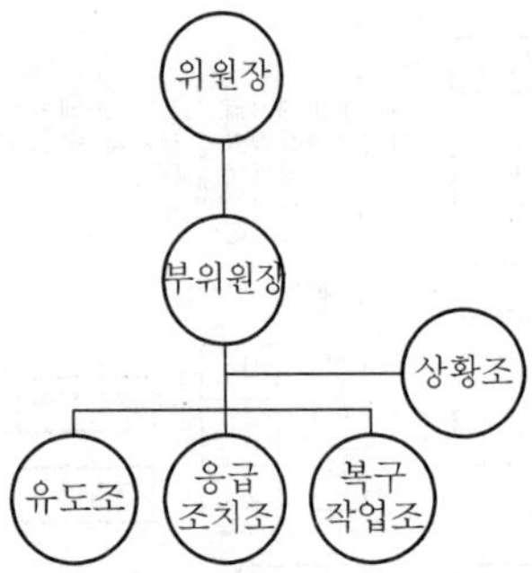

2. 외부 비상연락망

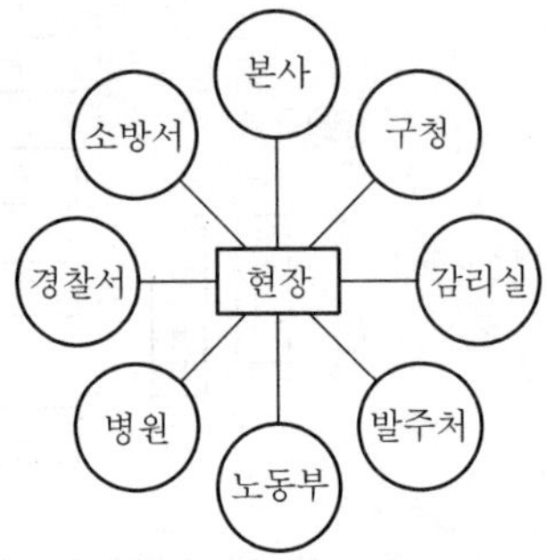

3. 내부 비상연락망

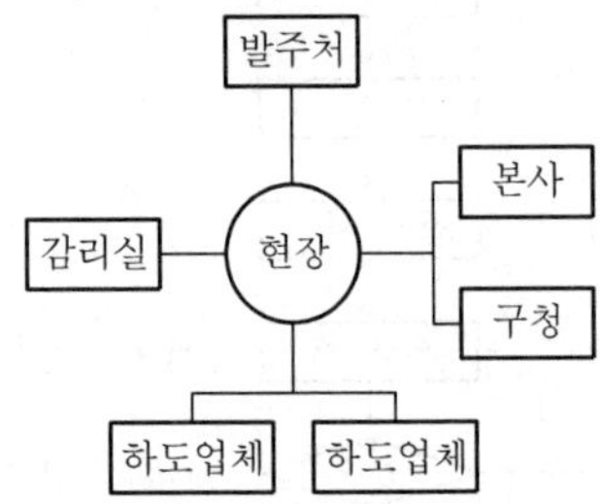

4. 안전관리자교육

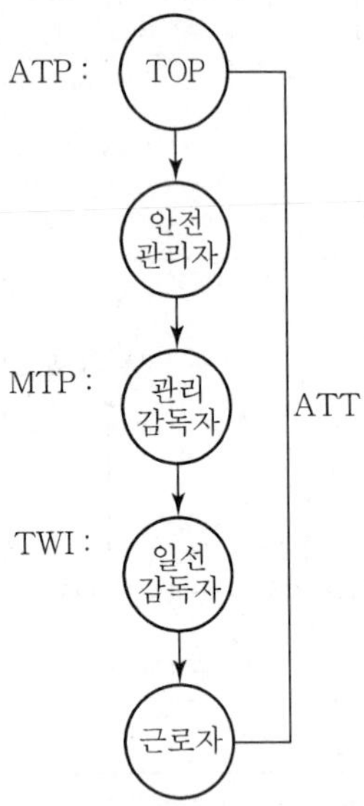

5. 안전시공 Flow Chart

6. Robot化의 추진공정

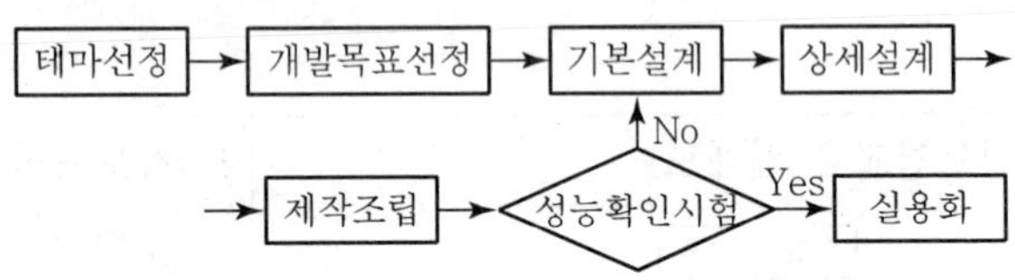

7. 철골 공장가공순서

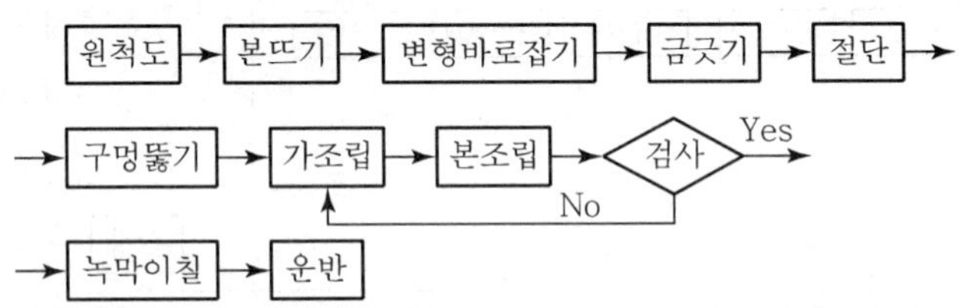

8. 발파식해체공법 시공순서

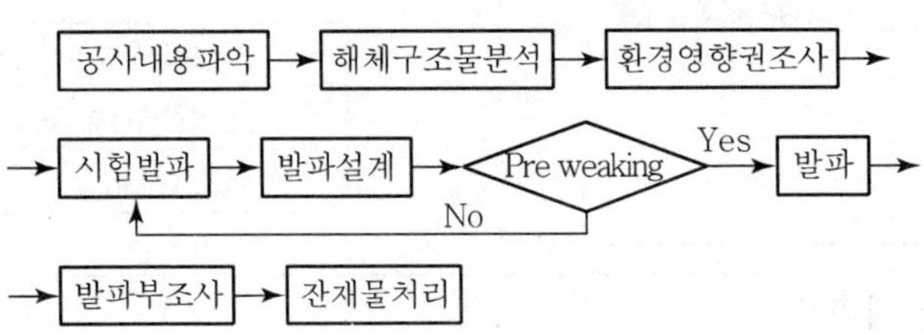

9. 무진동파쇄공법 시공순서

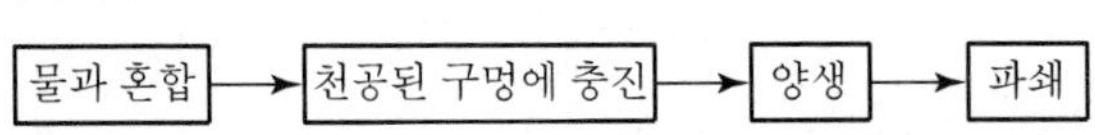

1. 조도기준

구분	초정밀작업	정밀작업	보통작업	기타
조도	750Lux	300Lux	150Lux	75Lux

2. 조도의 반사율

구분	천장	벽	가구	바닥
반사율	80~90%	40~60%	25~45%	20~40%

3. 공사진척도에 따른 안전관리비 사용기준

공정률	30~50%	50~70%	70~90%	90% 이상
사용기준	30% 이상	50% 이상	70% 이상	공정률 이상

4. 방망사 신품(폐기 시) 인장강도

그물의 크기(cm)	방망의 종류(kg)	
	매듭 없는 방망	매듭방망
10	240(150)	200(135)
5	–	110(60)

5. 경사로

경사각	미끄럼막이간격	경사각	미끄럼막이간격
30°	30cm	22°	40cm
29°	33cm	19°20′	43cm
27°	35cm	17°	45cm
24°5′	37cm	14°	47cm

6. 건설현장의 소음규제 기준 (단위 : db)

대상지역	조석	주간	심야
주거 · 학교 · 병원	65 이하	70 이하	55 이하
상업 · 공업 · 농업	70 이하	75 이하	55 이하

7. 진동에 의한 관리기준 (단위 : kine)

등급	Ⅰ	Ⅱ	Ⅲ	Ⅳ	Ⅴ
건물형태	문화재	주택 · 상가 · APT		빌딩 · 공장	시설물
		작은균열有	균열無	철근콘크리트	computer
기초에서 허용치	0.2	0.5	1.0	1.0~4.0	0.2

8. 산소농도별 증상

산소농도(%)	증상
14~17	업무능력 감소, 신체기능조절 손상
12~14	호흡수 증가, 맥박 증가
10~12	판단력 저하, 청색 입술
8~10	어지럼증, 의식 상실
6~8	8분 내 100% 치명적, 6분 내 50% 치명적
4~6	0초 내 혼수상태, 경련, 호흡정지, 사망

9. 탄산화에 의한 잔존수명

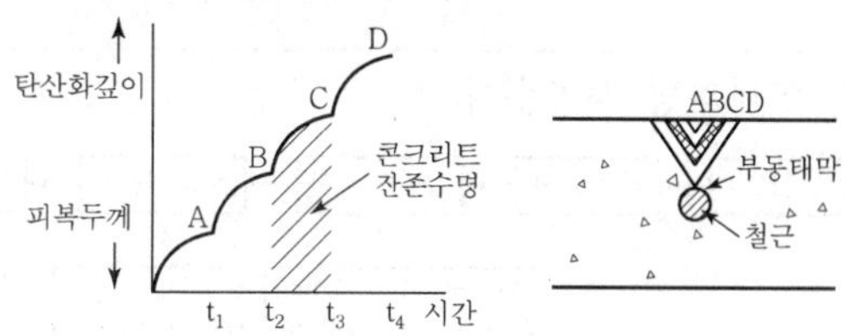

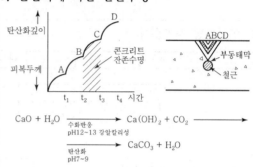

$CaO + H_2O \xrightarrow{\text{수화반응}} Ca(OH)_2 + CO_2 \longrightarrow$

pH12~13 강알칼리성

$\xrightarrow{\text{탄산화}} CaCO_3 + H_2O$

pH7~9

10. 부식에 의한 노후화과정

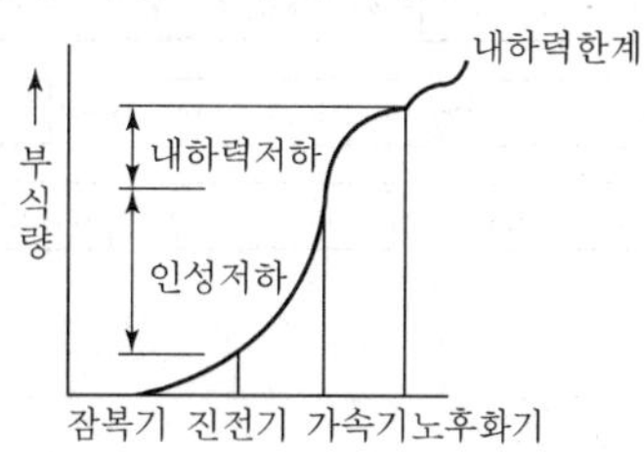

11. 교량의 내하력(DB 하중)

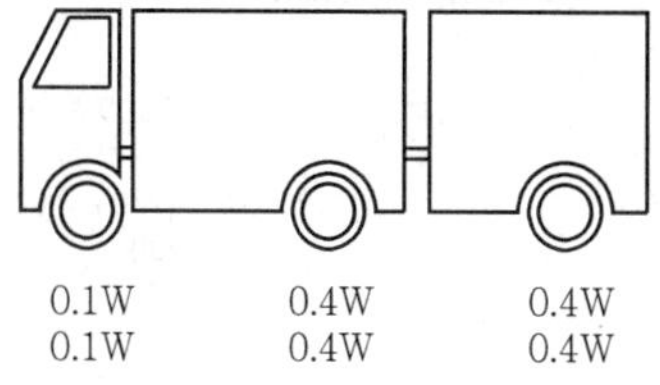

12. 교좌배치

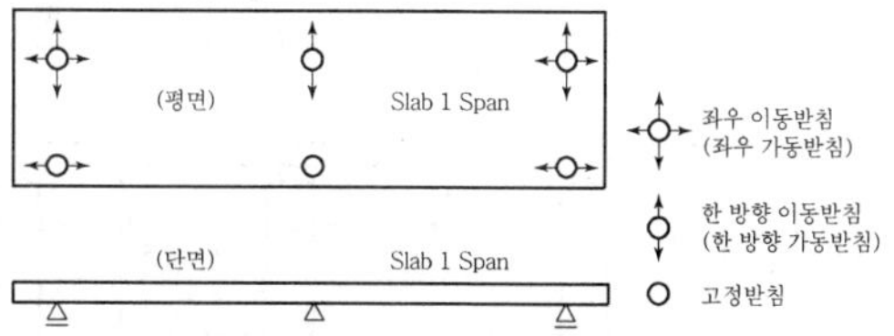

1. 계측관리

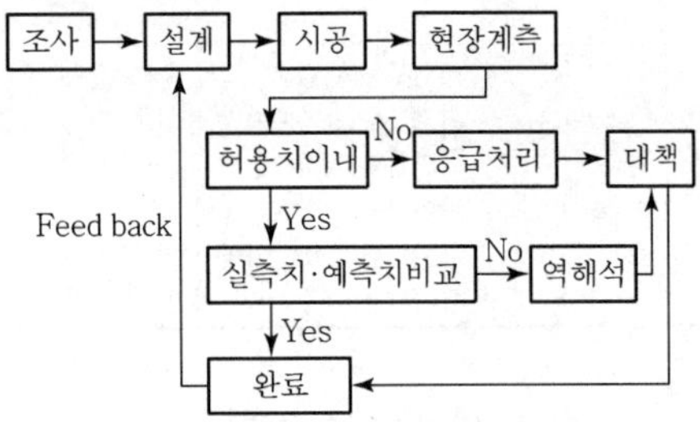

2. 철근콘크리트 공사 Flow Chart

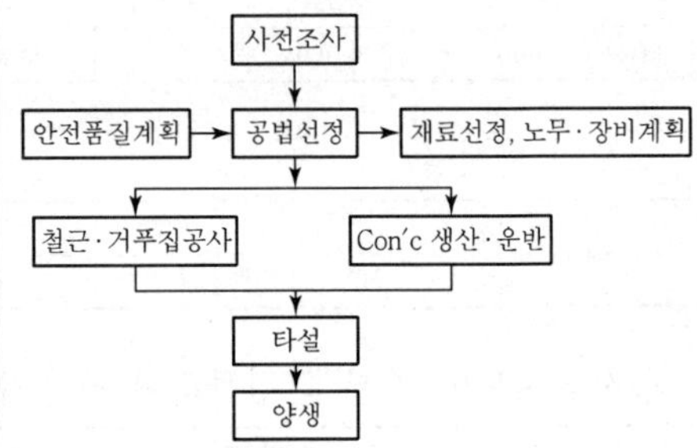

3. 언더피닝 시공순서

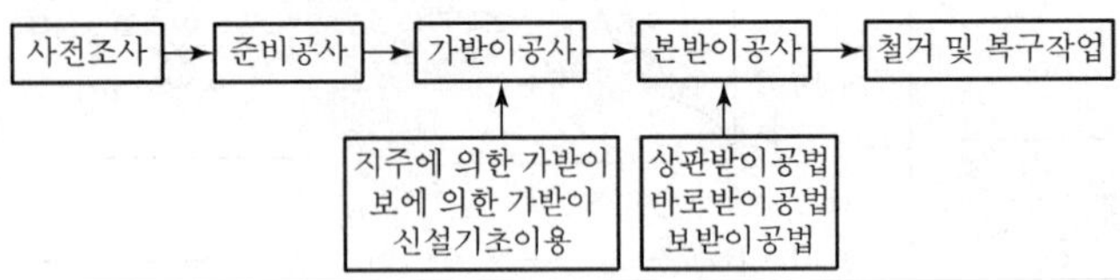

4. Slurry Wall 시공순서

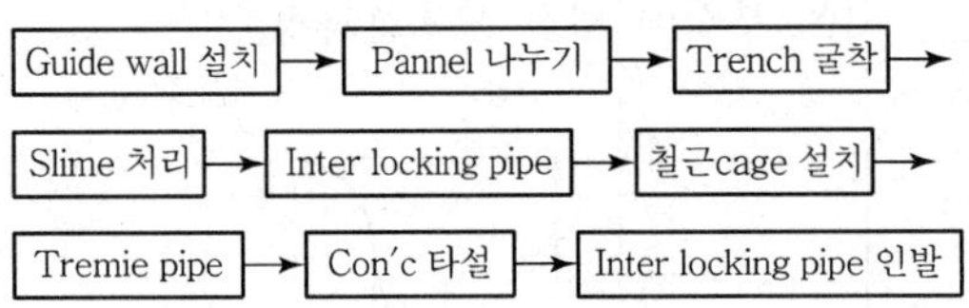

5. Top Down 시공순서

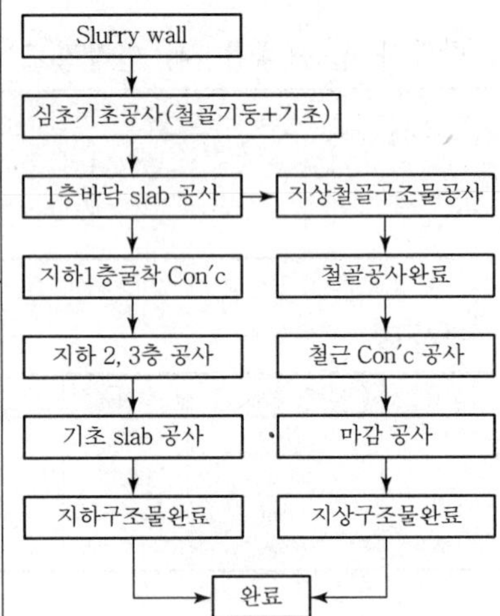

6. 붕괴형태

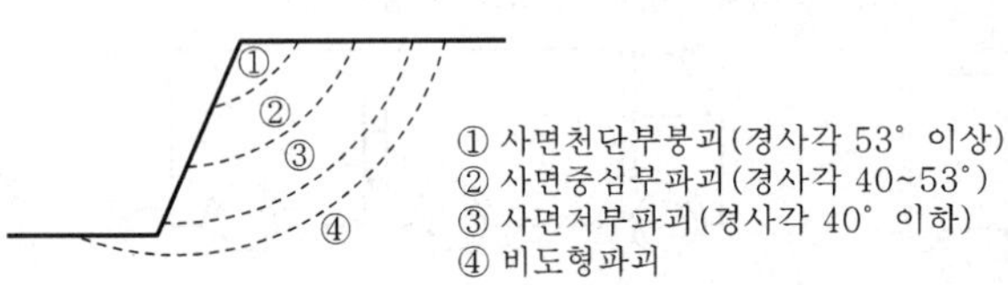

7. 비탈면붕괴(내적 · 외적원인)

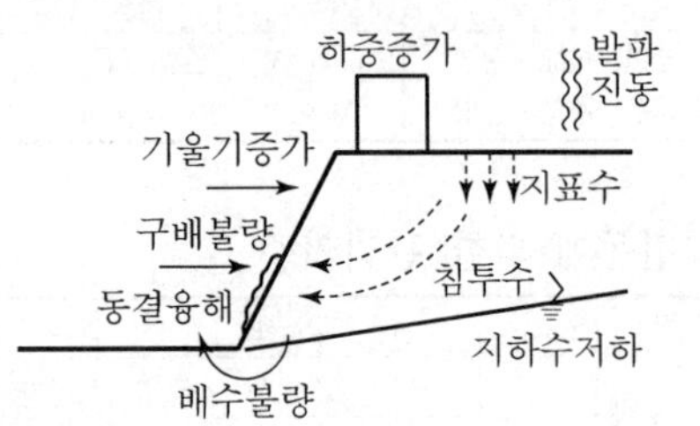

8. 교량구조도해

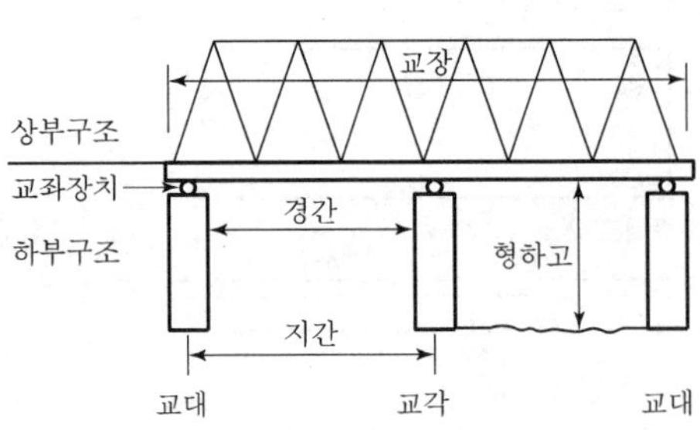

9. 지진

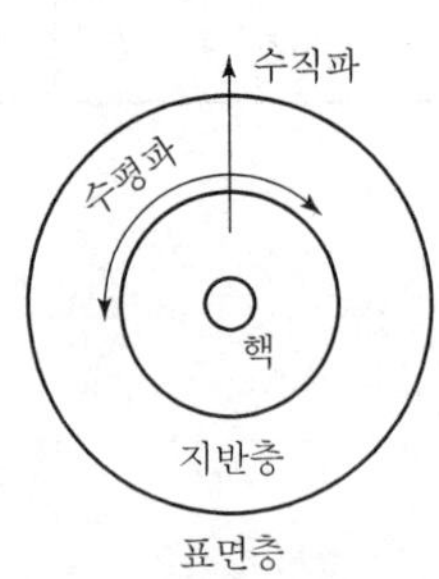

1. 유해·위험방지 계획서 작성대상 사업장

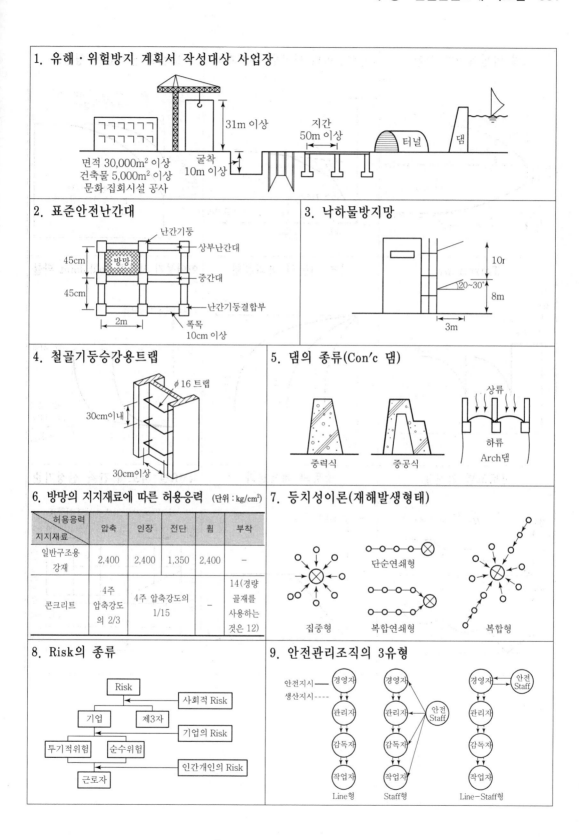

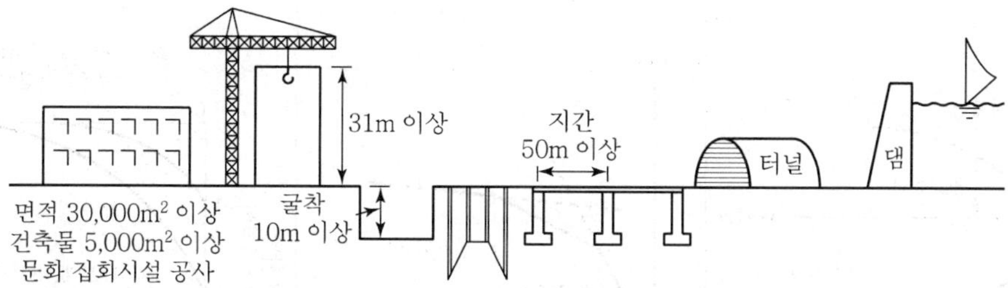

2. 표준안전난간대

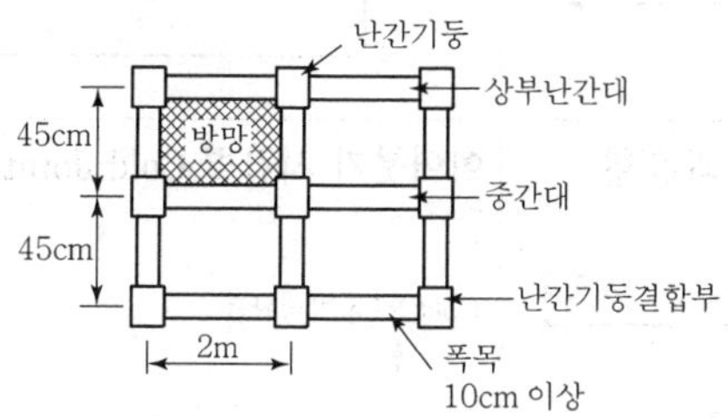

3. 낙하물방지망

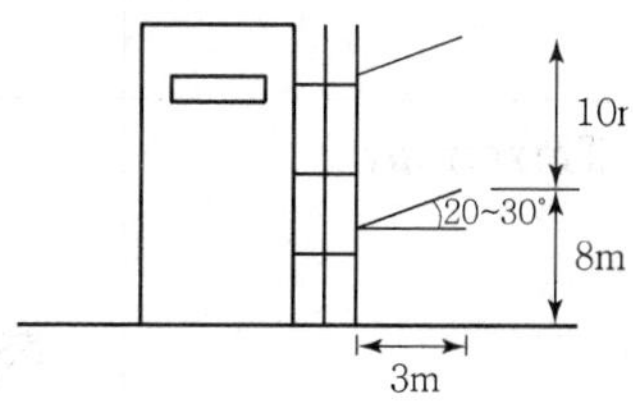

4. 철골기둥승강용트랩

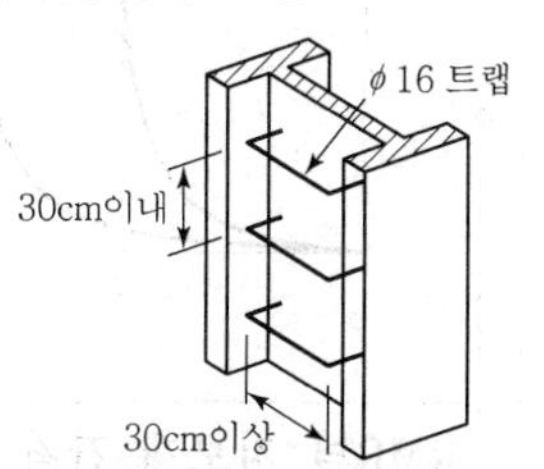

5. 댐의 종류(Con'c 댐)

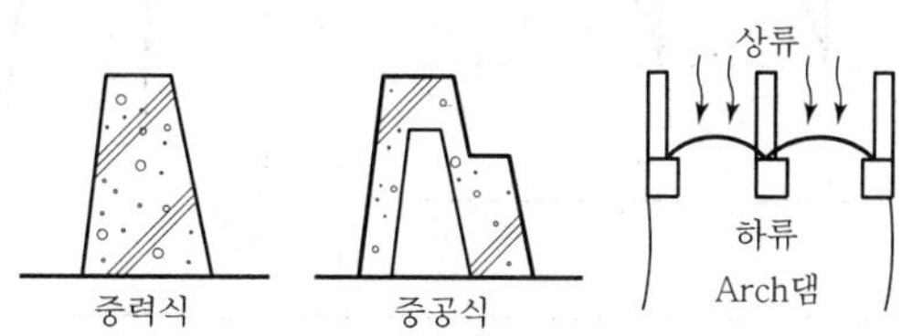

6. 방망의 지지재료에 따른 허용응력 (단위 : kg/cm²)

허용응력 / 지지재료	압축	인장	전단	휨	부착
일반구조용 강재	2,400	2,400	1,350	2,400	–
콘크리트	4주 압축강도의 2/3	4주 압축강도의 1/15		–	14(경량 골재를 사용하는 것은 12)

7. 등치성이론(재해발생형태)

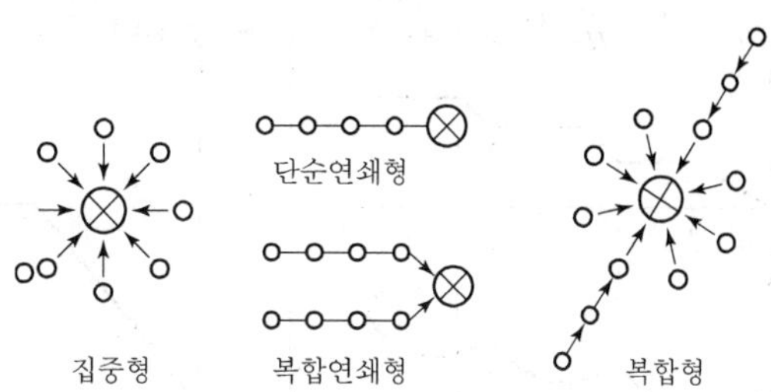

8. Risk의 종류

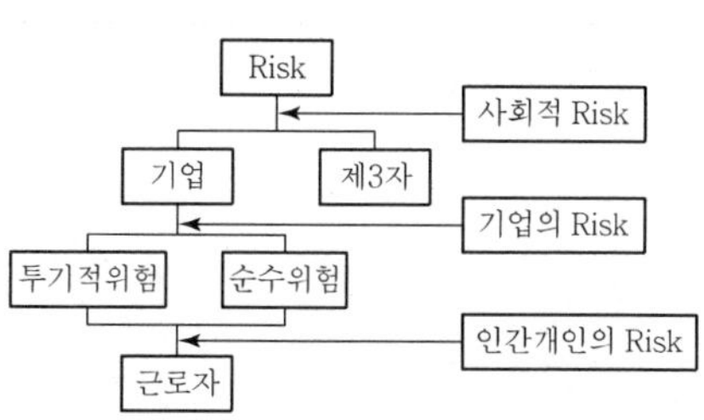

9. 안전관리조직의 3유형

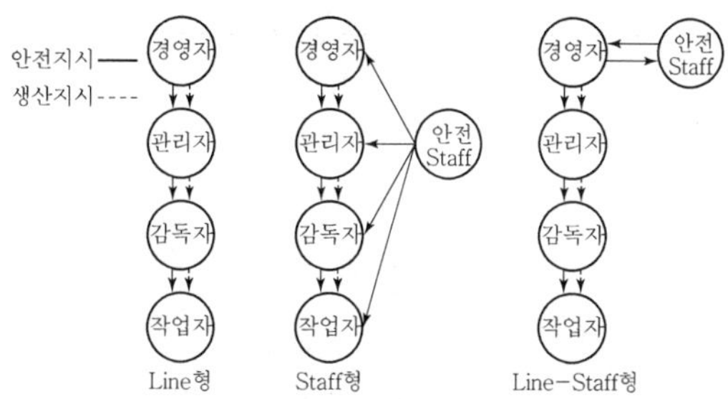

1차 압밀과 2차 압밀

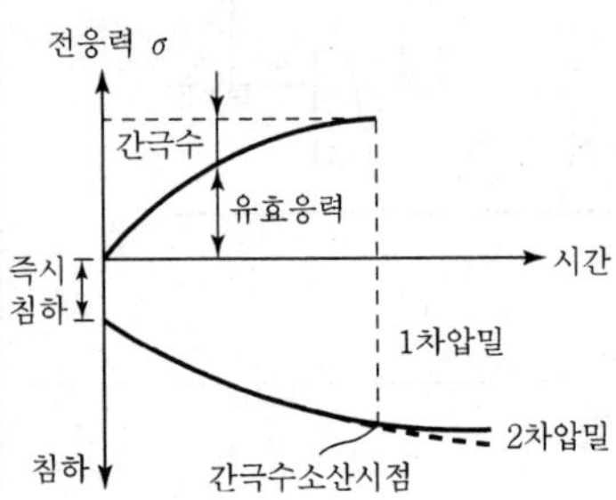

건설장비의 단가별 운반거리

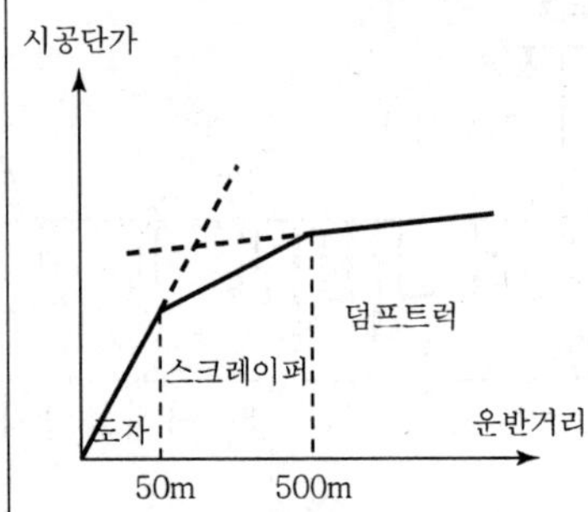

토질별 굴착깊이 영향도

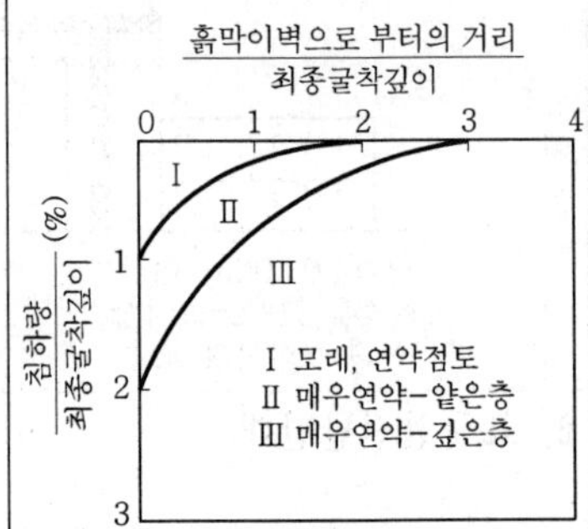

Thixotropy

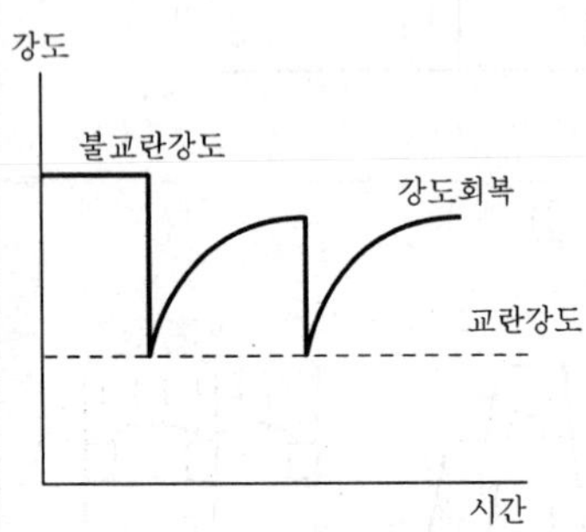

기초 지반의 파괴유형

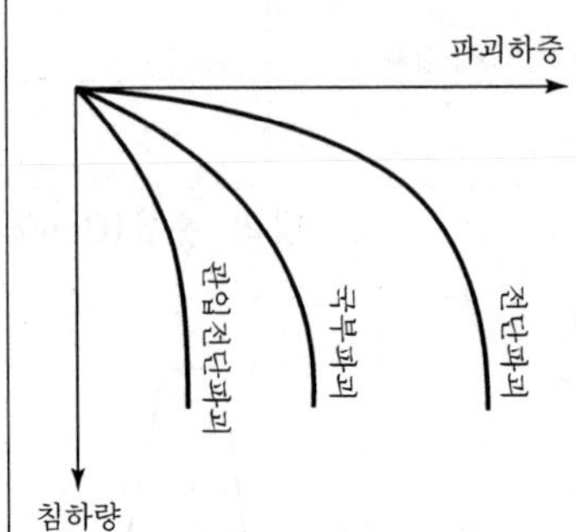

이어붓기 시간별 Cold Joint 확률

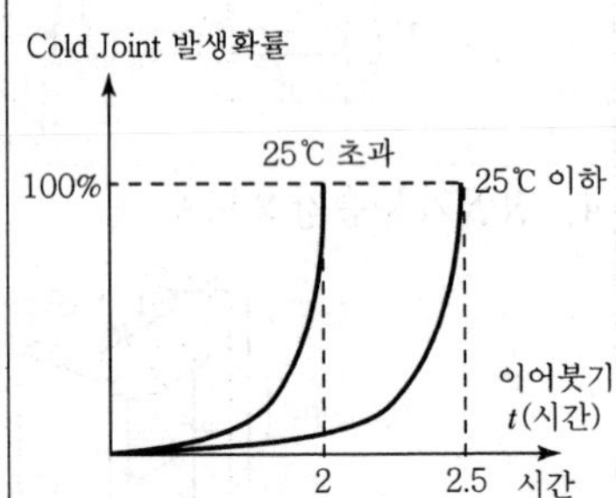

성토고별 안전율

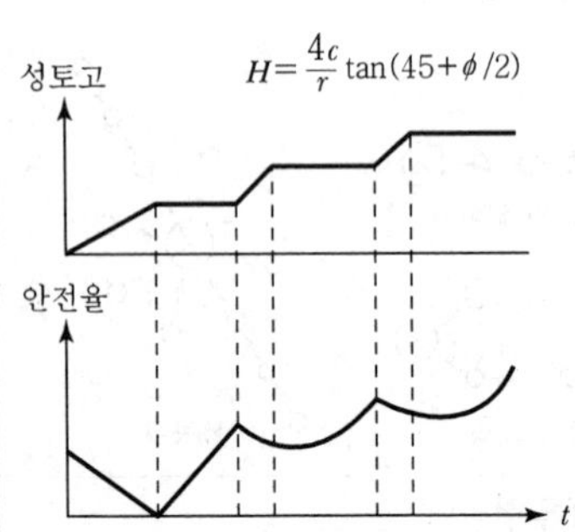

말뚝의 폐색효과

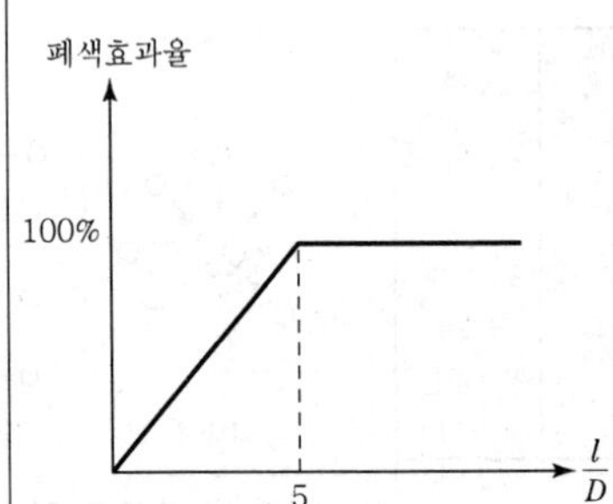

RMR별 지보재 간격 산정기준

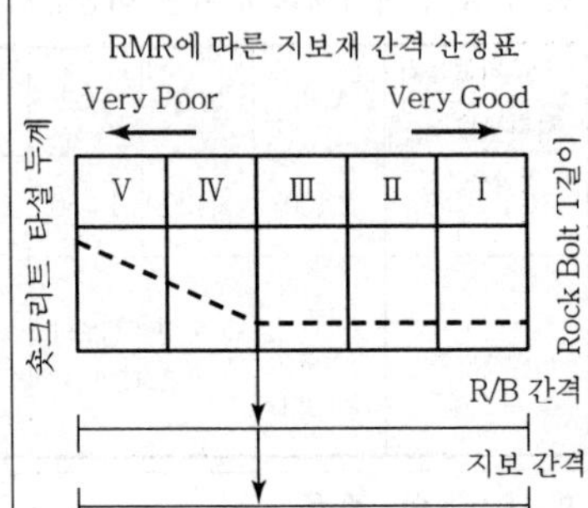

Atterberg 한계

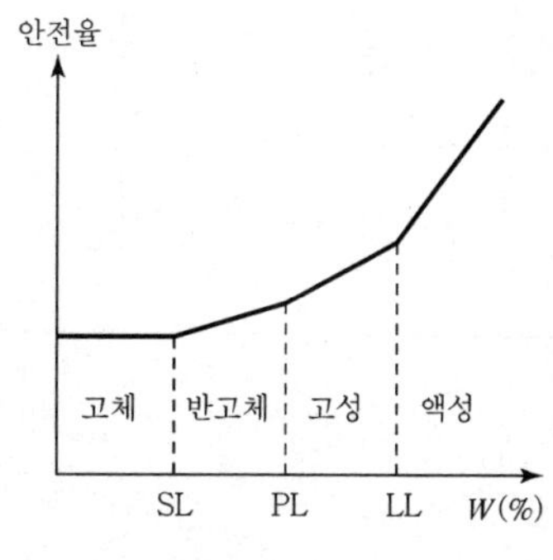

파일의 동재하시험

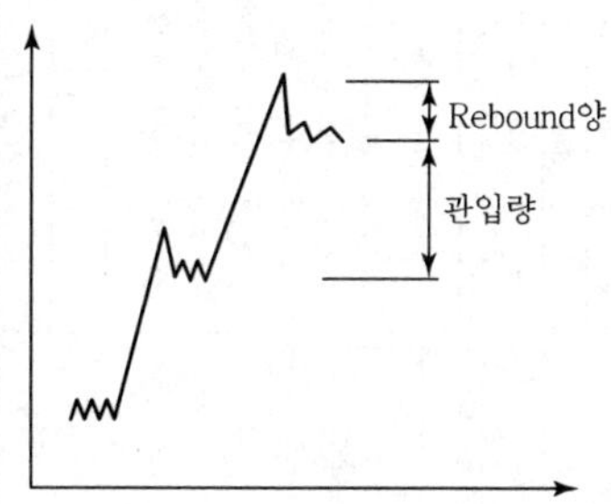

ASP 함량별 안전도

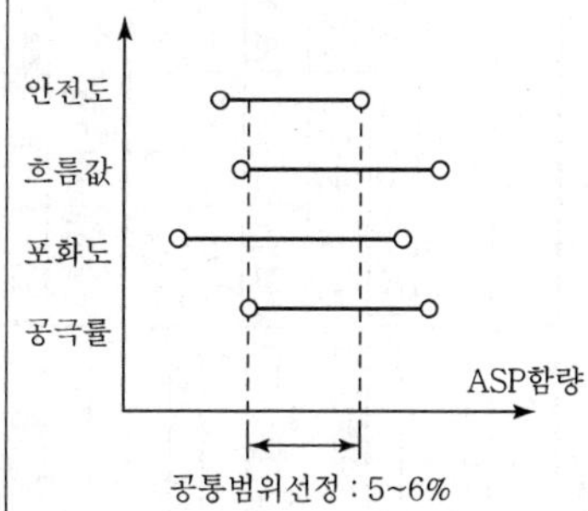

상재하중경과시간별 지지력

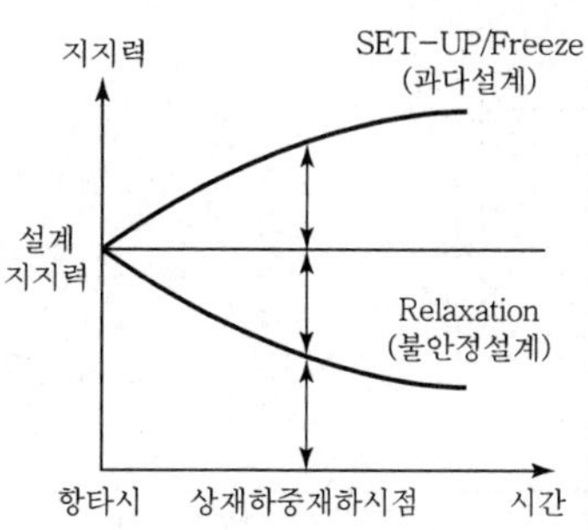

마샬안정도

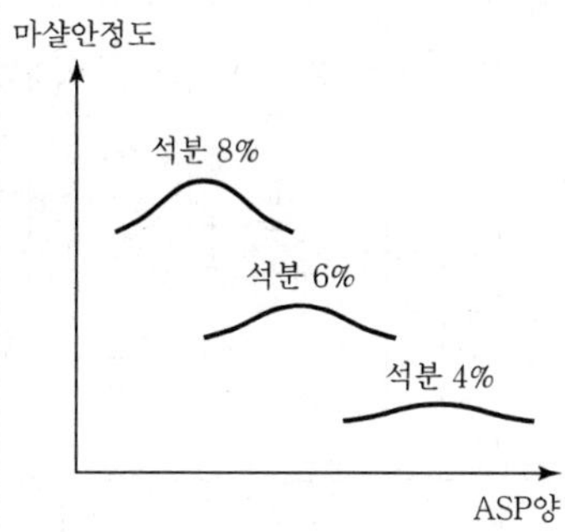

옹벽의 토압

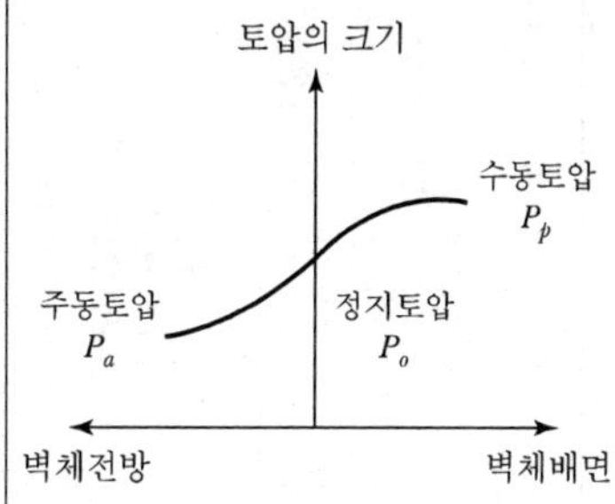

지보공별 지보압력

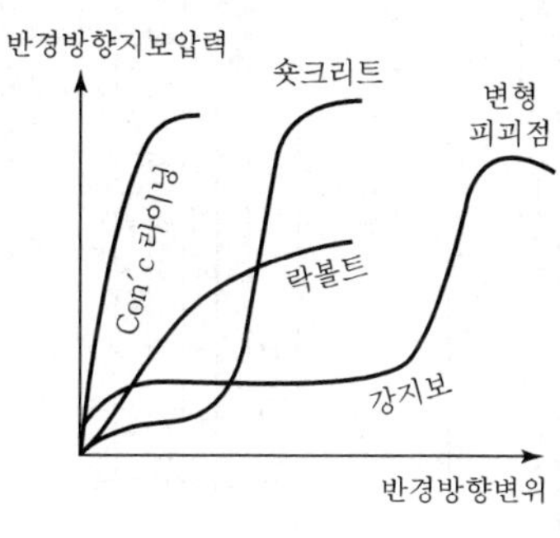

변형률-응력곡선

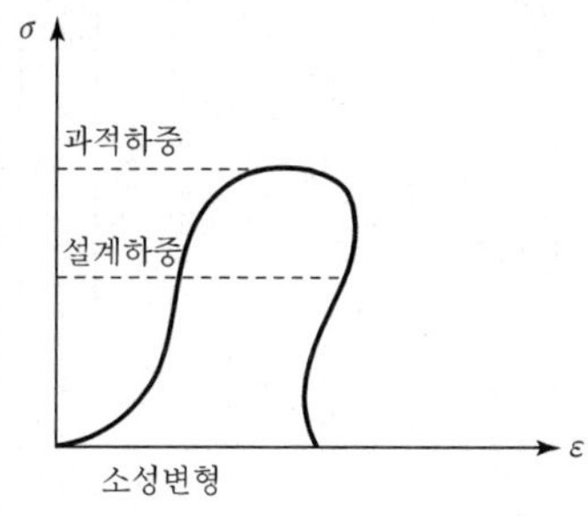

도로포장 유지관리의 개념

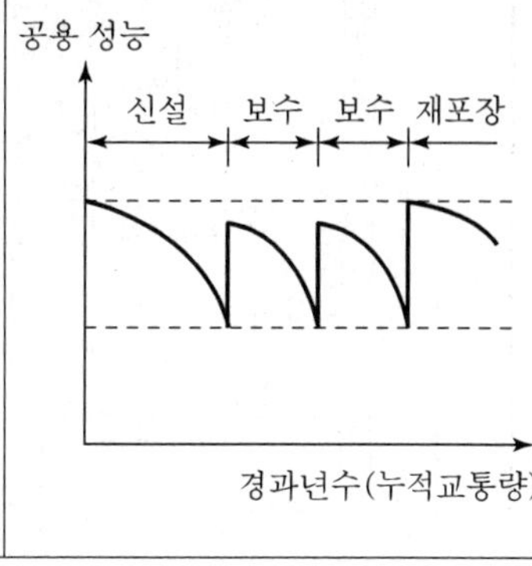

가설공사 총괄표

공통사항

1 개요

2 가설재의 3요소

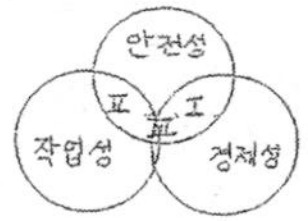

3 구조적 특징
1) 연결재가 적은 구조
2) 부재 결합이 간단
3) 정밀도가 낮다
4) 과소단면

4 조립해체시 안전대책
1. 안전담당자 배치
2. 통로 확보
3. 달줄, 달포대 사용
4. 악천후시 작업중지
5. 인원 출입금지
6. 보호구 착용
7. 불량품 제거

5 개발방향
1. 강재화
2. 표준화
3. 규격화
4. 경량화
5. 고강도화
6. 등력화

6 결론

비계의 설치기준

1. 강관비계

구분		내용(준수사항)
설치간격	브방향	1.5~1.8m 이하.
	간사이방향	1.5m 이하
	첫 번째 띠장	2m 이하
벽이음		수평, 수직 5m마다 견고히 연결
가새		기둥간격 10m마다 45° 각도로 처마방향으로 설치 비계 기둥과 띠장에 연결
비계발판		폭 40cm 이상, 안전난간 2단 설치 발판간 사이 3cm 이내
적재하중		비계기둥간 적재하중 400kg 이하
높이제한		비계기둥 31m 이상시 위에서 31m 지점 밑부분의 비계 기둥은 2본의 강관 묶어 세울 것
침하방지		깔판, 깔목 등 자주침하 방지조치

2. 틀비계

구분	내용(준수사항)
주틀간 간격	전체 높이 20m 초과시, 주틀간격 1.8m 이하 높이 2m 이하
높이 제한	45m 이하
벽이음	수직 6m 이하, 수평 8m 이하, 구조체와 긴결
가새	주틀간 교체 가새 설치
수평재	최상층 및 5층마다
작업발판	벽체와의 간격 25cm, 폭 40cm, 틈 3cm 이하 안전난간 2단 설치
침하방지	깔판 등으로 침하방지 조치
기타	길이가 띠장방향 4m 이상 높이 10m 초과시 10m 마다 띠장방향 버팀기둥 설치

3. 이동식 비계

H ≤ 7.7L − 5.0

구분	내용(준수사항)
높이 제한	밑변의 최소 폭의 4배 이하
제동 장치	바퀴 굴림 방지장치(Stoper) 설치
최대 적재하중	250kg 이하 주틀간 교차 가새 설치
승강로	승강사다리 설치
작업발판	2개소 이상 고정, 안전난간 2단 설치
가새	2단 이상 조립시 교차 가새설치
기타	• 이동식 비계 바퀴에는 뜻밖의 이동방지 브레이크, 쐐기고정 후 견고한 시설을 갖아낸다. • 승강용 사다리는 견고하게 • 표준안전난간대

4. 말비계(각립비계)

구분	내용(준수사항)
높이 제한	수직고 2개 미만
설치 각도	Q_1=75° 이하, Q_2=85° 이하
상부 발판	길이 30cm, 폭 20cm 이상
활동 방지	사다리가 벌어짐 및 미끄럼 방지 위험조치
기타	• 높이 1.2m 이상에서는 상단발판위 서서는 안됨. • 사다리 각부는 수평되게 놓아 한쪽으로 기울지 않게 • 지주 부재 하단(미끄럼방지 장치) • 말비계 높이 2m 초과시 폭 40cm 이상

비계의 설치기준 및 도해자료

5. 달대비계

구분	내용(준수사항)
하중 안전계수	4가닥 정도로 꼬아서 8 이상 확보(안전계수)
매다는 철선	8소성 철선을 사용 철근을 사용할 때는 19mm 이상 사용
기타	근로자는 반드시 안전모, 안전대 착용

비계(관도해)

구분		내용(준수사항)
안전계수	wire rope 및 달기강선	10 이상
	달기체인 및 달기 Hook	5 이상
달기wire rope 사용금지		• 소선이 10m/m 이상 절단된 것 • 지름이 공칭지름의 7% 이상 감소된 것 • 몹시 변형되었거나 비틀어진 것
달기체인 사용금지		• 길이가 제조당시 보다 5% 늘어난 것 • 고리의 단면직경이 10% 감소된 것 • 균열이 있는 것
달기섬유줄 rope		• 가닥이 절단된 것 • 심하게 손상 또는 부식된 것
작업 발판		• 폭 20cm 이상 틈새가 움직이지 않게 고정 • 발판 위 10cm 위까지 폭목 설치
기타		• 달비계 위에서 각립사다리 사용금지 • 난간 밖으로 작업금지 • 급작스러운 행동으로 비계의 동요, 전도방지

〈 틀 비 계 도해 〉

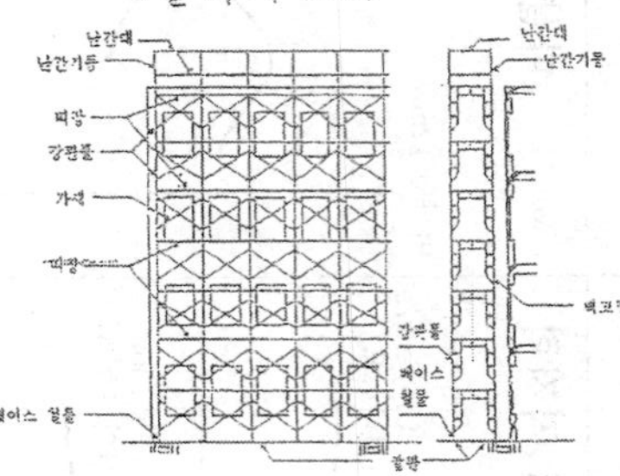

〈달대비계〉

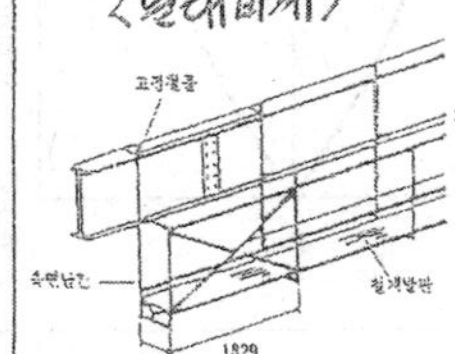

〈 말 비 계 〉

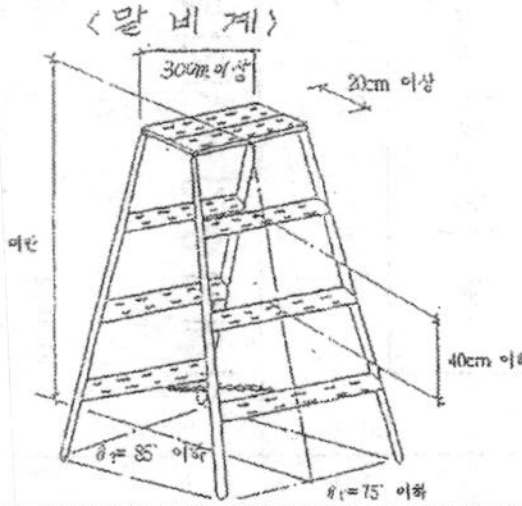

가설통로

1. 종류

구분	경사도	통로 형태
경사로	30° 이내	폭 900m 15° 이상 미끄럼막이
가설계단	30~60°	폭 900m 이상
사다리	60~90°	폭 30cm 이상
승강로	90°	폭 300m 이상 H:30cm 이상

2. 미끄럼막이 간격

경사도	간격	경사도	간격
30°	300m	22°	400m
29°	330m	19°	430m
27°	350m	17°	450m
24°	380m	15°	470m

3. 사다리의 종류

1) 고정사다리 → 90° 수직
2) 옥외 사다리 → 9M마다 계단참
3) 목재 사다리 → 건조, 결함없는것
4) 철재 사다리 → 직립X, 강도확보
5) 이동식 사다리 → 길이 6M이하
6) 연장사다리 → 총길이 15M이하

기타

1. 건설용 Lift - CAR
2. Tower — Crane
3. 건설기계 재해
4. 감전 재해
5. 가설 도로
6. 시사 관련
〈가설재 발전방안 등〉

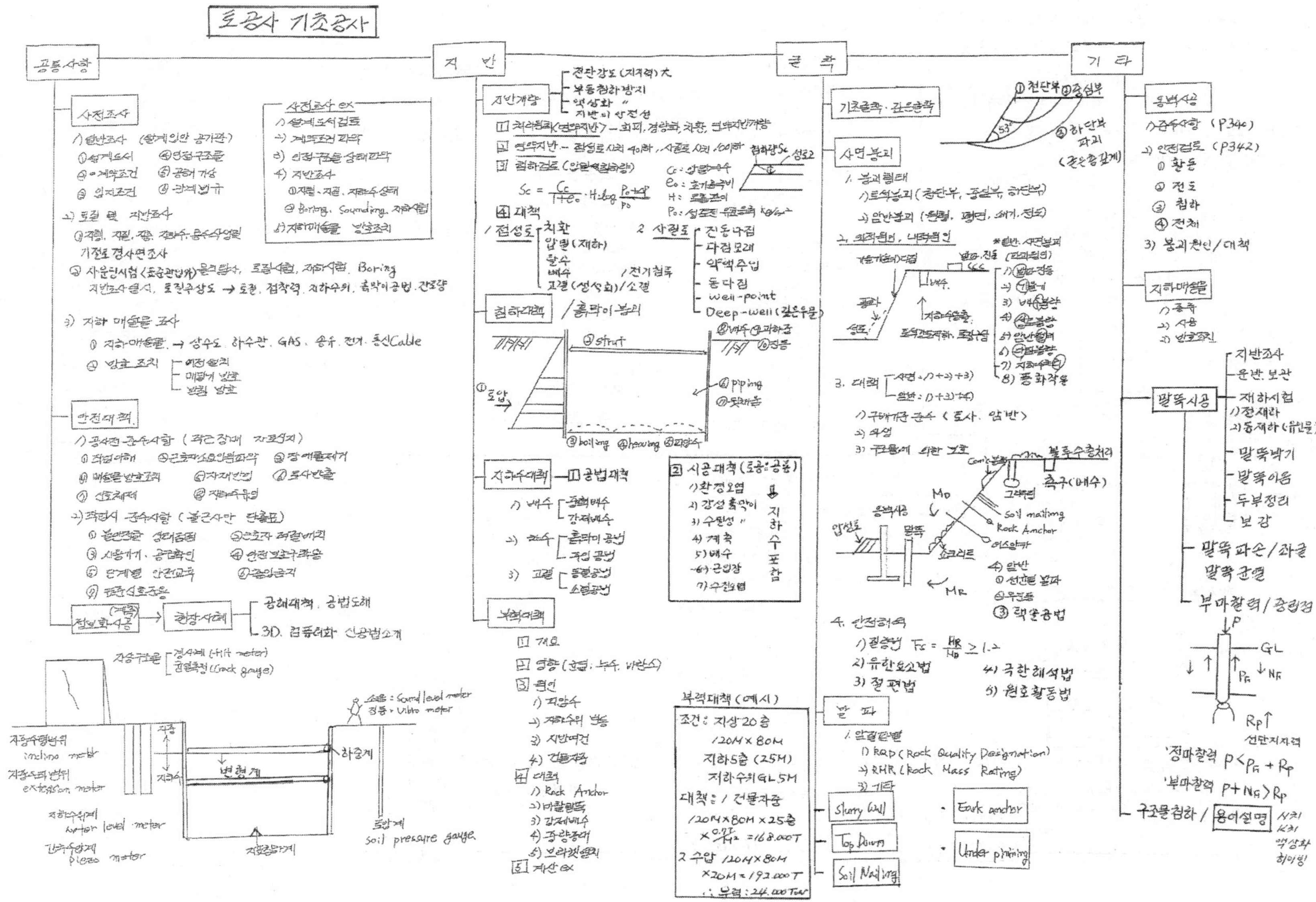
토공사 기초공사
공통사항
지 반
굴 착
기 타
사전조사
안전대책
정보화시공
계측관리
지반개량
침하대책
지하수대책
부력대책
기초굴착·깊은굴착
사면붕괴
발 파
옹벽시공
지하매설물
말뚝시공
지반조사
운반, 보관
재하시험
말뚝박기
말뚝이음
두부정리
보 강
말뚝파손/좌굴
말뚝균열
부마찰력/중립점
정마찰력 P<PF+RP
부마찰력 P+NF>RP
구조물침하
Slurry Wall
Top Down
Soil Nailing
Earth anchor
Under pinning
Rock Anchor
Soil nailing
strut
piping
boiling
heaving
Well-point
Deep-well
RQD (Rock Quality Designation)
RMR (Rock Mass Rating)
GL
soil pressure gauge
inclino meter
extension meter
water level meter
Piezo meter

철근 CoNC

재료보관 → 시험 → 거푸집·동바리 → 철근 →

재료보관

1. 거푸집, 동바리
   (전용창고, 덮개 外)
2. 철근보관 (녹 - 중량 6% 이내)
   (지면 X, 비 이슬, 염분 外)
3. 콘크리트
   1) 물 (청정수, 염분 X, PH6~8)
   2) 시멘트 (풍화 X, 방습설비, 13포↓)
   3) 골재 (둥글고 거침, 청정, 견고 내구성)
   4) 혼화재료
      - 5% 미만 : 혼화제 약품성 (응결촉진, 지연, 방동제 가)
      - 5% 이상 : 혼화재 성질개량 (포졸란, 고로 Slag, 플라이애쉬)

시험

1. 굳지 않은 CoNC (타설전)
   - 워커빌리티
     - 슬럼프 Test
     - 흐름시험, 구관입시험
   - 블리딩
   - 공기량
2. 경화 CoNC (타설후)
   - 재하시험
   - Core 채취법
   - 비파괴시험
     - 슈미트함마
     - 초음파
     - 방사선
     - 복합법
     - 인발법

거푸집·동바리

1. 거푸집시공
   1) 시공구분 2) 정밀도
   3) 공법선정 4) 전용계획
2. 거푸집설계
   1) 연직하중
      ω = 고정 + 충격 + 작업하중
   2) 수평하중
      ① 작업원진동충격
      ② 풍압, 유수압, 지진
   3) 측압 (계산)
      ① 타설속도 ② 타설부위
      ③ 위치 (기둥, 벽)
      ※ 벽길이 3M 이상 ※ 속도 10~20M/h
      $P = 2.0\,W_o = 2.0^M \times 2.3t/M^3 = 4.6\,t/M^2$
3. 조립해체 (안. 통. 달. 악. 인. 보. 제)

철근

1. 종류 1) 이형
   - 돌기 O
   - SD400 - Hi-Bar (황색)
   - SD300 - 녹색 TAN - 토목, 옹벽

   2) 원형
2. 분류 1) Slab

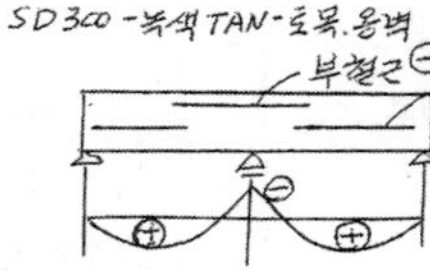

2) 보

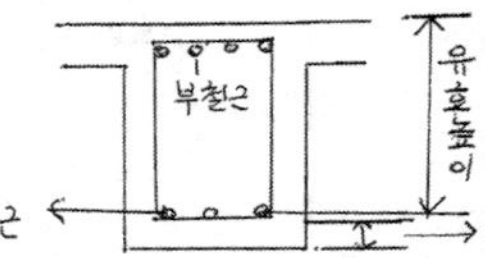

※ 구조설계 ; Out
※ 현장배근 ; In

3) 기둥

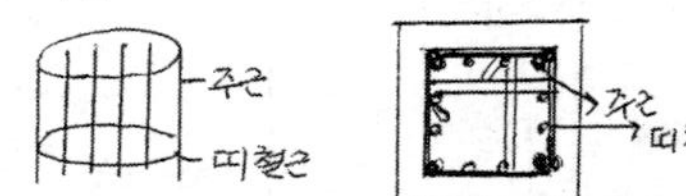

철근 배근
- 1.5dB
- 40㎜
- 굵은골재 4/3 (1.25배)
- 중 큰값

3. 철근정착, 이음

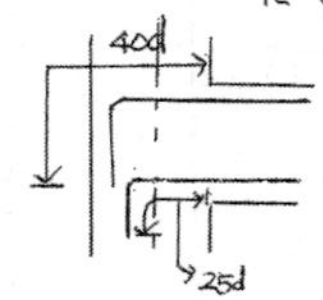

정착 : 압축력 25d
인장력 40d

1) 정착위치 : ① 기둥주근 → 기초 or 바닥판
   ② 큰보주근 → 기둥
   ③ 지중보주근 → 기초 or 기둥
   ④ 벽 철근 → 기둥, 보, 바닥판
   ⑤ 바닥판철근 → 보 또는 벽체
2) 이음위치 : ① 큰응력 피함 ② 이음 1/2 이상 집중 X
   ③ 기둥벽철근 이음 높이 3/4 하부 엇갈림
   ④ 보는 중앙에서 하부근 단부 상부근 이음 X
4. 피복두께 → 내화성능, 내구성, 소요강도, 부착력
   중성화방지
5. 철근운반 1) 인력운반 2) 기계운반 3) 감전유의
6. 안전대책 (가공, 조립) 1) 책임자 2) 보호구 3) 고전물 4) 접지

CoNC공사

1. 요구조건 - 강도발현, 수밀성, 작업성, 내구성, 경제성
2. 배합설계
   1) 설계기준강도 2) 배합강도 (현장배합) 결정
   3) 시멘트강도결정 (K) 4) 물시멘트비 - 낮을수록 강도大
   5) 슬럼프값 결정 6) 굵은골재 최대치수
   7) 잔골재율 ($\frac{S}{A} = \frac{자}{자+모} \times 100$) 8) 단위수량 ($물/M^3$)
   9) 배합결정
3. 시공순서 (계량 → 비빔 → 운반 → 타설 → 다짐 → 이음 → 양생)
4. 운반 → 25℃ 이상 (서중) 90분 / 25° 이하 (일반) 120분 이내 > 재료분리유의
5. 타설 → ① 먼곳에서 가까운곳 ② 1M 이내 낙하 ③ 청소
   ④ 전단력 최소지점이음 ⑤ 캔틸레버이음금지
   ⑥ 집중타설금지 ⑦ 요동금지 ⑧ 압송관 막힘유의
   ⑨ 비산유의 ⑩ 안전보호구
6. CONC 균열 (열화)
   1) 미경화
      - 소성수축
      - 침하균열
   2) 경화
      - 염해
      - 중성화
      - AAR
      - 동결융해
      - 온도변화
      - 건조수축
7. 콘크리트 줄눈
   1) 시공줄눈
   2) 기능줄눈
      - 신축줄눈
      - 조절 (균열) 유발
      - 수축줄눈
      - 슬립 "
      - 미끄럼 "

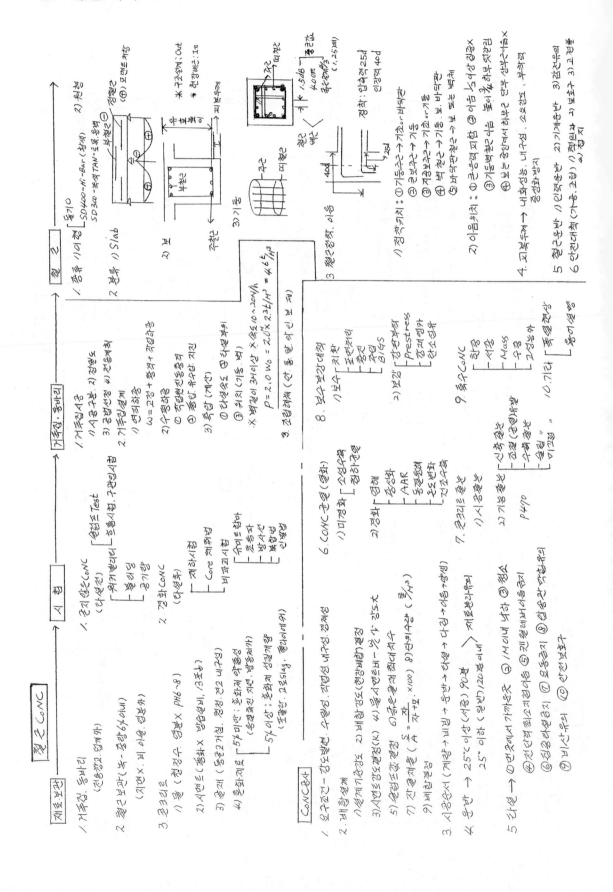

   P470
8. 보수보강대책
   1) 보수
      - 치환
      - 표면처리
      - 충진
      - 주입
      - BIGS
   2) 보강
      - 강판부착
      - Prestress
      - 강재앵카
      - 탄소섬유
9. 특수 CoNC
   - 한중
   - 서중
   - Mass
   - 수중
   - 고성능 外
10. 기타
    - 폭열현상
    - 용어설명

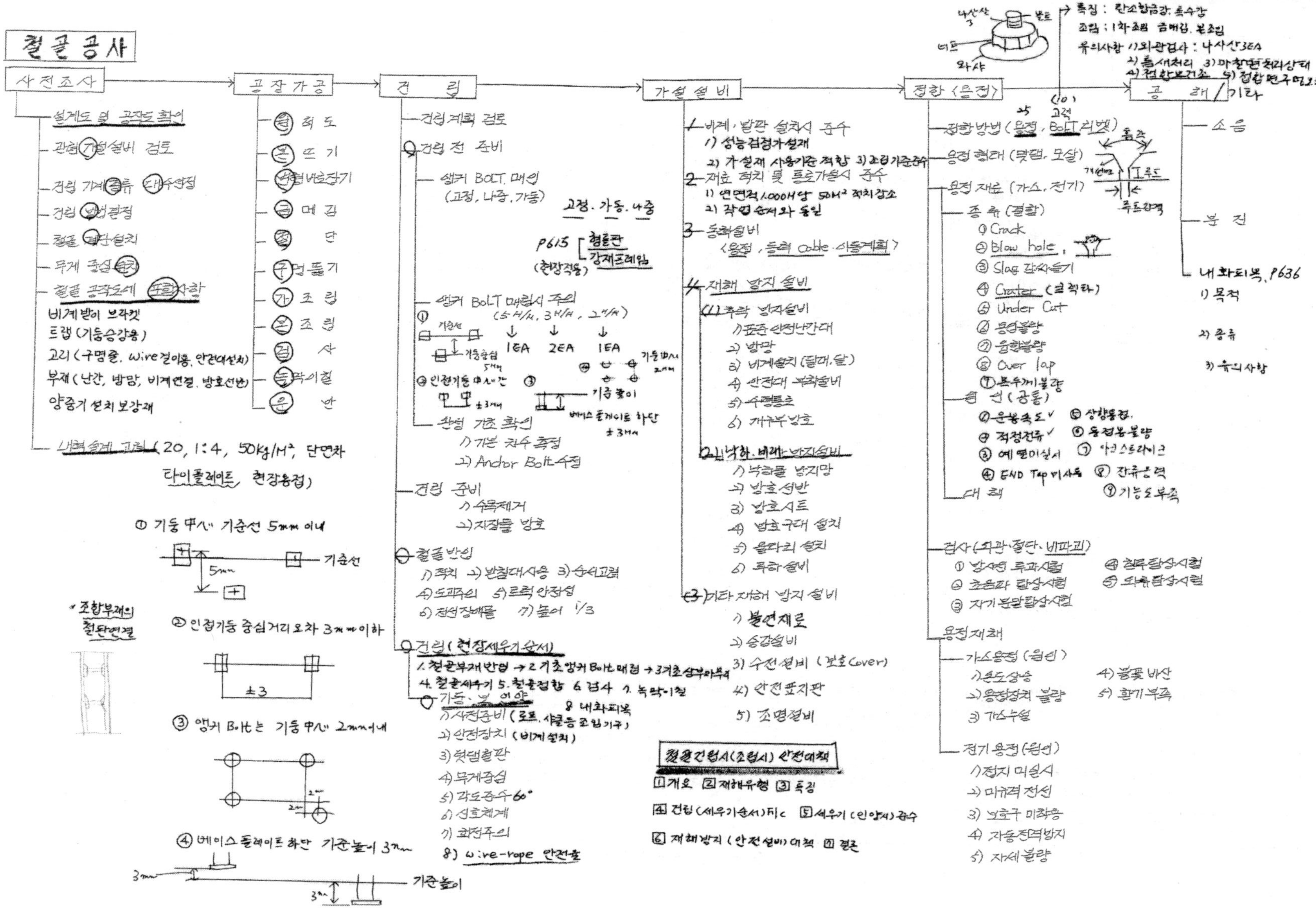
철골공사
사전조사
설계도 및 공작도 확인
관련 가설설비 검토
건립 기계 종류 대수선정
철골 공작도에 포함사항
비계받이 브라켓
트랩(기둥승강용)
고리(구명줄, wire걸이용, 안전대설치)
부재(난간, 방망, 비계연결, 방호선반)
양중기 설치 보강재
내력설계 고려(20, 1:4, 50kg/M², 단면차
타이플레이트, 현장용접)
공장가공
척도
본뜨기
메김
절단
구멍뚫기
가조립
본조립
검사
녹막이칠
운반
건립
건립계획 검토
건립 전 준비
앵커 BOLT 매입
(고정, 나중, 가동)
고정. 가동. 나중
P615 철골판 강제프레임
(현장적용)
앵커 BOLT 매립시 주의
(5M/M, 3M/M, 2M/M)
1EA 2EA 1EA
기둥중심
인접기둥 中心간
±3MM
기둥높이
베이스플레이트 하단 ±3MM
기둥 中心 2MM
기초 확인
1) 기본 치수 측정
2) Anchor Bolt 수정
건립 준비
1) 수목제거
2) 지장물 방호
철골반입
1) 적치 2) 받침대사용 3) 순서고려
4) 도괴주의 5) 트럭 안정성
6) 전선장애물 7) 높이 1/3
건립(현장세우기순서)
1. 철골부재반입 → 2 기초앵커 Bolt 매립 → 3 기초상부마무리
4. 철골세우기 5. 철골접합 6 검사 7. 녹막이칠
8 내화피복
1) 사전준비(로프, 샤클등 조임기구)
2) 안전장치(비계설치)
3) 현장출판
4) 무게중심
5) 각도준수 60°
6) 신호체계
7) 회전주의
8) wire-rope 안전율
① 기둥 中心 기준선 5mm 이내
5mm
기준선
② 인접기둥 중심거리오차 3mm 이하
±3
③ 앵커 Bolt는 기둥 中心 2mm 이내
2mm
④ 베이스플레이트 하단 기준높이 3mm
3mm
기준높이
조합부재의 절단연결
가설설비
1 비계, 발판 설치시 준수
1) 성능검정가설재
2) 가설재 사용기준 적합 3) 조립기준준수
2 재료 적치 및 통로가설시 준수
1) 연면적 1,000M당 50M² 적치장소
2) 작업순서와 동일
3 동력설비
(용접, 동력 cable, 이동계획)
4 재해 방지 설비
(1) 추락 방지설비
1) 표준 안전난간대
2) 방망
3) 비계설치(달대, 달)
4) 안전대 부착설비
5) 수평통로
6) 개구부방호
(2) 낙하, 비래 방지설비
1) 낙하물 방지망
2) 방호선반
3) 방호시트
4) 방호구대 설치
5) 울타리 설치
6) 통하설비
(3) 기타 재해 방지 설비
1) 불연재료
2) 승강설비
3) 수전설비 (보호cover)
4) 안전표지판
5) 조명설비
철골건립시(조립시) 안전대책
1 개요 2 재해유형 3 특징
4 건립(세우기순서)Flc 5 세우기(인양시)준수
6 재해방지(안전설비)대책 7 결론
접합(용접)
접합방법(용접, BoLT 리벳)
(10) 고력
용접 형태(맞댐, 모살)
용접 재료(가스, 전기)
종류(결함)
① Crack
② Blow hole
③ Slag 감싸들기
④ Crater (크레타)
⑤ Under Cut
⑥ 용입불량
⑦ 융합불량
⑧ Over lap
⑨ 목두께불량
원인(공통)
① 운봉속도
② 적정전류
③ 예열미실시
④ END Tap 미사용
⑤ 상향용접
⑥ 용접봉불량
⑦ 아크스트라이크
⑧ 잔류응력
⑨ 기능도부족
대책
검사(외관, 절단, 비파괴)
① 방사선 투과시험
② 초음파 탐상시험
③ 자기분말탐상시험
④ 침투탐상시험
⑤ 와류탐상시험
용접재해
가스용접(용단)
1) 산소누출
2) 용접장치 불량
3) 가스누설
4) 불꽃 비산
5) 환기부족
전기 용접(용단)
1) 접지 미실시
2) 마모된 전선
3) 보호구 미착용
4) 자동전격방지
5) 자세불량
너트
와셔
특징: 인장강도: 고장력
조립: 1차조임 금매김, 본조임
유의사항 1) 외관검사: 나사산 3EA
공해/기타
소음
분진
내화피복, P636
1) 목적
2) 종류
3) 유의사항

〈산업심리요약총괄〉

(착오/부주의)
배후요인
안전 경험 — 불법 88% / 불상 10% — 사고 재해
4M
심리적 4M

공통사항	구분	착오(10)	무사고자와 사고자(25)	주의 부주의	의식수준 5단계 (정보처리)	피로	운동의 시지각
1 개요 ① 불안전 행동에 의한 재해는 전체재해요인의 88% 차지 ② 라원은 불안전행동의 배후요인을 인적 외적요인으로 구분	1 정의	1 사실과 관념이 일치하지 않는것으로 불안전한 행동을 유발	1 대부분의 사고는 소수의 근로자에 의해발생 무사고자는 불안전한 행동을 나타내지 않는자.	1 ① 주의란 행동목적에 의식수준이 집중되는 심리상태 ② 부주의는 목적에서 벗어난 심리적 신체적 변화현상	1 ① 의식수준 5단계는 인간의 의식에 따른 주의력 정도 불행과 밀접한 관계 ② 정보처리는 감지정보 수행단계 인간행동 H.E	1 피로는 육체적 정신적 노동에 의해 근무능력저하	1 운동의 시지각은 실체와 움직임이 다르게 보이는 현상. 불행의 원인
2 재해 발생 메카니즘(4M) 3 라원의 법칙(분류) B=f(P.E) P(인적요인) — 심리적요인 → 착오, 주변적동작, 걱정거리, 의축판단 / 생리적요인 → 피로, 영양과 에너지, 적성과 작업 E(외적요인)(4M) — 인간적 / 설비적 / 작업적 / 관리적 4 불안전행동의 배후요인 인적 1) 심리적요인 ① 의식의 우회 ② 무의식적 행동 ③ 착오 2) 생리적요인 ① 피로 ② 영양과 에너지 ③ 적성과 적업 외적 1) 인간적요인 ① 인간관계 형성 2) 설비적 요인 ① 기계설비의 위험성 3) 작업적요인 4) 관리적요인 5 대책 3E or 4M에 의한 대책	2 내용	2 착오에 의한 재해발생 (Flow-chart) 3 불안전행동의 배후요인 4 착오발생 요인 1. 인지과정 ① 외부의 정보를 대뇌에 인지하기까지 ② 감각차단. 정서불안정 2. 판단과정 ① 의사결정후 운동중추에서 명령까지 과정 ② 정보. 능력 부족 3. 조작과정 ① 동작이 현실적으로 나타나기까지 예각 ② 작업자가 숨. 경험 부족	2 4M에 의한 재해 발생 메카니즘 3 불안전한 행동의 배후요인 B=f(P.E) 4 무사고자의 성격적 특성 온몸이 차질 판단되욕 법상이의 우선 고려 ⇒ 순환 5 사고자 성격적 특성 산고 천한이다. 정당고 눈치만보고 술만먹고 장난잘치는 ⇒ 순환 6 사고예방대책 1) 3E or 4H	2 부주의에 의한 재해발생 Flow-chart 3 주의의 특징 → P514 1) 선택성 — 1EA 선택 2) 방향성 → 1지점 주시 3) 변동성 → 주의는 장기간 지속 곤란 4 부주의의 현상 1) 정의 → 목적벗어난 현상 2) 부주의의 현상 ① 의식의 단절 ② 의식의 우회 ③ 의식수준저하 ④ 의식의 과잉 P575 3) 의식수준과 부주의현상 0 ~ 4단계 → P516 5 부주의 발생원인 — 심리 1. 불안전상태 (외적) (내적 외적) ① 작업환경 ② 〃 순서 2. 불안전 행동 (내적) ① 소질적결함 ② 의식우회 6 대책 1. 외적 2. 내적	2 의식수준 재해발생 F.C 산경 → H E 〈 불상 / 불행 〉 사고 — 재해 의식수준 3 의식수준과 정보처리 5단계 4 의식수준 5단계 0단계 - 수면중 1단계 - 졸음 2단계 - 일상 3단계 - 적극 4단계 - 과긴장 5 정보처리 5단계 1. 반사 2. 주시하지 않아도 3. 루틴 4. 동적 5. 문제 해결	2 피로에 의한 재해발생메카니즘 3 불안전한 행동의 배후요인 1. 인적 — 심리 / 생리 — 피로, 영양과 E, 적성 2. 외적 — 인간관계 / 설비적 / 작업적 / 관리적 4 피로의 종류 1. 육체 2. 정신 3. 급성 4. 만성 5 증상 1. 신체적 증상 ① 작업자세 2. 정신적 증상 ① 주의력 감소 6 회복대책 1) 음악 2) 맛사지 3) 산책	2 재해발생 메카니즘 (착각) 3 B=f(P.E) 4 운동시지각의 종류 (착각) 1. 자동운동 : 암실 2. 유도운동 : 기차출발 3. 가현운동 : 영화관 5 착시 1) 정의 실체와 보이는 것이 일치하지 않는 것으로 시각의 착각현상 2) 실예
6 결론	참고자료						

시스템 안전(해석기법) → 공통+단답형

공통사항	구분	① F·T·A	② F·M·E·A	③ E·T·A	④ P·H·A	⑤ C·A	⑥ D·T	⑦ MORT	⑧ T·H·E·R·P
1 개요 ① 시스템이란 복수개의 요소 혹은 요소의 집합에 의해 구성되고 System 상호관계를 유지 어떤 목적을 달성하기 위한 집합체 ② 시스템안전이란 어떤 System에서 기능·시간·Cost의 제약조건하에서 인원·설비의 손상을 가장 적게 하는 것 (계획→설계→제조→운용단계) 적용	1) 용어	(Fault Tree Analysis) 결함수분석법(고장의 나무해석)	(Failure Mode and Effects Analysis) 고장의 형과 영향분석	(Event Tree Analysis) 사고수 분석법	(Preliminary Hazard Analysis) 예비사고 분석	(Criticality Analysis) 위험도 분석	(Decision Tree) 의사결정 나무	(Management Oversight and Risk Tree) 위험사고 관리기법	(Technique of Human Error Rate Prediction) 휴먼에러 공리기법
2 System program 포함사항 1) 계획의 개요 2) 안전조직 3) 계약조건 4) 관련부문과의 조정 5) 안전기준 6) 안전해석 7) 안전성 평가 8) 안전 Data의 수집 분석 9) 경과 및 결과의 분석 3 System 안전 Program 5단계 1) 구상단계 → 2) 사양결정단계 → 3) 설계단계 → 4) 제작단계 → 5) 조업단계 4 위험의 4분류(강도분류) 1) Category Ⅰ (무시) 2) 〃 Ⅱ (한계적) 3) 〃 Ⅲ (위험) 4) 〃 Ⅳ (파국적) 5 System 안전해석기법 6 종류 1) 적용단계 - 예비 etc. 2) 해석의 수리적 방법 - 정성, 정량 3) 논리적 견지 - 연역, 귀납	2) 내용 Top 사상 사상마다 천연규명 F.T.	1) 기계설비 또는 Man-Machine System의 고장이나 재해 발생 요인을 F·T 도표에 의해 분석 2) Flow-Chart ① Top 사상의 선정 ② 사상의 재해 원인 규명 ③ F·T도 작성 ④ 개선 계획 작성 3) FTA는 고장이나 재해요인의 정성적 분석외에 개개의 발생확률을 얻음 4) 재해 발생 원인규명보다 재해 발생 예측 기법으로 활용 최초 결함 요소 선정시 PHA에 준해 설계 단계부터 결함 선정 5) F·T·A도 작성(예) 보행자 혼돈 급수불능 / 연료공급불능 * AND 게이트 OR 게이트 적용	1) 정량적인 정성적 귀납적 분석방법 System에 영향을 미치는 전체요소의 고장을 형별로 분석 2) 시스템을 구성하는 모든 부품의 목록을 만들고 시스템에 중대한 영향을 미치는 부품을 찾아내 조기 단계에서 대책강구 3) Flow-Chart ① 대상 시스템 선정 ② 논리도 작성 ③ 고장의 유형과 영향을 표로 작성 ④ 결과 종합 4) F·M·E·A 양식 품목 / 기능 / 고장의형태 / 고장발생시간 시스템에 대한 고장의 영향 / 위험성 분류 1) 시스템 2) 사용 3) 인원	1) 설비의 설계단계부터 사용의 안전 또는 귀납적·정량적 분석 방법으로 재해의 확대요인 분석 2) 재해의 확대요인을 좌에서 우로 분석 3) 성공사상은 상측에 실패사상은 하측에 분기 사고 확률 %를 기재 4) 분기에 따라 발생 확률이 표기 분기의 합은 항상 1이다. 5) ETA (예) 펌프 Ⓐ 밸브 B (0.999) A (0.99) B B̄ (0.01) Ā (0.001) * 재해분석 (재해 발생시)	1) 구상, 설계, 발주등 최초 단계에서 위험상태가 있는가 정성적 평가 (재해전 분석) 2) 사고 요인을 4개의 카테고리로 분류 ① 무시 ② 한계적 ③ 위험 ④ 파국적 3) Flow-Chart ① 고장단계 (시험 수송, 보전운영) ② 원인 ③ 영향 (인원·장비) ④ 위험의 분류 (4단계) ⑤ 수정조치 (사고요소 제거) 4) P·H·A 양식 사상 / 단계 / 원인 (명칭) / 고장단계 / 사고원인 영향 / 위험의 분류 인원장비 / 최초 대책전위험	1) 고장이 직접 System의 사상에 연결되는 높은 위험도 및 고장형태에 따른 분석법 2) 정성적 방법에 의한 FMEA에 의해 정량적 성격 부여 3) 고장 등급 평가 치명도 $C_r = C_1 \times C_2 \times C_3 \times C_4 \times C_5$ C_1 = 고장영향의 중대도 C_2 = 고장 발생 빈도 C_3 = 고장검출 곤란도 C_4 = 고장방지 곤란도 C_5 = 고장시 수정 수단 여유도	1) 요소 신뢰도 System 모델의 하나로서 귀납적 정량적인 분석방법 2) 시스템내의 각요소의 상태(성공·실패)로 분기 확률 표기 3) D·T와 E·T·A는 모든 내용 동일 4) 재해와 관계없는 방법론적 기술 ⇓ 재해 사고 분석 이용시 event tree라함	1) MORT라고 명시된 FTA와 동일 논리 2) 관리·설계·생산보전 등 넓은 범위내 안전성 확보 3) 원자력 산업등 이미 안전성은 확보 위험大, 고도의 안전 요구	1) 인간의 Error를 정량적으로 평가 2) 인간과오의 분류 시스템과 그 확률을 계산 제품의 결함 감소 3) 인간 과오 분류 System ① 시스템내의 목적 행위대비 인원 훈련 ② 인간공학의 조정 장치의 단순화 4) 기본 과오율 ① 특정 상황에서 일어나는 인간의 사행착오 ② THERP법을 적용 특정 System결함을 발견. 인간의 과오가 System에 확률 조사 및 확정사항의 도출
	3) 특기사항	1) FTA 작성시기 ① 기계 설비 설치 가동시 ② 고장 사유 발생시 ③ 설계 제조시 2) 연역적, 정량적	1) 고장의 발생부터 최종 고장 영향까지 예상 시간 및 설비 인원에 미치는 영향 기술 2) 귀납적, 정성적	1) 지나치기 쉬운 재해 요인을 확대 분석 2) 귀납적, 정량적	1) 구상, 설계, 발주 단계에서 극히 초기 실시 사전 위험 분석 2) 연역적, 정성적	1) 위험도 분석에 의한 안전우선 순위 분석 및 대책 2) 귀납적, 정량적	1) E·T·A와 동일 2) 재해 이용 유무에 따라 구분 3) 귀납적, 정량적	1) 원자력 산업등 고도의 안전분야 2) 연역적, 정량적	1) 시스템에서 인간의 과오를 정량적 평가 휴먼에러의 분석 및 대책 2) 귀납적, 정량적

제2장

기출문제 분석표

구분/연도			2013년(100회)
일반분야	건설안전관계법	산안법	⑩ 의무안전인증대상 보호구 ⑩ 물질안전보건자료(MSDS) 교육시기 및 내용
일반분야	건설안전관계법	시특법	⑩ "시설물의 안전관리에 관한 특별법 시행령"에서 규정하고 있는 중대한 결함(단, 최근 개정된 내용 포함) ㉕ 건설경기 침체 및 사업자의 자금사정 등으로 인하여 시공 중 중단되는 건축현장이 발생하고 있다. 공사 중단시 안전대책과 지개시 안전대책에 대하여 설명하시오. ㉕ "시설물의 안전관리에 관한 특별법"상 건축물에 대한 상태평가 항목 및 보수보강 방법에 대해 도시(圖示)하여 설명하시오.
일반분야	건설안전관계법	건기법	
일반분야	건설안전관계법	기타 법	⑩ 화학물질 분류·표시에 관한 GHS(Glovally Harmonized System)제도
일반분야	안전관리론	안전관리	
일반분야	안전관리론	안전심리	⑩ STOP(Safety Training Observation Program) ⑩ 억측판단(Risk Taking) ㉕ 근로자의 사고자와 무사고자의 특성과 사고자에 대한 예방대책을 설명하시오.
일반분야	안전관리론	안전교육	
일반분야	인간공학 및 system안전		㉕ Risk Management(위험관리)에 대하여 설명하시오.
일반분야	기타일반		
전문분야	총론		㉕ 건설현장의 외국인 근로자에 대한 안전관리상의 문제점 및 대책에 대하여 설명하시오.
전문분야	가설공사		㉕ 건설현장의 전기재해 원인 및 방지대책에 대하여 설명하시오. ㉕ 비계에서 발생할 수 있는 재해유형 및 안전수칙에 대하여 설명하시오.
전문분야	토공사, 기초공사		⑩ 말뚝의 폐색효과(Plugging Effect) ⑩ 1차 압밀과 2차 압밀 ㉕ 어스앵커(Earth Anchor)공법과 시공시 안전대책에 대하여 설명하시오. ㉕ 대절토 암반사면의 절개시 사면안정에 영향을 미치는 요인과 안전대책에 대하여 설명하시오. ㉕ Vertical drain공법과 Preloading공법의 원리와 Preloading공법에 비하여 Vertical drain공법의 압밀기간이 현저히 단축되는 이유를 설명하시오. ㉕ 우기철 도심지에서 지하 5층 깊이의 굴착공사시 "흙막이벽의 수평변위와 인접지반의 침하원인"과 "설계 및 공사 중 안전대책"에 대하여 설명하시오. ㉕ 사질토와 점성토 지반의 전단강도 특성과 함수비가 높은 점성토 지반의 처리대책에 대하여 설명하시오.
전문분야	RC공사		⑩ 주철근과 전단철근 ㉕ 근콘크리트 구조물의 내구성 저하 원인과 방지대책에 대하여 설명하시오. ㉕ 콘크리트 타설시 거푸집 및 동바리 붕괴재해의 원인과 안전대책에 대하여 설명하시오. ㉕ 콘크리트 공사에서 콘크리트 강도의 조기판정이 필요한 이유와 조기판정법에 대하여 설명하시오.
전문분야	철골공사		⑩ Scallop ⑩ 전단연결재(Shear connector) ㉕ 대형 발전플랜트 건설현장 철골공사의 건립계획 수립시 검토할 사항과 건립 전 철골 부재에 부착해야 할 재해방지용 철물에 대하여 설명하시오.
전문분야	해체. 발파공사		
전문분야	교량, 터널, 댐		⑩ 검사랑(Check Hole, Inspection Gallery) ⑩ 댐 건설시 하류전환방식 ㉕ 지하수가 과다하게 발생되는 지반에서 NATM공법으로 대형 터널 굴착시 문제점과 안전시공 대책 및 안전관리 방법에 대하여 설명하시오. ㉕ 하상준설에 의하여 하상고가 낮아짐에 따라 기존 교량의 기초보강 및 세굴방지공 설치방안에 대하여 설명하시오.
전문분야	기타 전문공사		

구분/연도			2013년(101회)
일반 분야	건설안전관계법	산안법	⑩ 유해·위험기계 등의 안전검사(검사종류, 대상, 시기, 방법 등) ㉕ 산업안전보건법규상 공정안전보고서의 제출대상과 보고서에 포함할 내용, 업무 흐름에 대하여 설명하시오.
		시특법	⑩ 시설물 정보관리시스템(FMS) ㉕ 노후 불량주택의 재건축 판정을 위한 관련법규에서 정하고 있는 안전진단 절차의 평가항목 및 정밀조사 내용에 대하여 설명하시오. ㉕ 건축시설물의 정밀안전진단결과 빈번히 발생되는 주요 결함과 요인을 계획, 설계, 시공, 유지관리 측면으로 분류하고, 각 요인별 대책에 대하여 설명하시오.
		건기법	⑩ 안전관리계획서 수립 대상공사와 포함내용 ㉕ 건설현장의 비상시 긴급조치 계획에 대하여 설명하시오.
		기타법	⑩ 비산먼지 발생 대상사업 및 포함 업종 ㉕ 사전재해 영향성 평가제도의 법적 근거와 대상 및 협의 항목에 대하여 설명하시오.
	안전관리론	안전관리	
		안전심리	⑩ 인간의 착각과 착시현상
		안전교육	
	인간공학 및 system 안전		
	기타 일반		
전문 분야	총론		⑩ 건축물의 피뢰설비 설치기준
	가설공사		㉕ 건설공사시 풍압(태풍, 바람 등)이 가설구조물에 미치는 영향과 안전대책에 대하여 설명하시오.
	토공사 기초공사		⑩ 싱크홀(sink hole) ㉕ 강우 및 지하수 등의 침투로 인하여 옹벽의 붕괴가 빈번히 발생하고 있다. 붕괴방지를 위한 배수처리방법에 대하여 설명하시오. ㉕ 지하 구조물 시공을 위한 토류벽 설치시 지하수위가 굴착면보다 높은 경우 굴착시 안전 유의사항과 토류벽 붕괴 방지 대책에 대하여 설명하시오.
	RC공사		⑩ 소규모(5kg 이상) 인력 운반시 척추에 대한 부하와 근육작업을 줄이기 위한 안전규칙 ⑩ 종방향 균열 발생원인 ⑩ 철근량과 유효높이 ㉕ 콘크리트 구조물 시공시 발생균열에 대하여 발생시기에 따라 구분해서 설명하시오. ㉕ 콘크리트 구조물 공사에서 거푸집 및 동바리 설치시 위험성 평가와 안전대책에 대하여 설명하시오. ㉕ 매스콘크리트는 수화열에 의해 균열이 발생한다. 매스콘크리트 배합 및 타설 양생시에 온도균열 제어대책에 대하여 설명하시오.
	철골공사		㉕ 시설물유지관리시 철골구조물(steel structure)에서 발생하는 결함의 주요 내용과 결함발생원인 및 대책에 대하여 설명하시오.
	해체, 발파공사		㉕ 지하실 등 지하구조물이 있는 대지에서 기존구조물을 해체하면서 신축할 경우, 대형브레이크와 화약발파공법을 병용해서 해제작업을 하고자 한다. 작업순서와 각 작업의 안전 유의사항에 대하여 설명하시오. ㉕ 기존 건축구조물 철거공사에서 석면구조물과 설비의 해체작업시 조사대상과 안전작업 기준에 대하여 설명하시오.
	교량, 터널, 댐		⑩ 터널 내진등급 및 대상지역 구조물 ㉕ 기존 교량의 내하력 조시 내용과 평가에 대하여 설명하시오. ㉕ NATM 터널 시공시 라이닝 콘크리트의 손상원인을 열거하고 방지를 위한 안전대책에 대하여 설명하시오. ㉕ 기존 필댐(fill dam)과 콘크리트댐 시설에서 많은 손상이 발생하고 있다. 각 댐 시설의 주요 결함내용과 대책에 대하여 설명하시오.
	기타 전문공사		⑩ 다웰바(dowel bar), 타이바(tiebar) ⑩ 환경지수와 내구지수 ㉕ 조경공사에서 대형수목 이설작업 순서와 운반시 안전 유의사항에 대하여 설명하시오.

구분/연도			2014년 (102회)
일반분야	건설안전관계법	산 안 법	㉕ 의무안전인증대상, 기계기구 및 설비, 방호장치, 보호구에 대하여 기술 ㉕ 건축물이나 설비의 철거해체시 석면조사 대상 및 방법 석면농도의 측정방법에 대하여 기술
		시 특 법	⑩ 강재구조물의 비파괴 시험 ⑩ 시설물의 정밀점검 실시 시기
		건 기 법	
		기 타 법	
	안전관리론	안전관리	⑩ 등치성 이론
		안전심리	⑩ Maslow의 동기부여 이론 ⑩ RMR과 1일 에너지 소모량
		안전교육	
	인간공학 및 system안전		
	기타 일반		
전문분야	총 론		⑩ 황사, 연무, 스모그
	가설공사		㉕ 가설공사 중 가설통로의 종류 및 설치기준에 대하여 설명 ㉕ 대심도 지하철공사 작업 중 추락재해가 발생하였다. 추락재해의 형태와 발생원인 및 방지대 대책 ㉕ 건설현장에서 비계전도 사고를 예방하기 위한 시스템비계구조와 조립작업시 준수해야 할 사항 ㉕ 지진피해에 따른 현행법상 지진에 대한 구조안전확인 대상 및 안전설계방안에 대해 기술
	토 공 사 기초공사		⑩ 강제치환공법 ⑩ 지반의 전단파괴 ㉕ 연화현상이 토목구조물에 미치는 영향과 방지대책 ㉕ 조경용 산벽의 구조와 붕괴원인 및 안전대책에 대하여 기술 ㉕ 기초말뚝의 허용지지력을 추정하는 방법과 허용지지력에 영향을 미치는 요인에 대해 기술 ㉕ 구조물의 시공시 발생하는 양압력과 부력의 발생원인과 방지대책
	RC공사		⑩ 수중 콘크리트 ⑩ Preflex Beam ⑩ 과소철근보, 과대철근보, 평행철근비 ㉕ 굵은 골재의 최대치수가 콘크리트에 미치는 영향에 대하여 기술 ㉕ 레미콘 운반시간이 콘크리트 품질에 미치는 영향과 대책 및 콘크리트 타설시 안전대책 ㉕ 콘크리트 구조물 화재시 구조물의 안전에 영향을 미치는 요소와 구조물의 화재예방 피해 최소화 방안 ㉕ 콘크리트 구조물의 사용환경에 따라 발생하는 콘크리트 균열 평가방법과 보수보강 공법에 대해 기술
	철골공사		⑩ 철골의 공사 전 검토사항과 공작도에 포함시켜야 할 사항 ㉕ 철탑조립 공사 중 작업 전·작업 중 유의사항과 안전대책
	해체, 발파공사		
	교량, 터널, 댐		⑩ 유선망 ㉕ 터널암반공사시 자유면 확보방법과 발파작업시 안전수칙 ㉕ 침윤선이 제방에 미치는 영향과 누수에 대한 안전대책
	기타 전문공사		㉕ 동절기 한랭작업이 인체에 미치는 영향과 건강관리수칙 및 재해유형별 안전대책

구분/연도			2014년 (103회)
일반 분야	건설안전관계법	산 안 법	⑩ 산업안전보건법령상 도급산업에서 안전보건조치 ⑩ CDM 제도상의 참여주체 ⑩ 안전활동실적 평가기준 ⑩ 안전벨트 착용상태에서 추락 시 작업자 허리에 부하되는 충격력 산정에 필요요소 ⑩ 건설현장에서 체인고리 사용 시 잠재위험요인을 쓰고 교체시점에 대하여 설명하시오.
		시 특 법	㉕ 시설물 안전관리에 관한 특별법령에서 정하고 있는 항만 분야에 대한 다음 사항에 대하여 설명하시오. 가) 1종, 2종 시설물의 범위, 안전점검 및 정밀안전진단의 실시 시기 나) 중대한 결함
		건 기 법	㉕ 건설공사 안전관리계획 수립대상공사와 작성내용을 설명하고 산안법 시행령에 규정한 설계변경 요청대상 및 전문가 범위를 설명하시오.
		기 타 법	
	안전관리론	안전관리	⑩ 적극안전
		안전심리	⑩
		안전교육	⑩ 안전교육의 3단계와 안전교육법 4단계
	인간공학 및 System 안전		⑩ 페일 세이프
	기타 일반		
전문 분야	총 론		㉕ 초고층 화재시 잠재적 대피방해 요인을 쓰고 일반적인 대피방법에 대하여 설명하시오. ㉕ 건설시공 중에 안전관리에 대한 현행감리제도의 문제점을 쓰고 개선대책에 대하여 설명하시오.
	가설공사		⑩ 추락방지망 설치기준 ⑩ 비계구조물에 설치된 벽이음 작용력 ㉕ 초고층 건물에서 거푸집 낙하의 잠재위험 요인과 시공방지대책에 대하여 설명하시오. ㉕ 건설현장의 가설구조물에 작용하는 하중에 대하여 설명하시오. ㉕ 경사슬래브교량 거푸집 시스템비계 서포트 구조의 잠재붕괴원인과 대책에 대하여 설명하시오.
	토 공 사 기초공사		⑩ 철탑구조물의 심형기초공사 ⑩ P.D.A ㉕ 굴착공사 시 각종 가스관의 보호조치 및 가스누출 시 취해야 할 조치사항에 대하여 설명하시오. ㉕ 경사지 지반에서 굴착공사 시 흙막이 지보공에 대한 편토압 부하요인들과 사고우려 방지대책에 대하여 설명하시오.
	RC공사		⑩ 부동태막 ㉕ 철근콘리트 공사 시 콘크리트 표준안전지침에 대하여 설명하시오. ㉕ 콘크리트 구조물의 화재발생시 폭열의 발생원인과 방지대책에 대하여 설명하시오.
	철골공사		㉕ 철골공사 작업 시 철골자립도 검토대상구조물 및 풍속에 따른 작업범위에 대해 기술하시오.
	해체, 발파공사		
	교량, 터널, 댐		㉕ 공용 중인 도로 및 철도노반하부를 통과하는 비개착 횡단공법의 종류별 개요를 설명하고 대표적인 TRCM 공법에 대한 시공순서 특성, 안전감시계획에 대하여 설명하시오. ㉕ 갱구부의 설치유형을 분류하고 시공시 유의사항과 보강공법을 설명하시오. ㉕ 기존터널에 근접하여 구조물을 시공하는 경우 기존터널에 미치는 안전영역평가와 안전관리대책을 설명하시오.
	기타 전문공사		㉕ 10층 이상 규모의 건물 내 배관설비, 대구경 파이프라인에 대한 공기압 테스트 방법과 위험성에 대하여 설명하시오. ㉕ 건설현장의 밀폐공간 작업 시 산소결핍에 의한 재해발생 요인과 안전관리대책에 대하여 설명하시오.

구분/연도			2014년(104회)
일반분야	건설안전관계법	산 안 법	⑩ Wire-Rope의 부적격 기준과 안전계수 ㉕ 산업안전보건법에서 정하는 정부의 책무, 사업주의 의무, 근로자의 의무에 대해 기술
		시 특 법	⑩ 시특법상 시설물의 중요한 보수보강 ㉕ 시설물 사고사례 분석에 의한 계획, 설계, 시공 사용 등의 단계별 오류내용에 대해 기술
		건 기 법	
		기 타 법	
	안전관리론	안전관리	⑩ 강도율 ⑩ 방진마스크의 종류와 안전기준
		안전심리	⑩
		안전교육	
	인간공학 및 system안전		⑩ Fool Proof의 중요기구
	기타 일반		
전문분야	총 론		⑩ 건설현장 실명제 ㉕ 공동주택에서 발생하는 층간소음 방지대책 기술
	가설공사		⑩ 리프트의 안전장치 ㉕ 건설현장에서 가설비계의 구조검토와 주요 사고원인 및 안전대책에 대해 설명 ㉕ 차량계 건설기계의 재해유형과 안전대책에 대해 설명
	토 공 사 기초공사		⑩ 토량환산계수(f)와 토량변화율 L값, C값 ⑩ 어스앵커 자유장 역할 ㉕ 토사사면의 붕괴형태와 붕괴원인, 안전대책
	RC공사		⑩ 누진 파괴 ⑩ 시공배합 현장배합 ㉕ 철근콘크리트 공사에서 거푸집동바리의 구조검토 순서와 거푸집 시공허용오차에 대해 기술 ㉕ 콘크리트 펌프를 이용한 압송타설시 작업 중 유의사항과 안전대책 ㉕ 콘크리트 구조물의 중성화 발생 원인, 조사과정, 시험방법에 대해 기술
	철골공사		⑩ 유리열 파손 ㉕ 건설현장에서 용접 시 발생하는 건강장해원인과 전기용접 작업의 안전대책에 대해 기술 ㉕ 도심지 고층건물의 철골공사 시 안전대책과 필요한 재해방지 설비에 대해 설명 ㉕ 철골의 현장건립공법에서 리프트업 공법시공 시 안전대책에 대해 기술
	해체, 발파공사		
	교량, 터널, 댐		⑩ 스마트에어커튼 시스템 ㉕ 도로터널에서 구비하여야 할 화재 안전기준에 대해 설명 ㉕ 교량공사에서 교량받침(교좌장치)의 파손원인과 대책 및 부반력 발생 시 안전대책 기술
	기타 전문공사		㉕ 아스팔트 콘크리트 포장도로에서 포트홀의 발생원인과 방지대책 기술 ㉕ 도로건설 등으로 인한 생태환경 변화에 따라 발생하는 로드킬의 원인과 생태통로 설치 유형 및 모니터링 관리에 대해 기술 ㉕ 건설현장에서 도장공사 중 발생할 수 있는 재해유형과 원인 및 안전대책 ㉕ 공용 중인 하천 및 수도시설의 주요 손상원인과 방지대책에 대해 기술

구분 / 연도			2015년 (105회)
일반분야	건설안전관계법	산안법	
		시특법	㉕ 시설물안전관리 특별법에서 정하고 있는 콘크리트 및 강구조물의 노후화 원인예방대책 보수·보강 방안에 대하여 설명하시오.
		건진법	⑩ 초기 안전 점검 ㉕ 건설기술진흥법에서 L정한 안전관리계획서의 필요성, 목적, 대상사업장 및 검토시스템에 대하여 설명하시오.
		기타 법	
	안전관리론	안전관리	⑩ 건설안전의 개념 ⑩ 보호구의 종류와 관리방법 ⑩ 버드의 신도미노 이론 ㉕ 도심지 초고층건물 공사현장에서 재해예방을 위한 안전순찰 활동을 시행하고 있다. 안전순찰활동의 목적 문제점 및 효과적인 활동방안에 대해 설명하시오. ㉕ 건설현장에서 안전대 사용 시 보관 및 보수방법과 폐기기준에 대하여 설명하시오.
		안전심리	㉕ 건설현장에서 사고요인자의 심리치료의 목적과 행동치료과정 및 방법에 대하여 설명하시오.
		안전교육	
	인간공학 및 System안전		
	기타 일반		
전문분야	총론		⑩ 피뢰침의 구조와 보호범위 보호여유도
	가설공사		㉕ 건설현장 수직 Lift Cav의 구성요소와 재해요인 및 안전대책 ㉕ 높이 35M 공사 현장에서 외벽강관 쌍줄 비계를 이용하여 마감공사를 끝내고 강관비계를 해체하려고 한다. 강관 쌍줄비계 해체계획과 안전조치 사항 기술
	토공사 기초공사		⑩ 액상화 ㉕ 건설현장에서 시행하는 대구경 현장타설 말뚝기초(RCD)공법의 철근공상 방지대책과 슬라임 처리방안에 대하여 설명하시오. ㉕ 도심지 지하굴착공사시 사용하는 스틸복공판의 기능안전취약 요소 및 안전대책에 대하여 설명하시오. ㉕ 도로공사에서 동상방지층의 설치 필요성 및 동상방지대책에 대하여 설명하시오. ㉕ 기존 구조물 보존을 위한 언더피닝 공법의 종류와 시공 시 안전대책 기술 ㉕ 건설현장 지하굴착공사시 발생하는 진동발생 원인과 주변에 미치는 영향 및 안전관리대책에 대하여 설명하시오.
	RC공사		⑩ 한중 콘크리트의 품질관리 ⑩ 콘크리트 폭열에 영향을 주는 인자
	철골공사		㉕ 철골공사의 현장집한 시공에서 부재 간 접한(주각과 기둥, 기둥과 기둥, 보와 기둥, 기둥과 보)의 결함요소와 철골조립시 안전대책
	해체, 발파공사		⑩ 공발현상(철포현상)
	교량, 터널, 댐		⑩ 구조물에 작용하는 Arch Action ㉕ 공용중인(준공 후 운영) 콘크리트 댐 시설의 주요 결함 원인과 방지대책 기술 ㉕ 석촌 지하차도에서와 같이 도심지 터널공사에서 충적층 지반에 쉴드공법으로 시공 시 동공발생의 원인과 안정화 대책 설명하시오.
	기타 전문공사		⑩ Proof Rolling ⑩ 강화유리와 반강화유리 ⑩ 수목 식재의 버팀목(지목) ㉕ 건설현장에서 동절기 공사의 재해예방대책에 대하여 설명하시오 ㉕ 지하층에 설치된 기계실, 전기실에 대한 장비반입과 장비교체를 위해 지상1층 슬라브에 장비 반입구를 설치할 경우 장비반입구의 위험요소와 안전한 장비 반입구 설치방안을 계획측면, 설치측면, 시공관리측면으로 구분 설명하시오. ㉕ 10층 규모의 철근 콘크리트 건축물 외벽을 화강석 석재판으로 마감하고자 한다. 석공사 건식붙임 공법의 종류와 안전관리방안에 대하여 설명하시오.

구분 / 연도			2015년 (106회)
일반분야	건설안전관계법	산안법	⑩ 산업안전보건법령상 건설업 보건관리자 배치기준, 선임자격, 업무 ⑩ 건설업 기초안전보건 교육 ⑩ 산업안전보건법령상 정부의 책무와 사업주의 의무 ㉕ 산업안전보건법상 건설현장에서 일용근로자를 대상으로 시행하는 안전·보건교육의 종류·교육시간, 교육내용에 대하여 설명 ㉕ 산업안전보건법령상 건설업체 산업재해발생률 및 산업재해 발생보고의무 위반건수의 산정기준과 방법 설명 ㉕ 건설업 KOSHA 18001 시스템의 도입 필요성, 인증절차 본사 및 현장안전관리 운영체계에 대하여 설명
		시특법	
		건진법	⑩ 건설기술진흥법령상 건설공사 안전관리계획에 추가해야하는 지반침하관련 사항
		기타 법	
	안전관리론	안전관리	⑩ 메슬로우의 욕구위계 7단계 ⑩ 위험예지 훈련 ⑩ 근로손실일수 7,500일의 산출근거 및 의미와 300명이상시 근무하는 사업장에서 연간 5건의 재해가 발생 3급장애자 2명 50일 입원 2명, 30일 입원 3명 발생시 이사업장의 강도율 ㉕ 건설현장에서 선진안전문화 정착을 위한 공사팀장, 안전관리자 협력업체, 소장의 역할과 책임에 대하여 설명
		안전심리	㉕ 프로이드는 인간의 성격을 3가지의 기본구조, 즉, 원초아, 자아, 초자아로 보았는데 이 3가지 구조에 대하여 각각 설명하고 일반적으로 사람들이 내적 갈들 상태에 빠졌을 때 자신을 보호하기 위해 사용하는 방호기제에 대하여 설명
		안전교육	
	인간공학 및 system안전		⑩ 위험성 평가기법의 종류
	기타일반		
전문분야	총론		㉕ 사용 중인 초고층빌딩에서 발생될 수 있는 재해요인과 방지대책
	가설공사		
	토 공 사 기초공사		
	RC공사		⑩ 콘크리트의 수축 ⑩ 수팽창 지수재 ⑩ 수중불분리성 혼화제 ⑩ 숏크리트 ㉕ 시스템 동바리의 구조적개념과 붕괴원인 및 붕괴방지대책에 대하여 설명 ㉕ 콘크리트 구조물의 화재시 구조물의 안전에 미치는 요소를 나열하고 콘크리트 구조물의 화재예방 및 피해최소화 방안에 대하여 설명 ㉕ 철근의 철근부식에 따른 성능저하 손상도 및 보수판정 기준, 부식원인 및 방지 대책 ㉕ 철근 콘크리트 슬래브 시공 시 다음조건의 1) 동바리 간격, 2)동바리 높이가 3.5M 이상 시 수평연결재 설치 이유에 대해 설명 ㉕ 프리스트레스트 콘크리트에 대한 다음사항을 설명 가) 정의, 특징, 긴장방법, 시공 시 유의사항 나) PSC지더 긴장 시 주의사항 및 거치 시 안전조치 사항 ㉕ 기성콘크리트 말뚝의 파손의 원인과 방지대책, 시공 시 유의사항 안전대책 설명
	철골공사		㉕ 철골공사 작업 시 안전시공절차 및 추락방지시설에 대해 설명 ㉕ 커튼웰의 누수원인과 누수방지를 위한 빗물처리 방식에 대하여 설명
	해체, 발파공사		
	교량, 터널, 댐		⑩ 터널 굴착 시 여굴발생원인, 방지대책 ㉕ 가설 교량의 H파일, 주형보, 복공판 시공 시 유의사항 설명
	기타 전문공사		㉕ 건설현장에서의 하절기(장마철, 혹서기)에 발생하는 특징적 재해유형 및 위험요인별 안전대책에 대하여 설명 ㉕ 건축리모델링 공사 시 안전한 공사를 위한 고려사항을 부지현황조사, 건축구조물 점검 증축부분으로 설명하시오 ㉕ 갱폼제작 시 갱폼의 안전설비 및 현장에서 사용 시 안전작업대책에 대하여 설명

구분			2015년(제107회)
안전부문	관계법규	산업안전보건법	⑩ 종합건설업KOSHA18001(안전보건경영시스템)도입시 본사 및 현장 심사항목 - 건설업 산업안전보건관리비의 항목별 사용기준 및 공사별 계상기준에 대하여 설명하시오.
		시설물안전법	
		기타법	
	안전관리	안전관리	- 종합건설업KOSHA18001(안전보건경영시스템)도입시 본사 및 현장 심사항목 - 최근 건설현장에서 직업병의 발생이 꾸준히 증가하는 추세에 있다. 현장 근로자의 직종별 유해인자(요인)과 그 예방대책에 대하여 설명하시오. - 건설현장 발생재해의 많은 비중을 차지하는 소규모 건설현장의 재해발생원인 및 감소대책에 대하여 설명하시오. - 최근 건설현장에서 공사 중 자연재난과 인적재난이 빈번히 발생하고 있다. 각각의 재난 특성 및 대책에 대하여 설명하시오.
		안전심리	⑩ 동기부여 이론 ⑩ 부주의 현상
		인간공학 및 system	⑩ 동작경제의 3원칙
건축·토목부문	건축, 토목	총론	⑩ 건설사업관리기술자가 작성하는 부적합보고서 ⑩ 석면의 조사대상기준 및 해체작업시 준수사항 - 건설공사 자동화의 효과 및 향후 안전관리측면에서 활용방안에 대하여 설명하시오.
		가설공사	⑩ 가설비계 설치시 가새의 역할 ⑩ 건설용 곤돌라 안전장치 ⑩ 거푸집동바리의 안전율 - 건축물 신축공사 중 외부강관쌍줄비계를 설치 (H:30m)하고 외벽마감작업 완료 후 해체작업 중 비계가 붕괴되어 중대재해가 발생하였다. 현장대리인이 취하여야 할 조치사항과 동종사고예방을 위한 안전대책에 대하여 설명하시오. - 공동주택 공사 중 알루미늄거푸집의 설치, 해체 시 발생하는 안전사고의 원인 및 대책에 대하여 설명하시오. - 타워크레인의 본체 등 구성요소별 위험요인과 조립, 해체 및 운행시 안전대책에 대하여 설명하시오.
		토공사,기초공사	⑩ Atterberg 한계 - 종합건설업KOSHA18001(안전보건경영시스템)도입시 본사 및 현장 심사항목 - 건설기계 중 백호우장비의 재해발생형태별 위험요인과 안전대책에 대하여 설명하시오. - 경사지에 흙막이(H-pile+토류판) 지지공법으로 어스앵커를 시공하면서 토공굴착 중 폭우로 인하여기 시공된 흙막이지보공의 붕괴징후가 발생하였다. 이에 따른 긴급조치사항과 추정되는 붕괴의 원인 및 안전대책에 대하여 설명하시오. - 연약지반을 개량하고자 한다. 사전조사내용과 개량공법의 종류 및 공법선정에 대하여 설명하시오. - 지하굴착공사를 위한 흙막이가시설의 시공계획서에 포함할 내용과 지하수 발생시 대책공법에 대하여 설명하시오.
		RC 공사	⑩ 콘크리트 크리프파괴 ⑩ 콘크리트 내부 철근 수막현상
		철골공사	⑩ 철골부재의 강재증명서 검사항목 - 건설현장에서 골조공사시 철근의 운반, 가공 및 조립시 발생하는 안전사고의 원인과 대책에 대하여 설명하시오.
		해체, 발파공사	- 터널 굴착공사에서 암반 발파시 발생할 수 있는 사고의 원인 및 안전대책에 대하여 설명하시오. - 건축물 리모델링 현장의 해체작업 중 발생할 수 있는 안전사고의 발생원인 및 대책에 대하여 설명하시오.
		교량, 터널, 댐	- MSS 교량 가설공법의 시공순서 및 공정별 중점 안전관리사항에 대하여 설명하시오.
		항만·하천, 기타 전문공사	

구분			2016년(108회)
안전부문	관계법규	산업안전보건법	⑩ 산업안전보건법상 양중기의 종류 및 관리 System ⑩ 항타기, 항발기 조립시 점검사항 및 전도 방지조치와 와이어로프의 사용금지 기준 • 지상 59층, 지하 5층 건설현장의 위험성 평가 모델 중 지하층 굴착공사 시 위험요인과 안전보건대책에 대하여 설명하시오.
		시설물안전법	⑩ 시설물의 안전관리에 관한 특별법상 건축물 2종 시설물의 범위와 시설물 설치 시기
		기타법	
	안전관리	안전관리	⑩ 재해의 직접원인과 간접원인(3E)
		안전심리	⑩ 피로현상의 5가지 원인 및 피로예방대책
		인간공학 및 system	
건축·토목 부문	건축, 토목	총론	⑩ 건축 및 토목 구조물의 내진, 면진, 제진의 구분 • 건설현장에서 정전기로 인한 재해발생 원인 정전기 발생에 영향을 주는 조건 및 정전기에 의한 사고 방지대책에 대하여 설명하시오.
		가설공사	⑩ 건설현장 가설재의 구조적 특징, 보수시기, 점검항목 • 콘크리트 타설 시 거푸집 측압에 영향을 주는 요소를 설명하시오.
		토공사 기초공사	⑩ 흙의 전단강도 측정방법 • 상수도 매설공사 현장의 금속제 지중매설 관로에서 발생할 수 있는 부식의 종류와 부식에 영향을 미치는 요소 및 금속 강관류 부식억제 방법에 대하여 설명하시오. • 공사 중 발생될 수 있는 지하구조물의 부상요인과 그 안전대책에 대하여 설명 하시오. • 보강토 옹벽의 구성요소와 뒷채움재의 조건 및 보강성 토사면의 파괴양상에 대하여 설명하시오. • 국지성 강우에 의한 도로 및 주거지에서 토석류의 발생유형을 설명하고, 문제점에대하여 설명하시오. • 도심지 지상 25층, 지하 5층 굴착현장에 지하 1층, 지상 5층, 3개동, 지상 33층 지하5층 건물이 인접해 있다. 주변환경을 고려한 계측항목, 계측빈도, 계측 시 유의사항에 대하여 설명하시오.
		RC 공사	⑩ 합성형 거더(Composite Girder) ⑩ Rock Pocket 현상 ⑩ 복합열화 • 고강도 콘크리트의 폭열현상 발생 메카니즘과 방지대책 및 화재피해정도를 측정하는 방법에 대하여 설명하시오. • 콘크리트의 피로에 관한 다음 항목에 대하여 설명하시오. －피로한도와 피로강도 －피로파괴 발생요인과 특징 －현장 시공 시 유의사항 및 안전대책
		철골공사	⑩ 철골기둥 부등축소 현상(Column Shortening) • 강구조물 용접 시 예열의 목적과 예열 시 유의사항 및 용접작업의 안전대책에 대하여 설명하시오.
		해체, 발파공사	
		교량, 터널, 댐	⑩ 터널시공시 편압 발생원인 • 터널의 구조물 안전진단시 발생되는 주요 결함내용과 손상원인 및 보수대책에 대하여 설명하시오. • 하천에 시공되는 교량의 하부구조물의 세굴발생원인 및 방지대책, 조치사항에 대하여 설명하시오. • 교량의 내진성능 평가시의 내진등급을 구분하고, 내진성능 평가방법에 대하여 설명하시오. • 공공의 용도로 사용중인 터널의 주요 결함 내용과 손상원인 및 보수대책에 대하여 설명하시오.
		항만·하천, 기타 전문공사	• 건설현장의 밀폐공간 작업시 재해 발생원인 및 안전대책에 대하여 설명하시오. • 해안이나 하천지역의 매립 공사시 유의사항과 안전사고예방을 위한 대책에 대하여 설명하시오. • 항만공사에서 방파제의 설치목적과 시공시 유의사항 및 안전대책에 대하여 설명하시오.

구분 / 연도			2016년(109회)
일반분야	건설안전관계법	산업안전보건법	⑩ 안전인증 및 자율안전 확인신고대상 가설 기자재의 종류 ⑩ 물질안전보건자료(MSDS) ⑩ 산업안전보건법의 안전조치 기준 중 '작업적 위험' ㉕ 다음 건축현장의 상황을 고려하여 위험성 평가를 실시하시오. • 위험성 평가의 정의 및 절차 • 공종분류 및 위험요인을 파악, 핵심 위험요인의 개선대책 제시 ㉕ 건설업 안전보건경영시스템의 적용범위 및 인증절차와 취소조건을 설명하시오.
		시설물안전법	㉕ 시설물의 안전관리에 관한 특별법에 관한 다음 항목에 대하여 설명하시오. 1) 제1종 시설물 2) 안전점검 및 정밀안전진단 실시 주기 3) 시설물정보관리종합시스템(FMS ; Facility Management System)
		건설기술진흥법	㉕ 건설기술진흥법상 건설공사 안전점검의 종류 및 실시방법에 대하여 설명하시오.
		기 타 법	
	안전관리론	안전관리	㉕ 건설현장 안전관리의 문제점과 재해발생요인 및 감소대책(개선사항)을 설명하시오.
		안전심리	⑩ 알더퍼(Alderfer)의 ERG 이론
		안전교육	
	인간공학 및 System 안전		⑩ ETA(Event Tree Analysis, 사건수 분석기법)
	기타 일반		
전문분야	총 론		
	가설공사		⑩ 내민비계 ⑩ 활선 및 활선 근접작업 시 안전대책 ㉕ 외부 강관비계에 작용하는 하중과 설치기준을 설명하시오. ㉕ 이동식 크레인 작업 시 예상되는 재해유형과 원인 및 안전대책을 설명하시오. ㉕ 피뢰설비의 조건 및 설치기준을 설명하시오. ㉕ 건설현장에서 발생하는 전기화재의 발생원인 및 예방대책을 설명하시오.
	토공사 · 기초공사		㉕ 소일네일링 공법(Soil Nailing Method)의 시공대상과 방법 및 안전대책에 대하여 기술하시오. ㉕ 공용 중인 도로와 인접한 비탈사면에서의 불안정 요인과 사면 붕괴를 사전에 감지하고 인명피해를 최소화하기 위한 예방적 안전대책을 설명하시오. ㉕ 도심지 지하굴착공사 시 토류벽 배면의 누수로 인하여 인접건물에 없던 균열 · 침하 · 기울어짐 현상이 발생하였다. 발생원인 및 안전대책에 대하여 설명하시오. ㉕ 지지말뚝에 부마찰력이 발생하여 구조물에 균열이 발생했다. 원인과 방지대책을 설명하시오.
	RC 공사		⑩ 고정하중(Dead load)과 활하중(Live load) ⑩ 콘크리트 압축강도를 28일 양생 강도 기준으로 하는 이유 ⑩ 오일러(Euler) 좌굴하중 및 유효좌굴길이 ⑩ 염해에 대한 콘크리트 내구성 허용기준 ⑩ 안전점검 시 콘크리트 구조물의 내구성 시험 ㉕ 철근의 이음(길이, 위치, 공법 종류, 주의사항)과 Coupler 이음에 대하여 구체적으로 설명하시오.
	철골공사		⑩ 강재의 저온균열, 고온균열
	해체 · 발파공사		㉕ 도심지 재개발 건축현장의 건축 구조물을 해체하고자 한다. 해체공법의 종류별 특징과 공법 선정 시 고려사항 및 안전대책에 대하여 기술하시오.
	교량 · 터널 · 댐		㉕ 해상에 건설된 교량의 수중부 강관파일 기초에 대하여 부식 방지대책을 설명하시오. ㉕ 터널 막장면의 안정을 위한 굴착보조공법을 설명하시오. ㉕ 공용 중인 장대 케이블 교량의 안전성 분석을 위한 상시 교량계측시스템(BHMS ; Bridge Health Monitoring System)에 대하여 설명하시오.
	기타 전문공사		

구분			2016년(제110회)	
			단답	논술
안전부문	관계법규	산업안전보건법		(1) 산업안전보건법에 따른 위험성 평가의 절차와 위험성 감소대책 수립 및 실행에 대하여 설명하시오.
		시설물안전법	(1) 시설물의 안전점검 결과 중대결함 발견 시 관리 주체가 하여야 할 조치사항	
		건설기술진흥법	(1) 건설기술진흥법상 가설구조물의 안전성 확인 (2) 건설기술진흥법상 설계안전성 검토(Design For Safety)	
		재난 및 안전관리기본법		(1) 고층 건축물의 피난안전구역의 개념과 피난안전구역의 건축 및 소방시설 설치기준에 대하여 설명하시오. (2) 지하철역사 심층공간에서 재해 발생 시 대형재해로 확산될 수 있어 공사 시 이에 대한 사전대책이 요구되고 있는 바, 화재 발생 시 안전과 관련되는 방재적 특징과 안전대책에 대하여 설명하시오.
	안전관리	안전관리	(1) 화학물질 및 물리적 인자의 노출기준	(1) 우리나라에서 발생할 수 있는 자연적 재난과 인적 재난의 종류별로 건설현장의 피해, 사고원인 및 예방대책에 대하여 설명하시오. (2) 건설공사 중 용제류 사용에 의한 안전사고 발생원인 및 안전대책에 대하여 설명하시오. (3) 건설현장의 야간작업 시 안전사고 예방을 위한 야간작업 안전지침에 대하여 설명하시오.
		안전심리 · 교육	(1) 정신상태 불량으로 발생되는 안전사고 요인 (2) 안전교육 방법 중 사례연구법	
		인간공학 및 System 공학	(1) 휴먼에러 예방의 일반원칙	
건축 · 토목부문	건축, 토목	총론	(1) SI 단위 사용규칙	(1) 지구온난화에 의한 이상기후로 피해가 급증하고 있는 바, 이상기후에 대한 건설현장의 안전관리대책과 폭염 시 질병 예방을 위한 안전조치에 대하여 설명하시오.
		가설공사	(1) 개구부 수평 보호덮개 (2) 낙하물방지망 설치근거와 기준	(1) 도로와 인도에 접하는 도심의 리모델링 건축공사 시 외부비계에서 발생할 수 있는 안전사고의 종류와 원인 및 방지대책에 대하여 설명하시오. (2) 순간 최대 풍속이 40m/sec인 태풍이 예보된 상황에서 교량 건설 공사 현장의 거푸집 동바리에 작용하는 풍하중과 안전점검기준에 대하여 설명하시오. (3) 초고층 건축물의 양중계획 시 고려사항과 자재 양중 시의 안전대책에 대하여 설명하시오. (4) 건설기계의 재해 발생형태별 재해원인을 기술하고, 지게차 작업 시 재해 발생원인과 재해예방대책에 대하여 설명하시오.
		토공사 · 기초공사	(1) 배토말뚝과 비배토말뚝	(1) 지하 흙막이 가시설 붕괴사고 예방을 위한 계측의 목적, 흙막이 구조 및 주변의 계측관리기준, 현행 계측관리의 문제점 및 개선대책에 대하여 설명하시오. (2) 도시철도 개착정거장의 굴착작업 전 흙막이 가시설을 위한 천공작업을 계획 중에 있다. 발생 가능한 지장물 파손사고 대상과 지장물 파손사고 예방을 위한 안전관리계획에 대하여 설명하시오. (3) 폭우로 인하여 비탈면의 토사가 유실되고, 높이 5m의 옹벽이 붕괴되었다. 비탈면 토사유실 및 옹벽 붕괴의 주요 원인과 안전대책에 대하여 설명하시오.
		RC 공사	(1) 철근의 롤링마크	(1) 건축법에서 규정하고 있는 내진설계 대상 건축물을 제시하고, 내진성능평가를 위한 재료강도를 결정하는 방법 중 설계도서가 있는 경우와 없는 경우의 콘크리트 및 조적의 강도결정방법에 대하여 설명하시오.
		철골공사	(1) 강구조물의 비파괴시험 종류 및 검사방법	(1) 철골구조물의 화재 발생 시 내화성능을 확보하기 위한 철골기둥과 철골보의 내화뿜칠재 두께 측정위치를 도시하고, 측정방법과 판정기준을 설명하시오.
		해체 · 발파	(1) 사용 중인 건축물의 붕괴사고 발생 시 피해유형과 인명구조 행동요령에 대하여 설명하시오.	
		교량 · 터널 · 댐		(1) 터널굴착 시 보강공법을 적용해야 되는 대상지반유형을 제시하고, 지보재의 종류와 역할, 숏크리트와 록볼트의 주요 기능 및 작용효과를 설명하시오.
		항만 · 하천, 기타 전문공사		

구 분		2017년(111회) 단답	2017년(111회) 논술
법규 및 이론	산 안 법	(1) 산업안전보건법상 공사기간 연장요청	(1) 산업안전보건위원회에 대하여 설명하시오.
	시 특 법		(1) 시설물의 안전관리에 관한 특별법상 1종 시설물과 2종 시설물을 설명하시오.
	건 진 법	(1) 건설기술진흥법상 건설기준 통합코드	
	안전관리	(1) 보안경의 종류와 안전기준 (2) 위험성평가 5원칙 (3) 응급처치(First Aid)	(1) 재해통계의 종류, 목적, 법적 근거, 작성 시 유의사항을 설명하시오. (2) 하인리히 사고발생 연쇄성이론과 관리감독자의 역할
	안전심리	(1) 개인적 결함(불안전 요소)	
	안전교육	(1) 국내·외 안전보건교육의 트랜드	
	인간공학 및 system 안전		
기술분문	총 론		(1) 휴대용 연삭기의 종류와 연삭기에 의한 재해원인을 기술하고, 휴대용 연삭기 작업 시 안전대책에 대하여 설명하시오. (2) 지진을 분류하고 지진발생으로 인한 피해영향과 구조물의 안전성 확보를 위한 방지대책을 설명하시오.
	가설공사	(1) 가설재의 구비요건(3요소) (2) 건설기계 관리시스템	(1) 고소작업대 관련 법령(산업안전보건기준에 관한 규칙) 기준과 재해발생 형태별 예방대책을 설명하시오. (2) 시공 중인 건설물의 외측면에 설치하는 수직보호망의 재료기준 및 조립기준, 사용 시 안전대책을 설명하시오. (3) 권상용 와이어로프의 운반기계별 안전율 및 단말체결방법에 따른 효율성과 폐기기준에 대하여 설명하시오.
	토공사 기초공사	(1) 최적 함수비(Optimum Moisture Content)	(1) 건축구조물의 부력발생원인과 부상장지를 위한 공법별 특징과 유의사항 및 중점 안전관리대책에 대하여 설명하시오. (2) 굴착공사 시 적용 가능한 흙막이 공법의 종류와 연약지반 굴착 시 발생할 수 있는 히빙(Heaving)현상과 파이핑(Piping)현상의 안전대책에 대하여 설명하시오. (3) S.C.W(Soil Cement Wall) 공법에 대하여 설명하시오.
	RC공사		(1) 잔골재의 입도, 유해물 함유량, 내구성에 대하여 설명하시오. (2) 불량 레미콘의 발생유형 및 처리방안에 대하여 설명하시오.
	철골공사	(1) 철골의 CO_2 아크(Arc)용접 (2) 고장력 볼트(High Tension Bolt)	(1) 초고층 건축물의 특징, 재해발생 요인 및 특성, 공정단계별 안전관리사항에 대하여 설명하시오. (2) 10층 이상 건축물의 해체 등 건설기술진흥법상 안전관리계획 의무대상 건설공사를 열거하고, 해체공사계획의 주요 내용을 설명하시오.
	해체, 발파		(1) 10층 이상 건축물의 해체 등 건설기술진흥법상 안전관리계획 의무대상 건설공사를 열거하고, 해체공사계획의 주요 내용을 설명하시오.
	교량	(1) 교량의 지진격리설계	(1) 교량공사 중 교대의 측방유동 발생 시 문제점과 발생원인 및 방지대책에 대하여 설명하시오.
	터널		(1) 도심지 터널공사 시 발파로 인해 발생되는 진동 및 소음기준과 발파소음의 저감대책에 대하여 설명하시오.
	댐		
	항만·하천		

구 분		2017년(112회)	
		단답	논술
법규 및 이론	산안법	(1) 사전조사 및 작업계획서 작성 대상작업(산업안전보건기준에 관한 규칙 제38조) (2) 사업장내 근로자 정기안전 · 보건교육 내용 (3) 화재감시자 배치대상(산업안전보건기준에 관한 규칙 제241조의2) (4) GHS(Global Harmonized System of Classification and Labeling of Chemicals)경고표지에 기재되어야 할 항목	(1) 건설업 유해위험방지계획서 작성대상 및 포함사항과 최근 제정된 작성지침의 주요내용에 대하여 설명하시오. (2) 중대재해의 정의와 발생 시 보고사항 및 조치순서에 대하여 설명하시오. (3) 산업안전보건법 상 안전보건진단의 종류 및 진단보고서에 포함하여야 할 내용에 대하여 설명하시오. (4) 건설업 안전보건경영시스템(KOSHA 18001)의 정의 및 종합건설업체 현장분야 인증항목에 대하여 설명하시오.
	시특법	(1) 시설물의 안전관리에 관한 특별법의 정밀점검 및 정밀안전진단 보고서 상 사전검토사항(사전검토보고서)에 포함되어야 할 내용(정밀안전진단 중심으로)	(1) 준공된 지 3개월이 경과된 철근콘크리트 건축물(지하3층, 지상22층)에 향 후 발생될 수 있는 열화현상을 설명하고 시설물을 효과적으로 관리하기 위한 시설물의 안전 및 유지관리 기본계획에 대하여 설명하시오. (2) 콘크리트 교량의 안전성 확보를 위한 안전점검의 종류와 정밀안전진단의 절차에 대하여 설명하시오. (3) 시설물의 안전관리에 관한 특별법상 지하4층, 지상30층, 연면적 200,000m^2 이상 되는 건축물에 적용되는 점검 및 진단을 설명하고, 점검 · 진단 시 대통령령으로 정하는 중대 결함사항과 결함사항을 통보받은 관리주체의 조치사항에 대하여 설명하시오.
	건진법		(1) 연면적 50,000m^2(지하2층, 지상16층) 건축물을 시공하려고 한다. 건설기술진흥법을 토대로 안전관리계획서 작성항목과 심사기준에 대하여 설명하시오.
	안전관리		(1) 건설현장에서 사용되는 안전보호구 종류를 나열하고 그 중 안전대의 종류와 사용 및 폐기기준에 대하여 설명하시오. (2) 하인리히와 버드의 연쇄성(Domino)에 대한 재해 구성비율과 이론을 비교하여 설명하시오.
	안전심리		건설현장 근로자의 안전제일 가치관을 정착시키기 위한 전개방안과 현장에서 근로자의 안전의식 증진방안에 대하여 설명하시오.
	안전교육		
	인간공학 및 system안전		
기술부문	총론	(1) 지진발생의 원인과 진원 및 진앙, 지진규모	
	가설공사	(1) 휨 강성(EI) (2) 부적격한 와이어로프의 사용금지 조건(Wire rope)의 폐기기준	
	토공사 기초공사	(1) 사면붕괴의 원인과 사면의 안정을 지배하는 요인 (2) 흙의 보일링(Boling) 현상 및 피해	(1) 토류벽의 안전성 확보를 위한 토류벽 지지공법의 종류와 각 공법별 안전성 확보를 위한 주의사항에 대하여 설명하시오.
	RC공사	(1) 서중 콘크리트 (2) 건축물의 내진성능평가의 절차 및 성능수준 (3) PS강재의 응력부식과 지연파괴	(1) 콘크리트 타설시 부상현상의 정의와 방지대책에 대하여 설명하시오.
	철골공사		(1) 철골공사 중 무지보 데크 플레이트 공법의 시공순서 및 재해발생 유형과 안전대책에 대하여 설명하시오.
	해체, 발파		(1) 해체공사 시 사전조사 항목과 해체공법의 종류 및 건설공해 방지대책에 대하여 설명하시오.
	교량		(1) 철근콘크리트 교량 구조물에 발생된 변형에 대한 보수 · 보강기법에 대하여 설명하시오.
	터널		(1) NATM 터널의 안전성 확보를 위해 시행하는 시공 중 계측항목(내용) 및 계측시스템에 대하여 설명하시오. (2) 건설공사 시 발파진동에 의한 인근 구조물의 피해가 발생하는 바, 발파진동에 심각하게 영향을 미치는 요인과 발파진동 저감방안에 대하여 설명하시오.
	댐		
	항만, 하천		

구 분		2017년(113회)	
		단답	논술
법규 및 이론	산안법	(1) 산업안전보건법령상 안전진단을 설명하시오. (2) 안전 · 보건에 관한 노사협의체의 의결사항을 설명하시오. (3) 위험도 평가 단계별 수행방법에서 다음 조건의 위험도를 계산하시오.(세부공종별 재해자수 : 1,000명, 전체 재해자수 : 20,000명, 세부공종별 산재요양일수의 환산지수 : 7,000명)	(1) 건설재해예방기술지도 대상사업장과 기술지도 업무내용 및 재해예방전문지도기관의 평가기준을 설명하시오.
	시특법		
	건진법		
	안전관리	(1) 지적확인을 설명하시오. (2) 사전작업허가제(Permit to Work) 대상을 설명하시오.	(1) 재해조사의 3단계와 사고조사의 순서 및 재해조사 시 유의사항에 대하여 설명하시오. (2) 사물인터넷을 활용한 건설현장 안전관리 방안을 설명하시오. (3) 건설현장에서 고령근로자 및 외국인 근로자가 증가함으로 인하여 발생되는 문제점과 재해예방 대책에 대하여 설명하시오.
	안전심리		
	안전교육		
	인간공학 및 system안전		
기술부문	총론		
	가설공사	(1) 재사용 가설기자재의 폐기기준 및 성능기준을 설명하시오. (2) 슬링(Sling)의 단말 가공법(Wire rope 중심) 종류를 설명하시오. (3) 지하굴착공사에서 설치하는 복공판의 구성요소와 안전관리사항을 설명하시오.	(1) 건설작업용 리프트의 사고유형과 안전대책 및 방호장치에 대하여 설명하시오.
	토공사 기초공사	(1) 흙의 전단파괴 종류와 특징을 설명하시오. (2) 흙막이공사에서 안정액의 기능과 요구성능을 설명하시오.	(1) 동절기 지반의 동상현상으로 인한 문제점 및 방지대책에 대하여 설명하시오. (2) 건설현장에서 밀폐공간작업 시 중독 · 질식사고 예방을 위한 주요내용을 설명하시오.
	RC공사		(1) 건설현장에서 펌프카에 의한 콘크리트 타설 시 재해유형과 언전대책에 대하여 설명하시오. (2) 건축물에 설치된 대형 유리에 대한 열 파손 및 깨짐 현상과 방지대책에 대하여 설명하시오. (3) 콘크리트 구조물에 작용하는 하중에 의한 균열의 종류와 발생원인 및 방지대책에 대하여 설명하시오. (4) 철근콘크리트공사에서 거푸집 및 동바리 설계 시 고려하중과 설치기준에 대하여 설명하시오. (5) 건축물 외벽에서의 방습층 설치 목적과 시공 시 안전대책에 대하여 설명하시오. (6) 철근도괴사고의 유형과 발생원인 및 예방대책에 대하여 설명하시오. (7) 매스콘크리트에서 온도균열 제어방법과 시공 시 유의사항에 대하여 설명하시오.
	철골공사	(1) 용접결함 보정방법을 설명하시오.	(1) 초고층 건축공사 현장에서 기둥축소(Coumn Shortening) 현상의 발생원인과 문제점 및 예방대책에 대하여 설명하시오.
	해체, 발파		(1) 건설현장에서 발파를 이용하여 암사면 절취 시 사전점검 항목과 암질판별 기준 및 안전대책에 대하여 설명하시오. (2) 건축물 철거 · 해체 시 석면조사기관의 조사대상과 석면제거 작업 시 준수사항에 대하여 설명하시오.
	교량	(1) 교량받침에 작용하는 부반력에 대한 안전대책을 설명하시오.	
	터널		(1) 터널공사에서 발생하는 유해가스와 분진 등을 고려한 환기계획 및 환기방식의 종류에 대하여 설명하시오.
	댐		
	항만, 하천	(1) 테트라포드(Tetrapod, 소파블럭)의 안전대책 및 유의사항을 설명하시오.	

구 분		2018년(114회) 단답	2018년(114회) 논술
법규 및 이론부문	산 안 법	(1) 안전보건조정자 (2) 특별안전보건교육 대상작업 중 건설업에 해당하는 작업(10개) (3) 소음작업 중 강렬한 소음 및 충격소음작업 (4) 산업안전보건법상 건강진단의 종류, 대상, 시기	(1) 건설업 KOSHA 18001 인증절차 및 현장분야 인증항목에 대하여 설명하시오. (2) 건설업 산업안전보건관리비 사용 가능 내역과 불가능 내역 및 효율적 사용방안에 대하여 설명하시오. (3) 고용노동부 안전정책 중, '중대재해 등 발생 시 작업중지 명령해제 운영기준'에 대하여 설명하시오.
	시 특 법		(1) 시설물의 안전 및 유지관리에 관한 특별법상 3종 시설물의 지정 권한 대상 및 시설물의 범위에 대하여 설명하시오.
	건 진 법		(1) 지하안전관리에 관한 특별법의 지하안전영향평가에 대하여 설명하시오.
	안전관리		(1) 지하 3층 지상 6층 규모의 건축면적이 1,000m² 건축물 대수선공사에서 발생할 수 있는 화재유형과 화재예방대책 및 임시소방시설의 종류를 설명하시오. (2) 고층 건축물의 재해 유형별 사고 원인 및 방지대책에 대하여 설명하시오.
	안전심리	(1) 건설현장 재해 트라우마	
	안전교육		
	인간공학 및 system안전		
기술부문	총론		
	가설공사	(1) 가설통로 종류 및 조립 설치 안전기준	(1) 타워크레인 설치·해체 작업 시 위험요인과 안전대책 및 인상작업(Telescoping) 시 주의사항에 대하여 설명하시오. (2) 지진 발생 시 건축물 외장재 마감 공법별 탈락 재해 원인 및 안전대책을 설명하시오. (3) 풍압이 가설구조물에 미치는 영향 및 안전대책에 대하여 설명하시오. (4) 건설현장에서 차량계 하역운반기계 작업의 유해위험요인 및 재해예방대책에 대하여 설명하시오. (5) 가설비계 중 강관비계 설치기준과 사고방지 대책에 대하여 설명하시오.
	토공사 기초공사	(1) 항타기 도괴 방지 (2) 보강토옹벽의 파괴유형 (3) 암반 사면의 안전성 평가방법	(1) 흙막이(H-pile+토류판) 벽체에 어스앵커 지지공법의 시공단계별 위험요인 및 안전대책에 대하여 설명하시오. (2) 하천구역 인근에서 지하구조물 공사 시 지하수 처리공법의 종류와 지하구조물 부상발생원인 및 방지대책에 대하여 설명하시오.
	RC공사	(1) 자기치유 콘크리트(Self-Healing Concrete)	(1) 거푸집동바리 설계·시공 시 붕괴 유발요인 및 안전성 확보 방안에 대하여 설명하시오. (2) 방수공사 중 유기용제류 사용 시 고려사항 및 안전대책에 대하여 설명하시오.
	철골공사	(1) 고력볼트 반입검사 (2) 기둥의 좌굴(Buckling)	
	해체, 발파		
	교량		(1) 콘크리트 교량의 가설공법 중 ILM(Incremental Launching Method) 공법 특징과 작업 시 사고방지대책에 대하여 설명하시오.
	터널		(1) 터널공사에서 NATM 공법 시공 중 발생하는 사고의 유형별 원인 및 안전대책에 대하여 설명하시오.
	댐	(1) 유선망과 침윤선	
	항만, 하천		

구 분		2018년(115회) 단답	2018년(115회) 논술
법규 및 이론부문	산 안 법	(1) 위험성 평가에서 허용 위험기준 설정방법 (2) 산재 통합관리 (3) 산업안전보건법상 안전관리자의 충원·교체·임명 사유 (4) 건설업 기초안전·보건교육 시간 및 내용	(1) 산업안전보건법상 산업안전보건관리비와 건설기술진흥법상 안전관리비의 계상목적, 계상기준, 사용범위 등을 비교 설명하시오. (2) 건설업 유해·위험방지계획서 작성 중 산업안전지도사가 평가·확인할 수 있는 대상 건설공사의 범위와 지도사의 요건 및 확인사항을 설명하시오. (3) 산업안전보건법상 위험한 가설구조물이라고 판단되는 가설구조물에 대한 설계변경요청제도에 대하여 설명하시오. (4) 통풍·환기가 충분하지 않고 가연물이 있는 건축물 내부나 설비 내부에서 화재위험작업을 할 경우 화재감시자의 배치기준과 화재예방 준수사항에 대하여 설명하시오.
	시 특 법		(1) 시설물의 안전관리에 관한 특별법에 따른 성능평가대상 시설물의 범위, 성능평가 과업내용 및 평가방법에 대하여 설명하시오. (2) 시설물의 안전관리에 관한 특별법에 따른 소규모 취약시설의 안전점검에 대하여 설명하시오.
	건 진 법		(1) 건설현장에서 파이프서포트를 사용하여 공사를 수행하여야 할 때 관련 법령을 안전관리 업무를 근거로 공정 순서대로 설명하시오. (2) 정부에서 건설기술 진흥법 제3조에 의하여 최근 발표한 제6차 건설기술진흥기본계획(2018~2022) 중 안전관리 사항에 대하여 설명하시오.
	안전관리	(1) 건설현장의 지속적인 안전관리 수준 향상을 위한 P-D-C-A 사이클 (2) 종합재해지수(FSI)의 정의 및 산출방법	(1) 건설현장의 장마철 위험요인별 위험요인 및 안전대책에 대하여 설명하시오.
	안전심리		
	안전교육		
	인간공학 및 system안전		
기술부문	총론	(1) 건설기계에 대한 검사의 종류 (2) 지진의 진원, 규모, 국내 지진구역	
	가설공사		(1) 초고층 빌딩의 수직거푸집 작업 중 발생될 수 있는 재해유형별 원인과 설치 및 사용 시 안전대책에 대하여 설명하시오.
	토공사 기초공사	(1) 한계상태설계법의 신뢰도지수 (2) 흙의 동상 현상 (3) 흙의 히빙(Heaving) 현상	(1) 대규모 암반구간에서 발생하기 쉬운 암반 붕괴의 원인, 안전대책 및 암반층별 비탈면 안정성 검토방법에 대하여 설명하시오. (2) 건설공사의 흙막이지보공법을 버팀보공법으로 설계하였다. 시공 전 도면검토부터 버팀보공법 설치, 유지관리, 해체 단계별 안전관리 핵심요소를 설명하시오.
	RC공사	(1) 콘크리트의 에어 포켓(Air Pocket)	(1) 콘크리트 구조물의 열화(deterioration) 원인, 열화로 인한 결함 및 대책을 설명하시오.
	철골공사	(1) 강재의 침투탐상시험	
	해체		(1) 주민이 거주하고 있는 협소한 아파트 단지 내에서 높고 세장한 철근콘크리트 굴뚝을 철거할 때, 적용 가능한 기계식 해체공법 및 안전대책을 설명하시오.
	교량		(1) 공용 중인 교량구조물의 안전성 확보를 위한 정밀안전진단의 내용 및 방법에 대해서 설명하시오. (2) 지진발생 시 내진 안전 확보를 위한 내진설계 기본개념과 도로교의 내진등급에 대하여 설명하시오. (3) 철근콘크리트 교량 구조물에 발생된 각종 노후화 손상에 대하여 안전도 확보를 위하여 시행되는 보수·보강 공법 및 방법에 대해서 설명하시오.
	터널		(1) 터널 굴착공법 중 NATM 공법 적용 시 터널굴착의 안전 확보를 위해 시행하는 시공 중 계측항목 계측방법과 공용 중 유지관리 계측시스템에 대해서 설명하시오.
	댐		
	항만, 하천		

구 분		2018년(116회) 단답	2018년(116회) 논술
법규 및 이론부문	산 안 법	(1) 안전보건경영시스템에서 최고경영자의 안전보건방침 수립 시 고려해야 할 사항 (2) 폭염의 정의 및 열사병 예방 3대 기본수칙 (3) 관리감독자의 업무내용(산업안전보건법 시행령 제10조) (4) 산업안전보건법령상 특수건강진단	(1) 정부가 2022년까지 산업재해 사망사고를 절반으로 줄이겠다는 '국민생명 지키기 3대 프로젝트'에서 건설안전과 관련된 내용을 설명하시오. (2) 건설업 재해예방 전문지도기관의 인력, 시설 및 장비기준과 지도기준에 대하여 설명하시오.
	건 진 법	(1) 지하안전에 관한 특별법상 국가지하안전관리 기본계획 및 지하안전영향평가 대상사업	
	안전관리	(1) 밀폐공간의 정의 및 밀폐공간작업 프로그램 (2) 재해손실비용 평가방식에 대하여 설명하시오.	(1) 건설현장에서의 추락재해 발생원인(유형) 및 시공 시의 안전조치와 주의사항에 대하여 설명하시오. (2) 건설현장에서 사용하는 안전표지의 종류에 대하여 설명하시오.
기술부문	안전관리 총론	(1) 동작경제의 3원칙 (2) 불안전한 행동에 대한 예방대책	(1) 도심지 건설현장에서의 전기 관련 재해의 특징과 건설장비의 가공전선로 접근 시 안전대책에 대하여 설명하시오.
	가설	(1) 건설작업용 리프트 사용 시 준수사항	(1) ACS(Automatic Climbing System)폼의 특징 및 시공 시 안전조치와 주의사항에 대하여 설명하시오. (2) 타워크레인의 주요구조 및 사고형태별 위험징후 유형과 조치사항에 대하여 설명하시오. (3) 최근 건설기계 장비로 인한 사고 중 사망재해가 많이 발생하는 5대 건설기계 장비의 종류 및 재해발생 유형과 사고예방을 위한 안전대책에 대하여 설명하시오. (4) 건설현장에서 주로 사용되고 있는 이동식 크레인의 종류를 나열하고 양중작업의 안정성 검토 기준에 대하여 설명하시오. (5) 갱폼(Gang Form)의 구조 및 구조검토 항목, 재해발생 유형과 작업 시 안전대책에 대하여 설명하시오. (6) 건설공사에서 시스템비계 설치 및 해체작업 시 안전대책에 대하여 설명하시오.
	토공사 기초공사	(1) 연성 거동을 보이는 절토사면의 특징	(1) 도심지에서 지하 10m 이상 굴착작업을 실시하는 경우 굴착작업 계획수립 내용 및 준비사항과 굴착작업 시 안전기준에 대하여 설명하시오. (2) 연약지반에서 구조물 시공 시 발생할 수 있는 문제점과 지반개량공법에 대하여 설명하시오.
	RC공사	(1) 골재의 함수상태	(1) 중소규모 건설현장에서 철근 작업절차별 유해위험요인과 안전보건 대책에 대하여 설명하시오. (2) 도심지 초고층 현장에서 콘크리트 배합 및 배관 시 고려사항과 타설 시 안전대책에 대하여 설명하시오.
	철골공사	(1) 도장공사의 재해유형	(1) 데크플레이트(Deck Plate)를 사용하는 공사의 장점 및 데크플레이트 공사 시 주로 발생하는 3가지 재해유형별 원인과 재해예방 대책에 대하여 설명하시오.
	해체	(1) 해체공법 중 절단공법	(1) 도심지에서 지하 3층, 지상 12층 규모의 노후화된 건물을 철거하려고 한다. 현장에 적합한 해체공법을 나열하고 해체작업 시 발생될 수 있는 문제점과 안전대책에 대하여 설명하시오.

구분			2019년(제117회)
법규 및 이론	산 안 법	단답	(1) 작업장 조도기준 (2) 휴게시설의 필요성 및 설치기준
		논술	(1) 옥외작업 시 '미세먼지 대응 건강보호 가이드'에 대하여 설명하시오. (2) 건축물 리모델링현장에서 발생할 수 있는 석면에 대한 조사대상 및 조사방법, 안전작업기준에 대하여 설명하시오. (3) 설계변경시 건설업 산업안전보건관리비의 계상방법에 대하여 설명하시오. (4) 건설현장 자율안전관리를 위한 자율안전컨설팅, 건설업 상생협력 프로그램 사업에 대하여 설명하시오. (5) 고소작업대(차량탑재형)의 대상차량별 안전검사 기한 및 주기와 안전작업절차 및 주요 안전점검사항에 대하여 설명하시오.
	건 진 법	단답	(1) 건설기술 진흥법상 가설구조물의 안전성 확인
	안전관리	단답	(1) 용접·용단 작업 시 불티의 특성 및 비산거리
		논술	(1) 건설공사 폐기물의 종류와 재활용방안을 설명하시오. (2) 제조업과 대비되는 건설업의 특성을 설명하고, 그에 대한 건설재해 발생요인을 설명하시오. (3) 건설업 산업재해 발생률 산정기준에 대해서 설명하시오. (4) 밀폐공간작업 시 안전작업절차, 주요 안전점검사항 및 관리감독자의 유해위험방지 업무에 대하여 설명하시오. (5) 해빙기 건설현장에서 발생할 수 있는 재해 위험요인별 안전대책과 주요 점검사항에 대하여 설명하시오.
	안전심리		(1) 허츠버그의 욕구충족요인
	안전교육	단답	(1) 근로자 안전·보건·교육강사 기준
		논술	(1) 건설현장에서 실시하는 안전교육의 종류를 설명하고, 외국인 근로자에게 실시하는 안전교육에 대한 문제점 및 대책을 설명하시오.
	인간공학 및 system		(1) 사건수 분석(Event Tree Analysis)
기술부문	토 공 사 기초공사	단답	(1) 파일기초의 부마찰력 (2) 동결지수
		논술	(1) 구조물 공사에서 시행하는 계측관리의 목적과 계측방법에 대하여 구체적으로 설명하시오. (2) 기존 매설된 노후 열수송관로의 주요 손상원인 및 방지대책에 대하여 설명하시오. (3) 도심지 소규모 건축물 굴착공사 시 예상되는 붕괴사고 원인 및 안전대책에 대하여 설명하시오.
	RC공사	단답	(1) 시방배합과 현장배합 (2) 콘크리트 구조물에서 발생하는 화학적 침식 (3) 커튼월 구조의 요구성능과 시험방법 (4) 슈미트 해머에 의한 반발경도 측정법
		논술	(1) 콘크리트 펌프카를 이용한 콘크리트 타설작업 시 위험요인과 재해유형별 안전대책에 대하여 설명하시오. (2) 철근콘크리트 구조물의 화재에 따른 구조물의 안전성 평가방법 및 보수·보강대책에 대하여 설명하시오.
	교량	논술	(1) 교량의 안전도 검사를 위한 구조내하력 평가방법에 대하여 설명하시오.
	터널	논술	(1) 터널공사의 작업환경에 대하여 설명하고, 안전보건대책에 대하여 설명하시오.

구분			2019년(제118회)
법규 및 이론	산 안 법	논술	(1) 건설업체의 산업재해예방활동 실적평가 제도에 대하여 설명하시오. (2) 정부에서 추진 중인 산재 사망사고 절반 줄이기 대책의 건설 분야 발전방안에 대하여 설명하시오. (3) 옥외작업자를 위한 미세먼지 대응 건강보호 가이드에 대하여 설명하시오. (4) 건설업에 해당하는 특별안전보건교육의 대상 및 교육시간에 대하여 설명하시오.
	건 진 법	단답	(1) 설계안정성검토(Design For Safety) 절차
		논술	(1) 건설공사의 진행단계별 발주자의 안전관리 업무에 대하여 설명하시오.
	시 특 법	단답	(1) 제3종시설물 지정대상 중 토목분야 범위
	안전관리	단답	(1) 작업자의 스트레칭(Streching) 필요성, 방법 및 효과 (2) TBM(Tool Box Meeting) 효과 및 방법
		논술	(1) 재해의 원인 분석방법 및 재해통계의 종류에 대하여 설명하시오. (2) 불안전한 행동의 배후요인 중 피로의 종류, 원인 및 회복대책에 대하여 설명하시오.
기술부문	총론	단답	(1) 건축물의 지진발생 시 견딜 수 있는 능력 공개대상
		논술	(1) 건설공사의 진행단계별 발주자의 안전관리 업무에 대하여 설명하시오. (2) 지진의 특성 및 발생원인과 건축구조물의 내진설계 시 유의사항에 대하여 설명하시오.
	가설	단답	(1) 통로발판 설치 시 준수사항 (2) 안전대의 종류 및 최하사점 (3) 이동식사다리의 안전작업 기준 (4) 풍압이 가설구조물에 미치는 영향
		논술	(1) 차량탑재형 고소작업대의 출입문 안전조치와 사용 시 안전대책에 대하여 설명하시오.
	토 공 사 기초공사	단답	(1) 지반 액상화 현상의 발생원인, 영향 및 방지대책 (2) 철근콘크리트의 수직·수평분리타설 시 유의사항
		논술	(1) 흙으로 축조되는 노반 구조물의 압밀과 다짐에 대하여 설명하시오. (2) 도심지 건설현장에서의 지하연속벽 시공 시 안정액의 정의, 역할, 요구조건 및 사용 시 주의사항에 대하여 설명하시오.
	RC공사	단답	(1) 철근콘크리트 공사에서의 철근 피복두께와 간격 (2) 철근콘크리트의 부동태피막
		논술	(1) 무량판 슬래브의 정의, 특징 및 시공 시 유의사항에 대하여 설명하시오. (2) 건설현장에서 철근의 가공조립 및 운반 시 준수사항에 대하여 설명하시오. (3) 콘크리트 내구성 저하 원인과 방지대책에 대하여 설명하시오. (4) 건설현장에서 콘크리트 타설작업 중 우천상황 발생 시 콘크리트 강도저하 산정방법 및 품질관리방안에 대하여 설명하시오.
	철골공사	논술	(1) 데크플레이트(Deck Plate) 공사 시 데크플레이트 걸침길이 관리 기준과 주로 발생할 수 있는 3가지 재해유형별 안전대책에 대하여 설명하시오.
	터널	논술	(1) 터널공사에서 락볼트(Rock bolt) 및 숏크리트(Shotcrete)의 작용효과에 대하여 설명하시오.
	해체	논술	(1) 산업안전보건기준에 관한 규칙 제38조에 의거 건물 등의 해체작업 시 포함되어야 할 사전조사 및 작업계획서 내용에 대하여 설명하시오.

구분			2019년(제119회)
법규 및 이론	산업안전보건법	논술	(1) 건설공사에서 작업 중지 기준을 설명하시오.
	건설기술진흥법	단답	(1) 안전점검 등 성능평가를 실시할 수 있는 책임기술자의 자격 (2) 지하안전영향평가 대상 및 방법
		논술	(1) 안전관리계획서 작성내용 중 건축공사 주요 공종별 검토항목에 대하여 설명하시오. (2) 건설기술진흥법상 건설사업관리기술자의 공사 시행 중 안전관리업무에 대하여 설명하시오.
	시설물안전관리특별법	단답	(1) 시설물의 중대한 결함
		논술	(1) 산업안전보건법, 건설기술진흥법, 시설물의 안전 및 유지관리에 관한 특별법에 따른 안전점검 종류를 구분하고, 시설물의 안전 및 유지관리에 관한 특별법상 정밀안전진단 실시시기 및 상태평가방법에 대하여 설명하시오.
	안전관리	단답	(1) 웨버(Weaver)의 사고연쇄반응이론 (2) 안전심리 5대 요소
		논술	(1) 건설현장의 사고와 재해의 위험요인(기계적 위험, 화학적 위험, 작업적 위험)과 이에 대한 재해예방대책을 설명하시오. (2) 재해발생 원인 중 정전기 발생 메커니즘과 정전기에 의한 화재 및 폭발 예방대책에 대하여 설명하시오. (3) 건설현장 추락사고방지 종합대책에 따른 공사현장 추락사고 방지대책을 설계단계와 시공단계로 나누어 설명하시오. (4) 건설현장의 작업환경측정기준과 작업환경개선대책에 대하여 설명하시오. (5) 건축구조물의 내진성능향상 방법에 대하여 설명하시오.
기술부문	가설공사	논술	(1) 안전난간의 구조 및 설치요건
		단답	(1) 시스템동바리의 붕괴유발요인 및 설계단계의 안전성 확보방안에 대하여 설명하시오.
	토공사 기초공사	단답	(1) 흙의 간극비(void ratio) (2) Quick Sand (3) 건설공사 안전관리 종합정보망(CSI) (4) 암반사면의 붕괴형태
		논술	(1) 지반의 동상현상이 건설구조물에 미치는 피해사항 및 발생원인과 방지대책을 설명하시오. (2) 건축구조물의 부력 발생원인과 부상방지 공법별 특징 및 중점안전관리대책에 대하여 설명하시오.
	RC공사	단답	(1) 봉함양생 (2) 과소철근보
		논술	(1) 콘크리트 구조물에 작용하는 하중의 종류를 기술하고 이에 대한 균열의 특징과 제어대책에 대하여 설명하시오. (2) 거푸집에 작용되는 설계하중의 종류와 콘크리트 타설 시 콘크리트 측압의 감소방안을 설명하시오. (3) 창호와 유리의 요구성능을 각각 설명하고, 유리가 열에 의한 깨짐 현상의 원인과 방지대책에 대하여 설명하시오.
	철골공사	논술	(1) 강재구조물의 현장 비파괴시험법을 설명하시오.
	교량	단답	(1) 프리캐스트 세그멘탈 공법(Precast Segmental Method)
		논술	(1) 허용응력설계법과 극한강도설계법으로 교량의 내하력을 평가하는 방법을 설명하시오. (2) 건설공사 중 FCM 공법에서 사용하는 교량용 이동식 가설구조물의 안전관리 방안에 대하여 설명하시오.

구분			2020년(제120회)
법규 및 이론	산업안전보건법	단답	(1) 안전보건조정자
		논술	(1) 위험성평가 종류별 실시시기와 위험성 감소대책 수립·실행 시 고려사항을 설명하시오. (2) 건설업 KOSHA MS 관련 종합건설업체 본사분야의 '리더십과 근로자의 참여' 인증항목 중 리더십과 의지표명, 근로자의 참여 및 협의 항목의 인증기준에 대하여 설명하시오. (3) 건설공사 발주자의 산업재해예방조치와 관련하여 발주자와 설계자 및 시공자는 계획, 설계, 시공 단계에서 안전관리대장을 작성해야 한다. 안전관리대장의 종류 및 작성사항에 대하여 설명하시오.
	건설기술진흥법	단답	(1) 건설기술진흥법에 따른 건설사고조사위원회를 구성하여야 하는 중대건설사고의 종류
		논술	(1) 건설기술진흥법에서 정한 벌점의 정의와 콘크리트면의 균열 발생 시 건설사업자 및 건설기술인에 대한 벌점 측정기준과 벌점 적용절차에 대하여 설명하시오. (2) 25층 건축물 건설공사 시 건설기술진흥법에서 정한 안전점검의 종류와 실시시기 및 내용에 대하여 설명하시오. (3) 건설기술진흥법에서 정한 설계의 안전성 검토 대상과 절차 및 설계안전검토보고서에 포함되어야 하는 내용에 대하여 설명하시오.
	시설물안전관리특별법	단답	(1) 안전화의 종류, 가죽제 안전화 완성품에 대한 시험성능기준 (2) 내진설계 일반(국토교통부 고시)에서 정한 건축물 내진등급
		논술	(1) 기업 내 정형교육과 비정형교육을 열거하고 건설안전교육 활성화 방안에 대하여 설명하시오.
	안전심리	단답	(1) 건설업 장년(고령)근로자의 신체적 특징과 이에 따른 재해예방대책 (2) 가현운동 (3) 자신과잉
		논술	(1) 인간공학에서 실수의 분류를 열거하고 실수의 원인과 대책에 대하여 설명하시오. (2) 인간행동방정식과 P와 E의 구성요인을 열거하고, 운전자 자각반응시간에 대하여 설명하시오.
기술부문	가설공사	논술	(1) 통로용 작업발판
		단답	(1) 건설현장에서 타워크레인의 안전사고를 예방하기 위한 안전성 강화방안의 주요 내용에 대하여 설명하시오. (2) 지게차의 작업 상태별 안정도 및 주요 위험요인을 열거하고, 재해예방을 위한 안전대책에 대하여 설명하시오.
	철거/해체	논술	(1) 노후 건축물의 해체·철거공사 시 발생한 붕괴사고 사례를 열거하고, 붕괴사고 발생원인 및 예방대책에 대하여 설명하시오.
	토공사 기초공사	단답	(1) 페이스 맵핑(Face Mapping) (2) 항타기 및 항발기 넘어짐 방지 및 사용 시 안전조치사항 (3) Piping 현상
		논술	(1) 도심지에서 흙막이 벽체 시공 시 근접구조물의 지반침하가 발생하는 원인 및 침하방지대책에 대하여 설명하시오.
	RC공사	단답	(1) 암반의 암질지수(RQD : Rock Quality Designation) (2) 콘크리트 침하균열(Settlement Crack)
		논술	(1) 숏크리트(Shotcrete) 타설 시 리바운드(Rebound)량이 증가할수록 품질이 저하되는데 숏크리트 리바운드 발생 원인과 저감 대책을 설명하시오. (2) 콘크리트 구조물의 열화에 영향을 미치는 인자들의 상호 관계 및 내구성 향상을 위한 방안에 대하여 설명하시오.
	철골공사	논술	(1) 데크플레이트 설치공사 시 발생하는 유형과 시공 단계별 고려사항, 문제점 및 안전관리 강화방안에 대하여 설명하시오.
	교량	논술	(1) 교량공사 중 발생하는 교대의 측방유동 발생원인 및 방지대책에 대하여 설명하시오. (2) 교량 받침(Bearing)의 파손 발생원인 및 방지대책에 대하여 설명하시오.

구분			2020년(제121회)
법규 및 이론	산업안전보건법	단답	(1) 안전보호구 종류 (2) 특수형태 근로자 (3) 산업안전보건법상 건설공사 발주단계별 조치사항 (4) 유해·위험의 사내 도급금지 대상 (5) 건설재해예방 기술지도 횟수
		논술	(1) 건설업체의 산업재해예방활동 중 실적평가 제도에 대하여 설명하시오. (2) 근골격계 부담작업의 종류 및 예방프로그램에 대하여 설명하시오.
	건설기술진흥법	단답	(1) 스마트 안전장비
		논술	(1) 건설기술진흥법상 구조적 안전성을 확인해야 하는 가설구조물의 종류를 설명하시오. (2) 건설기술진흥법에 의한 안전관리계획 수립 대상공사에 대하여 설명하시오. (3) 건설공사 현장의 안전점검 조사항목 및 세부시험 종류에 대하여 설명하시오.
	시설물안전관리특별법		
	안전관리	단답	(1) RMR(Rative Metabolic Rate)과 작업강도
		논술	(1) 최근 건축신축 마감공사 현장에서 용접·용단 작업 시 부주의로 인한 화재사고가 발생하여 사회문제화되고 있다. 용접·용단 작업 시의 화재사고 원인과 방지대책에 대하여 설명하시오.
기술부문	가설공사	단답	(1) 강관비계 조립 시 준수사항
		논술	(1) 작업발판 일체형 거푸집의 종류 및 조립·해체 시 안전대책을 설명하시오. (2) 건설작업용 리프트의 설치 및 해체 시 재해예방대책을 설명하시오. (3) 사다리식 통로 설치 시 준수사항에 대하여 설명하시오.
	토공사 기초공사	단답	(1) 흙막이공법 선정 시 유의사항
		논술	(1) 보강토옹벽의 파괴유형과 방지대책을 설명하시오. (2) 관로시공을 위한 굴착공사 시 발생하는 붕괴사고의 원인과 예방대책에 대해 설명하시오. (3) 구조물 등의 인접작업 시 다음의 경우에 준수하여야 할 사항에 대하여 각각 설명하시오. 1) 지하매설물이 있는 경우 2) 기존 구조물이 인접하여 있는 경우 (4) 옹벽구조물공사 시 지하수로 인한 문제점 및 안전성 확보방안에 대하여 설명하시오.
	RC공사	단답	(1) CPB(Concrete Placing Beam)의 설치방식 (2) 콘크리트 배합설계 순서
		논술	(1) 콘크리트 타설 후 발생하는 초기균열의 종류별 발생원인 및 예방대책에 대하여 설명하시오. (2) 거푸집 및 동바리에 작용하는 하중에 대하여 설명하시오.
	철골공사	논술	(1) 철골조공장 신축공사 중 발생할 수 있는 재해유형을 열거하고 사전 검토사항 및 안전대책에 대하여 설명하시오.
	기계, 장비	논술	차량계 건설기계의 종류 및 안전대책에 대하여 설명하시오.
	철거, 해체		
	철골공사	단답	(1) 용접결함의 종류
		논술	(1) 지진의 규모 및 진도
	교량	단답	(1) 지진의 규모 및 진도
		논술	(1) FCM(Free Cantilever Method)공법의 특징과 가설 시 안전대책에 대하여 설명하시오.

구분			2020년(제122회)
법규 및 이론	산업안전보건법	단답	(1) 산업안전보건법령상 특별안전보건교육 대상작업 (2) 건설공사의 단계별 작성해야 하는 안전보건대장의 종류
		논술	(1) 타워크레인의 신호작업에 종사하는 일용근로자의 교육시간, 교육내용 및 효율적 교육실시방안에 대하여 설명하시오. (2) 건설업 안전보건경영시스템 규격인 KOSHA 18001와 KOSHA-MS를 비교하고, 새로 추가된 KOSHA-MS 인증기준 구성요소에 대하여 설명하시오. (3) 안전보건관리규정의 필요성 및 작성 시 유의사항에 대하여 설명하시오.
	건설기술진흥법		
	시설물안전관리특별법	논술	(1) 콘크리트 구조물에 화재가 발생하였을 때 콘크리트 손상평가방법과 보수, 보강 대책에 대하여 설명하시오.
	안전관리	단답	(1) Man-Machine System의 기본기능 (2) 안전설계기법의 종류 (3) 휴식시간 산출식
		논술	(1) 건설현장 인적 사고요인이 되는 부주의 발생원인과 방지대책을 설명하시오. (2) 건설근로자의 직무스트레스 요인 및 예방을 위한 관리감독자의 활동에 대하여 설명하시오. (3) 장마철 아파트현장의 위험요인별 안전대책에 대하여 설명하시오. (4) 재해손실비 산정 시 고려사항과 평가방식의 종류에 대하여 설명하시오. (5) 건설현장에서 코로나19 예방 및 확산 방지를 위한 조치사항에 대하여 설명하시오. (6) 해저드(Hazard)와 리스크(Risk)를 비교하고, 위험감소대책(Hierarchy Of Controls)에 대하여 설명하시오.
기술부문	가설공사	단답	(1) 와이어로프 사용가능 여부 및 폐기기준(단, 공칭지름이 30mm인 와이어로프가 현재 28.9mm이다) (2) 건축공사 시 동바리 설치 높이가 3.5m 이상일 경우 수평연결재 설치 이유
		논술	(1) 건축공사 시 연속거푸집 공법의 특징, 시공 시 유의사항과 안전대책에 대하여 설명하시오.
	토공사 기초공사	단답	(1) 아칭(Arching)현상 (2) SMR(Slope Mass Rating) 분류 (3) 연약지반 사질토 개량공법의 종류 (4) 흙의 다짐에 영향을 주는 요인
		논술	(1) 도심지 아파트건설공사의 지반굴착 시 지하수위 저하에 따른 피해저감대책에 대하여 설명하시오. (2) 건설공사에서 케이슨공법(Caisson Method)의 종류 및 안전시공대책에 대하여 설명하시오. (3) 도시철도 개착 정거장 굴착공사 중에 발생할 수 있는 재해유형, 원인 및 안전대책에 대하여 설명하시오.
	RC공사	단답	(1) 콘크리트 구조물에서 발생하는 화학적 침식 (2) 펌퍼빌러티(Pumpability)
	철골공사		
	기계, 장비	논술	(1) 건설현장에서 사용되는 차량계 건설기계의 작업계획서 내용, 재해유형과 안전대책에 대하여 설명하시오.
	철거, 해체	논술	(1) 건축구조물 해체공사 시 발생할 수 있는 재해유형과 안전대책에 대하여 설명하시오.
	터널	논술	(1) 터널공사에서 여굴의 원인과 최소화대책에 대하여 설명하시오.
	교량	논술	(1) 강교 가조립의 순서, 가설공법의 종류와 안전대책에 대하여 설명하시오.

구분			2020년(제123회)
법규 및 이론	산업안전보건법	단답	(1) 항타기 및 항발기 사용 시 안전조치사항 (2) 물질안전보건자료(MSDS) (3) 산업안전보건법상 산업재해 발생건수 등 공표대상 사업장 (4) 산업안전보건법에 따른 위험성 평가의 절차
		논술	(1) 건설공사 중에 가설구조물의 붕괴 등으로 산업재해가 발생할 위험이 있을 때 건설공사 발주자에게 설계변경을 요청하는 대상 '산업안전보건법 제71조', 전문가 범위 및 설계변경 요청 시 첨부서류를 설명하시오. (2) 지게차의 운전자격 기준 및 지게차 운전원의 안전교육에 대하여 설명하시오. (3) 건설현장에서 화재감시자의 배치기준과 화재위험작업 시 준수사항에 대하여 설명하시오. (4) 건설현장 근로자에게 실시하여야 할 안전보건교육의 종류 및 교육내용에 대하여 설명하시오. (5) 밀폐공간 작업 시 안전작업절차, 안전점검사항 및 관리감독자의 업무에 대하여 설명하시오. (6) 건설재해예방 전문지도기관의 인력·시설 및 장비 등의 요건, 기술지도업무 및 횟수에 대하여 설명하시오. (7) 건설현장에서 사용하는 안전검사 대상기계 등의 종류, 안전검사의 신청 및 안전검사 주기에 대하여 설명하시오.
	건설기술진흥법	단답	DFS(Design For Safety)
	시설물안전관리특별법	논술	(1) 철근콘크리트구조 건축물의 경과연수에 따른 성능저하 원인, 보수·보강공법의 시공방법과 안전대책에 대하여 설명하시오.
	안전관리	단답	(1) 무재해운동 세부추진기법 중 5C운동 (2) 산업재해 발생 시 조치사항 및 처리절차 (3) 안전교육의 학습목표와 학습지도 (4) 플립러닝(Flipped Learning) (5) 산업심리에서 어둠의 3요인
		논술	(1) 인간과오(Human Error)의 배후요인 및 예방대책에 대하여 설명하시오. (2) 인간의 작업강도에 따른 에너지 대사율(RMR)을 구분하고, 작업 중 부주의에 대하여 설명하시오.
기술부문	가설공사	논술	(1) 건설현장에서 콘크리트 타설 중 거푸집 및 동바리의 붕괴재해 원인 및 안전대책에 대하여 설명하시오. (2) 가설공사 중 시스템동바리의 설치 및 해체 시 준수사항에 대하여 설명하시오.
	토공사 기초공사	논술	(1) 절토사면의 낙석대책을 위한 보강공법과 방호공법의 종류 및 특징에 대하여 설명하시오. (2) 건설현장의 지하굴착공사 시 흙막이 가시설공법의 특징(H-Pile + 토류판, 어스앵커공법), 시공단계별 사고유형 및 안전대책에 대하여 설명하시오. (3) 상수도 매설공사의 지중매설관로에서 발생할 수 있는 금속강관의 부식 원인 및 방지대책에 대하여 설명하시오.
	RC공사	단답	(1) 콘크리트에 사용하는 감수제의 효과 (2) 콘크리트의 비파괴시험
	철골	단답	(1) 철골구조물의 내화피복
	기계, 장비	논술	(1) 건설공사용 타워크레인(Tower Crane)의 종류별 특징과 기초방식에 따른 전도방지대책에 대하여 설명하시오.
	해체	논술	(1) 구조물의 해체공사를 위한 공법의 종류 및 작업상 안전대책에 대하여 설명하시오.
	터널	논술	(1) 전기식 뇌관과 비전기식 뇌관의 특성 및 발파현장에서 화약류 취급 시 유의사항에 대하여 설명하시오.
	교량		

구분			2021년(제124회)
법규 및 이론	산업안전보건법	용어	(1) 스마트 추락방지대 (2) 산업안전보건법상 사업주의 의무 (3) 산업안전보건법상 조도기준 및 조도기준 적용 예외 (4) 화재 위험작업 시 준수사항 (5) 이동식크레인 양중작업 시 지반 지지력에 대한 안정성검토
		논술	(1) 위험성평가 진행절차와 거푸집 동바리공사의 위험성평가표에 대하여 설명하시오. (2) 건설현장에서 작업 전, 작업 중, 작업종료 전, 작업종료 시의 단계별 안전관리 활동에 대하여 설명하시오.
	건설기술진흥법	용어	(1) 건설기술진흥법상 건설공사 안전관리 종합정보망(C.S.I) (2) 건설기술진흥법상 소규모 안전관리계획서 작성 대상사업과 작성대상
		논술	(1) 스마트 건설기술을 적용한 안전교육 활성화 방안과 설계·시공 단계별 스마트 건설기술 적용방안에 대하여 설명하시오.
	시설물안전관리특별법	논술	(1) 공용중인 철근콘크리트 교량의 안전점검 및 정밀안전진단 주기와 중대결함종류, 보수·보강 시 작업자 안전대책에 대하여 설명하시오.
	안전관리	용어	(1) 헤르만 에빙하우스의 망각곡선 (2) 산소결핍에 따른 생리적 반응 (3) 등치성 이론
		논술	(1) 건설현장의 고령 근로자 증가에 따른 문제점과 안전관리방안에 대해서 설명하시오. (2) 재해통계의 필요성과 종류, 분석방법 및 통계 작성 시 유의사항에 대하여 설명하시오. (4) 건설공사장 화재발생 유형과 화재예방대책, 화재 발생 시 대피요령에 대하여 설명하시오.
기술부문	가설공사	논술	1.갱폼(Gang Form) 현장 조립 시 안전설비기준 및 설치·해체 시 안전대책에 대하여 설명하시오. 2.낙하물방지망 설치기준과 설치작업 시 안전대책에 대하여 설명하시오. 3.강관비계의 설치기준과 조립·해체 시 안전대책에 대하여 설명하시오.
	토공사 기초공사	논술	(1) 도로공사 시 사면붕괴형태, 붕괴원인 및 사면안정공법에 대하여 설명하시오. (2) 운행 중인 도시철도와 근접하여 건축물 신축 시 흙막이공사(H-pile + 토류판, 버팀보)의 계측관리계획(계측항목, 설치위치, 관리기준)과 관리기준 초과 시 안전대책에 대하여 설명하시오.
	철근/콘크리트공사	용어	(1) 거푸집에 작용하는 콘크리트 측압에 영향을 주는 요인 (2) 강재의 연성파괴와 취성파괴 (3) 온도균열
		논술	(1) 콘크리트 구조물의 복합열화 요인 및 저감대책에 대하여 설명하시오. (2) 계단형상으로 조립하는 거푸집 동바리 조립 시 준수사항과 콘크리트 펌프카 작업 시 유의사항에 대하여 설명하시오.
	철골	논술	(1) 강구조물의 용접결함의 종류를 설명하고, 이를 확인하기 위한 비파괴검사 방법 및 용접 시 안전대책에 대하여 설명하시오.
	기계, 장비	논술	(1) 타워크레인의 재해유형 및 구성부위별 안전검토사항과 조립·해체 시 유의사항에 대하여 설명하시오.
	해체	논술	(1) 압쇄장비를 이용한 해체공사 시 사전검토사항과 해체 시공계획서에 포함사항 및 해체 시 안전관리사항에 대하여 설명하시오.
	터널	논술	(1) 도심지 도시철도 공사 시 소음·진동 발생작업 종류, 작업장 내·외 소음·진동 영향과 저감방안에 대하여 설명하시오.
	교량		

구분			2021년(제125회)
법규 및 이론	산업안전보건법	용어	(1) 사전작업허가제(PTW : Permit To Work) (2) 건설공사 발주자의 산업재해예방 조치
		논술	(1) 산업안전보건법령상 안전교육의 종류를 열거하고, 아파트 리모델링 공사 중 특별안전교육 대상작업의 종류 및 교육내용에 대하여 설명하시오. (2) 산업안전보건기준에 관한 규칙상 건설공사에서 소음작업, 강렬한 소음작업, 충격소음작업에 대한 소음기준을 작성하고, 그에 따른 안전관리 기준에 대하여 설명하시오. (3) 중대재해 발생 시 산업안전보건법령에서 규정하고 있는 사업주의 조치 사항과 고용노동부장관의 작업중지 조치 기준 및 중대재해 원인조사 내용에 대하여 설명하시오. (4) 건설업 KOSHA-MS 관련 종합건설업체 본사분양의 리더십과 근로자의 참여 인증항목 중 리더십과 의지표명, 근로자의 참여 및 협의 항목의 인증기준에 대하여 설명하시오.
	건설기술진흥법	논술	(1) 건설기술진흥법령에서 규정하고 있는 건설공사의 안전관리조직과 안전관리비용에 대하여 설명하시오.
	시설물안전관리특별법	논술	(1) 제3종 시설물의 정기안전점검 계획수립 시 고려하여야 할 사항과 정기안전점검 시 점검항목 및 점검방법에 대하여 설명하시오.
	안전관리	용어	(1) 기계설비의 고장곡선 (2) 열사병 예방 3대 기본수칙 및 응급상황 시 대응방법 (3) Fail safe 와 Fool proof
		논술	(1) 하절기 집중호우로 인한 제방 붕괴의 원인 및 방지대책에 대하여 설명하시오. (2) 재해손실 비용 산정 시 고려사항 및 Heinrich 방식과 Simonds 방식을 비교 설명하시오. (3) 휴먼에러(Human Error)의 분류에 대하여 작성하고, 공사 계획단계부터 사용 및 유지관리 단계에 이르기까지 각 단계별로 발생될 수 있는 휴먼에러에 대하여 설명하시오.
기술부문	가설공사	용어	(1) 개구부 방호조치 (2) 추락방호망 (3) 이동식 사다리의 사용기준
		논술	(1) 기존 시스템비계의 문제점과 안전난간 선조립비계의 안전성 및 활용방안에 대하여 설명하시오. (2) 시스템 동바리 설치 시 주의사항과 안전사고 발생원인 및 안전관리 방안에 대하여 설명하시오. (3) 건설현장에서 사용되는 고소작업대(차량탑재형)의 구성요소와 안전작업 절차 및 작업 중 준수사항에 대하여 설명하시오.
	토공사 기초공사	용어	(1) 지반개량공법의 종류 (2) 토석붕괴의 외적원인 및 내적원인 (3) 절토 사면의 계측항목과 계측기기 종류
		논술	(1) 도심지 공사에서 흙막이 공법 선정 시 고려사항, 주변 침하 및 지반 변위 원인과 방지대책에 대하여 설명하시오.
	철근/콘크리트공사	논술	(1) 건축물의 PC(Precast Concrete)공사 부재별 시공 시 유의사항과 작업 단계별 안전관리 방안에 대하여 설명하시오. (2) 무량판 슬래브와 철근 콘크리트 슬래브를 비교 설명하고, 무량판 슬래브 시공 시 안전성 확보 방안에 대하여 설명하시오. (3) 철근콘크리트 공사 단계별 시공 시 유의사항과 안전관리 방안에 대하여 설명하시오.
	철골	논술	(1) 데크 플레이트(Deck Plate) 공사 단계별 시공 시 유의사항과 안전사고 유형 및 안전관리 방안에 대하여 설명하시오.
	기계, 장비	용어	(1) 지게차작업 시 재해예방 안전조치 (2) 곤돌라 안전장치의 종류
	해체	논술	(1) 도심지 공사에서 구조물 해체 시 사전조사 사항과 안전사고 유형 및 안전관리 방안에 대하여 설명하시오.
	터널	-	-
	교량	-	-

구분			2022년(제126회)
법규 및 이론	산업안전보건법	논술	(1) 위험성평가의 정의, 단계별 절차를 설명하시오. (2) 산업안전보건법령상 유해위험방지계획서 제출대상 및 작성내용을 설명하시오. (3) 중대재해처벌법상 중대재해의 정의, 의무주체, 보호대상, 적용범위, 의무내용 처벌수준에 대하여 설명하시오. (4) 산업안전보건법령상 안전보건관리체제에 대한 이사회 보고·승인 대상 회사와 안전 및 보건에 관한 계획수립 내용에 대하여 설명하시오.
	건설기술진흥법	논술	(1) 지하안전관리에 관한 특별법 시행규칙상 지하시설물관리자가 안전점검을 실시하여야 하는 지하시설물의 종류를 기술하고, 안전점검의 실시시기 및 방법과 안전점검 결과에 포함되어야 할 내용에 대하여 설명하시오.
	시설물안전관리특별법	용어	(1) 시설물의 안전진단을 실시해야 하는 중대한 결함
	안전관리	용어	(1) 산업안전심리학에서 인간, 환경, 조직특성에 따른 사고요인 (2) 하인리히(Heinrich)와 버드(Bird)의 사고 연쇄성 이론 5단계와 재해발생비율
		논술	(1) 재해조사 시 단계별 조사내용과 유의사항을 설명하시오. (2) 악천후로 인한 건설현장의 위험요인과 안전대책에 대하여 설명하시오. (3) 건설현장에서 가설전기 사용에 의한 전기감전 재해의 발생원인과 예방대책에 대하여 설명하시오. (4) 건설현장에서 전기용접 작업 시 재해유형과 안전대책에 대하여 설명하시오.
기술부문	가설공사	용어	(1) 타워크레인을 자립고 이상의 높이로 설치할 경우 지지방법과 준수사항 (2) 가설경사로 설치기준
		논술	(1) 낙하물방지망의 정의, 설치방법, 설치 시 주의사항, 설치·해체 시 추락 방지대책에 대하여 설명하시오. (2) 시스템동바리의 구조적 특징과 붕괴발생원인 및 방지대책을 설명하시오.
	토공사 기초공사	용어	(1) 흙막이 지보공을 설치했을 때 정기적으로 점검해야 할 사항 (2) 주동토압, 수동토압, 정지토압 (3) 지반 등을 굴착하는 경우 굴착면의 기울기 (4) 언더피닝(Underpinning) 공법의 종류별 특성 (5) 보강토옹벽의 파괴유형과 파괴 방지대책에 대하여 설명하시오.
	철근/콘크리트공사	용어	(1) 콘크리트 구조물의 연성파괴와 취성파괴 (2) 콘크리트 온도제어양생
		논술	(1) 펌프카를 이용한 콘크리트 타설 시 안전작업절차와 타설 작업 중 발생할 수 있는 재해유형과 안전대책에 대하여 설명하시오. (2) 한중콘크리트 시공 시 문제점과 안전관리대책에 대하여 설명하시오. (3) 콘크리트 타설 후 체적 변화에 의한 균열의 종류와 관리방안을 설명하시오. (4) 콘크리트 내구성 저하 원인과 방지대책에 대하여 설명하시오.
	철골	-	-
	기계, 장비	-	-
	해체	논술	(1) 노후화된 구조물 해체공사 시 사전조사항목과 안전대책에 대하여 설명하시오.
	터널	용어	(1) 터널 제어발파 (2) 암반의 파쇄대(Fracture Zone)
		논술	(1) 터널 굴착공법의 사전조사 사항 및 굴착공법의 종류를 설명하고 터널 시공 시 재해유형과 안전관리 대책에 대하여 설명하시오.
	교량	-	-

구분			2022년(제127회)
법규 및 이론	산업안전보건법	용어	(1) 중대산업재해 및 중대시민재해 (2) 안전인증 대상 기계 및 보호구의 종류 (3) 산업안전보건법상 산업재해 발생 시 보고체계
		논술	(1) 안전보건개선계획 수립 대상과 진단보고서에 포함될 내용을 설명하시오. (2) 산업안전보건법에서 정하는 건설공사 발주자의 산업재해예방조치 의무를 계획단계・설계단계・시공단계로 나누고 각 단계별 작성항목과 내용을 설명하시오. (3) 건설작업용 리프트의 조립・해체작업 및 운행에 따른 위험성평가 시 사고 유형과 안전대책에 대하여 설명하시오.
	건설기술진흥법	용어	(1) 건설공사 시 설계안전성검토절차
	건설기술관리법	용어	(1) 건설기계관리법상 건설기계안전교육 대상과 주요내용
		논술	(1) 양중기의 방호장치 종류 및 방호장치가 정상적으로 유지될 수 있도록 작업 시작 전 점검사항에 대하여 설명하시오. (2) 타워크레인의 성능 유지관리를 위한 반입 전 안전점검항목과 작업 중 안전점검항목을 설명하시오.
	시설물안전관리특별법	논술	(1) 건설기술진흥법 및 시설물의 안전 및 유지관리에 관한 특별법에서 정의하는 안전점검의 목적, 종류, 점검시기 및 내용에 대하여 설명하시오.
	안전관리	용어	(1) 지붕 채광창의 안전덮개 제작기준
		논술	(1) 미세먼지가 건설현장에 미치는 영향과 안전대책 그리고 예보등급을 설명하시오. (2) 건설현장의 근로자 중에 주의력 있는 근로자와 부주의한 현상을 보이는 근로자가 있다. 부주의한 근로자의 사고를 예방할 수 있는 안전대책에 대하여 설명하시오. (3) 건설현장의 스마트 건설기술의 개념, 스마트 안전장비의 종류 및 스마트 안전관제시스템, 향후 스마트 기술 적용 분야에 대하여 설명하시오. (4) 화재 발생메커니즘(연소의 3요소)에 대하여 설명하고, 건설현장에서 작업 중 발생할 수 있는 화재 및 폭발 발생유형과 예방대책에 대하여 설명하시오. (5) 건설현장의 돌관작업을 위한 계획 수립 시 재해예방을 위한 고려사항과 돌관작업현장의 안전관리방안을 설명하시오. (6) 건설현장의 재해가 근로자, 기업, 사회에 미치는 영향에 대하여 설명하시오.
기술부문	가설공사	용어	(1) 가설계단의 설치기준 (2) 작업의자형 달비계작업 시 안전대책
		논술	(1) 풍압이 가설구조물에 미치는 영향과 안전대책에 대하여 설명하시오. (2) 낙하물방지망의 1) 구조 및 재료 2) 설치기준 3) 관리기준을 설명하시오. (3) 시스템동바리 조립 시 가새의 역할 및 설치기준, 시공 시 검토해야 할 사항에 대하여 설명하시오. (3) 수직보호망의 설치기준, 관리기준, 설치 및 사용 시 안전유의사항에 대하여 설명하시오.
	토공사 기초공사	용어	(1) 밀폐공간작업 시 사전준비사항 (2) 얕은기초의 하중-침하 거동 및 지반의 파괴유형 (3) 항타・항발기 사용현장의 사전조사 및 작업계획서 내용
		논술	(1) 해빙기 건설현장에서 발생할 수 있는 재해위험요인별 안전대책과 주요 점검사항을 설명하시오.
	철근/콘크리트공사	용어	(1) 콘크리트의 물-결합재비 (2) 거푸집 측면에 작용하는 콘크리트 타설 시 측압 결정방법
	철골	-	-
	해체	-	-
	터널	논술	(1) 터널 굴착 시 터널 붕괴 사고예방을 위한 터널막장면의 굴착보조공법에 대하여 설명하시오.
	교량	-	-

구분			2022년(제128회)
법규 및 이론	산업안전보건법	용어	(1) 안전대의 점검 및 폐기기준 (2) 손 보호구의 종류 및 특징 (3) 근로자 작업중지권 (4) 안전보건관련자 직무교육 (5) 위험성평가 절차, 유해·위험요인 파악방법 및 위험성 추정방법 (6) 건설업체 사고사망만인율의 산정목적, 대상, 산정방법 (7) 밀폐공간작업프로그램 및 확인사항 (8) 건설현장의 임시소방시설 종류와 임시소방시설을 설치해야 하는 화재위험작업
		논술	(1) 건설공사에서 사용되는 자재의 유해인자 중 유기용제와 중금속에 의한 근로자의 보건상 조치에 대하여 설명하시오. (2) 건설현장작업 시 근골격계 질환의 재해원인과 예방대책에 대하여 설명하시오. (3) 건설업 KOSHA-MS의 인증절차, 심사종류 및 인증취소조건에 대하여 설명하시오. (4) 산업안전보건법령상 도급사업에 따른 산업재해예방조치, 설계변경 요청 대상 및 설계변경 요청 시 첨부서류에 대하여 설명하시오. (5) 산업안전보건법과 중대재해처벌법의 목적을 설명하고, 중대재해처벌법의 사업주와 경영책임자 등의 안전 및 보건 확보의무의 주요 4가지 사항에 대하여 설명하시오.
	건설기술진흥법	논술	(1) 지하안전평가 대상사업, 평가항목 및 방법에 대하여 설명하시오. (2) 시공자가 수행하여야 하는 안전점검의 목적, 종류 및 안전점검표 작성에 대하여 설명하고, 법정(산업안전보건법, 건설기술진흥법)안전점검에 대하여 설명하시오.
	건설기술관리법	논술	(1) 건설현장의 굴착기작업 시 재해 유형별 안전대책과 인양작업이 가능한 굴착기의 충족조건에 대하여 설명하시오.
	시설물안전관리특별법	용어	(1) 시설물 안전진단 시 콘크리트강도 시험방법
	안전관리	용어	(1) 버드(Frank E.Bird)의 재해연쇄성이론 (2) 산업심리에서 성격 5요인(Big 5 Factor)
		논술	(1) Risk Management의 종류, 순서 및 목적에 대하여 설명하시오. (2) 고령근로자의 재해 발생원인과 예방대책에 대하여 설명하시오.
기술부문	가설공사	논술	(1) 비계의 설계 시 고려해야 할 하중에 대하여 설명하시오. (2) 시스템비계 설치 및 해체공사 시 안전사항에 대하여 설명하시오.
	토공사 기초공사	논술	(1) 흙막이공사의 시공계획 수립 시 포함되어야 할 내용과 시공 시 관리사항을 설명하시오. (2) 사면붕괴의 종류와 형태 및 원인을 설명하고 사면의 불안정 조사방법과 안정 검토방법 및 사면의 안정대책에 대하여 설명하시오.
	철근/콘크리트공사	용어	(1) RC구조물의 철근부식 및 방지대책 (2) 알칼리골재반응
		논술	(1) 콘크리트타설 중 이어치기 시공 시 주의사항에 대하여 설명하시오.
	철골	-	-
	해체	논술	(1) 압쇄기를 사용하는 구조물의 해체공사 작업계획 수립 시 안전대책에 대하여 설명하시오.
	터널	논술	(1) 터널공사에서 작업환경 불량요인과 개선대책에 대하여 설명하시오.
	교량	논술	(1) 철근콘크리트 교량의 상부구조물인 슬래브(상판) 시공 시 붕괴원인과 안전대책에 대하여 설명하시오.

구분			2023년(제129회)
법규 및 이론	산업안전보건법	용어	(1) 굴착기를 이용한 인양작업 허용기준 (2) 건설공사의 임시소방시설과 화재감시자의 배치기준 및 업무 (3) '산업안전보건법'상 중대재해 발생 시 사업주의 조치 및 작업중지 조치사항 (4) '산업안전보건법'상 가설통로의 설치 및 구조기준 (5) 근로자 참여제도
		논술	(1) 건설 근로자를 대상으로 하는 정기안전보건교육과 건설업 기초안전보건교육의 교육내용과 시간을 제시하고, 안전교육 실시자의 자격요건과 효과적인 안전교육방법에 대하여 설명하시오. (2) 산업안전보건관리비 대상 및 사용기준을 기술하고 최근(2022.6.2.) 개정내용과 개정사유에 대하여 설명하시오. (3) 관계수급인 근로자가 도급인의 사업장에서 작업을 하는 경우, 근로자의 산업재해예방을 위해 도급인이 이행하여야 할 사항에 대하여 설명하시오. (4) 산업안전보건법령상 근로자가 휴식시간에 이용할 수 있는 휴게시설의 설치 대상 사업장 기준, 설치의무자 및 설치기준을 설명하시오. (5) 위험성평가의 정의, 평가시기, 평가방법 및 평가 시 주의사항에 대하여 설명하시오. (6) 건설현장의 밀폐공간작업 시 수행하여야 할 안전작업의 절차, 안전점검사항 및 관리감독자의 안전관리업무에 대하여 설명하시오.
	건설기술진흥법	용어	(1) '건설기술진흥법'상 가설구조물의 구조적 안전성을 확인받아야 하는 가설구조물과 관계전문가의 요건 (2) 지하안전평가의 종류, 평가항목, 평가방법과 승인기관장의 재협의 요청 대상
		논술	(1) '건설생산성 혁신 및 안전성 강화를 위한 스마트 건설기술'의 정의, 종류 및 적용사례에 대하여 설명하시오.
	건설기술관리법	논술	(1) 건설기계 중 지게차(Fork Lift)의 유해 · 위험요인 및 예방대책과 작업단계별(작업 시작 전과 작업 중) 안전점검 사항에 대하여 설명하시오. (2) 이동식 크레인의 설치 시 주의사항과 크레인을 이용한 작업 중 안전수칙, 운전원의 준수사항, 작업 종료 시 안전수칙에 대하여 설명하시오.
	시설물안전관리특별법	용어	–
	안전관리	용어	(1) 인간의 통제정도에 따른 인간기계체계의 분류(수동체계, 반자동체계, 자동체계) (2) 레윈(Kurt Lewin)의 행동법칙과 불안전한 행동 (3) 재해의 기본원인(4M) (4) 연습곡선(Practice Curve)
		논술	(1) 하인리히(H.W Heinrich) 및 버드(F.E Bird)의 사고발생 연쇄성(Domino)이론을 비교하여 설명하시오. (2) 건설현장의 시스템안전(System Safety)에 대하여 설명하시오. (3) 건설안전심리 중 인간의 긴장정도를 표시하는 의식수준(5단계) 및 의식수준과 부주의행동의 관계에 대하여 설명하시오. (4) 작업부하의 정의, 작업부하 평가방법, 피로의 종류 및 원인에 대하여 설명하시오.
기술부문	가설공사	논술	(1) 건설현장에서 사용하는 외부비계의 조립 · 해체 시 발생 가능한 재해 유형과 비계 종류별 설치기준 및 안전대책에 대하여 설명하시오.
	토공사 기초공사	논술	(1) 토공사 중 계측관리의 목적, 계측항목별 계측기기의 종류 및 계측 시 고려사항에 대하여 설명하시오.
	철근/콘크리트공사	용어	(1) 철근콘크리트구조에서 허용응력설계법(ASD)과 극한강도설계법(USD)을 비교 (2) 콘크리트 측압 산정기준 및 측압에 영향을 주는 요인(설계하중, 재료특성, 안전확보기준)
	철골	논술	(1) 데크플레이트의 종류 및 시공순서를 열거하고, 설치작업 시 발생 가능한 재해 유형, 문제점 및 안전대책에 대하여 설명하시오.
	해체	논술	(1) 해체공사의 안전작업 일반사항과 공법별 안전작업수칙을 설명하시오.
	터널	논술	–
	교량	논술	(1) 교량공사의 FCM(Free Cantilever Method)공법 및 시공순서에 대하여 기술하고 세그먼트(Segment)시공 중 위험요인과 안전대책에 대하여 설명하시오.

제3장

실제 합격자 답안 사례

문제 3 건설공사 계획, 설계, 시공, 단계별 발주자의 산재예방조치 사항

1. 개요

최근 산안법 개정을 통해 발주자의 의무가 확대되었으며 발주자는 안전보건대장을 계획단계에서 작성하고 각단계별 주체의 안전보건대장 작성 및 실행여부를 확인하여야 한다.

2. 주요 개정사항 (2018)

- 안전보건대장 - 계획, 설계, 시공 단계별 작성 및 확인
- 안전·보건계획수립 - 일정규모 공사 매년 안전·보건 계획 수립.
- 처벌 강화 - 벌금 상향(1억 →10억), 사망사고 가중처벌 증가

3. 안전보건대장 작성 절차

기본안전보건대장 → 설계안전보건대장 → 공사안전보건대장

- 기본안전보건대장
  - 발주자가 작성
  - 중점관리 위험 및 감소방안
- 설계안전보건대장
  - 설계자가 작성
  - 기본안전보건대장 접수후 추가
- 공사안전보건대장
  - 시공자가 작성
  - 설계안전보건대장 접수후 추가

4. 주요 내용

1) 기본안전보건대장 : 위험요소 발굴 및 감소대책, 위험성평가 방법
2) 설계안전보건대장 : 추가 위험 요소 및 감소대책, 공정표 및 산출근거
3) 공사안전보건대장 : 공사기간변경 내용 및 이력, 점검 및 감독사항

5. 문제점 및 제언

1) 문제점 서류량 증가에 따른 현장 안전관리 소홀 가능성이 있음
2) 각 법별로 시행중인 전산시스템을 통합하여 간소화.

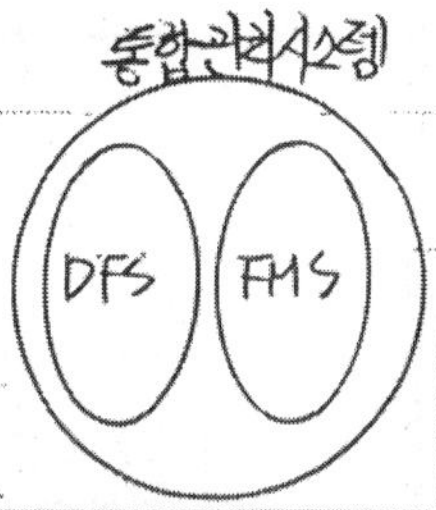

문제 안전보건조정자 선임 대상 및 기준

1. 개요

건설공사 시 분리발주된 공사의 경우 원활한 안전관리를 위해 안전보건조정자를 선임하여야 하며 2018년 개정된 산업안전보건법 상 그 범위가 확대되었다.

2. 선임 대상

현행	개정
1) 건설(건축+토목)+전기.통신	2개 이상의 건설공사가
2) 건설 + 전기 or 통신	같은 곳에서 행해지는경우

: 조경공사 등 별도 발주시 선임대상으로 확대됨

3. 시행 시기

1) 시행령 입법예고기간 : 19.4.22 ~ 6.3 후

2) 시행 시기 : 20.1.16 이후부터 적용

4. 선임 기준

① 발주청 선임 공사감독자 ② 공사 감리자

③ 관리책임자로 3년이상 재직한사람

④ 산업안전지도사 및 건설안전기술사

⑤ 건설안전기사 취득후 5년, 건설안전산업기사 취득 후 7년 경력자

5. 안전보건 조정자의 업무

1) 같은 장소에서 행해지는 공사간의 혼재작업 및 위험요소 파악

2) 해당작업의 작업시기·내용 및 안전보건 조치 등의 조정

3) 각 공사 도급인의 관리책임자 간 작업내용에 관한 정보공유 "끝"

번호 문제) 위험도 계산

답.

I. 개요

위험도 계산은 위험성 평가 중에 위험성 추정의 과정으로 위험의 빈도, 강도를 결정하여 계산한다.

II. 위험성 평가 목적

1) 현장 중심 안전보건 시스템구축 2) 효율적 안전관리

3) 사전 재해 예측 4) 포괄적 재해예방

III. 위험성 평가 절차

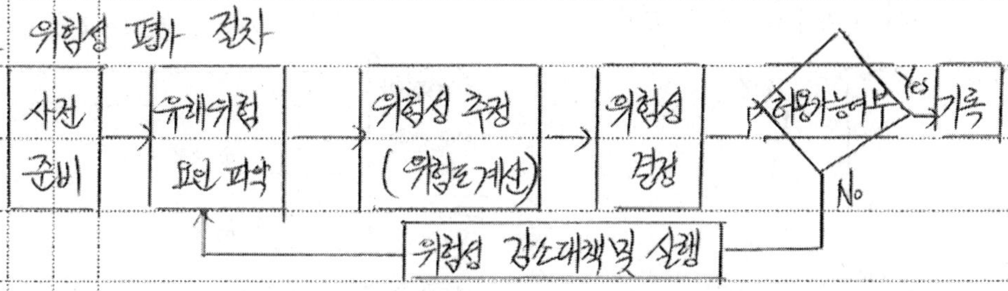

IV. 위험도 계산 방법

1) 가능성 (빈도)

3(상)	발생 가능성 높음
2(중)	발생 가능성 있음
1(하)	발생 가능성 낮음

2) 중대성 (강도)

3(대)	사망초래사고
2(중)	상해초래사고
1(소)	아차사고

3) 위험성 추정 (계산) (빈도)X(강도)로 계산.

빈도 \ 강도	대(3)	중(2)	소(1)
상(3)	높음(9)	높음(6)	보통(3)
중(2)	높음(6)	보통(4)	낮음(2)
하(1)	보통(3)	낮음(2)	낮음(1)

V. 위험도 계산시 유의사항

1) 위험도 계산시 빈도·강도의 결정이 주관적일수 있으므로 최대객관화필요

2) 위험도 계산후 반드시 현장 여건에 맞는 관리기준 수립

3) 위험도 계산시 위험성 평가 팀원 참여하여 결정

4) 위험도 계산후 추후 Feed Back 과정 실시 "끝"

문제2 건설기술진흥법상 안전관리비 사용기준과 사용 시 유의사항을 설명하시오.

답)

1. 개 요

건설기술진흥법상 안전관리비는 시설물의 안전 및 주변안전확보를 위해 사용되고 산안법상 산업안전보건관리비는 근로자의 산업재해 및 건강장해 예방을 위해 사용되나 일반적인 안전관리비는 산업안전보건관리비로 오인하는 경우가 많다.

2. 안전관리비 사용 실태

<출처: 국토교통부>

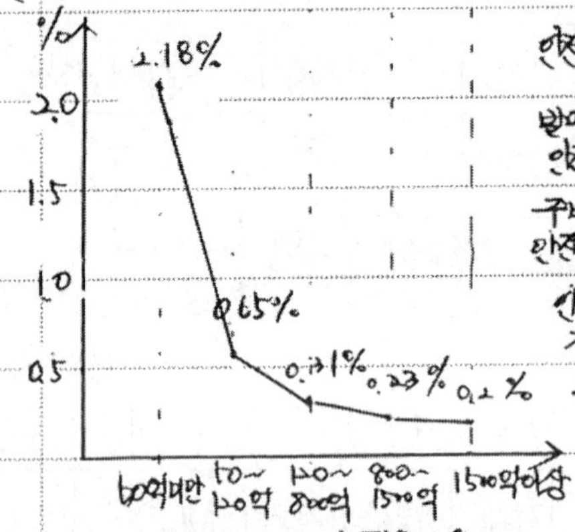

<공사 금액별 평균요율>

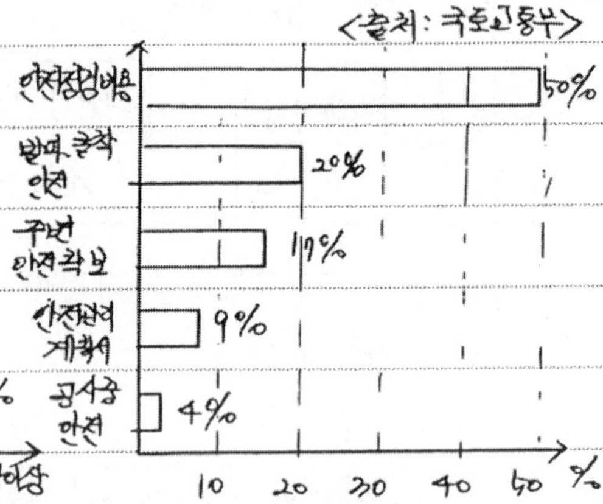

<항목별 사용률>

3. 건설업 안전확보 제도

건설 기술 진흥 법 — 산업 안전 보건법

- 건설 기술 진흥 법
  - 안전관리계획서
  - 자체, 정기, 정밀조사 안전점검
  - 소규모 안전관리계획 확인
  - DFS(설계 안전성 검토) 실시
- 산업 안전 보건법
  - 유해·위험방지계획서
  - 일상, 정기, 특별 안전점검 안전보건진단
  - 위험성 평가
  - 안전보건대장 관리

4. 적용 절차

안전관리비산출 → 계약및적용 → 조 정 → 정 산

(필요시 증액및감액)

5. 안전관리비 사용 기준

구분	건설기술진흥법	산업안전보건법
관할	국토교통부	고용노동부
목적	공사중 시설물의 안전관리	근로자의 안전·보건유지·증진
변경	필요항목 발생 시 실정보고	대상금액 변경 시
사용 항목	① 안전모니터링 장치 설치·운영(2019개정) ② 안전관리계획서 작성및 검토비 ③ 주변건물등 피해 방지 비용 ④ 공사장 주변 통행안전관리비 ⑤ 안전점검 비용(정기. 초기) ⑥ 가설구조물의 구조적 안전확인	① 안전관리자 인건비 ② 안전시설비 (추락,낙하등) ③ 개인보호구 구입비 ④ 안전진단비 ⑤ 안전교육 및 안전행사 비용 ⑥ 근로자건강관리비 ⑦ 본사사용비 ⑧ 재해예방기술지도비

6. 계상 기준

1) 건진법
- ① 안전점검 비용 : 공사비 × 요율
  (정밀점검 등을 위한 추가 조사 비용 별도)
- ② 나머지 비용 : 실비정액 가산방식

＊ 계상율 : '엔지니어링 산업 진흥법' 상 대가기준 적용

2) 산안법 : 대상액(공사비) × 요율(1.27 ~ 3.43%)

(공사 규모. 종류별로 요율 차등 적용)

＊ 미사용 시 정산 감액.

7. 조 정

: 필요에 의한 추가 및 항목별 목적외 사용시 감액, 박탈

8. 증액 조건

1) 공사기간 연장시 및 설계변경시 증액

2) 안전관리 계획 변경 시 (점검 추가 지시 등의 사유시)

3) 발주자가 인정하는 사유 발생 시

9. 정산 방법

: 지출 및 부당한 서류를 근거로 정산.

10. 건진법 안전관리비 문제점

- 일반공사와 내역혼재 – 산안법과 달리 일반공사 항목내 내역혼재
  예) 계측비용 (안전관리비 직접공사비로 한정)
- 계상 시기 – 계약시 견적 내용을 근거로 계상되다 보니
  추후 증액이 어려운 실정임.
- 집행 관리감독부재 – 산안법과 달리 건진법 안전관리비는
  집행에 대한 감독이 부실한 실정임.

11. 제 언

건진법 안전관리비는 산안법과 달리 직접공사비로 한정되다보니 일반공사비 항목으로 오인되기 쉽고 입찰 당시 금액은 공사중 증액되기 어려우므로 산안법과 같이 공사비×요율로 변경되는 것이 바람직하다

12. 결 론

공사중 시설물의 안전을 위해서는 건진법 기준에 따라 안전관리비가 올바로 집행되어야 한다.

'끝'

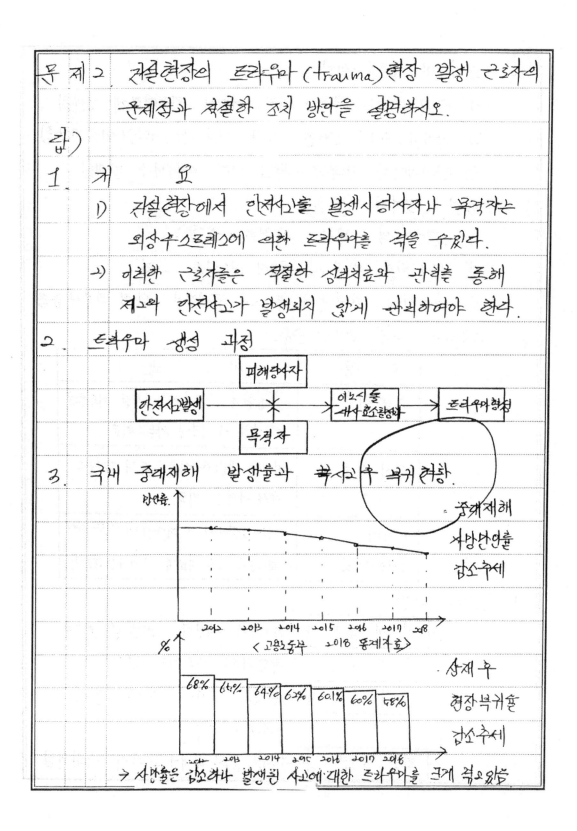

문제2. 건설현장의 트라우마(trauma)현장 발생 근로자의 문제점과 적절한 조치 방안을 설명하시오.

답)

1. 개요

1) 건설현장에서 안전사고를 발생시 당사자나 목격자는 외상후스트레스에 의한 트라우마를 겪을 수 있다.

2) 이러한 근로자들은 적절한 심리치료와 관리를 통해 재2의 안전사고가 발생되지 않게 관리하여야 한다.

2. 트라우마 생성 과정

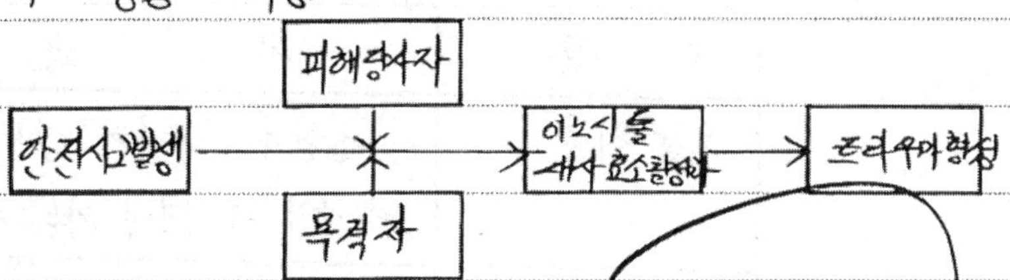

3. 국내 중대재해 발생율과 사고후 복귀 현황.

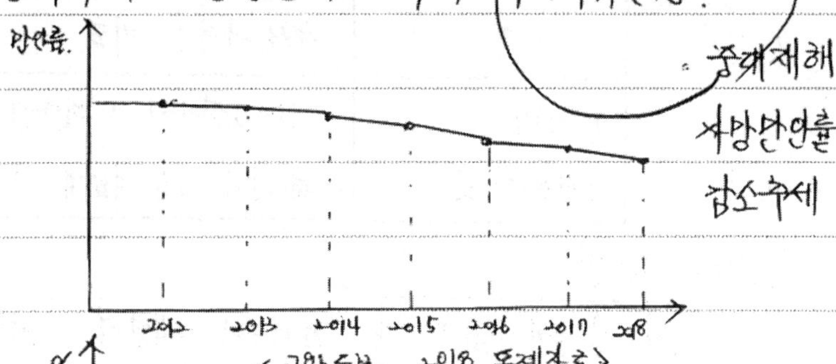

<고용노동부 2018 통계자료>

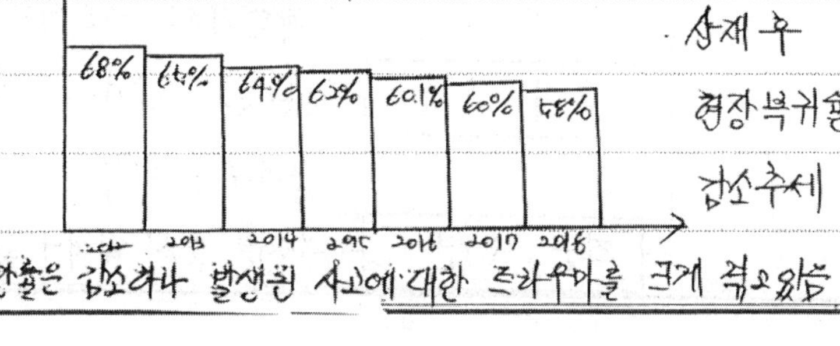

→ 사망율은 감소하나 발생된 사고에 대한 트라우마를 크게 겪고있음

4. 트라우마 발생 원인

1) 중대재해나 사고에 대한 기억이 전두엽쪽에 각인됨

2) 각인된 기억이 소멸성 기억이 아닌 장기기억형태로 저장됨

3) 장기기억의 반복적 분출로 인한 트라우마가 발생됨

5. 해당 근로자의 문제점

1) 현장으로의 복귀가 어려울 수 있음

2) 유사 상황 발생 시 극도의 공포심을 느낌.

3) 공황장애, 판단장애 등 2차 정신질환 발생 확률이 높음.

6. 트라우마 치료 방법의 종류

구 분	내 용
노출 치료	·사고상황과 유사한 상황을 지속적으로 노출시켜 무뎌지게 하는 치료
인지 치료	·사건에 대한 재해석을 통해 두려움을 극복 시키는 치료.
변증법적 행동치료	정서조절기법 + 대인관계 기술훈련 ·제3자가 노출 치료에 참여하는 형태

7. 조치 방안.

- 상태 확인 - 트라우마 대상자 선별 및 정도를 파악하여 치료 여부 결정
- 심리 치료 - 전문 심리치료사의 치료를 통한 트라우마 극복
- 적응 훈련 - 훈련을 통해 원래의 삶으로의 복귀시킴

8. 트라우마 발생자 조치 사례

1) 사고 : 13m 높이의 건축물 철골 작업 시 1명이 추락하여 사망함

2) 해당 현장 내 보건관리자가 심리치료관련 자격증을 보유하고 있어 심리치료의 중요성 및 치료요청을 함.

3) 1차 보건관리자를 통한 심리치료 후 전문 심리치료기관에 의뢰하여 트라우마 치료를 진행

4) 결과 : 젊은 층일수록 트라우마 지수 충격이 컸으며 충격에 비례하여 현장 복귀율이 반비례 하였음.

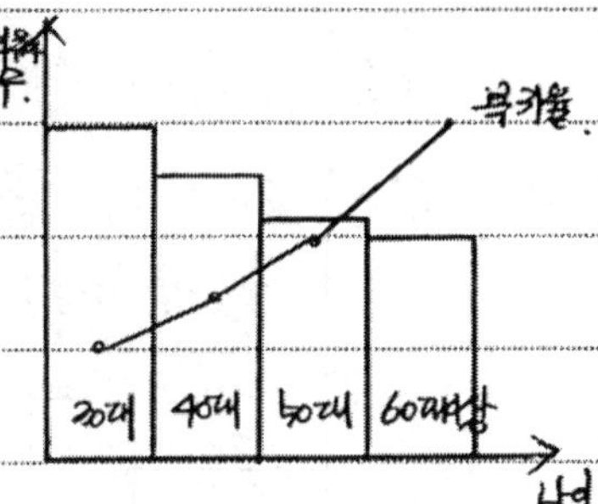

9 산재 적용에 관한 소견.

1) 현장 노출 최소화를 통한 트라우마 발생 저감.

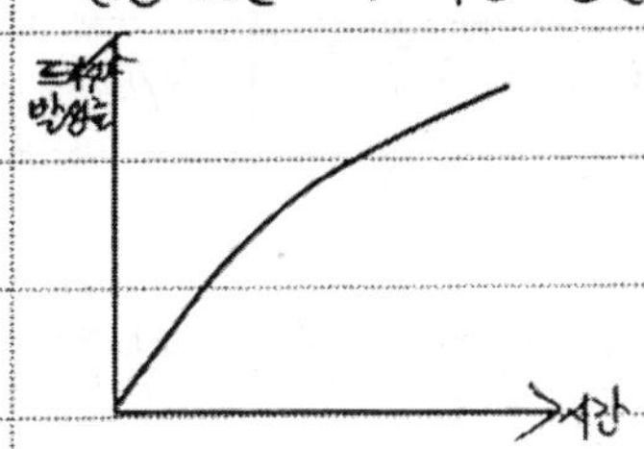

· 트라우마 발생은 현장 노출에 따라 증가되므로 현장을 훼손하지 않는 범위 내에서 가림막 설치를 신속히 지시하여야 한다.

2) 트라우마 산재 적용이 저조하므로 산재적용을 확대할 필요가 있다.

10. 결 론

건설현장의 사고는 현장 관계자 모두에게 트라우마를 발생 시킬 소지가 있으므로 신속한 현장 차단 조치 등을 통해 증가를 막고 산재 적용을 늘려야 한다고 생각한다.

문제 15) 얕은 기초의 전단 파괴

1. 개요

기초의 전단파괴는 상부하중에 의해 과도한 침하 발생시 지반이 파괴되는 현상이다.

2. 전단 파괴 발생시 문제점

(1) 전반 전단 파괴: 측방유동 및 Heaving

(2) 국부 전단 파괴: 잔류 침하 발생

(3) 관입 전단 파괴: 침하 발생

3. 전단 파괴의 종류 및 지반 변형 형태

전반 전단 파괴	국부전단파괴	관입 전단 파괴
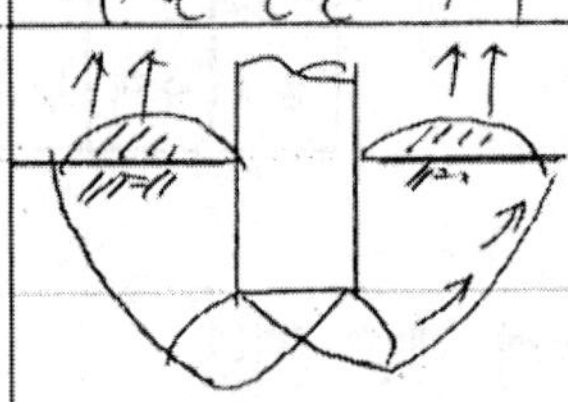	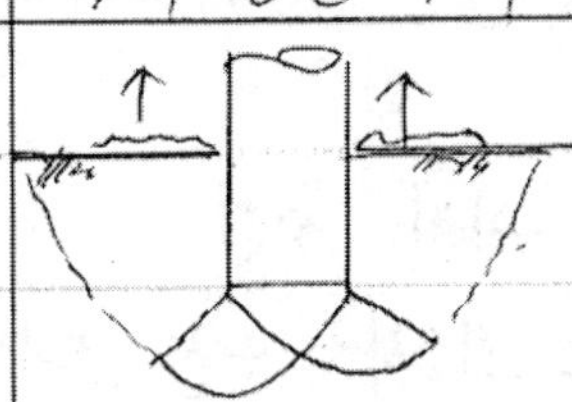	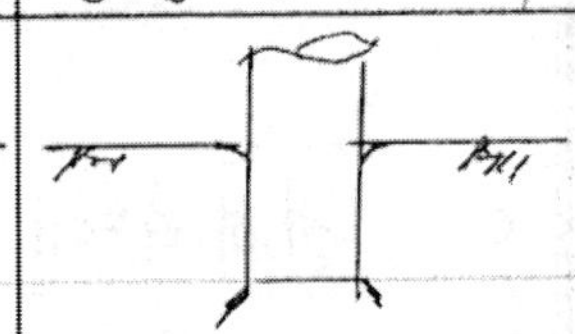
전체적 융기	부분 융기	변화 미비

4. 전단 파괴 방지 대책

1) 사질토: 진동다짐, 동다짐, 폭파다짐 등

2) 점성토: 치환공법, 압밀, 탈수공법, 배수, 고결

3) 초연약점토: 말뚝기초 및 약액주입

5. 전단 파괴 발생시 관련법에 의한 점검 기준

1) 공사中: 건진법에 의거, 자체, 정기, 정밀 점검

2) 공용中: 시특법에 의거, 긴급점검 → 정밀안전점검

"끝"

문제) 크리프 변형 (10)

답)

1. 개요

시간이 경과함에 따라 Con'c의 변형, 처짐 등이 증가하는 현상으로 지속하중이 큰 구조물에서는 설계 단계부터 그 영향을 고려한다.

2. 크리프 변형 발생 시 문제점

1) Con'c의 변형 2) Con'c 처짐, 균열

3) Con'c의 파괴 4) PSC에 도입된 프리스트레스 힘의 감소

3. 크리프 현상의 특징

1) Creep 변형률 : 탄성 변형률의 1~4배

2) 발생시기 (1) 28日 : 50% (2) 90日 : 75%

(3) 2~5년 : 90%

3) 재료의 소성에 기인

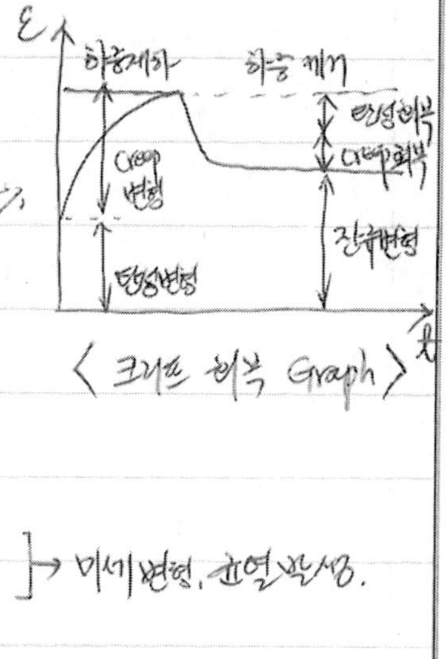

〈 크리프 회복 Graph 〉

4. 크리프 현상의 원인

1) 연속재하에 의한 Gel 수의 완만한 압축] → 미세변형, 균열발생.

2) Cement 미세 공극의 폐쇄

5. 크리프 변형의 저감대책 및 유지관리 방안

저감대책 (1) 압축측에 철근배치 (2) Camber 시공.

(3) 고강도 Con'c 사용 (4) 다짐, 양생 철저.

유지관리 (1) 3月 이내 : 75% 발생 → 초기 변형 관리 point 설정

(2) 하중에 의한 균열 제어 : 시공시, 장기, 반복, 충격, 지진하중 등.

(3) 지속하중이 큰 구조물 : 설계 단계에서 영향 고려.

문제) Column shortening (10)

답)

1. 개요

건물의 고층화로 인한 상부하중의 증가는 기둥, 벽과 같이 수직 하중을 받는 구조부에 심한 축소현상(Shortening)을 일으킨다.

2. 기둥의 축소 변위량.

1) 변형 $\Delta l = \frac{P \cdot l}{E \cdot A}$, E : 탄성계수 A : 면적, P : 하중, l : 높이.

2) 예) 기둥 축소량 80F (1) 철골조(탄성 수축량) : 18 ~25cm

(2) RC조(탄성 + 크리프 + 건조) : 24 ~30cm.

3. 기둥 부등축소의 영향 원인

1) 탄성 축소량. (1) 기둥부재의 탄성 계수

(2) 기둥부재의 단면적, 높이

(3) 상부의 고정, 적재 하중

2) 비탄성 축소량 (1) 건조수축

(2) 크리프

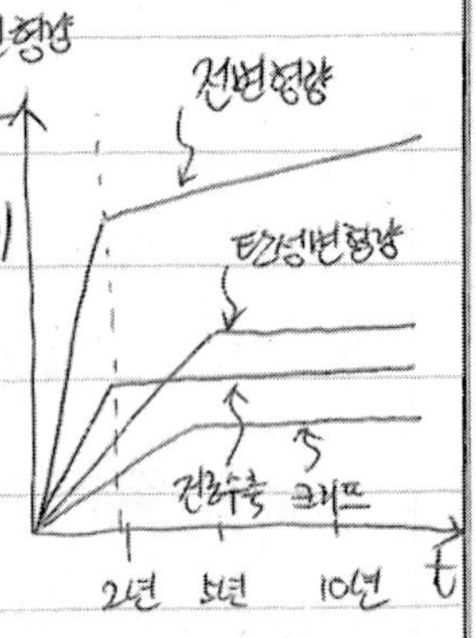

〈시간-변형량 Graph〉

4. 변위에 대한 대책

1) 예방대책 (1) 설계단계에서 사전 예측, 반영

(2) 변위 발생 후 본 조립

2) 보정 대책 (1) 기둥 축소량 보정

(2) Curtain Wall Unit간 시공여유 확보

(3) 4 ~5개층 실측으로 변위량 수정 "끝"

문제 철골공사 중 데크플레이트 공법의 시공순서 및 재해 발생 유형과 안전대책에 대하여 설명하시오.

답)

1. 개 요.

데크플레이트는 면외방향의 강성을 높이고 길이방향 내좌굴성을 높인 판으로 주로 철골 공사 시 거푸집 대체용으로 사용되며 추락, 낙하, 붕괴 등의 사고가 발생될 수 있으므로 철저한 안전 대책을 수립하여야 한다.

2. Deck Plate 종류 및 특징.

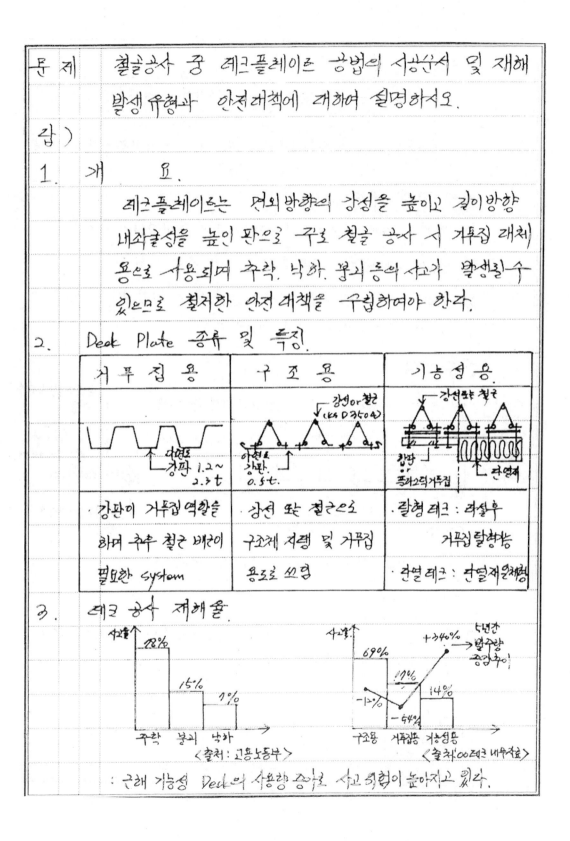

거푸집용	구조용	기능성용
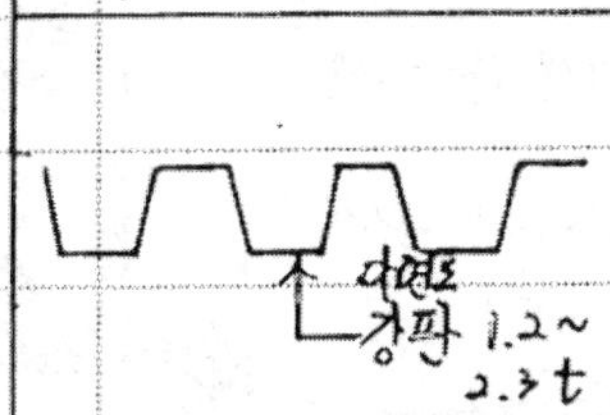	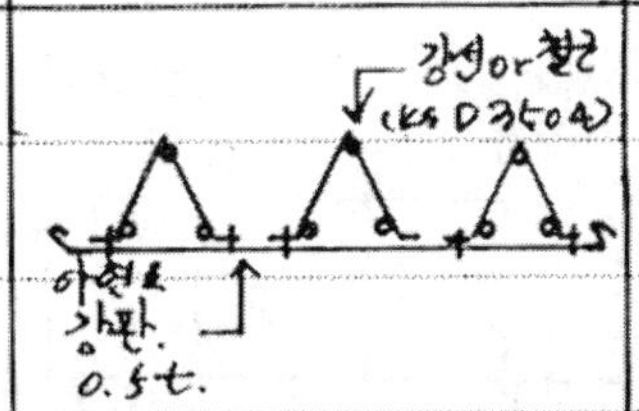	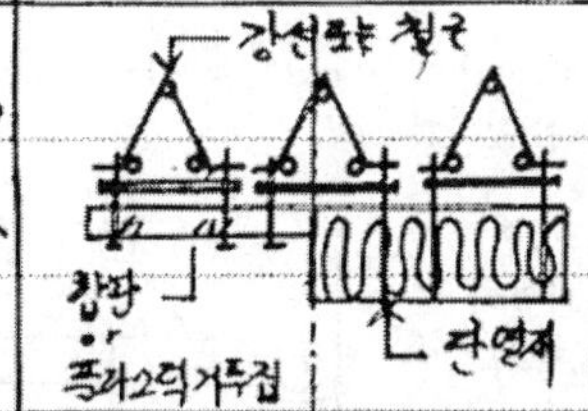
· 강판이 거푸집 역할을 하며 추후 철근 배근이 필요한 System	· 강선 또는 철근으로 구조체 지탱 및 거푸집 용도로 쓰임	· 탈형 데크 : 타설 후 거푸집 탈형 가능 · 단열 데크 : 단열재 일체형

3. 데크 공사 재해율.

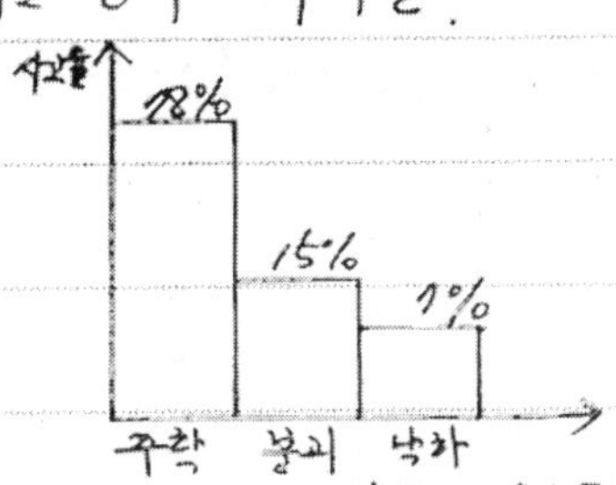

<출처: 고용노동부>

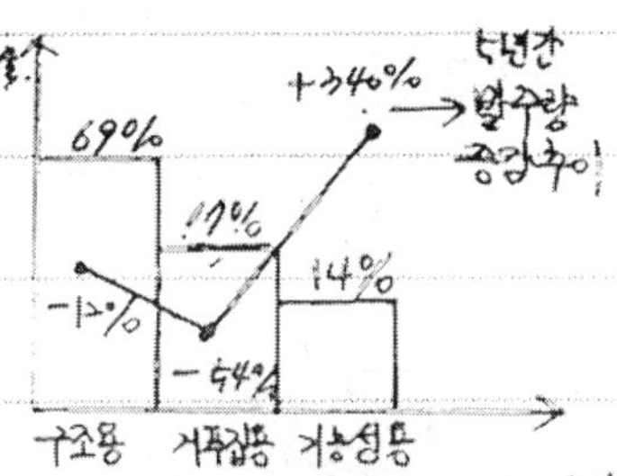

<출처: OO데크 내부자료>

: 근래 기능성 Deck의 사용량 증가로 사고 위험이 높아지고 있다.

4. 데크 공사 시공 순서

사전검토 → 구조검토 → 도면작성 → 공장생산 →

자재반입 → 운반/인양 → 판 개 → 용접및고정 → 타설

(주요 위험구간)

5. 재해 발생 유형

1) 추락 : 단부, 개구부 등의 추락(특히 판개작업시 추락)

2) 낙하 : 고정불량, 강풍에 의한 인양자재 낙하 등

3) 붕괴 : 구조계산 미흡, 상세도 작성 불량, 걸침길이 미확보 등.

4) 기 타 : 장비전도, 감전, 화재 등.

6. 안전 대책.

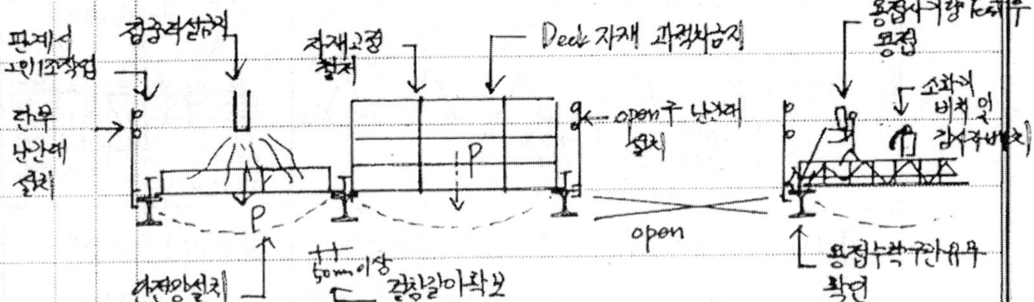

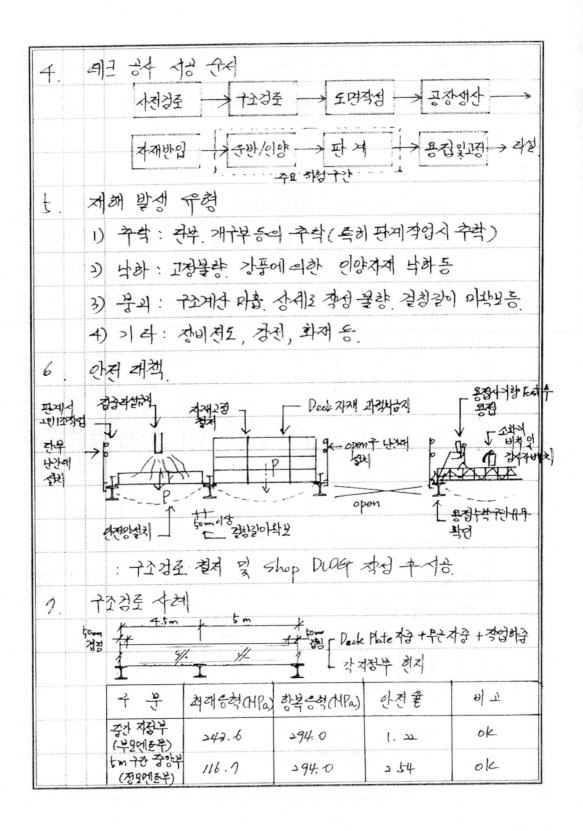

: 구조검토 철저 및 Shop DWG 작성 후 시공.

7. 구조검토 사례

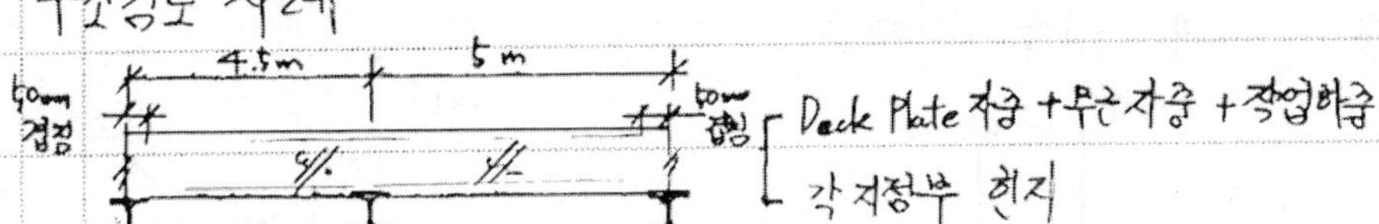

구 분	최대응력(MPa)	항복응력(MPa)	안전율	비 고
중간 지점부 (부모멘트부)	243.6	294.0	1.22	OK
5m 구간 중앙부 (정모멘트부)	116.7	294.0	2.54	OK

8. 안동 폐기물 처리장 붕괴사고에 대한 고찰

1) 붕괴 원인 : ① 겹침길이 미확보(구조계산 미흡)

② 타설시 집중하중에 의한 응력집중

2) 붕괴 Mechanism

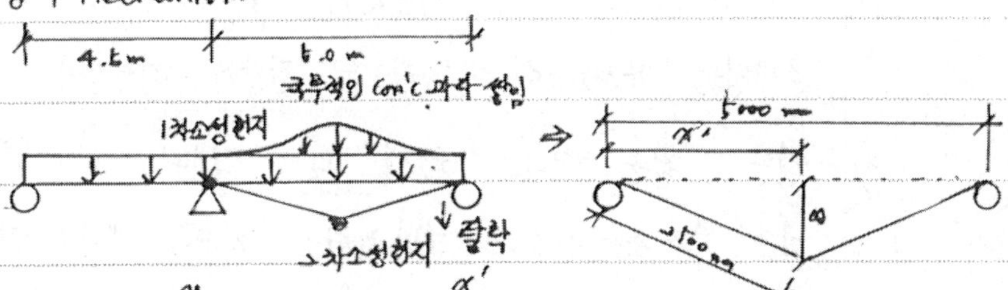

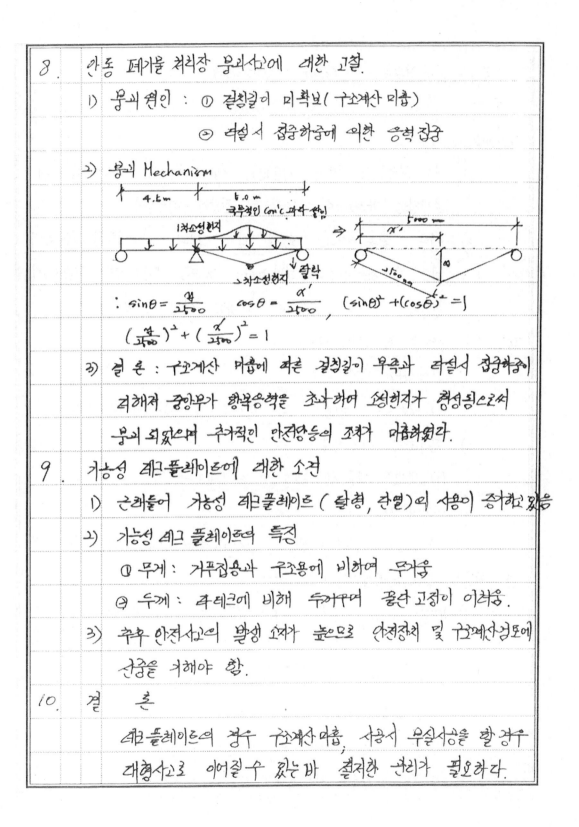

: $\sin\theta = \frac{y}{2500}$ $\cos\theta = \frac{x'}{2500}$, $(\sin\theta)^2 + (\cos\theta)^2 = 1$

$\left(\frac{y}{2500}\right)^2 + \left(\frac{x}{2500}\right)^2 = 1$

3) 결 론 : 구조계산 미흡에 따른 겹침길이 부족과 타설시 집중하중이 더해져 중앙부가 항복응력을 초과하여 소성힌지가 형성됨으로써 붕괴 되었으며 추가적인 안전장치등의 조치가 미흡하였다.

9. 기능성 데크플레이트에 대한 소견

1) 근래들어 기능성 데크플레이트(탈형, 단열)의 사용이 증가하고 있음

2) 기능성 데크 플레이트의 특징

① 무게 : 거푸집용과 구조용에 비하여 무거움

② 두께 : 타 데크에 비해 두꺼우며 골단 고정이 어려움.

3) 추후 안전사고의 발생 소지가 높으므로 안전장치 및 구조계산검토에 신중을 기해야 함.

10. 결 론

데크플레이트의 경우 구조계산 미흡, 시공시 무리시공을 할 경우 대형사고로 이어질 수 있는바 철저한 관리가 필요하다.

번호 문제) 기둥 부등축소 (Column Shortening)

답.

I. 개요

1) 기둥 부등축소 현상은 이상변위, 설비의 기능 이상, 마감재 손상 등의 문제점을 가져오므로 그 원인을 정확히 파악하여

2) 철골, 철근 콘크리트 구조에 맞는 각각의 방지 대책을 확인하여 기둥 부등축소 현상을 예방하여야 하며, 예방을 위한 보정작업시 안전관리 사항을 준수하여 재해를 예방해야 한다.

II. 기둥 부등 축소로 인한 문제점

1) 이상 변위 발생

(1) 구조물의 균열 (2) 건축물 Slab의 경사 발생

2) 설비 등의 기능 이상

(1) 배관의 역류 현상 발생 (2) Duct의 기능 이상 야상실

3) 마감재 손상

(1) Curtain Wall의 변형 (2) Curtain Wall 변형으로 인한 누수

III. 기둥의 축소 변위량 의미 및 예시

1) 변형 $\Delta l = \frac{P \cdot l}{EA}$ [E : 탄성 계수, P : 하중, A : 면적, l : 높이]

2) 변형은 같은 층이라면 l, E가 같음, P/A는 일정할 수 없음.

3) 80F 철골조 기둥 축소량의 예) (≒ 18 ~ 25cm)

(1) 80F RC조 기둥 탄성 축소량 ≒ 6.5cm

(2) Creep 수축 + 건조 수축량 ≒ 18 ~ 23cm

번호 IV 기둥부등 축소가 발생하는 사용재료적 원인

1) 탄성 Shortening (철골)
- (1) 재질과 하중의 불균형
- (2) 단면적 높이의 상이함

2) 비탄성 Shortening (철근 Conc)
- (1) Conc 재료의 건조수축
- (2) Conc의 Creep 변형

V. 기둥 부등 축소의 세부원인

1) 철골조: (1) 내. 외부 온도차에 기인한 변위량이 상이함
(2) 내부 코어와 외부기둥의 단면차이로 인한 수축량의 상이함

2) 철근 Conc: (1) 주각부 몰탈의 레벨불량 (2) 하중 분담에 의한 응력차이
(3) 재료 특성에 기인한 건조수축, Creep 변형에 의한 변위량
(4) 외부기둥은 코어에 비해 부재 단면이 작으므로 수축량 크게 발생

VI. 기둥부등축소 발생억제를 위한 예방대책

1) 설계단계: (1) 균등한 응력분배를 고려한 설계
(2) 사전 예측에 의한 설계
(3) 구조 부재의 clearance 확보

2) 시공단계

철골조	1) 시공시 계측관리를 통한 변형량 측정에 의한 대응
	2) 주고 고정에 의한 층별보정
	① 변위량 측정에 의한 시공 ② 레벨의 주기적 관리를 통한 수평유지
	3) 변위 발생후 변위량 조절
철근Conc	1) Con'c 밀실 타설로 건조수축 방지 2) 처짐량 관리
	3) Group 化 해서 거푸집 높이 조절 실시

번호

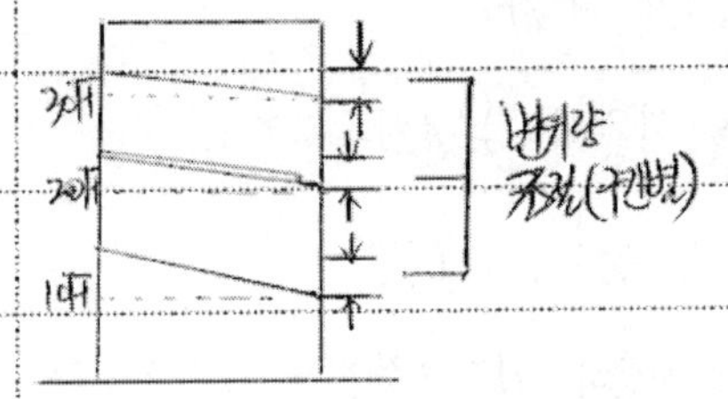

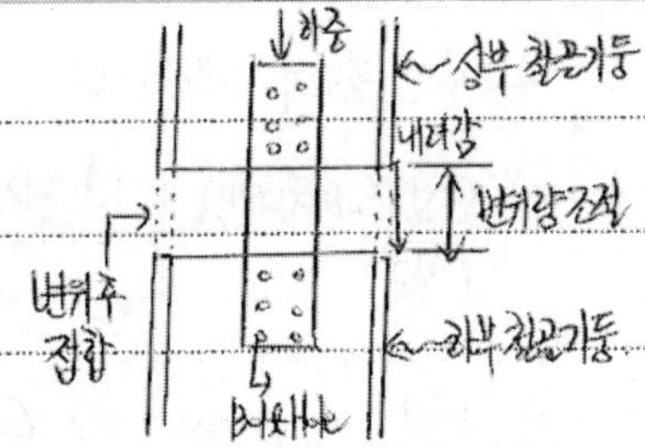

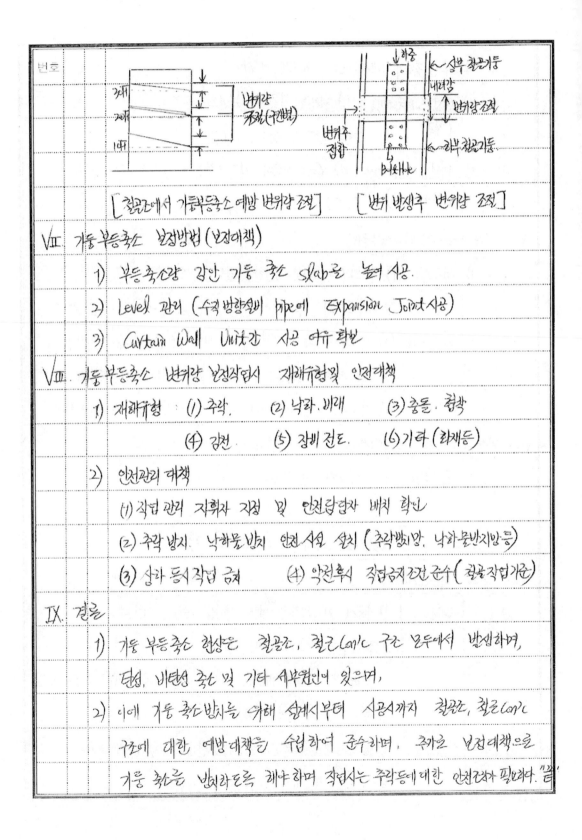

[철골조에서 기둥부등축소 예방 변위량 조절] [변위 발생후 변위량 조절]

VII. 기둥 부등축소 보정방법(보정대책)

1) 부등축소량 감안 기둥 축소 slab를 높여 시공.

2) Level 관리 (수직 방향설비 pipe에 Expansion Joint 시공)

3) Curtain Wall Unit간 시공 여유 확보

VIII. 기둥 부등축소 변위량 보정작업시 재해유형 및 안전대책

1) 재해유형 : (1) 추락. (2) 낙하. 비래 (3) 충돌. 협착

(4) 감전. (5) 장비 전도. (6) 기타(화재등)

2) 안전관리 대책

(1) 작업 관리 지휘자 지정 및 안전감시자 배치 확인

(2) 추락 방지. 낙하물 방지 안전 시설 설치 (추락방지망. 낙하물방지망 등)

(3) 상하 동시 작업 금지 (4) 악천후시 작업중지 조건 준수(철골작업기준)

IX. 결론

1) 기둥 부등축소 현상은 철골조, 철근Con'c 구조 모두에서 발생하며, 탄성, 비탄성 축소 및 기타 세부원인이 있으며,

2) 이에 기둥 축소방지를 위해 설계시부터 시공시까지 철골조, 철근Con'c 구조에 대한 예방대책을 수립하여 준수하며, 추가로 보정대책으로 기둥 축소를 방지하도록 해야 하며 작업시는 추락등에 대한 안전관리가 필요하다. "끝"

번호 문제) 터널의 유해가스 및 유지관리를 위한 안전대책

답.

I. 개요

1) 터널에서의 환기는 근로자의 호흡질환 등의 직업병 발생을 방지하기 위해서 매우 중요한 요소로써

2) 터널 환기 방법에 대한 절차를 확인하여 소요 환기량을 결정하고 터널 내 오염물질을 환기를 통해서 배출해야 하며, 추가적으로 근로자의 건강관리 및 기타재해방지도 해야 한다.

II. 터널 시공시 환기의 중요성

1) 호흡기 질환 예방 2) 직업병 발생 방지

3) 시력 저하 현상방지 4) 시공품질, 장비 효율저하 방지

III. 터널 시공시 발생하는 재해유형

1) 유해가스로 인한 질식, 화재 사고, 폭발

2) 낙석, 낙반 3) 추락

4) 감전 5) 충돌, 협착 등

IV. 터널 환기 방법 절차 및 환기량 선정의 문제점

1) 터널 환기 방법 절차

유해 물질 조사 → 유해물질 발생량 산정 → 소요 환기량 산정 → 환기용량 결정 및 환기설비 설치 → 환기효과 측정 및 판정

2) 환기량 선정의 문제점

(1) CO농도 변화로 측정 어려움 (2) 폭약량 산정 어려움(일단위 변동)

(3) 오염 물질 변화가 많을수 있음 (4) 작업량 변화가 많을수 있음

번호

V. 터널 작업시 오염 발생 요인

1) 발파로 인한 오염물질

(1) 미세먼지 (PM_{10}, $PM_{2.5}$) 발생 (2) 분진 발생

2) 장비, 차량에 의한 오염물질

(1) 자동차 배기가스로 인한 CO, NO_x 물질 배출

3) 작업자 호흡으로 인한 물질 : CO_2 발생

VI. 터널 환기방식별 특징

1) 시공 中

구분	집중 방식		직렬 방식	
방식	배기식	송기식	단속식	연속식
모식도	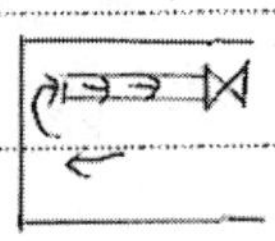	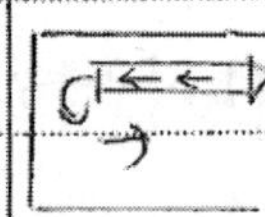	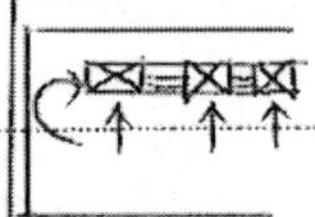	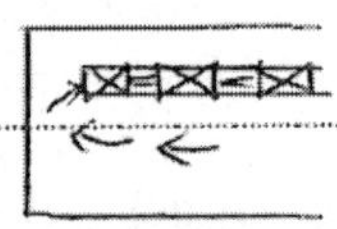
특징	유지보수용이	경질관 사용시 누풍無	송풍기 규모小	환풍기 순차설치
	배출가스가 막장으로감	오염공기 진갱내 통과	이음부 누풍우려	1대 고장시 연쇄문제

2) 공용 中

등급	I	II	III	IV
길이	$l>3K$	$3K>l>1K$	$1K>l>0.5K$	$l<0.5K$
	횡류식, 반횡류식		종류식	자연환기식

VII. 소요 환기량 산출 방법

1) CO 배출기준 환기량 : $Q = \frac{p \cdot K}{a \cdot t}$ [p : 1회 발파시 발생 CO 발생량 K : 환기계수, a : CO 허용농도 t : 잔류시간]

2) 근로자 1인당 환기량 산정법 : 근로자수 × $3m^3/min$

번호 VIII. 환기 대책

1) 자연환기를 위해 내리막 구배를 준다.

2) 시공중 수직갱을 활용하여 자연환기를 유도한다.

3) 일일 작업량, 소요환기량에 준하는 차량 제한 조치 실시

4) 일방향 시공으로 환기량 산출 및 환기가 쉽게 유도

IX. 근로자 건강관리 유의 사항 및 기타 재해방지 조치사항

1) 근로자 건강관리 유의사항

(1) 터널작업 근로자 1회/6月 이상 진폐 및 특수건강진단 실시

(2) 방진마스크 등 분진, ~~유해가스 대비~~ 대비 개인보호구 착용

(3) 터널내 주기적 작업환경 측정

2) 기타 재해방지 조치사항

(1) 소화설비 (2) 경보설비

(3) 피난설비 : 피난 조명등, 응급 대피소 등

(4) 소화 장비 (5) 비상전원 : 무정전 전원장치, 비상발전기

X. 결론

1) 터널 내 유해가스는 일일 작업량, 폭약량 등에 따라 매일 다르게 나타날 수 있는 문제점이 있으며,

2) 터널내 환기 방식별 특징에 맞게 시공中, 공용中 환기방식을 선택해야 하며, 환기에 대한 대책을 확인하여 근로자의 건강관리에 이상이 없도록 진폐 및 특수건강진단을 통해 확인하여야 하며,

3) 터널내 작업량, 일일 폭약량, 장비 대수 제한 등을 통해 소요 환기량을 초과하지 않도록 관리하는 것이 중요하다.

저자약력

한경보

| 약력 |

- 건설안전기술사
- 건축시공기술사
- 인하대학교 건축공학과 졸업
- 경기대학교 건축공학과 박사
- 경기대학교 공학대학원 주임교수
- (사)한국건설안전협회 회장
- 행정중심복합도시청 분양가 심의위원
- 국토부 사고조사위원
- 경기도 건축위원회 심의위원
- 성남시 건축위원회 심의위원
- 국방부 특별건설기술 심의위원
- 경기도 건축분야 민간감사관
- LH공사 설계자문위원
- 한국산업안전공단 자료개발위원
- 국토부, 노동부 초청 강사
- 건설안전분야 제도개선위원
- 용인시 도시공사 이사
- 용인시 시정연구원 이사

| 저서 |

- 「최신 건설안전기술사 Ⅰ·Ⅱ」 (예문사)
- 「건설안전기술사 최신기출문제풀이」 (예문사)
- 「최신 건설안전공학」 (예문사)
- 「Keypoint 건설안전기술사(공사 안전)」 (예문사)
- 「건설안전기술사 실전면접」 (예문사)
- 「건설안전교육론」 (예문사)
- 「재난안전 방재학 개론」 (예문사)
- 「시설물의 구조안전진단」 (예문사)
- 「건설안전기술사 핵심 문제」 (예문사)
- 「건설안전기사 필기·실기」 (예문사)
- 「건설안전산업기사 필기·실기」 (예문사)
- 「No1. 산업안전기사 필기」 (예문사)
- 「No1. 산업안전산업기사 필기」 (예문사)
- 「산업안전지도사 실전면접」 (예문사)

Willy.H

| 약력 |

- 건설안전기술사
- 토목시공기술사
- 서울중앙지방법원 건설감정인
- 한양대학교 공과대학 졸업
- 삼성그룹연구원
- 한국건설안전협회 국장
- 서울시청 전임강사(안전, 토목)
- 서울시청 자기개발프로그램 강사
- 삼성물산 강사
- 삼성전자 강사
- 롯데건설 강사
- 현대건설 강사
- SH공사 강사
- 종로기술사학원 전임강사
- 포천시 사전재해영향성 검토위원
- LH공사 설계심의위원
- 대법원 · 고등법원 감정인

| 저서 |

- 「최신 건설안전기술사 Ⅰ·Ⅱ」 (예문사)
- 「건설안전기술사 최신기출문제풀이」 (예문사)
- 「재난안전 방재학 개론」 (예문사)
- 「건설안전기술사 핵심 문제」 (예문사)
- 「건설안전기사 필기·실기」 (예문사)
- 「건설안전산업기사 필기·실기」 (예문사)
- 「No1. 산업안전기사 필기」 (예문사)
- 「No1. 산업안전산업기사 필기」 (예문사)
- 「건설안전기술사 실전면접」 (예문사)
- 「Keypoint 건설안전기술사(공사 안전)」 (예문사)
- 「건설안전기술사 moderation」 (진인쇄)
- 「산업안전지도사 1차」 (예문사)
- 「산업안전지도사 2차」 (예문사)
- 「산업안전지도사 실전면접」 (예문사)

〈강의안내〉

건설안전기술사 (종로기술사학원 749－0010)

- 정 규 반 : 매주 화요일 오후 7:00~11:00
매주 토요일 오전 8:30~12:00
- 용어해설반 : 매주 목요일 오후 7:00~11:00
- 모의고사반 : 매주 토요일 오후 1:00~5:00

• 저자 e－mail : willy109572@gmail.com

건설안전기술사 핵심 문제

발행일 | 1999. 3. 1 초판 발행
2001. 1. 15 개정 1판 1쇄
2004. 1. 15 개정 2판 1쇄
2005. 6. 5 개정 3판 1쇄
2007. 7. 20 개정 4판 1쇄
2009. 6. 20 개정 5판 1쇄
2010. 6. 20 개정 6판 1쇄
2012. 1. 20 개정 7판 1쇄
2013. 3. 20 개정 8판 1쇄
2014. 7. 10 개정 9판 1쇄
2015. 6. 20 개정 10판 1쇄
2017. 1. 20 개정 11판 1쇄
2018. 1. 15 개정 12판 1쇄
2019. 1. 15 개정 13판 1쇄
2019. 7. 10 개정 14판 1쇄
2020. 5. 30 개정 15판 1쇄
2021. 5. 10 개정 16판 1쇄
2023. 4. 30 개정 17판 1쇄

저 자 | 한 경 보 · Willy.H
발행인 | 정 용 수
발행처 | 예문사

주 소 | 경기도 파주시 직지길 460(출판도시) 도서출판 예문사
TEL | 031) 955 – 0550
FAX | 031) 955 – 0660
등록번호 | 11 – 76호

• 이 책의 어느 부분도 저작권자나 발행인의 승인 없이 무단 복제하여 이용할 수 없습니다.
• 파본 및 낙장은 구입하신 서점에서 교환하여 드립니다.

• 예문사 홈페이지 http : //www.yeamoonsa.com

정가 : 35,000원

ISBN 978-89-274-5022-1 13530